전기 | 공사
기사·산업기사

4

▶ **무료동영상 제공**

회로
이론

HANSOL ACADEMY
ELECTRICITY

한권으로 완벽하게 끝내는
한솔아카데미 전기시리즈❹

건축전기설비기술사 **김 대 호** 저

ELECTRICITY

KB134576

www.inup.co.kr

한솔아카데미

한솔아카데미가 답이다
전기(산업)기사 필기 인터넷 강의 "전과목 0원"

24시간 이내
질의응답

무한반복
동영상강의
무료수강권

베스트 NO.1
강사진

학습관련 문의사항, 성심성의껏 답변드리겠습니다.
http://cafe.naver.com/qnacafe

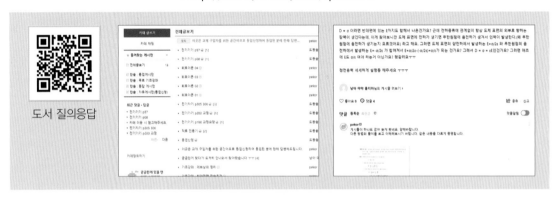

도서 질의응답

전기기사·전기산업기사 필기 교수진 및 강의시간

구 분	과 목	담당강사	강의시간	동영상	교 재
필 기	전기자기학	김병석	약 31시간		전기자기
	전력공학	강동구	약 28시간		전력공학
	전기기기	강동구	약 34시간		전기기기
	회로이론	김병석	약 27시간		회로이론
	제어공학	송형무	약 12시간		제어공학
	전기설비기술기준	송형무	약 12시간		전기설비기술기준

전기(산업)기사 필기
무료동영상 수강방법

01
회원가입

카페 가입하기 _ 전기기사 · 전기산업기사 학습지원 센터에 가입합니다.

http://cafe.naver.com/qnacafe

전기기사 · 전기산업기사 필기
교재 인증하고 무료 동영상강의 듣자

02
도서촬영

도서 촬영하여 인증하기

전기기사 시리즈 필기 교재 표지와
카페 닉네임, ID를 적은 종이를 함께
인증!

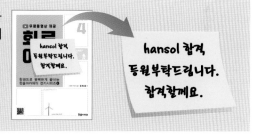

03
도서인증

카페에 도서인증 업로드하기 _ 등업게시판에 촬영한 교재 이미지를 올립니다.

04
동영상

무료동영상 시청하기

Elctricity

꿈·은·이·루·어·진·다

2023

회로이론

한솔아카데미
www.inup.co.kr

첫째, 새로운 가치의 창조

많은 사람들은 꿈을 꾸고 그 꿈을 위해 노력합니다. 꿈을 이루기 위해서는 여러 가지 노력을 합니다. 결국 꿈의 목적은 경제적으로 윤택한 삶을 살기 위한 것이 됩니다. 그것을 위해 주식, 재테크, 펀드, 복권 등 여러 가지 가치창조를 위한 노력을 합니다. 이와 같은 노력의 성공 확률은 극히 낮습니다.

현실적으로 자신의 가치를 높일 수 있는 가장 확률이 높은 방법은 자격증입니다. 특히 전기분야의 자격증은 여러분을 기술자로서 새로운 가치를 부여하게 될 것입니다. 전기는 국가산업 전반에 걸쳐 없어서는 안 되는 중요한 분야입니다.

전기기사, 전기공사기사, 전기산업기사, 전기공사산업기사 자격증을 취득한다는 것은 여러분을 한 단계 업그레이드 하는 새로운 가치를 창조하는 행위입니다. 더불어 전기분야 기술사를 취득할 경우 여러분은 전문직으로서 최고의 기술자가 될 수 있습니다.

스스로의 가치(Value)를 만들어가는 것은 작은 실천부터 시작됩니다. 지금 준비하는 자격증이 바로 여러분의 Name Value를 만들어가는 과정이며 결과입니다.

둘째, 인생의 패러다임

고등학교, 대학교 등을 통해 여러분은 많은 학습을 하였습니다. 그리고 새로운 학습에 도전하고 있습니다. 현대 사회는 학습하지 않으면 도태되는 평생교육의 사회입니다. 새로운 지식과 급변하는 지식에 맞춰 평생학습을 해야 합니다. 이것은 평생 직업을 갖질 수 있는 기회가 됩니다.

노력한 만큼 그 결실은 큽니다. 링컨은 자기가 노력한 만큼 행복해진다고 했습니다. 저자는 여러분에게 권합니다. 꿈과 목표를 설정하세요.

"꿈꾸는 자만이 꿈을 이룰 수 있습니다. 꿈이 없으면 절대 꿈을 이룰 수 없습니다."

셋째, 학습을 위한 조언

이번에 발행하게 된 진기기사, 산입기사 필기 사격증의 기본서보서 필기시험에 필요한 핵심 요약과 과년도 상세해설을 제공합니다.

각 단원의 내용을 이해하고 문제를 풀어갈 경우 고득점은 물론 실기시험에서도 적용할 수 있는 지식을 쌓을 수 있습니다.

여러분은 합격을 위해 매일 매일 실천하는 학습을 하시길 권합니다. 일주일에 주말을 통해 학습하는 것보다 매일 학습하는 것이 효과가 좋고 합격률이 높다는 것을 저자는 수많은 교육과 사례를 통해 알고 있습니다. 따라서 독자 여러분에게 매일 일정한 시간을 정하고 학습하는 것을 권합니다.

시간이 부족하다는 것은 핑계입니다. 하루 8시간 잠을 잔다면, 평생의 1/3을 잠을 잔다는 것입니다. 잠자는 시간 1시간만 줄여보세요. 여러분은 충분히 공부할 수 있는 시간이 있습니다. 텔레비전 보는 시간 1시간만 줄여보세요. 여러분은 공부할 시간이 더 많아집니다. 시간은 여러분이 만들 수 있습니다. 여러분 마음먹기에 따라 충분한 시간이 생깁니다. 노력하고 실천하는 독자여러분이 되시길 바랍니다.

끝으로 이 도서를 작성하는데 있어 수많은 국내외 전문서적 및 전문기술회지 등을 참고하고 인용하면서 일일이 그 내용을 밝히지 못하였으나, 이 자리를 빌어 이들 저자 각위에게 깊은 감사를 드립니다.

전기분야 자격증을 준비하는 모든 분들에게 합격의 영광이 있기를 기원합니다.

이 도서를 출간하는데 있어 먼저는 하나님께 영광을 돌리며, 수고하여 주신 도서출판 한솔아카데미 임직원 여러분께 심심한 사의를 표합니다.

저자 씀

❶ 수험원서접수

- 접수기간 내 인터넷을 통한 원서접수(www.q-net.or.kr) 원서접수 기간 이전에 미리 회원가입 후 사진 등록 필수
- 원서접수시간은 원서접수 첫날 09:00부터 마지막 날 18:00까지

❷ 기사 시험과목

구 분	전기기사	전기공사기사	전기 철도 기사
필 기	1. 전기자기학 2. 전력공학 3. 전기기기 4. 회로이론 및 제어공학 5. 전기설비기술기준 　 (한국전기설비규정[KEC])	1. 전기응용 및 공사재료 2. 전력공학 3. 전기기기 4. 회로이론 및 제어공학 5. 전기설비기술기준 　 (한국전기설비규정[KEC])	1. 전기자기학 2. 전기철도공학 3. 전력공학 4. 전기철도구조물공학
실 기	전기설비설계 및 관리	전기설비견적 및 관리	전기철도 실무

❸ 기사 응시자격

- 산업기사 + 1년 이상 경력자
- 타분야 기사자격 취득자
- 전문대학 졸업 + 2년 이상 경력자
- 교육훈련기관(산업기사 수준) 이수자 또는 이수예정자 + 2년 이상 경력자
- 동일 직무분야 4년 이상 실무경력자
- 기능사 + 3년 이상 경력자
- 4년제 관련학과 대학 졸업 및 졸업예정자
- 교육훈련기관(기사 수준) 이수자 또는 이수예정자

❹ 산업기사 시험과목

구 분	전기산업기사	전기공사산업기사
필 기	1. 전기자기학 　 2. 전력공학 3. 전기기기 　 4. 회로이론 5. 전기설비기술기준(한국전기설비규정[KEC])	1. 전기응용 　 2. 전력공학 3. 전기기기 　 4. 회로이론 5. 전기설비기술기준(한국전기설비규정[KEC])
실 기	전기설비설계 및 관리	전기설비 견적 및 시공

❺ 산업기사 응시자격

- 기능사 + 1년 이상 경력자
- 전문대 관련학과 졸업 또는 졸업예정자
- 교육훈련기간(산업기사 수준) 이수자 또는 이수예정자
- 타분야 산업기사 자격취득자
- 동일 직무분야 2년 이상 실무경력자

❻ 회로이론 출제기준 (2021.1.1~2023.12.31)

세부항목	세 세 항 목	
1. 전기회로의 기초	1. 전기회로의 기본 개념 3. 전원 등	2. 전압과 전류의 기준방향
2. 직류회로	1. 전류 및 옴의 법칙 3. 저항의 접속 5. 전지의 접속 및 줄열과 전력 7. 회로망 해석	2. 도체의 고유저항 및 온도에 의한 저항 4. 키르히호프의 법칙 6. 배율기와 분류기
3. 교류회로	1. 정현파 교류 3. 교류 전력	2. 교류 회로의 페이저 해석 4. 유도결합회로
4. 비정현파교류	1. 비정현파의 푸리에급수에 의한 전개 2. 푸리에급수의 계수 4. 비정현파의 실효값	3. 비정현파의 대칭 5. 비정현파의 임피던스 등
5. 다상교류	1. 대칭n상교류 및 평형3상 회로 2. 선간전압과 상전압 3. 평형부하의 경우 성형전류와 환상전류와의 관계 4. 2π/n씩 위상차를 가진 대칭n상 기전력의 기호표시법 5. 3상Y결선 부하인 경우 7. 다상교류의 전력 9. △-Y의 결선 변환	6. 3상△결선의 각부 전압, 전류 8. 3상교류의 복소수에 의한 표시 10. 평형3상회로의 전력 등
6. 대칭좌표법	1. 대칭좌표법 3. 3상 교류기기의 기본식	2. 불평형률 4. 대칭분에 의한 전력표시 등
7. 4단자 및 2단자	1. 4단자 파라미터 3. 대표적인 4단자망의 정수 5. 역회로 및 정저항회로	2. 4단자 회로망의 각종 접속 4. 반복파라미터 및 영상파라미터 6. 리액턴스 2단자망 등
8. 분포정수회로	1. 기본식과 특성임피던스 3. 무손실 선로와 무왜형 선로 5. 반사계수	2. 무한장선로 4. 일반의 유한장선로 6. 무손실 유한장회로와 공진 등
9. 라플라스변환	1. 라플라스 변환의 정의 3. 기본정리	2. 간단한 함수의 변환 4. 라플라스 변환 등
10. 회로의 전달 함수	1. 전달함수의 정의	2. 기본적 요소의 전달함수 등
11. 과도현상	1. R-L직렬의 직류회로 3. R-L병렬의 직류회로 5. R-L-C 직렬의 교류회로 7. 미분적분회로 등	2. R-C직렬의 직류회로 4. R-L-C 직렬의 직류회로 6. 시정수와 상승시간

❶ 회로이론 학습방법

회로이론은 모든 과목에 기본이 된다. 옴의 법칙, 키르히호프의 법칙 기본법칙 등은 어느 때나 적용할 수 있을 정도로 이해해야 한다.

회로이론은 과목 특성상 계산하는 문제가 많다. 쉬운 이론으로는 문제는 계산이 복잡하며, 어려운 이론은 문제출제 특성상 쉽게 출제된다. 따라서 전반부 기본이론은 기초적인 내용을 반드시 이해하고, 후반부 출제빈도가 높은 곳은 기본문제를 충실히 공부하는 것이 좋다.

계산기를 적절히 활용하면서 문제를 해결하면 좋은 점수를 얻을 수 있다.

과목특성상 자기학과 더불어 복잡한 문제도 출제되나 이를 공부하는 것은 바람직하지 않다.

❷ 회로이론 학습전략

회로이론은 거의 대부분이 계산 문제로 출제된다. 또한 14개 Part에서 출제되는 계산 문제의 유형은 핵심 출제 경향 분석에서 제시한 내용들로 이루어지기 때문에 같은 유형의 문제들을 반복적이면서 집중적인 학습이 되어야 할 것이다 _ 예를 들면 선형회로망의 중첩의 원리 데브난과 노튼의 정리, 밀만의 정리 등, 그리고 다상교류의 Y-△ 결선의 선전류 및 소비전력 등 _ 이처럼 회로이론 과목은 기본적으로 출제 빈도가 높은 문제가 많으므로 이것을 중심적으로 학습하는 것이 바람직하다.

❸ 회로이론 출제분석

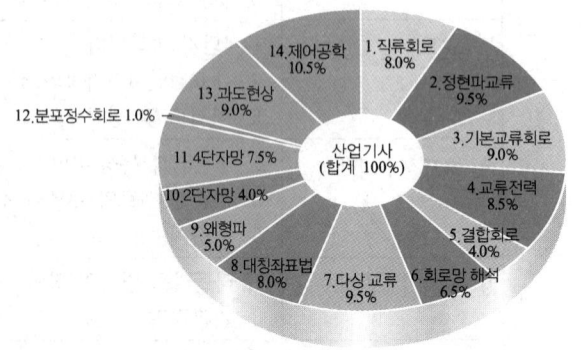

❹ 전기(산업)기사 필기 합격률

연도	기사 필기 합격률			산업기사 필기 합격률		
	응시	합격	합격률(%)	응시	합격	합격률(%)
2021	60,499	13,412	22.2%	37,892	7,011	18.5%
2020	56,376	15,970	28.3%	34,534	8,706	25.2%
2019	49,815	14,512	29.1%	37,091	6,629	17.9%
2018	44,920	12,329	27.4%	30,920	6,583	21.3%
2017	43,104	10,831	25.1%	29,428	5,779	19.6%
2016	38,632	9,085	23.5%	27,724	5,790	20.9%

❺ 필기시험 응시자 유의사항

① 수험자는 필기시험 시 (1)수험표 (2)신분증 (3)검정색 사인펜 (4)계산기 등을 지참하여 지정된 시험실에 입실 완료해야 합니다.
② 필기시험 합격자는 당해 필기시험 합격자 발표일로부터 2년간 필기시험을 면제받게 되며, 실기시험 응시자는 당해 실기시험의 발표 전까지는 동일종목의 실기시험에 중복하여 응시할 수 없습니다.
③ 기사 필기시험 전 종목은 답안카드 작성시 수정테이프(수험자 개별지참)를 사용할 수 있으나(수정액 및 스티커 사용 불가) 불완전한 수정처리로 인해 발생하는 불이익은 수험자에게 있습니다.
(인적사항 마킹란을 제외한 답안만 수정가능)
※ 시험기간 중, 통신기기 및 전자기기를 소지할 수 없으며 부정행위 방지를 위해 금속탐지기를 사용하여 검색할 수 있음
④ 기사/산업기사/서비스분야(일부 제외) 시험은 응시자격이 미달되거나 정해진 기간까지 서류를 제출하지 않을 경우 필기시험 합격예정이 무효되오니 합격예정자께서는 반드시 기한 내에 서류를 공단 지사로 제출하시기 바랍니다.

■ 허용군 공학용계산기 사용을 원칙으로 하나, 허용군 외 공학용계산기를 사용하고자 하는 경우 수험자가 계산기 매뉴얼 등을 확인하여 직접 초기화(리셋) 및 감독위원 확인 후 사용가능
  ▶ 직접 초기화가 불가능한 계산기는 사용 불가 [2020.7.1부터 허용군 외 공학용계산기 사용불가 예정]

제조사	허용기종군
카시오(CASIO)	FX-901~999, FX-501~599, FX-301~399, FX-80~120
샤프(SHARP)	EL-501~599, EL-5100, EL-5230, EL-5250, EL-5500
유니원(UNIONE)	UC-400M, UC-600E, UC-800X
캐논(CANON)	F-715SG, F-788SG, F-792SGA
모닝글로리 (MORNING GLORY)	ECS-101

※ 위의 세부변경 사항에 대하여는 반드시 큐넷(Q-net) 홈페이지 공지사항 참조

이론정리로 시작하여 예제문제로 이해!!

**이론정리
예제문제**

- 학습길잡이 역할
- 각 장마다 이론정리와 예제문제를 연계하여 단원별 이론을 쉽게 이해
  할 수 있도록 하여 각 장마다 이론정리를 마스터 하도록 하였다.

⊙ **핵심&이론길잡이** ⊙

핵심개념을 쉽게
이해하도록 설명하였습니다.

⊙ **예제&개념문제** ⊙

개념이해가 쉽도록 가장
대표적인 문제를
선별하였습니다.

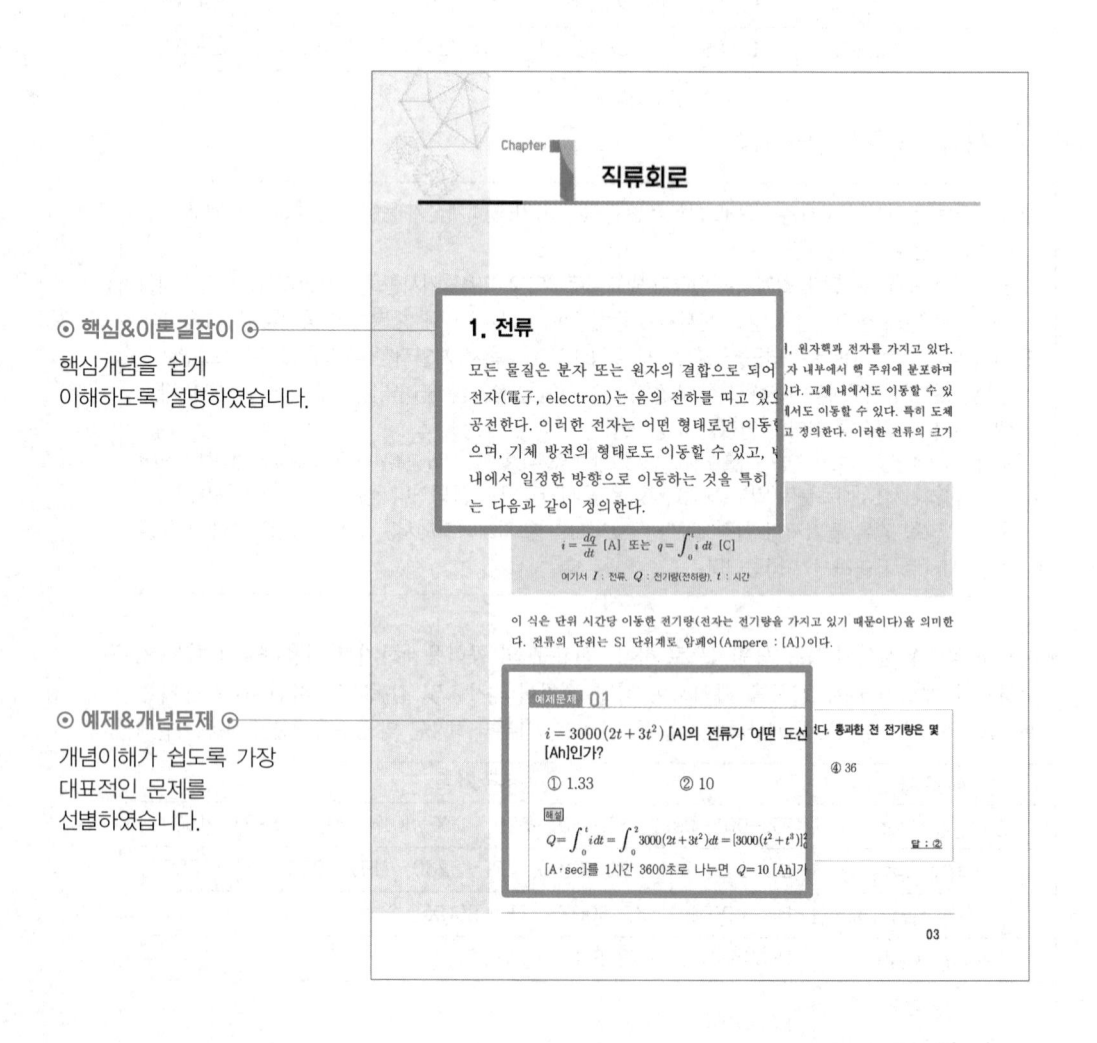

Chapter

직류회로

1. 전류

모든 물질은 분자 또는 원자의 결합으로 되어ㅇ ㅣ, 원자핵과 전자를 가지고 있다.
전자(電子, electron)는 음의 전하를 띠고 있으 ㅏ 자 내부에서 핵 주위에 분포하며
공전한다. 이러한 전자는 어떤 형태로던 이동ㅇ ㅣ다. 고체 내에서도 이동할 수 있
으며, 기체 방전의 형태로도 이동할 수 있고, ㅂ 에서도 이동할 수 있다. 특히 도체
내에서 일정한 방향으로 이동하는 것을 특히 ㅈ 고 정의한다. 이러한 전류의 크기
는 다음과 같이 정의한다.

$$i = \frac{dq}{dt} \text{ [A] 또는 } q = \int_0^t i\,dt \text{ [C]}$$

여기서 I : 전류, Q : 전기량(전하량), t : 시간

이 식은 단위 시간당 이동한 전기량(전자는 전기량을 가지고 있기 때문이다)을 의미한
다. 전류의 단위는 SI 단위계로 암페어(Ampere : [A])이다.

예제문제 01

$i = 3000(2t + 3t^2)$ [A]의 전류가 어떤 도선 ㄴ다. 통과한 전 전기량은 몇
[Ah]인가?

① 1.33   ② 10   ④ 36

해설

$Q = \int_0^t i\,dt = \int_0^2 3000(2t + 3t^2)dt = [3000(t^2 + t^3)]$

[A·sec]를 1시간 3600초로 나누면 $Q = 10$ [Ah]가

답 : ②

03

기본 문제풀이부터 고난도 심화문제까지!!

핵심 과년도구성

- 반복적인 학습문제
- 각 장마다 핵심과년도를 집중적이고 반복적으로 문제풀이를 학습하여 출제경향을 한 눈에 알 수 있게 하였다.

심화학습 문제구성

- 고난도 문제풀이
- 심화학습문제를 엄선하여 정답 및 풀이에서 고난도 문제를 해결하는 노하우를 확인할 수 있게 하였다.

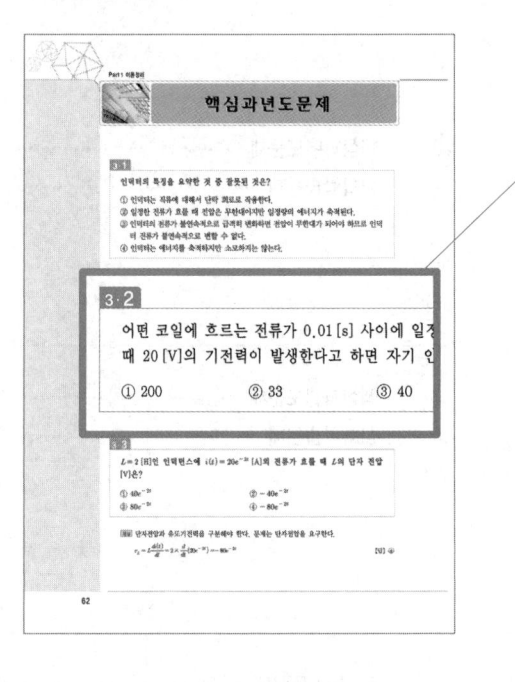

⊙ 반복적인 학습문제 ⊙
집중적이고 반복적인
문제풀이로 출제경향을
파악하도록 하였습니다.

⊙ 고난도 심화문제 ⊙
문제 해결능력을 강화할 수
있도록 고난도 문제를
구성하였습니다.

목차 CONTENTS

PART 01 이론정리

Electricity

꿈·은·이·루·어·진·다

PART 1

이론정리

1 직류회로

1. 전류

모든 물질은 분자 또는 원자의 결합으로 되어 있으며, 원자핵과 전자를 가지고 있다. 전자(電子, electron)는 음의 전하를 띠고 있으며, 원자 내부에서 핵 주위에 분포하며 공전한다. 이러한 전자는 어떤 형태로던 이동할 수 있다. 고체 내에서도 이동할 수 있으며, 기체 방전의 형태로도 이동할 수 있고, 반도체에서도 이동할 수 있다. 특히 도체 내에서 일정한 방향으로 이동하는 것을 특히 전류라고 정의한다. 이러한 전류의 크기는 다음과 같이 정의한다.

$$I = \frac{Q}{t} \text{ [A] 또는 } Q = I \cdot t \text{ [C]}$$

$$i = \frac{dq}{dt} \text{ [A] 또는 } q = \int_0^t i\, dt \text{ [C]}$$

여기서 I : 전류, Q : 전기량(전하량), t : 시간

이 식은 단위 시간당 이동한 전기량(전자는 전기량을 가지고 있기 때문이다)을 의미한다. 전류의 단위는 SI 단위계로 암페어(Ampere : [A])이다.

예제문제 01

$i = 3000(2t + 3t^2)$ [A]의 전류가 어떤 도선을 2 [초] 동안 흘렀다. 통과한 전 전기량은 몇 [Ah]인가?

① 1.33 ② 10 ③ 13.3 ④ 36

해설

$Q = \int_0^t i\, dt = \int_0^2 3000(2t + 3t^2)dt = [3000(t^2 + t^3)]_0^2 = 36000 \text{ [A} \cdot \text{sec]}$

[A·sec]를 1시간 3600초로 나누면 $Q = 10$ [Ah]가 된다.

답 : ②

2. 전압의 정의

도체 내에서 전자가 이동하기 위해서는 에너지가 필요하게 된다. 이러한 에너지를 얻기 위해서는 전기적인 위치에너지의 차이가 필요하게 된다. 이것을 전위차라 한다.

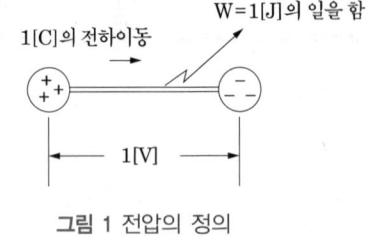

그림 1 전압의 정의

$$V = \frac{W}{Q} \, [\text{V}] \quad \text{또는} \quad W = QV \, [\text{J}]$$

$$v = \frac{dw}{dq} \, [\text{V}] \quad \text{또는} \quad w = \int v \, dq [\text{J}]$$

여기서 V : 전압, W : 에너지(일), Q : 전기량(전하량)

그림 1에서와 같이 한쪽에는 양의전하, 한쪽에는 음의 전하가 존재하는 경우 두 곳은 전기적이 위치에너지의 차이가 존재하게 된다. 이 전위차 때문에 전하가 이동하게 된다. 이 두 점간의 에너지 차를 전압 V라 하며 단위 전하(Q)가 이동해서 일(W)을 하게 될 때 1[C]의 전하가 한 일로 정의된다.

3. 옴의 법칙

옴의 법칙(Ohm's law)[1]은 전압과 전류, 그리고 전류의 흐름을 방해하는 저항성분의 관계를 나타내는 법칙이다. 여기서 저항(Resistance)은 전원으로부터 공급받은 에너지를 열로 소비하는 수동소자를 말한다. 단위로는 [Ω]을 사용하며, ohm(옴)으로 읽는다.

그림 2 저항의 실물

저항은 전류가 흐른 곳에는 반드시 존재한다. 저항이 0이라는 것은 전류가 무한대로 흐른다는 것을 의미하므로 실질적으로 존재할 수 없다. 따라서 전류가 흐르고 그 크기가 결정되면, 인가한 전압에 의해 저항값이 존재한다. 이것을 정의한 법칙이 옴의 법칙이다.

---

1) 옴의 법칙은 전압과 전류의 관계를 나타내는 법칙으로 회로이론에서 전압과 전류와 저항의 값을 산출하는 법칙이다. 즉, 옴의 법칙(Ohm's law)은 도체의 두 지점사이에 나타나는 전위차에 의해 흐르는 전류가 일정한 법칙에 따르는 것을 말한다

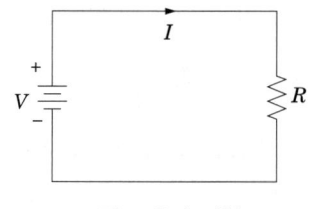

그림 3 옴의 법칙

즉, 전원을 V, 도체가 가진 저항을 R이라 하면 그림 3과 같이 회로를 구성하면 전류 I가 흐른다. 이때 저항양단에는 RI만큼의 전압강하가 발생한다.

따라서 이들 사이의 관계식은

$$전압 \ V = RI \ [\text{V}], \ 전류 \ I = \frac{V}{R} \ [\text{A}], \ 저항 \ R = \frac{V}{I} \ [\Omega]$$

여기서 V : 전압, I : 전류, R : 저항

가 된다. 전원에서 에너지를 공급하는 경우를 전압상승(電壓上昇)이라 하며, 또 전하가 회로 내를 이동할 때는 에너지를 공급받아 일을 하게 되므로 처음의 전위에너지를 잃게 되어 전위가 낮아지는 현상을 전압강하(電壓降下)라 한다. 특히 전원을 공급받아 일을 하는 소자 또는 기기를 부하라 하며, 부하는 전압강하를 일으키는 작용을 한다.

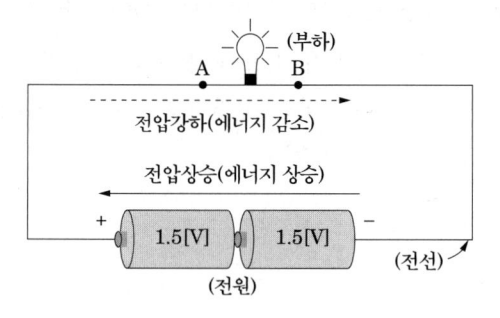

그림 4 전압강하와 전압상승

4. 키르히호프의 법칙(Kirchhoff's Law)

4.1 제1법칙(전류법칙)

키르히호프의 법칙[2]은 회로를 해석하는데 옴의 법칙과 더불어 가장 많이 적용되고

---

2) 옴의 법칙과 더불어 반드시 알고 있어야 할 기본법칙이다.
   구스타프 로베르트 키르히호프(독일어: Gustav Robert Kirchhoff, 1824년 3월 12일~1887년 10월 17일)는 전기회로, 분광학, 흑체 복사 등의 분야에 공헌한 독일의 물리학자이다. 그는 1862년에 흑체라는 말을 처음 만들어낸 장본인이며, 전기회로와 열역학 분야에 서로 다른 두 개의 키르히호프 법칙은 그의 이름을 딴 것이다.

있는 법칙중 하나이다. 키르히호프의 법칙은 제1법칙 전류법칙과 제2법칙 전압법칙으로 정의된다.

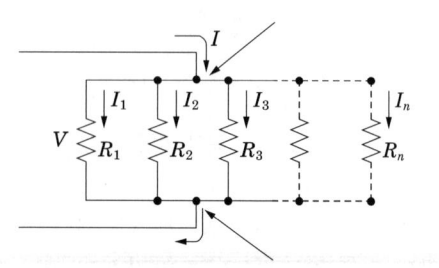

그림 5 저항의 병렬연결

키르히호프의 전류법칙은

> "임의의 한 점에서 유입되는 전류의 총합은 그 점에서 유출되는 전류의 총합과 같다."

로 정의된다.

그림 5의 화살표 부분의 분기점에서 제1법칙을 적용하면 다음과 같이 된다.

$$I = I_1 + I_2 + I_3 + \cdots + I_n$$

이식은 "전선의 임의의 한 분기점에 유입 또는 유출되는 전류의 합은 0이다. 즉, 분기점에 있어서 유입되는 총전류는 유출되는 총전류와 같다(전하보존의 법칙)."를 의미하며 이를 키르히호프의 전류법칙이라 한다.

4.2 제2법칙(전압법칙)

그림 6와 같이 저항을 직렬로 연결한 경우에는 각각의 저항양단에 전압강하가 옴의 법칙에 의해 발생한다. 이 전압강하와 전원전압의 관계를 나타낸 법칙이 전압법칙이다.
키르히호프의 전압법칙은 "회로망 내의 임의의 폐회로(경로)에 있어서 전원전압(E_i)의합은 전압강하의 합(V_i)과 같다"로 정의된다.

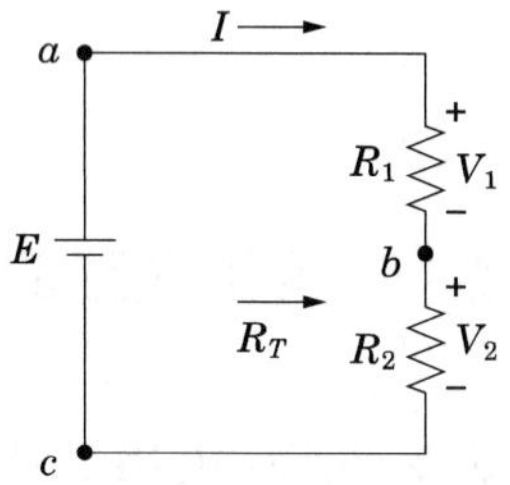

그림 6 저항의 직렬연결

$$E_1 + E_2 + E_3 + \cdots = V_1 + V_2 + V_3 + \cdots \quad \text{즉}, \quad \sum E_i = \sum V_i$$

가 된다. 그림 5에 전압법칙을 적용하면 다음과 같다.

$$E = V_1 + V_2$$

이 식을 다시 정리하면

$$E - V_1 + V_2 = 0$$

이 되며, 이것은 회로망내의 임의의 한 폐회로에서 한 방향으로 일주하면서 취한 전압 상승 또는 전압강하의 대수합은 각 순간에 있어서 0된다는 것을 의미한다.

예제문제 02

일정 전압의 직류 전원에 저항을 접속하고 전류를 흘릴 때 이 전류값을 20 [%] 증가시키기 위해서는 저항값을 몇 배로 하여야 하는가?

① 1.25배　　　　② 1.20배　　　　③ 0.83배　　　　④ 0.80배

해설

전류는 저항에 반비례 하므로 전압이 일정한 상태에서 전류값을 1.2배로 증가 하려면 저항의 값은

$R' = \dfrac{1}{\dfrac{I'}{I}} R = \dfrac{1}{\dfrac{1.2}{1}} R = 0.83R$ 이 된다.

답 : ③

예제문제 03

그림과 같은 회로에서 R의 값은?

① $\dfrac{E}{E - V} \cdot r$　　　　② $\dfrac{V}{E - V} \cdot r$

③ $\dfrac{E - V}{E} \cdot r$　　　　④ $\dfrac{E - V}{V} \cdot r$

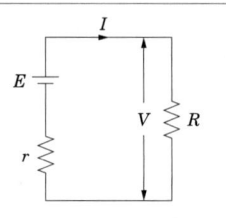

해설

키르히호프의 전압 방정식을 세우면

$E = V + I \cdot r$

따라서, $E - V = I \cdot r$, $I = \dfrac{V}{R}$ 이므로 $E - V = \dfrac{V \cdot r}{R}$, $R = \dfrac{V}{E - V} \cdot r$ 가 된다.

답 : ②

예제문제 04

3개의 같은 저항 $R\,[\Omega]$을 그림과 같이 $\triangle$ 결선하고, 기전력 $V\,[V]$, 내부 저항 $r\,[\Omega]$인 전지를 n개 직렬 접속했다. 이때 전지 내를 흐르는 전류가 $I\,[A]$라면 R는 몇 $[\Omega]$인가?

① $\dfrac{3}{2}n\left(\dfrac{V}{I}-r\right)$　　② $\dfrac{3}{2}n\left(\dfrac{V}{I}+r\right)$

③ $\dfrac{2}{3}n\left(\dfrac{V}{I}-r\right)$　　④ $\dfrac{2}{3}n\left(\dfrac{V}{I}+r\right)$

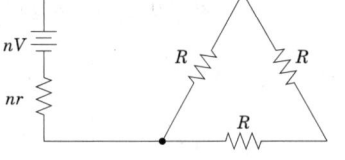

해설

키르히호프의 전압 방정식을 세우면 $nV=I\left(nr+\dfrac{R\cdot 2R}{R+2R}\right)$가 된다.

$\triangle$ 연결된 부분의 합성저항을 정리하면 $nV=I\left(nr+\dfrac{2R}{3}\right)$가 된다. 여기서 I를 좌변으로 이항하고 정리하면 다음과 같다.

$$n\frac{V}{I}=nr+\frac{2R}{3}\,,\quad n\left(\frac{V}{I}-r\right)=\frac{2}{3}R,\quad \therefore R=\frac{3}{2}n\left(\frac{V}{I}-r\right)$$

답 : ①

5. 저항의 합성

5.1 저항의 직렬합성

저항을 직렬 또는 병렬로 연결한 경우는 이것과 등가인 하나의 저항으로 표현할 수 있으며, 이렇게 하나의 저항으로 표현된 것을 합성저항이라 하며, 이것을 저항의 합성이라 한다.

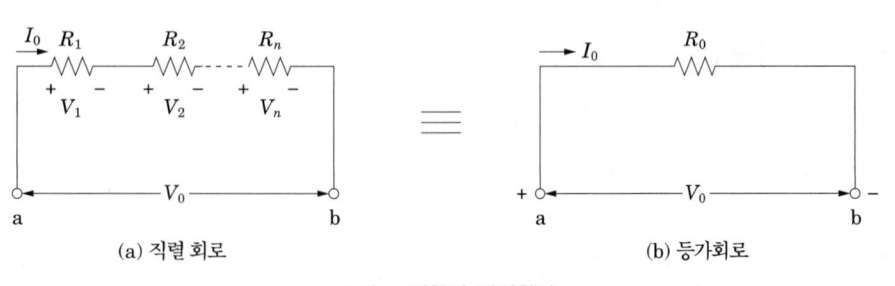

(a) 직렬 회로　　　　　　　(b) 등가회로

그림 7 저항의 직렬합성

그림 7은 저항을 직렬로 연결한 것으로서 그림 7의 (b)와 같이 하나의 등가저항으로 표현할 수 있다.

등가라는 것은 같은 값을 갖는다는 의미로 조건이 성립하기 위해서는 공급되는 전압 V_0와 흐르는 전류 I_0가 같아야만 한다.

따라서 위 조건을 적용하여 식을 세우면 그림 (a)는

$$V_0 = (R_1 + R_2 + R_3 + \cdots + R_n)I_0$$

그림 6(b)는 $V_0 = R_0 I_0$ 이며, 이 두식은 서로 등가라는 조건이므로 이를 적용하면

$$(R_1 + R_2 + R_3 + \cdots + R_n)I_0 = R_0 I_0$$

그러므로 등가 합성저항은 양변에서 전류를 소거하면

$$R_0 = R_1 + R_2 + R_3 + \cdots + R_n \ [\Omega]$$

가 된다. 즉, 직렬로 연결한 저항의 합성저항을 구할 경우는 저항의 값을 합하는 것으로 구할 수 있다. 직렬로 연결한 저항은 그 값의 크기가 커지는 것을 의미한다.

5.2 저항의 병렬합성

그림 8의 (a)와 같이 병렬로 연결된 저항에는 키르히호프의 전류법칙을 적용할 수 있으며, 다음과 같이 된다.

$$I_0 = I_1 + I_2 + \cdots + I_n$$

병렬의 경우 전원전압이 일정하므로(저항양단에 걸리는 전압이 일정하므로) 전류를 구하여 대입하면

$$I_0 = \frac{V_0}{R_1} + \frac{V_0}{R_2} + \cdots + \frac{V_0}{R_n}$$

가 된다. 또 그림 8(b)에서 옴의 법칙을 적용하여 전류를 구하면 다음과 같이 된다.

$$I_0 = \frac{V_0}{R_0}$$

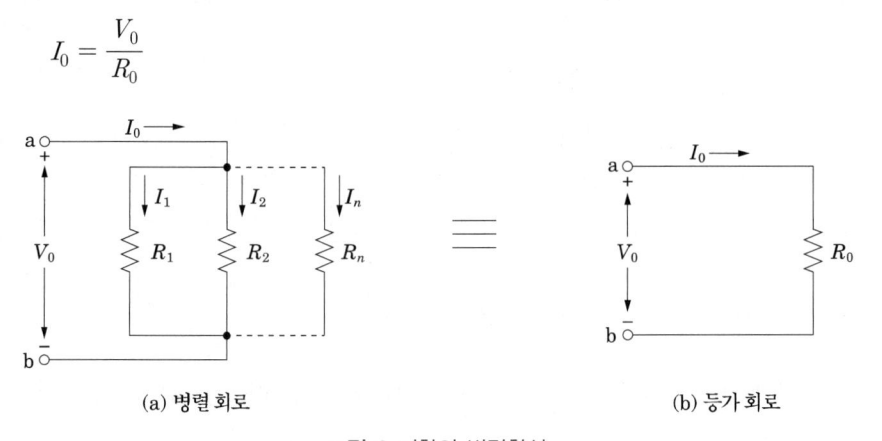

(a) 병렬 회로   (b) 등가 회로

그림 8 저항의 병렬합성

그림 8(a)와 (b)는 등가회로 이므로 두식으로부터 R_0를 구하면 다음과 같이 합성저항을 구할 수 있다.

$$R_0 = \frac{1}{\dfrac{1}{R_1} + \dfrac{1}{R_2} + \cdots + \dfrac{1}{R_n}} \ [\Omega]$$

예를 들면

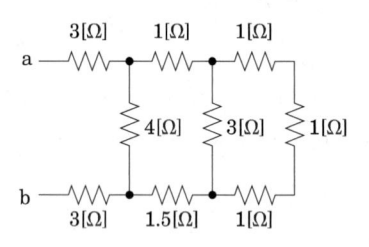

그림 9 저항의 직병렬 연결

합성 저항을 구하는 예는 그림 8의 경우에 우측의 1[Ω]의 저항 3개를 합성하여 그림 10와 같이 등가한다.

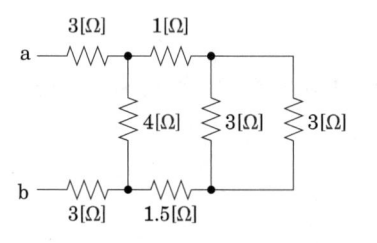

그림 10 저항의 직병렬 연결

그림 10에서는 우측의 3[Ω]의 저항 2개를 합성하여 그림 11과 같이 등가한다.

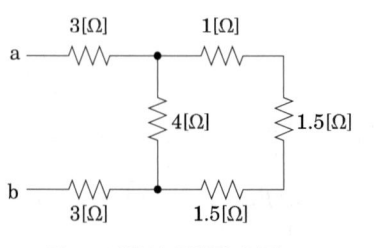

그림 11 저항의 직병렬 연결

그림 11은 쉽게 합성저항을 구할 수 있는 형태가 되며, 이것의 합성저항은 8[Ω]이된다.

6. 전압분배법칙과 전류분배법칙

그림 12과 같이 저항을 직렬로 연결하고 전원 전압을 인가하면 저항양단에는 각각 전압강하가 발생한다.

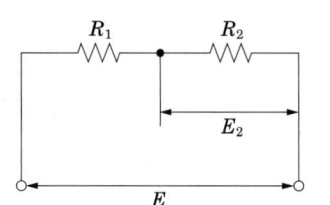

그림 12 전압분배법칙의 적용

저항 R_2 양단의 전압강하를 구하면 다음과 같다.

$$E_2 = IR_2 \text{이고 } I = \frac{E}{R_1 + R_2}$$

$$E_2 = \frac{E}{R_1 + R_2} \times R_2 = \frac{R_2}{R_1 + R_2} E$$

즉, 위 식에서 각각의 전압강하는 저항값에 비례한다는 것을 알 수 있다.
이것을 전압분배법칙이라 한다.
만약 저항 R_1 양단의 전압강하를 구하는 경우는 위와 같이 구하지 않고 비례한다는 것을 적용하면

$$E_1 = \frac{R_1}{R_1 + R_2} E$$

으로 쉽게 구할 수 있다. 이것은 전압의 값이 저항의 값에 비례하기 때문이다.

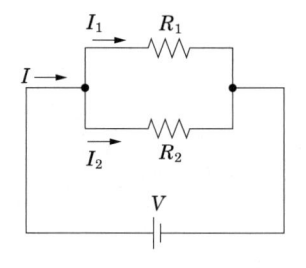

그림 13 분류법칙의 적용

그림 13에서는 $I = I_1 + I_2$ 가 됨을 알 수 있다. 이것은 키르히호프의 전류법칙을 적용

한 것이다. R_1, R_2가 병렬로 연결된 회로에서 R_1, R_2에 흐르는 전류를 각각 I_1, I_2라 할 때 각 저항에 흐르는 전류 I_1, I_2는 각 저항에 반비례한다.

그림 13는 저항 R_1, R_2가 병렬로 연결되었고 이에 공급하는 전압이 일정하므로 전류는 저항에 반비례한다는 것을 쉽게 알 수가 있다.

$$I_1 = \frac{R_2}{R_1 + R_2} I \qquad\qquad I_2 = \frac{R_1}{R_1 + R_2} I$$

예제문제 05

그림과 같은 회로에서 R_2 양단의 전압 E_2 [V]는?

① $\dfrac{R_1}{R_1 + R_2} E$ ② $\dfrac{R_2}{R_1 + R_2} E$

③ $\dfrac{R_1 R_2}{R_1 + R_2} E$ ④ $\dfrac{R_1 + R_2}{R_1 \cdot R_2} E$

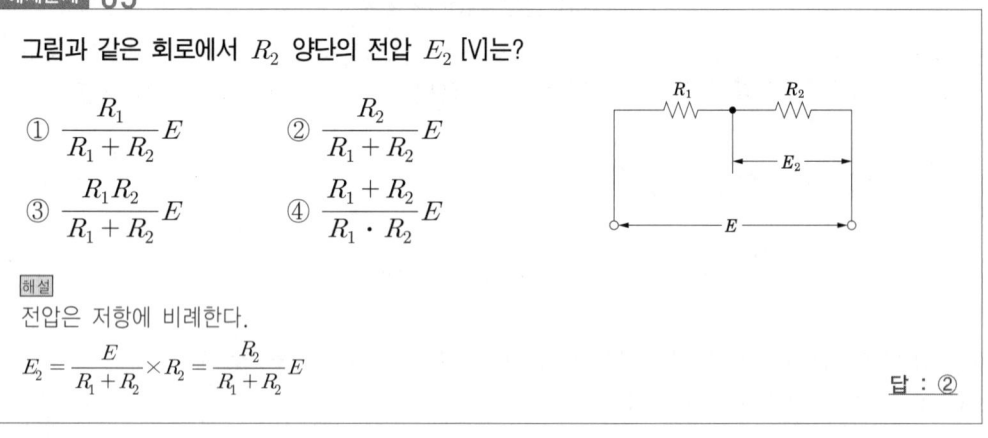

해설
전압은 저항에 비례한다.

$$E_2 = \frac{E}{R_1 + R_2} \times R_2 = \frac{R_2}{R_1 + R_2} E$$

답 : ②

---

7. 전력과 줄의 법칙

7.1 전력의 정의

어떤 것의 정의할 때는 시간당의 값으로 표현하는 것이 보통이다. 전류의 경우는 단위시간당 이동한 전하량으로 표현하며, 속도의 경우는 단위시간당 이동한 거리로 표현한다. 전력은 전기가 단위시간당 한 일로 나타내며 단위는 [W] (와트)로 나타낸다.

$$P = \frac{W}{t} [\text{J/s}]$$

여기서 P : 전력, W : 일(에너지), t : 시간(초)

전력의 단위는 [J/sec]이지만 이것과 같은 단위로 [W]를 사용한다. 전압의 정의인 $V = \dfrac{W}{Q}$ 에서 $W = QV$를 위 식에 대입하면 다음과 같이 된다.

$$P = \frac{W}{t} = \frac{QV}{t} \, [\text{W}]$$

여기서 전류의 정의인 $I = \dfrac{Q}{t}$ 를 대입하면 전력은

$$P = VI \, [\text{W}]$$

가 된다. 즉, 전기가 단위시간당 하는 일은 전압과 전류의 곱과 같게 되는 것을 의미하며, 직류회로에서는 [W], 교류에서는 [VA]라는 단위를 사용한다.

7.2 전력량

전력은 단위시간당 전기가 한 일이며, 전력량은 전력에 시간을 곱한 [J]의 단위를 갖는 것을 말한다. 즉, 전력량은 전기가 한 일에 해당된다.

$$W = Pt \, [W \cdot \text{sec}]$$

여기서 W : 일(에너지, 전기량), P : 전력, t : 시간(초)

이 식의 단위는 $[W \cdot \text{sec}]$이며 이 단위는 전력에 시간을 곱한 것으로 전력량에 해당한다. 전력량의 실용적 단위는 [kWh]로 사용한다.
전력량은 열량으로 환산할 수 있다.

$$Q = 0.24 \, Pt \, [\text{cal}]$$

$$Q = 0.24Pt = 0.24I^2Rt = 0.24\frac{V^2}{R}t = Cm(\theta_2 - \theta_1) \, [\text{cal}]$$

여기서 Q : 열량(칼로리), P : 전력, I : 전류, R : 저항, t : 시간, C : 비열,
m : 질량, θ : 온도

이 식의 의미는 "도체에 흐르는 전류에 의하여 단위 시간에 발생하는 열량은 I^2R에 비례한다."는 것을 말한다.
줄의 법칙은 전기에너지를 열에너지로 변화하여 나타낸 것으로 이 열에너지는 전등, 전기용접, 전열기 등에 자주 이용된다. 줄의 법칙의 기본식은 다음과 같다.

$$0.24P \, t\eta = Cm(\theta_2 - \theta_1)$$

이 식은 전열기의 설계 등에 사용된다.

예제문제 06

100 [V], 60 [W]의 전구에 50 [V]를 가했을 때의 전류는?

① 0.3 [A]　　　　② 0.4 [A]　　　　③ 0.5 [A]　　　　④ 0.6 [A]

[해설]
전구는 변하지 않은 상태에서 전압만을 변경 하였으므로

$$R = \frac{V^2}{P} = \frac{100^2}{60} \fallingdotseq 167 \,[\Omega], \qquad \therefore I = \frac{V}{R} = \frac{50}{167} \fallingdotseq 0.3 \,[A]$$

답 : ①

8. 브리지회로

그림 14과 같이 마름모 형태로 저항을 연결하고 C점과 D점에 검류계를 연결한 회로를 휘트스톤브리지 회로라 한다. 그림 14에서 평형조건이라 함은 검류계 G에 전류가 흐르지 않는 조건을 말한다. 즉, 점 C와 D의 전위가 같아 검류계 G에 전류가 흐르지 않는 상태를 평형상태라 한다. 이러한 조건을 만족할 경우 점 C와 D 사이에 저항을 연결해도, 연결하지 않아도 전체 합성저항의 값은 변함이 없으며, 전체 전류 또한 변함이 없게 된다. 따라서 점 C와 D의 전위가 같은 조건일 경우는 전압강하가 같다는 조건이 되므로 전압강하는

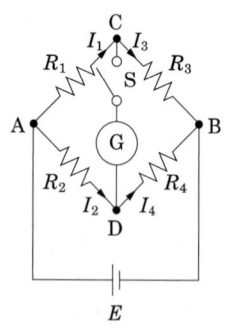

그림 14 브리지 회로

$$R_1 I_1 = R_2 I_2 \ \text{및} \ R_3 I_1 = R_4 I_2$$

가 된다. 따라서

$$R_1 R_4 = R_2 R_3$$

가 되는데 이를 브리지의 평형조건이라 한다.

이것은 서로 대각선으로 마주보고 있는 저항의 곱이 서로 같으면 평형이 됨을 의미한 다. 이 브리지의 평형조건은 교류회로의 임피던스의 경우에도 동일하게 적용된다.

예제문제 07

그림과 같은 회로에 흐르는 전류 I는 몇 [A]인가?

① 1.0 　　② 1.2

③ 1.5 　　④ 1.8

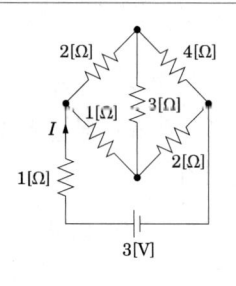

해설

브리지가 평형이므로 브리지 3[Ω]의 저항에 전류가 흐르지 않는다.

따라서 합성 저항 R_0는

$$R_0 = 1 + \frac{3 \times 6}{3 + 6} = 3\,[\Omega] \qquad \therefore I = \frac{V}{R_0} = \frac{3}{3} = 1\,[A]$$

답 : ①

핵심과년도문제

1·1

$i = 2t^2 + 8t$ [A]로 표시되는 전류가 도선에 3[초] 동안 흘렀을 때 통과한 전 전기량은 몇 [C]인가?

① 18　　　　　② 48　　　　　③ 54　　　　　④ 61

해설　$Q = \int_0^t i\,dt = \int_0^3 (2t^2 + 8t)\,dt = \left[\frac{2}{3}t^3 + 4t^2\right]_0^3 = 54\,[\mathrm{C}]$

[C]은 [A · sec]와 같은 차원의 단위이다.　　　　　【답】③

1·2

그림과 같은 회로에서 내부 저항 500 [kΩ]의 전압계를 이용하여 단자 a, b 사이의 전압을 측정하니 100 [V]였다. 이 전압계를 a, b 사이에 접속하였을 때 전 회로의 합성 저항은 몇 [kΩ]인가?

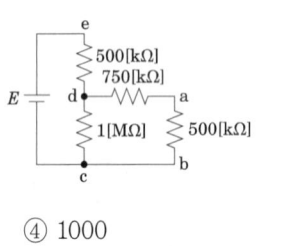

① 250　　　　　② 500　　　　　③ 750　　　　　④ 1000

해설　a, b 사이에 500 [kΩ]에 500 [kΩ]을 병렬로 연결하면 a, b 사이의 합성 저항은 $R_{ab} = 250$ [kΩ]이 되며 b, d 사이의 합성저항은 $R_{bd} = 1000$ [kΩ]이 된다. 이것이 c, d의 1 [MΩ]과 병렬로 되므로 전체 합성저항은 합성 저항 $R_{ce} = 1000$ [kΩ]이 된다.　　　　　【답】④

1·3

그림과 같은 회로에서 S를 열었을 때 전류계의 지시는 10 [A]였다. S를 닫을 때 전류계의 지시는 몇 [A]인가?

① 8　　　　　② 10
③ 12　　　　　④ 15

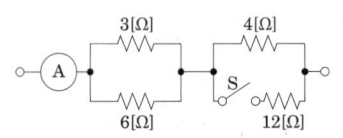

해설　S를 열었을 때 합성저항을 구하면　$R = \left(\frac{3 \times 6}{3 + 6} + 4\right) = 6\,[\Omega]$

S를 닫았을 때 합성저항을 구하면　$R = \left(\frac{3 \times 6}{3 + 6} + \frac{4 + 12}{4 \times 12}\right) = 5\,[\Omega]$

따라서, 전류는 저항에 반비례하므로 $I' = \frac{1}{\left(\frac{5}{6}\right)} \times 10 = 12[\mathrm{A}]$가 된다.　　　　　【답】③

1·4

그림과 같은 회로에서 a, b 양단의 전압은 몇 [V]인가?

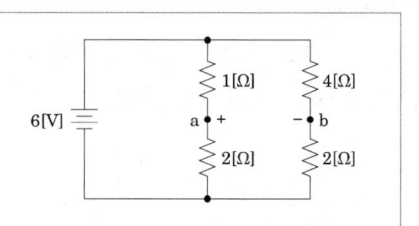

① 1 ② 2
③ 1.5 ④ 2.5

해설 브리지가 평형되지 않은 상태이므로 1[Ω]과 4[Ω]의 전압강하를 구하고 전위를 구한다음 전위차를 구한다.

$$V_{ab} = \frac{4}{4+2} \times 6 - \frac{1}{1+2} \times 6 = 4 - 2 = 2 \text{ [V]}$$

【답】②

1·5

그림과 같은 회로에서 $I = 10$ [A], $G = 4$ [℧], $G_L = 6$ [℧]일 때 G_L에서 소비되는 전력은 몇 [W]인가?

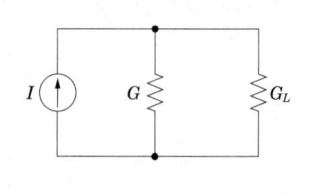

① 100 ② 10
③ 4 ④ 6

해설 $G = 4$ [℧], $G_L = 6$ [℧]이므로 전류분배법칙을 적용하여 전류를 구한 후 전력을 구한다.

$$I_L = I \times \frac{G_L}{G + G_L} = 10 \times \frac{6}{4+6} = 6 \text{ [A]}$$

$$P_L = I_L^2 \cdot \frac{1}{G_L} = 6^2 \times \frac{1}{6} = 6 \text{ [W]}$$

【답】④

1·6

그림과 같은 회로에서 저항 R_4에서 소비되는 전력[W]은?

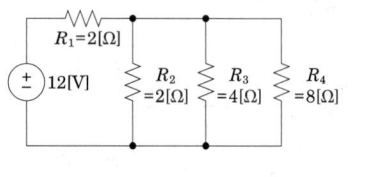

① 2.38 ② 4.76
③ 9.52 ④ 29.2

해설 병렬로 된 부분 R_2, R_3, R_4 의 합성 저항은 $\left(\frac{1}{2} + \frac{1}{4} + \frac{1}{8}\right)^{-1} = \frac{8}{7}$ [Ω]

따라서, R_2, R_3, R_4 양단의 전압은 전압분배 법칙을 적용하면 $V = \frac{\frac{8}{7}}{\frac{8}{7}+2} \times 12 = 4.37$ [V]가 된다.

그러므로 R_4에서 소비되는 전력 $P_4 = \frac{V^2}{R_4}$에서 $P_4 = \frac{4.37^2}{8} = 2.38$ [W]가 된다.

【답】①

1·7

두 전원 E_1과 E_2를 그림과 같이 접속했을 때 흐르는 전류 I[A]는?

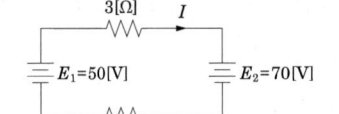

① 4   ② −4

③ 24   ④ −24

 두 전압원의 극성이 반대이므로 전압의 차를 구하여 전류를 구한다.

$$I = \frac{E}{R} = \frac{E_1 - E_2}{R} = \frac{50 - 70}{2 + 3} = -4 \text{ [A]}$$

【답】②

1·8

그림에서 a, b단자에 200 [V]를 가할 때 저항 2 [Ω]에 흐르는 전류 I_1 [A]는?

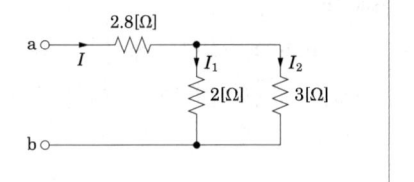

① 40   ② 30

③ 20   ④ 10

 회로의 합성 저항 R은

$$R = 2.8 + \frac{2 \times 3}{2 + 3} = 4 \text{ [Ω]}, \quad \therefore I = \frac{200}{4} = 50 \text{ [A]}$$

전류 분배 법칙을 적용하여 전류를 구한다.

$$I_1 = \frac{R_2}{R_1 + R_2} \times I = \frac{3}{2 + 3} \times 50 = 30 \text{ [A]}$$

【답】②

1·9

그림과 같은 회로에서 단자 a, b 사이의 합성 저항은?

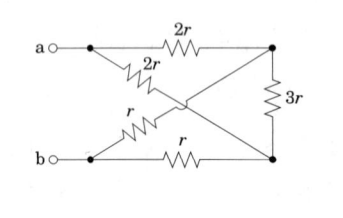

① r ② $\frac{3}{2}r$

③ $\frac{1}{2}r$ ④ $3r$

 브리지 회로의 평형상태이므로 직병렬 회로로 볼 수 있다. 따라서

$$R = \frac{3r \times 3r}{3r + 3r} = \frac{9r^2}{6r} = \frac{3}{2}r \text{ [Ω]}$$

【답】②

심화학습문제

01 내부 저항이 15 [kΩ]이고 최대 눈금이 150 [V]인 전압계와 내부 저항이 10 [kΩ]이고 최대 눈금이 150 [V]인 전압계가 있다. 두 전압계를 직렬 접속하여 측정하면 최대 몇 [V]까지 측정할 수 있는가?

① 200   ② 250

③ 300   ④ 315

해설

측정 전압을 E라 하면 전압 분배 법칙에 따라

$\dfrac{15}{15+10} \times E \le 150$의 조건을 만족해야 한다.

$\therefore E \le 250$ [V]

【답】②

02 그림과 같은 회로의 합성 컨덕턴스 G_{eg} [m℧]는?

① 2

② 6

③ 12

④ 18

해설

점 a, c의 합성 컨덕턴스는

$G_{ac} = \dfrac{(12+3) \times 10}{(12+3)+10} = 6$ [m℧]

점 a, d의 합성 컨덕턴스는

$G_{ad} = G_{ac} + 2 = 6 + 2 = 8$ [m℧]

따라서 $G_{eg} = \dfrac{(8+16) \times G_{ad}}{(8+16)+G_{ad}} = \dfrac{(8+16) \times 8}{(8+16)+8} = 6$ [m℧]

【답】②

03 최대 눈금이 50 [V]인 직류 전압계가 있다. 이 전압계를 사용하여 150 [V]의 전압을 측정하려면 배율기의 저항은 몇 [Ω]을 사용하여야 하는가? 단, 전압계의 내부 저항은 5000 [Ω]이다.

① 1000   ② 2500

③ 5000   ④ 10000

해설

배율기의 배율 $m = 1 + \dfrac{R_m}{R_v}$ 에서

$R_m = R_v(m-1) = 5000\left(\dfrac{150}{50}-1\right) = 10000$ [Ω]

【답】④

04 기전력 2 [V], 내부 저항 0.5 [Ω]의 전지 9개가 있다. 이것은 3개씩 직렬로 하여 3조 병렬 접속한 것에 부하 저항 1.5 [Ω]을 접속하면 부하 전류[A]는?

① 1.5   ② 3

③ 4.5   ④ 5

해설

전지의 내부 저항에 부하 저항을 접속한 합성저항은 $R_0 = \dfrac{0.5 \times 3}{3} + 1.5 = 2$ [Ω]이며, 전지의 기전력은 직렬로 연결된 부분을 고려하면 $2 \times 3 = 6$[V] 이므로

$I_0 = \dfrac{V}{R_0} = \dfrac{6}{2} = 3$ [A]

【답】②

05 기전력 3 [V], 내부 저항 0.2 [Ω]인 전지 6개를 직렬로 접속하여 단락시켰을 때의 전류[A]는?

① 30

② 25

③ 15

④ 10

해설

직렬연결이므로 저항은 갯수로 나누고 전압은 갯수를 곱한다. 흐르는 전류는 $I = \dfrac{nE}{nr} = \dfrac{6 \times 3}{6 \times 0.2} = 15[A]$, 여기서 n 은 전지의 개수

【답】 ③

06 $R = 1\,[\Omega]$의 저항을 그림과 같이 무한히 연결할 때, a, b간의 합성 저항은?

① 0

② 1

③ ∞

④ $1 + \sqrt{3}$

해설

그림의 등가 회로에서 $R_{ab} = 2r + \dfrac{r \cdot R_{cd}}{r + R_{cd}}$ 이며 무한한 길이 이므로 $R_{ab} = R_{cd}$ 로 볼 수 있다. 정리하면

$$r R_{ab} + R_{ab}{}^2 = 2r^2 + 2r \cdot R_{ab} + r \cdot R_{ab}$$

이 되며 근의 공식에 의해 구한다. 여기서 $r = 1\,[\Omega]$를 대입하면 $R_{ab} = 1 + \sqrt{3}$

【답】 ④

07 그림과 같은 회로에서 a, b단자에서 본 합성 저항은 몇 [Ω]인가?

① 6

② 6.3

③ 8.3

④ 8

해설

우측의 1[Ω]의 저항 3개를 직렬 연결된 부분부터 순차적으로 구한다.

【답】 ④

08 그림과 같은 회로에서 미지의 저항 R의 값을 구하면 몇 [Ω]인가?

① 2.5 [Ω]

② 2 [Ω]

③ 1.6 [Ω]

④ 1 [Ω]

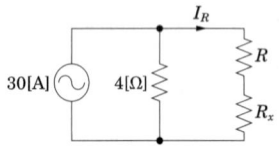

해설

R에 흐르는 전류를 구하기 위해 병렬로 연결된 저항을 합성하면

$$R_x = \dfrac{6 \times 12}{6 + 12} = 4\,[\Omega]$$

전류분배 법칙에 의해 R에 흐르는 전류

$$I_R = \dfrac{4}{(R_x + R) + 4} \times I = \dfrac{4}{8 + R} \times 30 = \dfrac{120}{8 + R}$$

따라서 R 양단의 전압이 20[V] 이므로 옴의 법칙에 의해 저항을 구한다.

$$V_{ab} = I_R \cdot R = \dfrac{120}{8 + R} \times R = 20, \quad 100R = 160$$

$$\therefore R = 1.6\,[\Omega]$$

【답】 ③

09 그림과 같은 회로에 일정한 전압이 걸릴 때 전원에 R_1 및 100 [Ω]을 접속하였다. R_1에 흐르는 전류를 최소로 하기 위한 R_2의 값 [Ω]은?

① 25

② 50

③ 75

④ 100

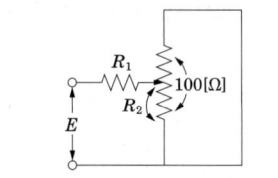

해설

$100\,[\Omega]$의 저항을 R이라 하면 회로의 합성 저항 R_0는

$$R_0 = R_1 + \frac{R_2(R-R_2)}{R_2+(R-R_2)} = R_1 + \frac{R_2(R-R_2)}{R}$$

전류를 최소로 하기 위해서는 R_0가 최대이어야 하고 R, R_1은 일정하므로 $R_2(R-R_2)$가 최대가 되어야 하므로

$$\therefore \frac{d}{dR_2}\{R_2(R-R_2)\}=0 \qquad R-2R_2=0$$

따라서

$$\therefore R_2 = \frac{R}{2} = \frac{100}{2} = 50\,[\Omega]\text{가 된다.}$$

【답】②

10 그림과 같은 회로에 있어서 단자 a, b 사이에 24 [V]의 전압을 가하여 2 [A]의 전류를 흘리고 또한 r_1, r_2에 흐르는 전류를 1 : 2로 하고자 한다. r_1의 값[Ω]은?

① 3
② 6
③ 12
④ 24

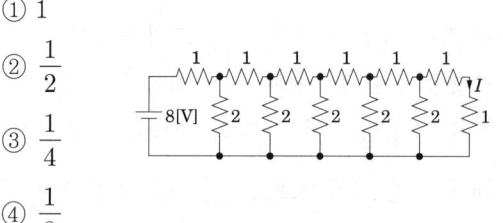

해설

전체전류가 2 [A]이므로 전체합성 저항은 12 [Ω]된다. r_1과 r_2의 전류비가 1 : 2가 되는 조건에 의해 저항비는 2 : 1이 된다. 이를 적용하여 방정식을 세우면 다음과 같다.

$$4+\frac{r_1 r_2}{r_1+r_2}=12 \qquad r_1 = 2r_2$$

위 두식으로부터 저항을 구하면 $r_1 = 24\,[\Omega]$, $r_2 = 12\,[\Omega]$가 된다.

【답】④

11 어떤 전지의 외부회로 저항은 5 [Ω]이고 전류는 8 [A]가 흐른다. 외부회로에 5 [Ω] 대신에 15 [Ω]의 저항을 접속하면 전류는 4 [A]로 떨어진다. 전지의 기전력은 몇 [V]인가?

① 80 [V]
② 50 [V]
③ 15 [V]
④ 20 [V]

해설

전지와 외부저항의 직렬회로에 대한 전압의 방정식을 세우면 $E = RI + rI$가 된다. 동일한 전지 이므로 기전력이 일정하므로

$$E = 5\times8 + r\times8 = 15\times4 + r\times4$$

가 된다. 여기서 r을 구하면

$$\therefore 4r = 20 \qquad r = 5\,[\Omega]$$

가 된다. 따라서 기전력은

$$\therefore E = 5\times8 + 8r = 5\times8 + 5\times8 = 80\,[\text{V}]\text{가 된다.}$$

【답】①

12 그림과 같은 회로에서 I는 몇 [A]인가? 단, 저항의 단위는 [Ω]이다.

① 1
② $\frac{1}{2}$
③ $\frac{1}{4}$
④ $\frac{1}{8}$

해설

전체 합성 저항을 우측 끝 부분부터 구하면 $R_0 = 2$ [Ω]가 된다. 따라서 전전류는 $I = \frac{8}{2} = 4$ [A]가 된다. 전전류 4 [A]는 각 지로에 저항에 반비례하여 분배된다. 따라서 $I = \frac{1}{8}$ [A]

【답】④

13 a, b간에 25 [V]의 전압을 가할 때 5 [A]의 전류가 흐른다. r_1 및 r_2에 흐르는 전류의 비를 1 : 3으로 하려면 r_1 및 r_2의 저항은 각각 몇 [Ω]인가?

① $r_1 = 12$, $r_2 = 4$
② $r_1 = 24$, $r_2 = 8$
③ $r_1 = 6$, $r_2 = 2$
④ $r_1 = 2$, $r_2 = 6$

【해설】

전체전류가 5[A]이고, 전압이 25[V] 이므로

$$I = 5 = \frac{E}{R_t} = \frac{25}{R_t}, \qquad \therefore R_t = \frac{25}{5} = 5 \, [\Omega]$$

가 된다. 또 회로에 대한 합성저항값과 같으므로

$$2 + \frac{r_1 r_2}{r_1 + r_2} = 5 \, [\Omega]$$

가 된다. 전류비가 1 : 3이므로

$$r_1 : r_2 = 3 : 1, \qquad \therefore r_1 = 3r_2$$

$$\frac{3r_2^2}{3r_2 + r_2} = 5 - 2, \qquad \frac{3}{4} r_2 = 3$$

$$\therefore r_2 = 4 \, [\Omega], \qquad r_1 = 12 \, [\Omega]$$

【답】 ①

14 저항 R인 검류계 G에 그림과 같이 r_1인 저항을 병렬로, 또한 r_2인 저항을 직렬로 접속하고 A, B단자 사이의 저항을 R와 같게 하고 또한 G에 흐르는 전류를 전전류의 $\frac{1}{n}$ 로 하기 위한 r_1의 값은 얼마인가?

① $R\left(1 - \frac{1}{n}\right)$

② $\frac{n-1}{R}$

③ $\frac{R}{n-1}$

④ $R\left(1 + \frac{1}{n}\right)$

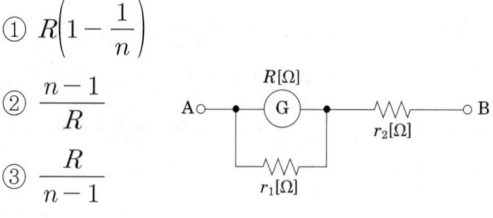

【해설】

그림에서 전 전류를 I라 하면 검류계에 흐르는 전류는 전류분배법칙에 의해 $I_G = \frac{1}{n} I = \frac{r_1}{R + r_1} \times I$ 이므로 이 식에서 저항을 구하면 $r_1 = \frac{R}{n-1}$ 가 된다.

【답】 ③

15 최대 눈금 $I = n$ [mA]의 전류계 A(내부 저항 무시)에 직렬로 R [kΩ]의 저항을 접속 하여 전압계로 했을 때 몇 [V]까지 측정할 수 있는가?

① $\dfrac{R}{n-1}$

② $\dfrac{R}{n}$

③ nR

④ $(n-1)R$

【해설】

전류 $I = n$ [mA], 저항 R [kΩ] 이므로

$$V = R \times 10^3 \times n \times 10^{-3} = nR \, [V]$$

【답】 ③

16 DC 12 [V]의 전압을 측정하려고 10 [V]용 전압계 두 개를 직렬로 연결하였을 때 전압계 V_1의 지시는 몇 [V]인가? 단, 전압계 V_1, V_2 의 내부 저항은 각각 8 [kΩ], 4 [kΩ]이다.

① 10

② 8

③ 6

④ 4

【해설】

전압 분배 법칙에 의해 구한다.

$$V_1 = \frac{8}{8+4} \times 12 = 8 \, [V]$$

【답】 ②

17 회로에서 E_{30}과 E_{15}는 몇 [V]인가?

① 60, 30

② 70, 40

③ 80, 50

④ 50, 40

【해설】

전압분배법칙에 의해 구한다.

$$E_{30} = \frac{30}{30+15}(120-30) = 60$$

$$E_{15} = \frac{15}{30+15}(120-30) = 30$$

【답】 ①

Chapter 2

정현파 교류

1. 정현파 교류의 발생

그림 1의 2극 발전기를 화살표 방향으로 ω [rad/sec]로 회전할 경우 자극 N에서 S로 향하는 자속을 끊어 전자유도법칙에 의해 기전력을 발생한다. 이때 발생하는 기전력의 파형은 정현파의 현태로 된다.

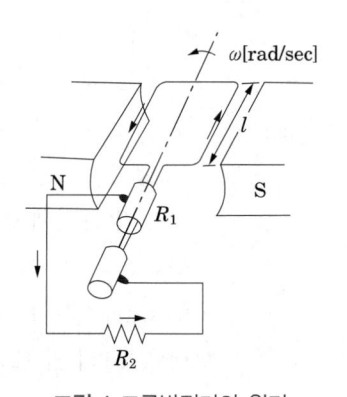

그림 1 교류발전기의 원리

그림 2의 속도 v의 성분은 자속의 방향과 직각인 $v\sin\theta$ 성분에 의해 만들어지는 기전력의 크기가 정현파가 된다.

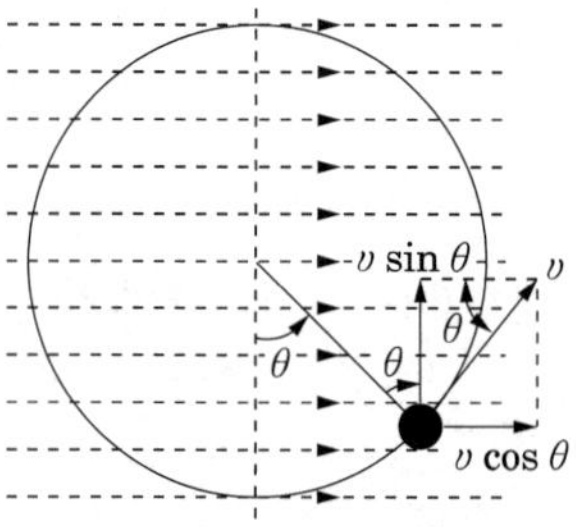

그림 2 자속과 도체의 쇄교

이 기전력의 크기는 플레밍의 오른손 법칙에 의해 다음과 같이 나타낼 수 있다.

$$e = Blv\sin\theta \ [\text{V}]$$

여기서 e : 기전력, B : 자기장 중의 자속밀도, l : 도체의 길이,
v : 도체의 속도 θ : 도체와 자속사이의 각도

위 식을 시간의 관계식으로 나타낼 수 있다. 이것을 순시값이라 한다.

> ㈜ 이 부분은 전기기기의 교류발전기의 원리에 자세한 설명이 되어 있다. 직류발전기의 원리와 교류발전기의 원리의 차이를 이해하면 더욱 쉽게 전기공학 공부에 접근할 수 있다.

2. 정현파 교류의 표현

2.1 각도와 각속도(angular velocity)

각도를 나타내는 방법은 일반적으로 도수법과 호도법이 통용되며 전기공학에서는 호도법을 많이 사용한다.

호도법에 의한 각도의 단위는 [rad]으로 나타내며, 여기에 속도의 개념을 적용한 각속도 ω 의 단위는 [rad/sec]로 나타낸다. 각속도는 1초에 이동한 각도를 의미하며, 2극 교류 발전기에서 회전자 도체가 n회전 할 경우 회전수만큼 주파수가 발생하므로 주파수 f 의 관계는 $\omega = 2\pi n = 2\pi f$ [rad/sec]가 된다. 이것을 각주파수(angular frequency)라 한다. 여기서 주파수(Frequency)는 1초 동안에 반복되는 사이클(cycle)의 수(數)로 정의한다.

$$\omega = 2\pi f \ \ [\text{rad/sec}]$$

여기서 ω : 각속도(각주파수), π : 원주율(3.14)[3], f : 주파수

2.2 정현파 교류

$e = Blv\sin\theta$ 의 식에서 $\theta = \omega t$ 의 관계가 있으므로

$$e = Blv\sin\omega t \ [\text{V}]$$

여기서 e : 기전력, B : 자기장 중의 자속밀도, l : 도체의 길이,
v : 도체의 속도, ω : 각속도, t : 시간

---

3) 원주율(圓周率)은 원의 지름에 대한 둘레의 비율을 나타내는 수학 상수이다. 수학과 물리학의 여러 분야에 두루 쓰인다. 그리스 문자 π로 표기하고, 파이라고 읽는다.
  ① 원주율은 수학에서 다루어지는 가장 중요한 상수 가운데 하나이다.
  ② 무리수인 동시에 초월수이다. 아르키메데스의 계산이 널리 알려져 있어 '아르키메데스 상수'라고 부르기도 하며, 독일에서는 1600년대 뤼돌프 판 쾰런이 소수점 이하 35자리까지 원주율을 계산한 이후 '뤼돌프 수'라고 부르기도 한다.
  ③ 원주율의 값은 3.1415926535897932...로, 순환하지 않는 무한소수이기 때문에 근사값으로 3.14를 사용한다.

로 나타낼 수 있다. 이 식은 시간 t에 의해 그 값이 변화하므로 순시값(instant -aneous value)이라 하며 정현파 교류의 순시값 표현방법이 된다.

여기서, $V_m = Blv$을 최대값이라 한다.

$$v = V_m \sin\theta = V_m \sin\omega t$$

여기서 v : 전압, V_m : 전압의 최대값, ω : 각속도, t : 시간

의 값을 파형으로 표현하면 그림 3과 같다.

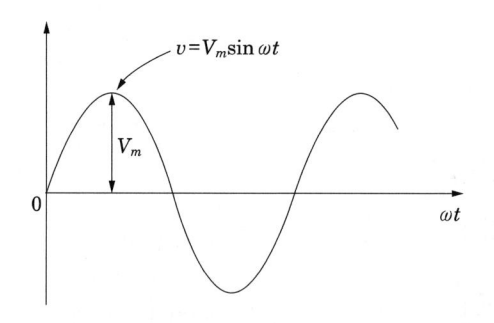

그림 3 정현파 교류의 순시값

그림 4에서 v_1 은 v_2 보다 반시계 방향으로 θ만큼 이동한 것으로 v_1의 식은 다음과 같이 표현된다.

$$v_1 = V_m \sin(\omega t + \theta)$$

여기서 θ를 초기위상(initial phase) 또는 간단히 위상이라 한다.

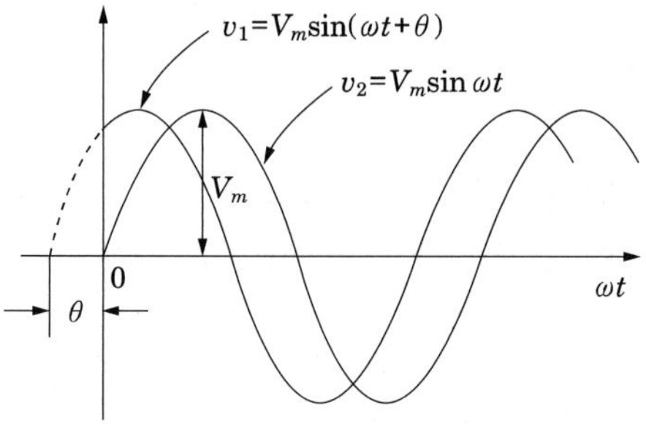

그림 4 위상의 표현

예제문제 01

최대값이 10〔A〕, 주파수가 10〔Hz〕이고 $t=0$인 순시값이 5〔A〕인 교류 전류식은?

① $10\sin\left(20\pi t \pm \dfrac{\pi}{3}\right)$

② $10\cos\left(20\pi t \pm \dfrac{\pi}{3}\right)$

③ $10\sin(20\pi t)$

④ $10\cos(20\pi t)$

해설

문제의 조건에서 $t=0$ 이므로 초기 위상만 고려하여 구한다. 또 문제의 조건에서 순시값이 최대값의 1/2 이므로 sin 30°이면 최대값의 $\dfrac{1}{2}$이 된다.

$i(t) = 10\sin\left(20\pi t \pm \dfrac{\pi}{6}\right)$ 이므로 cos 함수로 변환하면 $i(t) = 10\cos\left(20\pi t \pm \dfrac{\pi}{3}\right)$

답 : ②

예제문제 02

그림과 같은 파형의 순시값은?

① $70.70\cos\left(\omega t + \dfrac{2\pi}{6}\right)$

② $50\sin\left(\omega t + \dfrac{5\pi}{6}\right)$

③ $70.70\sin\left(\omega t + \dfrac{2\pi}{6}\right)$

④ $50\cos\left(\omega t + \dfrac{5\pi}{6}\right)$

해설

정현파의 순시값 기본식 $v = V_m \sin(\omega t + \theta)$ 에서

$V_m = 50\ [V], \quad \theta = \dfrac{5\pi}{6}$

$\therefore v = 50\sin\left(\omega t + \dfrac{5\pi}{6}\right)$

답 ②

2.3 평균값과 실효값

정현파 교류를 표현하는 방법으로는 평균값의 개념과 실효값의 개념이 있다. 평균값 (average value) 주기적인 교류파의 평균값은 한 주기 동안을 평균한 값을 말한다.

$$V_{av} = \frac{1}{T} \int_0^T v\,dt$$

여기서 V_{av} : 평균값, T : 주기, v : 전압의 순시값

위 식으로 정현파 교류의 평균값을 구하면 주기적으로 반복되는 파형이므로 0이 된다.

따라서 반주기에 대한 순시값의 평균을 취하여 정현파 교류의 평균값을 구한다.

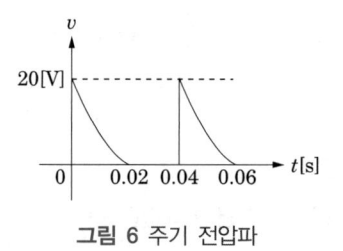

그림 5 평균값

$$V_{av} = \frac{1}{T/2} \int_0^{T/2} v \, dt$$

$$V_{av} = \frac{1}{\pi} \int_0^{\pi} v \, dt$$

$$= \frac{1}{\pi} \int_0^{\pi} V_m \sin\omega t \, d\omega t = \frac{1}{\pi} \int_0^{\pi} V_m \sin\theta \, d\theta$$

$$= \frac{2}{\pi} V_m \doteqdot 0.637 V_m$$

여기서 V_{av} : 평균값, T : 주기, v : 전압의 순시값, V_m : 전압의 최대값

즉, 정현파 교류에서는 평균값이 최대값의 63.7%가 된다. 예를 들면 다음과 같다.

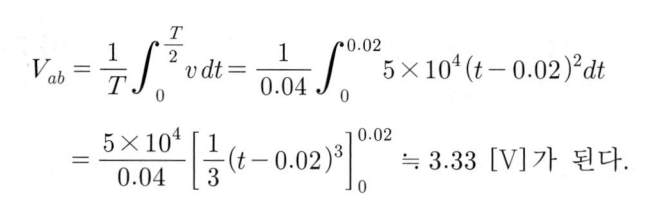

그림 6 주기 전압파

그림 6과 같은 주기 전압파에서 $t = 0$으로부터 0.02 [s] 사이에는 $v = 5 \times 10^4 (t - 0.02)^2$으로 표시되고 0.02 [s]에서부터 0.04 [s]까지는 $v = 0$이다.
전압의 평균값은

$$V_{ab} = \frac{1}{T} \int_0^{\frac{T}{2}} v \, dt = \frac{1}{0.04} \int_0^{0.02} 5 \times 10^4 (t - 0.02)^2 dt$$

$$= \frac{5 \times 10^4}{0.04} \left[\frac{1}{3} (t - 0.02)^3 \right]_0^{0.02} \doteqdot 3.33 \ [\text{V}] \ 가 \ 된다.$$

이 값을 쉽게 구하기 위해서는 공학용 계산기[4]를 이용하면 된다.

그림 7 공학용계산기

🔴 주 그림 7의 계산기는 저가의 계산기이면서 전기공학이 계산에 충실한 계산기이다.

예제문제 03

최대값이 100 [V]인 사인파 교류의 평균값은?

① 141　　　　　② 70.7　　　　　③ 63.7　　　　　④ 53.8

해설

정현파 교류의 평균값의 식에서 $V_{av} = \dfrac{2}{\pi} V_m = \dfrac{2}{\pi} \times 100 = 63.7 \, [\text{V}]$

답 : ③

예제문제 04

어떤 정현파 전압의 평균값이 191 [V]이면 최대값[V]은?

① 약 150　　　　② 약 250　　　　③ 약 300　　　　④ 약 400

해설

정현파 교류의 평균값의 식에서 $V_{av} = \dfrac{2V_m}{\pi}$ 이므로 $V_m = \dfrac{\pi}{2} V_{av} = \dfrac{\pi}{2} \times 191 \fallingdotseq 300 \, [\text{V}]$

답 : ③

실효값(effective value)은 직류가 교류와 동일한 전력효과를 낼 경우 직류로써 교류의 효과를 대신 할 수가 있다. 즉, 동일한 저항회로에 직류와 교류를 동일시간 인가하

---

[4] 국가기술자격은 계산기를 사용하는 것이 가능하다. 다만 공무원 및 공기업을 준비하는 경우는 계산기의 사용이 제한되므로 기본적인 것에 충실한 것이 바람직하다.

였을 때 소비되는 전력량이 같은 경우 이때의 직류값을 정현파 교류의 실효값으로 정의한다.

$$P_{dc} = P_{ac}$$

$$I^2 R = \frac{1}{T} \int_0^T i^2 R \, dt$$

$$\therefore I = \sqrt{\left(\frac{1}{T} \int_0^T i^2 \, dt \right)}$$

교류의 실효값 I는 순시값 i의 자승 평균의 평방근으로 정의되므로 실효값을 rms(root mean square value)라고도 한다.

$$I = \sqrt{\left(\frac{1}{T/2} \int_0^{T/2} i^2 \, dt \right)} = \sqrt{\left(\frac{1}{\pi} \int_0^{\pi} i^2 \, dt \right)}$$

$$= \sqrt{\left(\frac{1}{\pi} \int_0^{\pi} I_m^2 \sin^2\theta \, d\theta \right)} = \sqrt{\frac{I_m^2}{\pi} \int_0^{\pi} \sin^2\theta \, d\theta}$$

$$= \frac{I_m}{\sqrt{2}} \fallingdotseq 0.707 I_m$$

여기서 I : 전류의 실효값, T : 주기, i : 전류의 순시값, I_m : 전류의 최대값

정현파 교류에서는 실효값은 최대값의 70.7%가 됨을 알 수 있다.

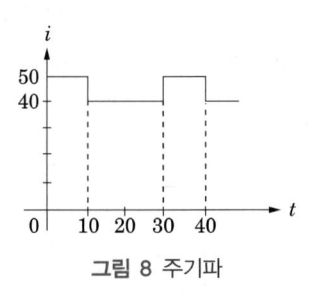

그림 8 주기파

그림 8과 같이 처음 10초간은 50 [A]의 전류를 흘리고, 다음 20초간은 40 [A]의 전류를 주기 30초 간격으로 흘리면 전류의 실효값[A]은

$$실효값 \ I = \sqrt{\frac{1}{T} \int_0^T i^2 \, dt} = \sqrt{\frac{1}{30} \left\{ \int_0^{10} (50)^2 dt + \int_{10}^{30} (40)^2 dt \right\}}$$

$$= \sqrt{\frac{1}{30} \left\{ [2500t]_0^{10} + [1600t]_{10}^{30} \right\}} = \sqrt{1900} \fallingdotseq 43.58 \ [\text{A}]$$

가 된다.

평균값과 실효값은 항상동일한 것이 아니며, 파형에 따라서 그 값이 달라진다. 표 1은 대표적인 파형에 대한 평균값과 실효값을 나타낸 것이다.

표 1 대표적인 파형의 평균값과 실효값

파 형		평균값	실효값
사각파 구형파	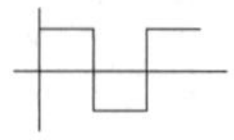	V_m	V_m
정현파 전파정류파	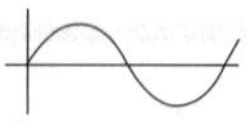	$\dfrac{2V_m}{\pi}$	$\dfrac{V_m}{\sqrt{2}}$
삼각파 톱니파	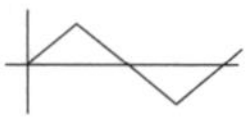	$\dfrac{V_m}{2}$	$\dfrac{V_m}{\sqrt{3}}$
정현반파 반파정류파	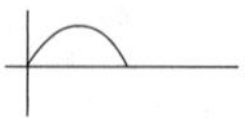	$\dfrac{V_m}{\pi}$	$\dfrac{V_m}{2}$

예제문제 05

정현파 교류의 실효값을 계산하는 식은?

① $I = \dfrac{1}{T}\displaystyle\int_0^T i^2\,dt$ 　　② $I^2 = \dfrac{2}{T}\displaystyle\int_0^T i\,dt$

③ $I^2 = \dfrac{1}{T}\displaystyle\int_0^T i^2\,dt$ 　　④ $I = \sqrt{\dfrac{2}{T}\displaystyle\int_0^T i^2\,dt}$

해설

동일한 저항 R에 직류 전류 I[A]가 흐를 때 소비 전력 P_{DC}는 $P_{DC} = I^2 R$[W]

교류 전류 i[A]가 흐를 때 소비 전력 P_{AC}는 주기를 T라 하면 $P_{AC} = \dfrac{1}{T}\displaystyle\int_0^T i^2 R\,dt$[W]

실효값의 정의에 의해 $P_{DC} = P_{AC}$의 조건에서 전류를 구하면 된다.

$I^2 R = \dfrac{R}{T}\displaystyle\int_0^T i^2\,dt$ 　　$\therefore I^2 = \dfrac{1}{T}\displaystyle\int_0^T i^2\,dt$

답 : ③

예제문제 06

그림과 같은 파형의 실효값은?

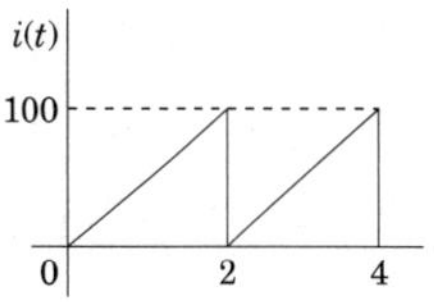

① 47.7　　② 57.7
③ 67.7　　④ 77.5

해설

$I = \sqrt{\dfrac{1}{2}\displaystyle\int_0^2 (50t)^2\,dt} = \sqrt{\dfrac{2500}{2}\left|\dfrac{t^3}{3}\right|_0^2} = \dfrac{100}{\sqrt{3}} = 57.7$[A], 삼각파의 실효값 식에 의해 구하여도 된다.

답 : ②

2.4 파형률과 파고율

파형을 비교할 경우 구형파를 기준으로 하여 비정현적인 파형이 어느 정도 일그러졌는 가를 나타내는 척도로써 파형률(wave factor)과 파고율(peak factor)이 사용된다. 파형률과 파고율의 정의는 다음과 같다.

① 파형률$= \dfrac{실효값}{평균값} = \dfrac{V}{V_{av}} = \dfrac{I}{I_{av}}$

② 파고율$= \dfrac{최대값}{실효값} = \dfrac{V_m}{V} = \dfrac{I_m}{I}$

표 2 주기적인 비정현파에 대한 파형율과 파고율

파 형		파형률	파고율
사각파 구형파		1	1
정현파 전파정류파		1.109	1.414
삼각파 톱니파		1.155	1.732
정현반파 반파정류파		1.57	2

주) 반파정류파와 반원파는 다른 파형이므로 주의하여야 한다.

예제문제 07

그림 중 파형률이 1.15가 되는 파형은?

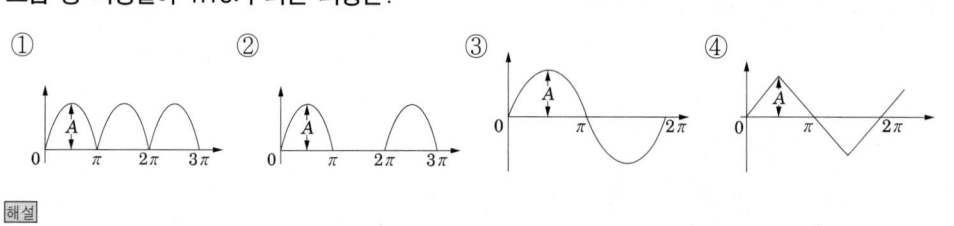

해설

①과 ③은 동일한 유형의 파형으로 파형률이 같게 된다. 그러므로 ②와 ④의 파형률을 구한다.

① 정류파(전파)=1.11   ② 정류파(반파)=1.57

③ 정현파(여현파)=1.11   ④ 삼각파=1.15

<u>답 : ④</u>

2.5 Phasor(정현파교류의 복소수 표현)

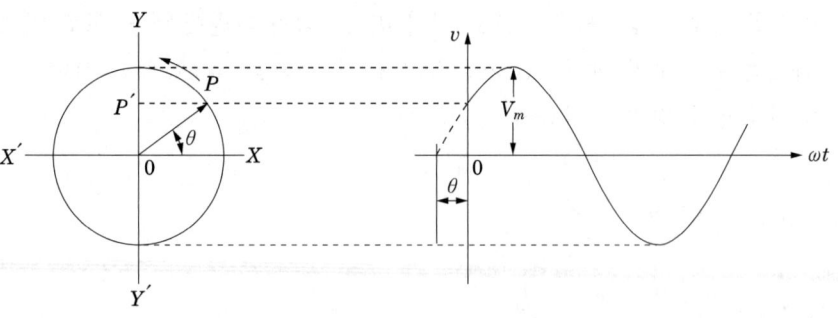

그림 9 정현파교류의 벡터표현

그림 9는 $v = V_m \sin(\omega t + \theta)$로 표시되는 정현파이며, 이 정현파의 최대값 V_m과 크기가 같은 화살표선분 $\overline{OP}$가 초기각 θ의 위치로부터 원점을 중심으로 하여 시계반대방향으로 일정한 각속도 $\omega\,[\text{rad/sec}]$로 원운동하고 있을 때(이를 회전벡터라 한다), θ 지점에 대응하는 벡터를(정지벡터) 페이저 또는 페이저도 라고 한다. 이것은 정현파의 파형의 값을 벡터로 표현할 수 있음을 의미 한다.

$$v = V_m \sin(\omega t + \theta)$$

위 식을 벡터로 표현하면

$$V_m \angle \theta \ \text{ 또는 } \ V \angle \theta$$

가 된다.

🟢 벡터의 기본적인 표현방법을 참고한다.

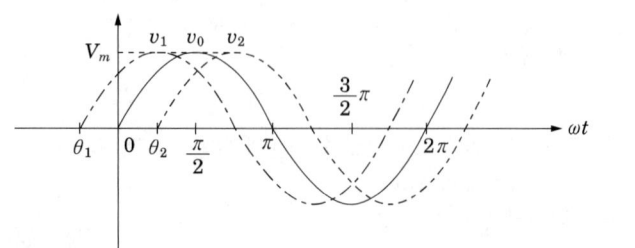

그림 10 페이저의 예

$v = 100\sqrt{2}\sin\left(\omega t + \dfrac{\pi}{3}\right)$를 복소수로 표시하면?

① $50\sqrt{3} + j50\sqrt{3}$　　　　　　② $50 + j50\sqrt{3}$

③ $50 + j50$　　　　　　　　　　④ $50\sqrt{3} + j50$

해설

$v = 100\sqrt{2}\sin\left(\omega t + \dfrac{\pi}{3}\right)$를 실효값 정지 벡터로 표시하면

$V = 100\angle\dfrac{\pi}{3} = 100(\cos 60° + j\sin 60°) = 50 + j50\sqrt{3}$

답 : ②

2.6 정현파의 합성

일반적으로 두 개의 정현파형을 수학적으로 합성하는 것은 쉬운 것이 아니다. 그러나 페이저를 이용하면 정현파의 합성을 쉽게 할 수 있다.

$$v_1 = \sqrt{2}\,V_1\sin(\omega t + \theta_1)\,[\text{V}] \quad \text{와} \quad v_2 = \sqrt{2}\,V_2\sin(\omega t + \theta_2)\,[\text{V}]$$

의 두 정현파 전압을 합성할 경우 두 정현파 전압의 페이저로 표현하면 다음과 같다.

$$v_1 = \sqrt{2}\,V_1\sin(\omega t + \theta_1)\text{는} \quad \dot{V_1} = V_1\angle\theta_1 = V_1\cos\theta_1 + jV_1\sin\theta_1$$

$$v_2 = \sqrt{2}\,V_2\sin(\omega t + \theta_2)\text{는} \quad \dot{V_2} = V_2\angle\theta_2 = V_2\cos\theta_2 + jV_2\sin\theta_2$$

따라서 벡터의 합에 계산방법에 의해 계산한다.

$$v_1 + v_2 = (V_1\cos\theta_1 + V_2\cos\theta_2) + j(V_1\sin\theta_2 + V_2\sin\theta_2)$$

이 결과를 극좌표로 환산하면

$$v_1 + v_2 = \sqrt{(V_1\cos\theta_1 + V_2\cos\theta_2)^2 + (V_1\sin\theta_1 + V_2\sin\theta_2)^2}$$

$$\angle\tan^{-1}\frac{V_1\sin\theta_1 + V_2\sin\theta_2}{V_1\cos\theta_1 + V_2\cos\theta_2}\,[\text{V}]$$

가 된다.

예를 들어보면 전류의 크기가

$$i_1 = 30\sqrt{2}\,\sin\omega t\,[\text{A}], \; i_2 = 40\sqrt{2}\,\sin\left(\omega t + \frac{\pi}{2}\right)$$

일 때 $i_1 + i_2$의 실효값은

$$I_1 = 30 \angle\, 0°\, , \quad I_2 = 40 \angle\, 90° = 40(\cos 90° + j\sin 90°) = j\,40$$

$$\therefore I_1 + I_2 = 30 + j\,40$$

$$|I_1 + I_2| = \sqrt{30^2 + 40^2} = 50\ [\text{A}]$$

가 된다.

예제문제 09

전류의 크기가 $i_1 = 30\sqrt{2}\,\sin\omega t$ [A], $i_2 = 40\sqrt{2}\,\sin\left(\omega t + \dfrac{\pi}{2}\right)$ 일 때 $i_1 + i_2$의 실효값은 몇 [A]인가?

① 50   ② $50\sqrt{2}$ ③ 70   ④ $70\sqrt{2}$

해설
두 전류의 페이저를 구한다. $I_1 = 30 \angle\, 0°\, , \quad I_2 = 40 \angle\, 90° = 40(\cos 90° + j\sin 90°) = j\,40$
따라서 두 페이저의 합은
$\therefore I_1 + I_2 = 30 + j\,40$
$|I_1 + I_2| = \sqrt{30^2 + 40^2} = 50$ [A]

답 : ①

예제문제 10

어느 기준 벡터에 대하여 30° 앞선 200 [V]의 전압 V_1과 90° 뒤진 200 [V]의 전압 V_2가 있을 때 이 두 전압의 차는 얼마인가?

① $100(\sqrt{3} + j)$ ② $100(\sqrt{3} - j)$
③ $100(\sqrt{3} + j\,3)$ ④ $100(\sqrt{3} - j\,3)$

해설
문제의 조건을 페이저로 표현하면
$V = 200 \angle\, 30 - 200 \angle - 90$
$= 100\sqrt{3} + j\,100 - (-j\,200) = 100\sqrt{3} + j\,300 = 100(\sqrt{3} + j\,3)$

답 : ③

핵심과년도문제

$i_1 = I_m \sin \omega t$ 와 $i_2 = I_m \cos \omega t$ 와 두 교류 전류의 위상차는 몇 도인가?

① 0° ② 60° ③ 30° ④ 90°

해설 $\cos \theta = \sin(\theta + 90)$ 이므로 i_2의 값을 변경하면 $i_2 = I_m \sin(\omega t + 90°)$

따라서, i_1과 위상차는 90°가 된다. 【답】④

$v = 141 \sin \left(377t - \dfrac{\pi}{6} \right)$ 인 파형의 주파수[Hz]는?

① 377 ② 100 ③ 60 ④ 50

해설 정현파의 순시값의 식에서 $\omega t = 377t$ 이므로

$\omega = 2\pi f = 377$ $\therefore f = \dfrac{377}{2\pi} = 60$ [Hz] 【답】③

정현파 교류의 실효값을 계산하는 식은?

① $I = \dfrac{1}{T} \displaystyle\int_0^T i^2 \, dt$

② $I^2 = \dfrac{2}{T} \displaystyle\int_0^T i \, dt$

③ $I^2 = \dfrac{1}{T} \displaystyle\int_0^T i^2 dt$

④ $I = \sqrt{\dfrac{2}{T} \displaystyle\int_0^T i^2 dt}$

해설 동일한 저항 R에 직류 전류 I[A]가 흐를 때 소비 전력 P_{DC}는 $P_{DC} = I^2 R$ [W]

교류 전류 i [A]가 흐를 때 소비 전력 P_{AC}는 주기를 T라 하면 $P_{AC} = \dfrac{1}{T} \displaystyle\int_0^T i^2 R dt$ [W]

실효값의 정의에 의해 $P_{DC} = P_{AC}$의 조건에서 전류를 구하면 된다.

$I^2 R = \dfrac{R}{T} \displaystyle\int_0^T i^2 \, dt$ $\therefore I^2 = \dfrac{1}{T} \displaystyle\int_0^T i^2 \, dt$ 【답】③

2·4

교류 전류는 크기 및 방향이 주기적으로 변한다. 한 주기의 평균값은?

① 0   ② $\dfrac{2}{\pi}$ ③ $\dfrac{2I_m}{\pi}$ ④ $\dfrac{I_m}{\sqrt{2}}$

[해설] 정현파의 한 주기의 평균값은 0이 된다. 이러한 주기파의 경우는 일반적으로 정현파는 반 주기의 평균값을 취하여 $\dfrac{2I_m}{\pi}$ 으로 한다. 문제의 조건은 한주기의 평균값이므로 0이다.

【답】①

2·5

그림과 같은 $v = 100\sin\omega t$ 인 정현파 교류 전압의 반파 정류파에 있어서 사선 부분의 평균값 [V]은?

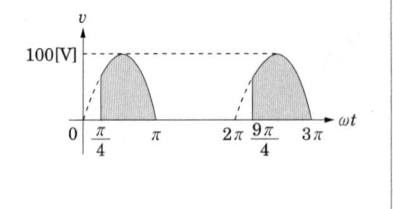

① 27.17   ② 37

③ 45   ④ 51.7

[해설] 정현파 전압의 평균값의 정의에 대입하면

$$V_{av} = \frac{1}{2\pi}\int_{\frac{\pi}{4}}^{\pi} v\,d(\omega t) = \frac{1}{2\pi}\int_{\frac{\pi}{4}}^{\pi} 100\sin\omega t\,d(\omega t)$$

$$= \frac{100}{2\pi}\left[-\cos\omega t\right]_{\frac{\pi}{4}}^{\pi} = \frac{100}{2\pi}\left(1 + \frac{1}{\sqrt{2}}\right) = 27.17\,[\mathrm{V}]$$

【답】①

2·6

그림과 같은 주기 전압파에서 $t = 0$ 으로부터 0.02 [s] 사이에는 $v = 5 \times 10^4 (t - 0.02)^2$ 으로 표시되고 0.02 [s]에서부터 0.04 [s]까지는 $v = 0$ 이다. 전압의 평균값은 약 얼마인가?

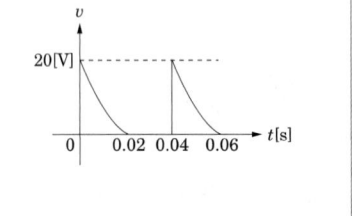

① 2.2   ② 3.3

③ 4   ④ 5.5

[해설] 정현파 전압의 평균값의 정의에 대입하면

$$V_{ab} = \frac{1}{T}\int_{0}^{\frac{T}{2}} v\,dt = \frac{1}{0.04}\int_{0}^{0.02} 5 \times 10^4 (t - 0.02)^2\,dt$$

$$= \frac{5 \times 10^4}{0.04}\left[\frac{1}{3}(t - 0.02)^3\right]_{0}^{0.02} \fallingdotseq 3.33\,[\mathrm{V}]$$

【답】②

2·7

그림과 같이 처음 10초간은 50 [A]의 전류를 흘리고, 다음 20초간은 40 [A]의 전류를 흘리면 전류의 실효값[A]은? 단, 주기는 30초라 한다.

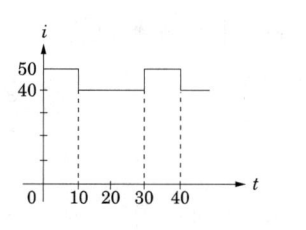

① 38.7   ② 43.6

③ 46.8   ④ 51.5

해설 정현파 전류의 실효값의 정의에 대입하면

$$실효값 \ I = \sqrt{\frac{1}{T}\int_0^T i^2 dt} = \sqrt{\frac{1}{30}\left\{ \int_0^{10}(50)^2 dt + \int_{10}^{30}(40)^2 dt \right\}}$$

$$= \sqrt{\frac{1}{30}\left\{ [2500t]_0^{10} + [1600t]_{10}^{30} \right\}} = \sqrt{1900} \fallingdotseq 43.58 \ [A]$$

【답】②

2·8

그림과 같은 전압 파형의 실효값[V]은?

① 5.67   ② 6.67

③ 7.57   ④ 8.57

해설 정현파 전압의 실효값의 정의에 대입하면

$$V = \sqrt{\frac{1}{T}\int_0^T v^2 dt}$$

$$= \sqrt{\frac{1}{3}\left\{ \int_0^1 (10t)^2 dt + \int_1^2 10^2 dt \right\}} = \frac{20}{3} \fallingdotseq 6.67 \ [A]$$

【답】②

2·9

그림과 같은 파형의 파고율은 얼마인가?

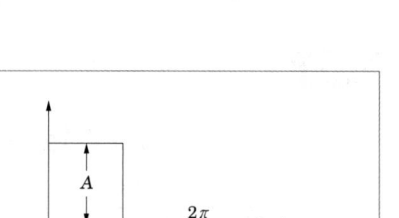

① 2.828

② 1.732

③ 1.414

④ 1

해설 구형파는 파형률과 파고율이 모두 1.0이다.

【답】④

2·10

교류의 파형률이란?

① $\dfrac{\text{실효값}}{\text{평균값}}$　　② $\dfrac{\text{평균값}}{\text{실효값}}$　　③ $\dfrac{\text{실효값}}{\text{최대값}}$　　④ $\dfrac{\text{최대값}}{\text{실효값}}$

해설 파형률 $=\dfrac{\text{실효값}}{\text{평균값}}$ 이고, 파고율 $=\dfrac{\text{최대값}}{\text{실효값}}$ 이다.　　【답】①

2·11

파고율값이 1.414인 것은 어떤 파인가?

① 반파 정류파　　② 직사각형파　　③ 정현파　　④ 톱니파

해설

구분	구형파	3각파	정현파	전파 정류파	반파 정류파
파형률	1.0	1.15	1.11	1.11	1.57
파고율	1.0	1.732	1.414	1.414	2.0

【답】③

2·12

정현파 전압 및 전류를 복소수로 표시하는 페이저 기호 방법 중 잘못된 것은?

① 정현파 전압 또는 전류를 복소수 평면에 있어서의 페이저로서 표시한다.
② 정현파 전압 또는 전류의 순시값을 구할 때에는 복소수의 허수부를 취급하지 않는다.
③ 그 회전 페이저를 정지 페이저로서 취급한다.
④ 최대값 대신에 실효값을 쓰기도 한다.

해설 정현파 전압 또는 전류의 순시값을 구할 때는 복소수의 허수부를 취급해야만 한다. 【답】②

2·13

$v = 100\sqrt{2}\sin\left(\omega t + \dfrac{\pi}{3}\right)$ 를 복소수로 표시하면?

① $50\sqrt{3} + j50\sqrt{3}$　　　　　　② $50 + j50\sqrt{3}$
③ $50 + j50$　　　　　　　　　　④ $50\sqrt{3} + j50$

해설 $v = 100\sqrt{2}\sin\left(\omega t + \dfrac{\pi}{3}\right)$ 를 실효값 페이저로 표현하면

$$V = 100 \angle \dfrac{\pi}{3} = 100(\cos 60° + j\sin 60°) = 50 + j50\sqrt{3}$$

【답】②

2·14

그림과 같은 회로에서 Z_1의 단자 전압 $V_1 = \sqrt{3} + jy$, Z_2의 단자 전압 $V_2 = |V| \angle 30°$일 때, y 및 $|V|$의 값은?

① $y = 1$, $|V| = 2$

② $y = \sqrt{3}$, $|V| = 2$

③ $y = 2\sqrt{3}$, $|V| = 1$

④ $y = 1$, $|V| = \sqrt{3}$

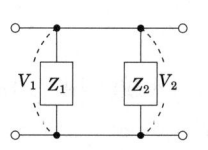

해설 그림은 병렬회로이므로 각 임피던스 양단의 전압은 같다. $V_1 = V_2$

두 전압은 페이저이므로 유효분이 같고, 무효분이 같아야 한다.

$$\sqrt{3} + jy = |V|(\cos 30° + j\sin 30°) = \frac{\sqrt{3}}{2}|V| + j\frac{1}{2}|V|$$

$$\frac{\sqrt{3}}{2}|V| = \sqrt{3}, \ |V| = 2$$

$$y = \frac{1}{2}|V| = 1$$

【답】①

2·15

그림과 같이 $V = 96 + j28$ [V], $Z = 4 - j3$ [Ω]이다. 전류 I [A]의 값은? 단, $\alpha = \tan^{-1}\frac{4}{3}$, $\beta = \tan^{-1}\frac{3}{4}$이다.

① $20e^{j\alpha}$

② $10e^{j\alpha}$

③ $20e^{j\beta}$

④ $10e^{j\beta}$

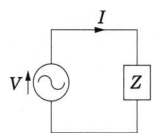

해설 옴의 법칙에 의해 전류를 구한다. 기서 전압과 전류가 복소수 이므로 복소수로 계산한다.

$$I = \frac{V}{Z} = \frac{96 + j28}{4 - j3} = \frac{(96 + j28)(4 + j3)}{(4 - j3)(4 + j3)} = 12 + j16 = 20\angle \tan^{-1}\frac{4}{3} = 20e^{j\alpha}$$

【답】①

2·16

어느 기준 벡터에 대하여 30° 앞선 200 [V]의 전압 V_1과 90° 뒤진 200 [V]의 전압 V_2가 있을 때 이 두 전압의 차는 얼마인가?

① $100(\sqrt{3} + j)$

② $100(\sqrt{3} - j)$

③ $100(\sqrt{3} + j3)$

④ $100(\sqrt{3} - j3)$

해설 문제의 조건을 페이저로 표현하면

$$V = 200\angle 30 - 200\angle -90$$

$$= 100\sqrt{3} + j100 - (-j200) = 100\sqrt{3} + j300 = 100(\sqrt{3} + j3)$$

【답】③

심화학습문제

01 전류 i 가 $i = I_1\sin(\omega t + 90°) + I_2\sin\omega t$ 로 표시될 때 i 의 최대값은 얼마인가?

① $\sqrt{I_1^2 + I_2^2}$ ② $I_1^2 + I_2^2$

③ $\dfrac{\sqrt{I_1^2 + I_2^2}}{2}$ ④ $\dfrac{I_1^2 + I_2^2}{2}$

해설

최대값이 각각 I_1, I_2이고, 두 전류가 90° 위상차가 있으므로

$$\therefore I_m = \sqrt{I_1^2 + I_2^2}$$

【답】 ①

02 그림과 같은 제형파의 평균값은 얼마인가?

① $\dfrac{2A}{3}$

② $\dfrac{3A}{2}$

③ $\dfrac{A}{3}$

④ $\dfrac{A}{2}$

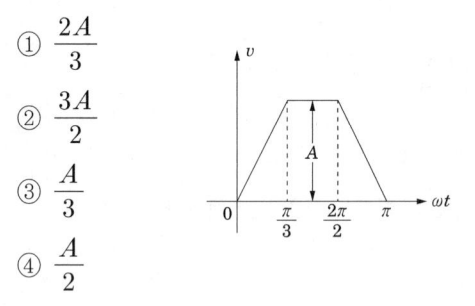

해설

평균값은 제형파의 면적에 해당하므로

$$평균값 = \frac{1}{\pi}\int_0^\pi A(\omega t)\,d(\omega t)$$
$$= \frac{1}{\pi}\left\{2\int_0^{\frac{\pi}{3}} \frac{A}{\pi/3}\cdot(\omega t)d(\omega t) + \int_{\frac{\pi}{3}}^{\frac{2\pi}{3}} A\,d(\omega t)\right\}$$
$$= \frac{1}{\pi}\left\{\frac{6A}{\pi}\cdot\frac{1}{2}\cdot\frac{\pi^2}{9} + \frac{\pi A}{3}\right\} = \frac{2A}{3}$$

【답】 ①

03 정현파 교류의 평균값에 어떠한 수를 곱하면 실효값을 얻을 수 있는가?

① $\dfrac{2\sqrt{2}}{\pi}$ ② $\dfrac{\sqrt{3}}{2}$

③ $\dfrac{2}{\sqrt{3}}$ ④ $\dfrac{\pi}{2\sqrt{2}}$

해설

실효값을 V, 최대값을 V_m, 평균값을 V_{av} 라 하면

$$V = \frac{V_m}{\sqrt{2}}, \quad V_{av} = \frac{2}{\pi}V_m, \quad V_m = \frac{\pi}{2}V_{av} \text{ 이므로}$$

$$V = \frac{V_m}{\sqrt{2}} = \frac{1}{\sqrt{2}}\times\frac{\pi}{2}V_{av} = \frac{\pi}{2\sqrt{2}}V_{av}$$

【답】 ④

04 무유도 저항 부하에 그림 (a)와 같이 정현파 교류를 정류한 맥류가 흐를 때 그림 (b)와 같이 접속된 가동 코일형 전압계 및 전류계의 지시값 V_a, I_a 에 의하여 부하의 전력을 구하면?

① $\dfrac{\pi^2}{8}V_a I_a$

② $V_a I_a$

③ $\dfrac{\pi^2}{4}V_a I_a$

④ $\dfrac{\pi^2}{2}V_a I_a$

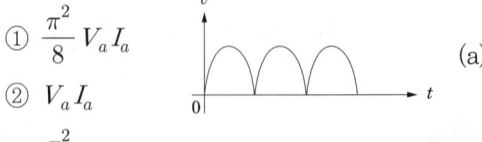

(a)

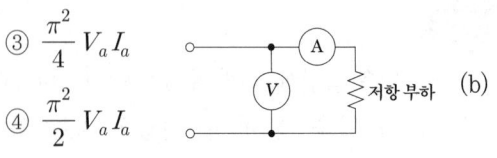

(b)

해설

가동 코일형 계기는 평균값을 지시하므로

$$I = \frac{I_m}{\sqrt{2}}, \quad I_a = \frac{2}{\pi}I_m \text{ 의 관계가 있다. 따라서 전력은}$$

실효값을 대입하므로

$$P = VI = \frac{1}{\sqrt{2}}\cdot\frac{\pi}{2}\cdot V_a\cdot\frac{1}{\sqrt{2}}\cdot\frac{\pi}{2}\cdot I_a = \frac{\pi^2}{8}V_a I_a$$

【답】 ①

05 그림과 같은 파형의 맥동 전류를 열선형 계기로 측정한 결과 10 [A]이었다. 이를 가동 코일형 계기로 측정할 때 전류의 값은 몇 [A]인가?

① 7.07

② 10

③ 14.14

④ 17.32

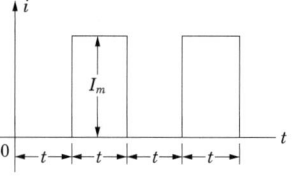

해설

가동 코일형 계기는 평균값을 지시하며, 열선형 계기는 실효값을 지시한다. 따라서

$$I_{av} = \frac{I_m}{2} = \frac{\sqrt{2}\,I}{2} = \frac{10}{\sqrt{2}} = 7.07 \text{ [A]}$$

【답】①

06 그림과 같은 정류 회로에서 부하 R에 흐르는 직류 전류의 크기는 약 몇 [A]인가? 단, $V = 100$ [V], $R = 10\sqrt{2}$ [Ω]이다.

① 5.6

② 6.4

③ 4.4

④ 3.2

$v = \sqrt{2}\,V\sin \omega t$ $\qquad R$

해설

그림의 회로는 반파 정류파(정현 반파 기준)이며, 문제에서 주어진 전압은 실효값 주어졌다.

$$I_m = \frac{V_m}{R} = \frac{100\sqrt{2}}{10\sqrt{2}} = 10 \text{ [A]}$$

따라서, $I_m = 10$ [A]인 반파 정류파의 평균값은,

$$I_{av} = \frac{I_m}{\pi} = \frac{10}{\pi} = 3.18 \text{ [A]}$$

【답】④

07 처음 10 [s]간은 10 [A]의 전류를 흘리고, 다음 20 [s]간은 20 [A]의 전류를 흘리는 전류의 실효값은 몇 [A]인가?

① 15.4

② 16.5

③ 17.3

④ 18.2

해설

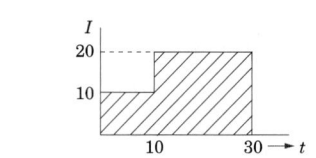

문제의 조건을 그림으로 그리면 다음과 같다. 따라서 실효값의 정의에 대입하면

실효값은 $I = \sqrt{\dfrac{1}{30}\left[\displaystyle\int_0^{10} 10^2 dt + \int_{10}^{30} 20^2 dt\right]}$

$= \sqrt{\dfrac{1}{30}\left[100\,[t]_0^{10} + 400\,[t]_{10}^{30}\right]}$

$= \sqrt{\dfrac{1}{30}\left[1000 + 12000 - 4000\right]} = 17.3 \text{ [A]}$

【답】③

08 $V = v_1 + jv_2$와 $I = I$와의 위상차를 $\dfrac{\pi}{3}$ [rad]만큼 I를 앞서게 하는 조건은?

① $v_2 = \sqrt{3}\,v_1$

② $v_2 = -\sqrt{3}\,v_1$

③ $v_2 = \dfrac{1}{\sqrt{3}}\,v_1$

④ $v_2 = -\dfrac{1}{\sqrt{3}}\,v_1$

해설

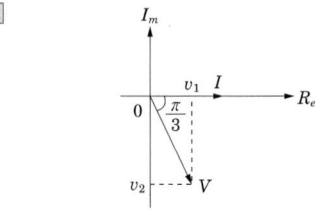
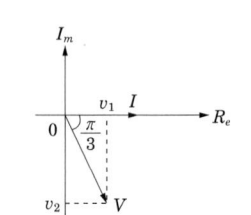

전류를 기준으로 하여 전압이 $\dfrac{\pi}{3}$ [rad] 만큼 뒤진 벡터도는 그림과 같다. 여기서

그림에서 $\theta = \dfrac{\pi}{3}$이므로 $v_2 = -\sqrt{3}\,v_1$이 된다.

따라서 $V = v_1 - j\sqrt{3}\,v_1$이 되면 전류가 전압보다 $\dfrac{\pi}{3}$ [rad] 만큼 위상이 앞서게 된다.

【답】②

09 $A_1 = 20\left(\cos\dfrac{\pi}{3} + j\sin\dfrac{\pi}{3}\right)$

$A_2 = 5\left(\cos\dfrac{\pi}{6} + j\sin\dfrac{\pi}{6}\right)$

로 표시되는 두 벡터가 있다. $A_3 = A_1/A_2$의
값은 얼마인가?

① $10\left(\cos\dfrac{\pi}{3} + j\sin\dfrac{\pi}{3}\right)$

② $10\left(\cos\dfrac{\pi}{6} + j\sin\dfrac{\pi}{6}\right)$

③ $4\left(\cos\dfrac{\pi}{3} + j\sin\dfrac{\pi}{3}\right)$

④ $4\left(\cos\dfrac{\pi}{6} + j\sin\dfrac{\pi}{6}\right)$

해설

두 벡터를 극좌표로 변환하면

$$A_1 = 20\left(\cos\dfrac{\pi}{3} + j\sin\dfrac{\pi}{3}\right) = 20 \angle \dfrac{\pi}{3}$$

$$A_2 = 5\left(\cos\dfrac{\pi}{6} + j\sin\dfrac{\pi}{6}\right) = 5 \angle \dfrac{\pi}{6}$$

따라서 두 벡터의 나누기는

$$\therefore A_3 = A_1/A_2 = \dfrac{20 \angle \dfrac{\pi}{3}}{5 \angle \dfrac{\pi}{6}} = 4 \angle \left(\dfrac{\pi}{3} - \dfrac{\pi}{6}\right) = 4 \angle \dfrac{\pi}{6}$$

【답】④

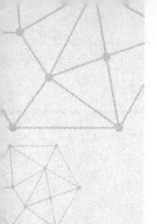
기본교류회로

1. 수동소자

1.1 저항(Resistance)

전기 저항(電氣抵抗, electrical resistance) 또는 저항은 전류의 흐름을 방해하는 정도를 나타내는 물리량이며, 도체에 흐르는 단위 전류가 가지는 전압이다. 국제단위계에서 단위는 [Ω]이다. 전기 저항은 크기 변수(extensive variable)이며, 따라서 도체의 크기에 따라서 달라진다. 즉, 도체가 더 길쭉하면 더 저항이 크고, 반대로 더 굵으면 저항이 더 작아진다.

$$R = \rho \frac{l}{A} \ [\Omega]$$

여기서 R : 도체의 저항, ρ : 도체의 고유저항, l : 도체의 길이, A : 도체의 단면적

일반적으로 도체는 온도가 높아질수록 저항이 커지고, 반도체와 부도체는 온도가 높아질수록 저항이 낮아지며, 전해질은 전해질의 농도가 높아지고 이온의 이동성이 커질수록 저항값은 낮아진다.
일반적인 금속의 경우 저항값은 온도에 비례해서 증가한다. 이를 나타낸 것이 다음식이다. 이 식은 온도가 $t[℃]$ 상승했을 경우이다.

$$R = R_0(1 + \alpha t) \ [\Omega]$$

여기서 R : 온도 증가후 저항값, R_0 : 온도 증가전 저항값, α : 온도계수, t : 온도변화량

1.2 도체의 콘덕턴스

저항의 역수를 콘덕턴스 (conductance) G라 하며 단위는 [℧]로 나타내며 'mho'로 읽는다. 또한 콘덕턴스는 저항의 상반되는 개념으로 도체의 길이에 반비례하고 단면적에 비례한다.

$$G = \sigma \frac{A}{l} \; [℧]$$

여기서 G : 콘덕턴스(저항의 역수), σ : 도전율, A : 도체의 단면적, l : 도체의 길이

국제단위계에서 단위는 지멘스이다.

1.3 인덕턴스(inductance)

도선에 전류가 흐르면 그림과 같이 그 주위에 동심원을 그리는 자기장이 형성된다. 이 자기장의 방향은 암페어의 오른나사법칙에 따라 형성된다.

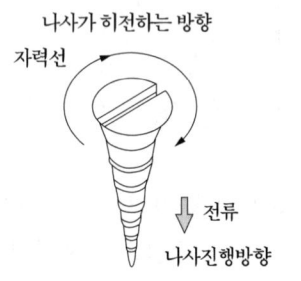

그림 1 암페어의 오른나사법칙

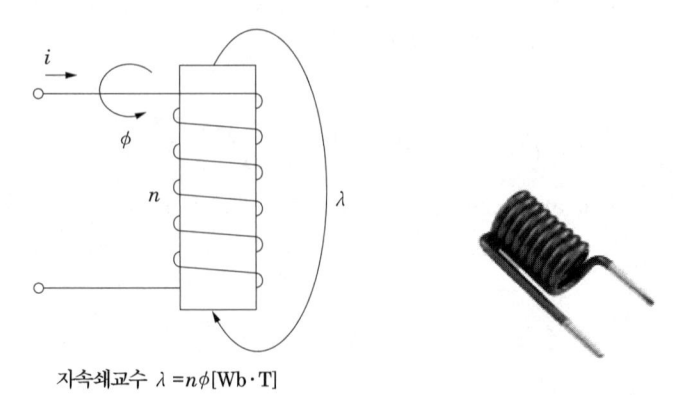

자속쇄교수 $\lambda = n\phi [\text{Wb} \cdot \text{T}]$

그림 2 인덕터의 구조와 실물

🔌 코일을 감는 이유는 전류가 흐르면 시간에 변화에 대하여 자속의 변화가 생기기 때문이다. 감지않은 코일은 직선도체이며, 직선도에 전류가 흐르면 자속이 만들어지나 변화는 생기지 않는다.

인덕터는 전류의 변화가 유도기전력이 되어 나타나는 성질로서 코일의 권수 n, 전류 주변에 발생되는 자속을 Φ 라하면 총쇄교자속은 코일의 권수와 자속의 곱으로 표시된다. 여기서 자속 Φ는 전류 i에 비례하여 변화하므로 권수가 일정한 경우라면 총쇄교 자속수 λ는 전류와 비례한다.

$$\lambda \propto i$$

여기서 λ : 쇄교자속수, i : 전류

이때 비례상수를 자기 인덕턴스(self inductance) 또는 간단히 인덕턴스 L이라 하며 이는 전류와는 관계없이 코일 자체의 상태 및 주변의 매질에 따라 결정된다.

$$\lambda = Li[\text{Wb} \cdot \text{T}]$$

여기서 L : 인덕턴스(자기 인덕턴스)

인덕턴스 L의 MKS 단위는 헨리(henry : [H])가 사용된다.

1.4 커패시턴스(Capacitance)

커패시터는 전하가 갖는 정전에너지를 저장할 수 있는 능력을 가진 전기소자를 말하며 일명 콘덴서(condenser)라고도 한다.

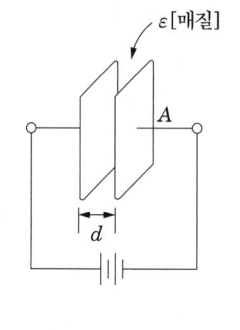

그림 3 커패시턴스의 실물

그림 3에서 양 극판에 전압을 인가하면 전위가 높은 쪽 극판에는 정(+)전하, 전위가 낮은쪽 극판에는 부(−)전하가 축적된다. 이때 축적된 전하량은 양극판에 인가되는 전압이 어느 범위 미만일 때는 비례관계가 성립된다. 이때의 비례상수를 양극판의 전하 축적능력의 크기를 나타내는 상수로써 용량계수 또는 정전용량(capacitance) C라 정의된다.

$$q = Cv$$

여기서 q : 전기량(전하량), C : 정전용량, v : 전압

이와 같은 전기적 특성이 추가되는 구체적인 실물을 용량기(capacitor)라고 한다. 커패시턴스 C의 단위로는 패럿(Farad : [F])이 사용된다.

2. 회로소자의 응답특성

2.1 저항

그림 4와 같은 회로에 $v = V_m \sin\omega t$ [V] 의 순시전압을 인가하면 순시전류는

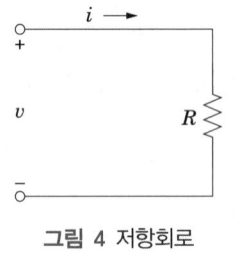

그림 4 저항회로

$$i = \frac{v}{R} = \frac{V_m \sin\omega t}{R} = \frac{V_m}{R}\sin\omega t\,[\text{A}]$$

여기서 i : 순시전류, v : 순시전압, V_m : 최대전압,
R : 저항, ω : 각주파수, t : 시간(초)

가 흐른다. 이때 최대전류는

$$I_m = \frac{V_m}{R}\,[\text{A}]$$

실효전류는

$$I = \frac{V}{R}\,[\text{A}]$$

가 된다. 전압과 전류의 위상을 비교하면 두 파형의 위상은 변함이 없다. 따라서 그림 5와 같은 응답특성이 나타난다.

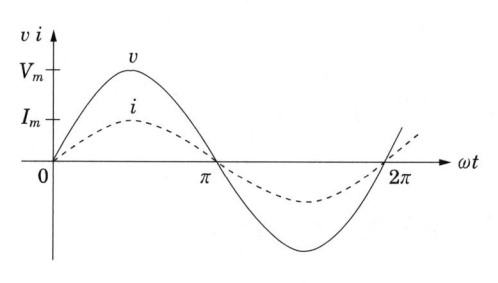

그림 5 저항회로의 응답

저항만의 회로는 전압과 전류가 같은 위상을 가지고 있으므로 동상이라 한다.

예제문제 01

어떤 회로 소자에 $e = 125\sin 377t$ [V]를 가했을 때 전류 $i = 25\sin 377t$ [A]가 흐른다. 이 소자는 어떤 것인가?

① 다이오드 　　　　　　　　② 순저항
③ 유도 리액턴스 　　　　　　④ 용량 리액턴스

해설
전압과 전류의 초기 위상을 비교하여 보면 위상차가 없으므로 순저항만의 부하이다. 유도 리액턴스의 경우는 전류가 90° 뒤지며, 용량 리액턴스의 경우는 전류가 90° 앞선다.

답 : ②

2.2 인덕턴스

그림 6과 같은 회로에 $v = V_m\sin\omega t$ [V]의 순시전압을 인가하면 순시전류는

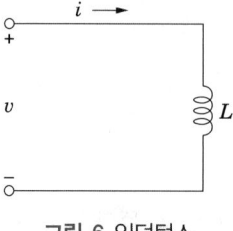

그림 6 인덕턴스

$$i_L = \frac{V_m\sin\omega t}{j\omega L} = \frac{V_m}{\omega L}\sin\left(\omega t - \frac{\pi}{2}\right)[\text{A}]$$

여기서 V_m : 전압의 최대값, ω : 각주파수, j : 허수의 단위, L : 자기인덕턴스

가 흐른다. 이 식은

$$v = V_m \sin\omega t\,[\text{V}]\text{라면}, \ j\omega L\,[\Omega]$$

이 된다.

여기서, $j\omega L\,[\Omega]$을 유도성 리액턴스라 한다.

유도성 리액턴스는

$$X_L = j\omega L\,[\Omega]$$

으로 (+)의 무효분의 성분이 된다.

또, 최대전류는

$$I_m = \frac{V_m}{\omega L}\,[\text{A}]$$

실효전류는

$$I = \frac{V}{\omega L}\,[\text{A}]$$

가 된다. 전압과 전류의 위상을 비교하면 전류의 파형이 $\pi/2$만큼 늦게 된다. 따라서, 그림 7과 같은 응답특성이 나타난다. 이러한 특성을 지상이라 한다.

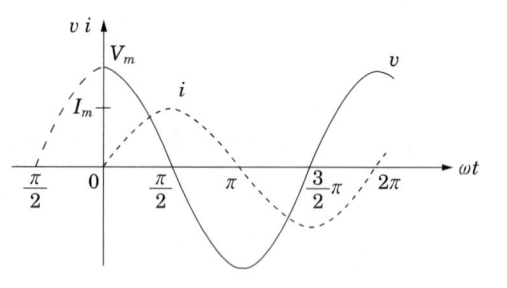

그림 7 인덕턴스 회로의 응답

예제문제 **02**

0.1 [H]인 코일의 리액턴스가 377 [Ω]일 때 주파수[Hz]는?

① 60　　　　　② 120　　　　　③ 360　　　　　④ 600

해설

유도 리액턴스 $X_L = 2\pi f L$에서 $f = \dfrac{X_L}{2\pi L} = \dfrac{377}{2 \times 3.14 \times 0.1} \fallingdotseq 600\,[\text{Hz}]$

답 : ④

예제문제 **03**

4 [H] 인덕터에 $V = 8 \angle - 50°$ [V]의 전압을 가하였을 때 흐르는 전류의 순시값[A]은? 단, ω 는 100 [rad/s]이다.

① $\sin(100t - 140°)$

② $0.02\sin(100t - 140°)$

③ $\cos(100t - 140°)$

④ $0.02\cos(100t - 140°)$

해설

4[H]의 인덕터를 유노리액턴스로 환산하여 계산한나.

$$I = \frac{V}{j\omega L} = \frac{8\angle - 50°}{100 \times 4 \angle 90} = 0.02 \angle - 140°$$

이를 정현파로 표시하면 ②가 된다.   **답 : ②**

2.3 커패시턴스

그림 8과 같은 회로에 $v = V_m \sin\omega t$ [V] 의 순시전압을 인가하면 순시전류는

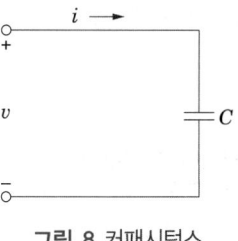

그림 8 커패시턴스

$$i_C = \frac{V_m \sin\omega t}{\dfrac{1}{j\omega C}} = \omega C V_m \sin\left(\omega t + \frac{\pi}{2}\right) [A]$$

여기서 i_C : 콘덴서에 흐르는 전류, V_m : 전압최대값, ω : 각주파수, C : 정전용량

가 흐른다. 이 식을

$$v = V_m \sin\omega t \, [V] \, 라면, \quad \frac{1}{j\omega C} \, [\Omega]$$

이 된다. 여기서 $\dfrac{1}{j\omega C} [\Omega]$ 을 용량성 리액턴스라 한다.

용량성 리액턴스는

$$X_C = \frac{1}{j\omega C} = -j\frac{1}{\omega C} [\Omega]$$

으로 (−)의 무효분의 성분이 된다. 또 최대전류는

$$I_m = \omega C V_m \, [\text{A}]$$

실효전류는

$$I = \omega C V \, [\text{A}]$$

가 된다. 전압과 전류의 위상을 비교하면 전류의 파형이 $\pi/2$만큼 앞서게 된다. 따라서 그림 9와 같은 응답특성이 나타난다. 이러한 특성을 진상이라 한다.

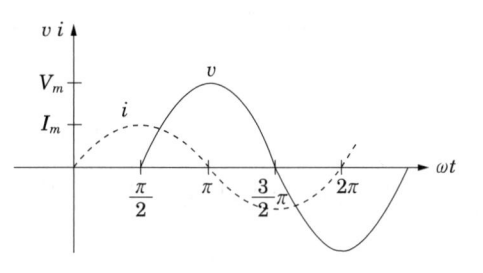

그림 9 커패시턴스 회로의 응답

예제문제 04

0.1 [μF]인 정전 용량을 가지는 콘덴서에 실효값 1414 [V], 주파수 1 [kHz], 위상각 0인 전압을 가했을 때 순시값 전류는 약 얼마인가?

① $0.89 \sin(\omega t + 90°)$ ② $0.89 \sin(\omega t - 90°)$

③ $1.26 \sin(\omega t + 90°)$ ④ $1.26 \sin(\omega t - 90°)$

해설

0.1 [μF] 콘덴서를 용량리액턴스로 변환하여 전류를 구하면

$i = \omega C V_m \sin(\omega t + 90°)$

$\quad = 2\pi \times 10^3 \times 0.1 \times 10^{-6} \times 1414\sqrt{2} \sin(\omega t + 90°)$

$\quad = 1.26 \sin(\omega t + 90°) \, [\text{A}]$

답 : ③

2.4 임피던스

그림 10과 같은 저항과 인덕턴스를 직렬로 연결한 회로를 임피던스회로라 한다. 저항은 단위가 [Ω]이며, 인덕턴스는 단위가 [H]가 된다. 이때 인덕턴스를 유도성 리액턴스로 나타나면 $X_L = j\omega L \, [\Omega]$이 되며, 직렬로 연결된 저항과 유도 리액턴스의 합성된 [Ω]의 값을 구하면

$$Z = R + jX_L = R + j\omega L \, [\Omega]$$

이 되며, 이것을 임피던스라 한다. 이것은 실수의 성분과 허수의 성분이 합성된 형태로 복소수의 형태가 되며, 벡터량이 된다.

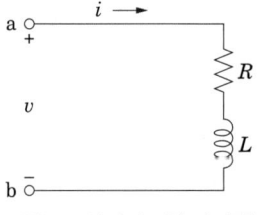

그림 10 임피던스회로(직렬)

임피던스의 값은 복소수 이므로

$$Z = \sqrt{R^2 + X^2} \angle \tan^{-1}\frac{X}{R} \ [\Omega]$$

의 극좌표 형식으로 표현할 수 있다. 따라서, 임피던스회로에도 옴의 법칙을 적용할 수 있으며, 응답을 구할 수 있다. 그림 11은 임피던스의 극좌표 형식을 도시한 것이다.

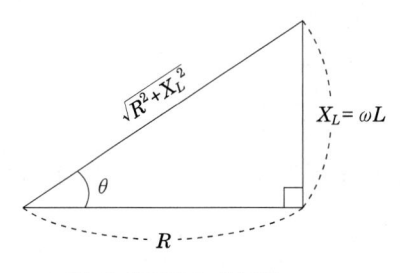

그림 11 임피던스 삼각형

그림 10의 $R-X$ 직렬 회로에 전압 $v = V_m \sin\omega t$ [V]를 인가하면 순시전류는 옴의 법칙에 의해

$$i = \frac{V_m \sin\omega t}{\sqrt{R^2 + X_L^2} \angle \tan^{-1}\frac{X}{R}} [\text{A}]$$

여기서 i : 전류, ω : 각주파수, R : 저항, X_L : 유도리액턴스, V_m : 최대전압

의 순시전류가 흐르게 된다. 즉,

$$i = \frac{V_m \sin\omega t}{\sqrt{R^2 + (\omega L)^2} \angle \tan^{-1}\frac{\omega L}{R}} = \frac{V_m}{\sqrt{R^2 + (\omega L)^2}} \sin\left(\omega t - \tan^{-1}\frac{\omega L}{R}\right)[\text{A}]$$

가 되며, 이전류는 위상이 $\tan^{-1}\dfrac{\omega L}{R}$ 만큼 늦은 회로가 된다. 이를 그림 12와 같이 도시할 수 있다.

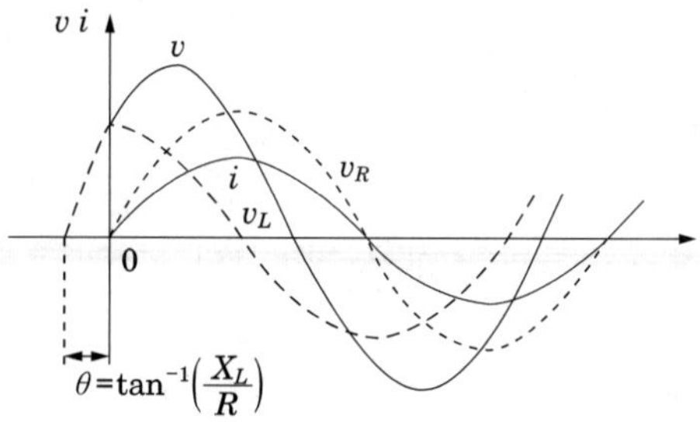

그림 12 임피던스회로의 응답

또, 최대전류는

$$I_m = \frac{V_m}{\sqrt{R^2 + X^2}} \,[\text{A}] \ \ \text{이며,} \ \ X = 2\pi f L \,[\Omega]$$

이다. 실효전류는

$$I = \frac{V}{\sqrt{R^2 + X^2}} \,[\text{A}]$$

가 된다. 전압과 전류가 위상차가 생기며 이것으로 인해 역률(유효율)과 무효율이 생긴다.

$$\text{역률은} \ \ \cos\theta = \frac{R}{\sqrt{R^2 + X^2}} = \frac{1}{\sqrt{1 + \left(\dfrac{X}{R}\right)^2}}$$

$$\text{무효율은} \ \ \sin\theta = \frac{X}{\sqrt{R^2 + X^2}}$$

가 된다.

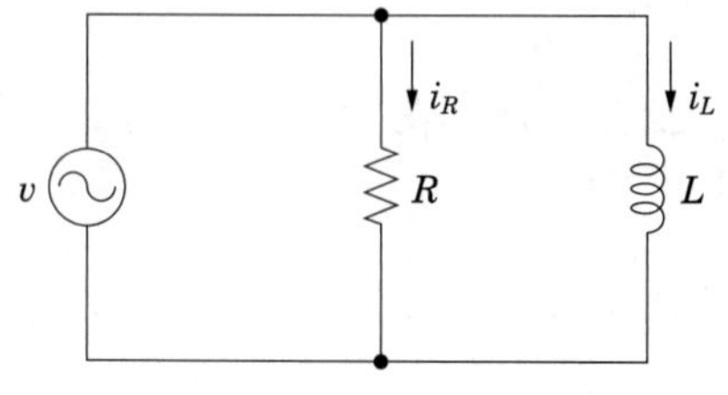

그림 13 임피던스회로(병렬)

그림 13과 같이 저항과 인덕턴스가 병렬로 연결된 회로의 임피던스는 다음과 같다.

$$Z = \frac{R \times j\omega L}{R + j\omega L} = \frac{R}{1 + \dfrac{R}{j\omega L}} = \frac{R}{1 - j\dfrac{R}{\omega L}} \, [\Omega]$$

여기서 Z : 임피던스, ω : 각주파수, R : 저항, X : 리액턴스, j : 허수단위

이와 같이 병렬 회로의 임피던스를 구하는 것은 복잡해진다. 이를 간단히 구하기 위해 역수의 개념을 이용한다. 저항의 역수는 콘덕턴스[℧], 리액턴스의 역수는 서셉턴스 [℧], 임피던스의 역수는 어드미턴스[℧]를 이용한다.

병렬회로의 임피던스

$$Z = \frac{1}{\dfrac{1}{R} + \dfrac{1}{j\omega L}}$$

의 역수를 구하면 다음과 같이 된다.

$$\frac{1}{Z} = \frac{1}{R} + \frac{1}{j\omega L}$$

이 된다. 이것을

$$Y = \frac{1}{R} + \frac{1}{j\omega L} = \sqrt{\left(\frac{1}{R}\right)^2 + \left(\frac{1}{\omega L}\right)^2} \angle -\tan^{-1}\frac{R}{\omega L}$$

와 같이 나타낼 수 있으며, 이것은 다음과 같이 된다.

$$Y = G + jB \, [℧]$$

여기서, Y : 어드미턴스, G : 콘덕턴스, B : 서셉턴스

그림 13의 회로에 전압 $v = V_m \sin\omega t$ [V]를 인가하면 순시전류는 다음과 같이 흐른다.

$$I = \sqrt{\left(\frac{1}{R}\right)^2 + \left(\frac{1}{\omega L}\right)^2} \angle -\tan^{-1}\frac{R}{\omega L} \times V_m \sin\omega t$$

$$= \sqrt{\left(\frac{1}{R}\right)^2 + \left(\frac{1}{\omega L}\right)^2} \, V_m \sin\left(\omega t - \tan^{-1}\frac{R}{\omega L}\right) [A]$$

저항과 인덕턴스(코일)의 병렬연결 이므로 유도성이 되며, 역시 전류가

$$\tan^{-1}\frac{R}{\omega L}$$

만큼 느리게 된다. 이 각도에 의해 역률과 무효률이 결정된다.

$$\cos\theta = \frac{G}{Y} = \frac{G}{\sqrt{G^2+B^2}} = \frac{X}{\sqrt{R^2+X^2}}$$

$$\sin\theta = \frac{B}{Y} = \frac{B}{\sqrt{G^2+B^2}} = \frac{R}{\sqrt{R^2+X^2}}$$

여기서, Y : 어드미턴스, G : 콘덕턴스, B : 서셉턴스, $\cos\theta$: 역률, $\sin\theta$: 무효율

예를 들면 다음과 같다.

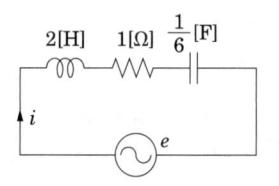

그림 14 저항, 인덕턴스, 콘덴서의 직렬회로

그림 14와 같은 회로에

$$e = \sin\left(2t + \frac{\pi}{3}\right)[\text{V}]$$

의 전압을 인가한 경우 흐르는 순시전류를 구하여 본다. 먼저 임피던스를 구하기 위해 2[H]의 인덕턴스를 유도성 리액턴스로 환산한다.

$$e = \sin\left(2t + \frac{\pi}{3}\right)[\text{V}]\text{에서 } \omega = 2\text{이므로 } \omega L = 2 \times 2 = 4\ [\Omega]$$

다음 1/6 [F]의 콘덴서를 용량성 리액턴스로 환산한다.

$$\frac{1}{\omega C} = \frac{1}{2 \times \frac{1}{6}} = 3\ [\Omega]$$

모두 직렬이므로 합성임피던스를 구하면

$$\boldsymbol{Z} = R + j\left(\omega L - \frac{1}{\omega C}\right) = 1 + j(4-3) = \sqrt{2} \angle \frac{\pi}{4}\ [\Omega]\text{이 된다.}$$

따라서 순시전류는

$$i = \frac{e}{\boldsymbol{Z}} = \frac{1}{\sqrt{2}}\sin\left(2t + \frac{\pi}{3} - \frac{\pi}{4}\right) = \frac{1}{\sqrt{2}}\sin\left(2t + \frac{\pi}{12}\right)\ [\text{A}]$$

가 된다.

예제문제 **05**

저항 10 [Ω], 인덕턴스 10 [mH]인 인덕턴스에 실효값 100 [V]인 정현파 전압을 인가했을 때 흐르는 전류의 최대값[A]은? 단, 정현파의 각주파수는 1000 [rad/s]이다.

① 5   ② $5\sqrt{2}$ ③ 10   ④ $10\sqrt{2}$

해설

인덕턴스를 리액턴스로 환산하면 $X_L = \omega L = 1000 \times 10 \times 10^{-3} = 10\,[\Omega]$

따라서 임피던스는 $Z = 10 + j10\,[\Omega]$ 이므로

$$\therefore I_m = \sqrt{2}\,\frac{V}{Z} = \frac{100\sqrt{2}}{\sqrt{10^2 + 10^2}} = 10\,[A]$$

답 : ③

예제문제 **06**

$R - L$ 직렬 회로에 $v = 100\sin(120\pi t)$ [V]의 전원을 연결하여 $i = 2\sin(120\pi t - 45°)$ [A]의 전류가 흐르도록 하려면 저항 $R\,[\Omega]$의 값은?

① 50   ② $\dfrac{50}{\sqrt{2}}$ ③ $50\sqrt{2}$ ④ 100

해설

전압의 값과 전류의 값을 페이저로 표시한 다음 임피던스를 구하면 된다. 이때 실수 부분이 저항의 값이 되며, 허수부분이 리액턴스의 값이 된다.

$$Z = \frac{V_m}{I_m} = \frac{100\angle 0°}{2\angle -45°} = 50\angle 45°$$

계산된 값이 극좌표 이므로 직교좌표로 환산한다.

$$\therefore R = 50\cos 45° = \frac{50}{\sqrt{2}}\,[\Omega]$$

답 : ②

예제문제 **07**

다음 회로의 정상 전류 i [A]는?

단, $e = \sin\left(2t + \dfrac{\pi}{3}\right)$ [V] 이다.

① $\sin\left(2t + \dfrac{\pi}{12}\right)$ ② $\sin\left(2t + \dfrac{\pi}{4}\right)$

③ $\dfrac{1}{\sqrt{2}}\sin\left(2t + \dfrac{\pi}{12}\right)$ ④ $\dfrac{1}{\sqrt{2}}\sin\left(2t + \dfrac{3\pi}{4}\right)$

해설

각주파수가 $\omega = 2$이므로 코일과 콘덴서를 리액턴스로 환산하면 $\omega L = 4\,[\Omega]$, $\dfrac{1}{\omega C} = 3\,[\Omega]$이 되고 임피던스를 구하고, 전류를 구한다.

$$Z = R + j\left(\omega L - \frac{1}{\omega C}\right) = 1 + j(4-3) = \sqrt{2}\,\angle\,\frac{\pi}{4}$$

$$\therefore i = \frac{e}{Z} = \frac{1}{\sqrt{2}}\sin\left(2t + \frac{\pi}{3} - \frac{\pi}{4}\right) = \frac{1}{\sqrt{2}}\sin\left(2t + \frac{\pi}{12}\right)\,[A]$$

답 : ③

3. 공진(Resonance)

3.1 직렬공진회로

공진회로는 유도성과 용량성 소자를 항상 가지고 있어야 가능하다. 그림 15과 같이 저항과 유도성 소자와 용량성 소자가 직렬로 연결된 회로가 있을 경우 임피던스를 구할 수 있다.

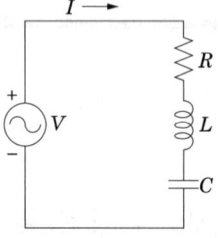

그림 15 RLC 직렬회로

$$Z = R + j\left(\omega L - \frac{1}{\omega C}\right) \ [\Omega]$$

여기서 Z : 임피던스, R : 저항, L : 인덕턴스, C : 정전용량, ω : 각주파수

이때 임피던스의 크기가 무효분의 값이 0 이 되면서 $Z = R[\Omega]$이 되는 상태를 공진이라 한다. 즉, 공진은 허수부=0, 리액턴스 성분 $X = 0$ 가 되는 조건으로 다음과 같다.

$$\omega_r L - \frac{1}{\omega_r C} = 0 \ \text{또는} \ \omega_r L = \frac{1}{\omega_r C}$$

이때 주파수를 구해보면

$$\omega_r = \frac{1}{\sqrt{LC}} \text{에서} \ f_r = \frac{1}{2\pi \sqrt{LC}}$$

가 된다. 여기서 ω_r 을 공진 각주파수, f_r 을 공진주파수(resonance frequency)라 한다. 공진주파수 f_r 에서 이때, 전류 I와 위상차 θ 는 0이 되므로 V와 I는 동상이 되고 전류는 최대로 된다. 이때의 전류 I_r를 공진전류라 한다.

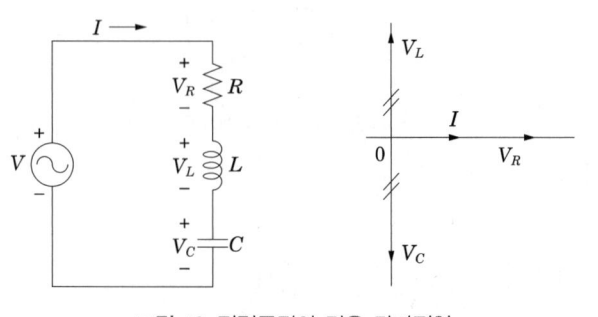

그림 16 직렬공진의 경우 단자전압

직렬 공진시 나타나는 특징중 하나는 L과 C 양단에 전압이 확대되어 나타나는 것이다. L과 C 양단의 전압 V_L, V_C는 전원전압 V보다 수십 배 이상으로 확대될 때 V에 대한 V_L, V_C의 비율을 전압확대율 또는 공진의 양호도(quality factor) Q라 하며 다음 식으로 표시한다.

$$Q_L = \frac{V_L}{V} = \frac{\omega_r L}{R}$$

$$Q_C = \frac{V_C}{V} = \frac{1}{R\omega_r C}$$

여기서 Q_L : L양단의 전압확대비, V_L : L양단의 전압, V : 전원전압, Q_C : C양단의 전압확대비, V_C : C양단의 전압, ω_r : 공진 각주파수, I_r : 공진시 흐르는 전류

V_L과 V_C가 같으므로

$$Q = Q_L = Q_C = \frac{\omega_r L}{R} = \frac{1}{R\omega_r C} = \frac{1}{R}\sqrt{\frac{L}{C}}$$

가 된다. 또한 양호도는

$$Q = \frac{\omega_r L}{R} = \omega_r \frac{I^2 L}{I^2 R} = \frac{L에\ 축적되는\ 에너지}{평균전력}$$

로 나타내므로 Q는 공진회로가 에너지를 축적하는 능력의 척도가 되기도 한다.

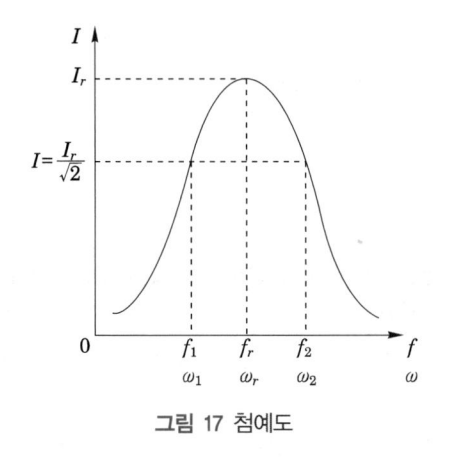

그림 17 첨예도

그림 17과 같은 공진주파수에서 전류가 최대가 되는 것을 보여준다. 그림 17의 직렬

공진곡선에서, 공진주파수 f_r 일 때의 공진전류 I_r 에 대해 $I = \dfrac{1}{\sqrt{2}} I_r$ 일 때의 주파수 f_1, f_2 를 차단주파수(cut off frequency)라하며 공진주파수와 차단주파수 차의 비율을 첨예도(sharpness) S 라 하고 다음 식으로 나타낸다.

$$S = \frac{f_r}{f_2 - f_1} = \frac{f_r}{\Delta f}$$

여기서 Δf 대역폭(Band Width : BW)이라 한다.

$$\Delta f = f_2 - f_1$$
$$f_1 = f_r - \frac{\Delta f}{2}$$
$$f_2 = f_r + \frac{\Delta f}{2}$$

첨예도는 공진곡선의 뾰쪽한 정도를 나타내는 것으로써 첨예도가 크면 주파수의 선택성이 커지므로 선택도(selectivity)라는 말로 사용되기도 한다. Q 가 클수록 대역폭이 작아지고 반대로 Q 값이 작을수록 대역폭이 커지므로 첨예도 S 와 전압확대율 Q 와의 관계는

$$S = \frac{f_r}{f_2 - f_1} = \frac{f_r}{\Delta f} = \frac{\omega_r L}{R} = \frac{1}{R \omega_r C} = Q$$

여기서 f_1, f_2, f_r 은 그림 17의 주파수를 말한다.

로서 S 와 Q 는 같은 값으로 사용된다.

예제문제 08

1 [kHz]인 정현파 교류회로에서 5 [mH]인 유도성 리액턴스와 크기가 같은 용량성 리액턴스를 갖는 C 의 크기는 몇 [μF]인가?

① 2.07   ② 3.07   ③ 4.07   ④ 5.07

해설
공진조건에 의해 콘덴서 용량을 고한다. 공진조건은 유도리액턴스와 용량리액턴스가 같을 때를 말한다.
$$C = \frac{1}{\omega^2 L} = \frac{1}{(2 \times \pi \times 1000)^2 \times 5 \times 10^{-3}} = 5.07 \times 10^{-6} = 5.07 \, [\mu F]$$

답 : ④

예제문제 09

$R-L-C$ 직렬 공진 회로에서 입력 전압이 V [V]일 때 공진 주파수 f_r 에서 L에 걸리는 전압은 얼마인가?

① V ② $2\pi f_r L V$ ③ $\dfrac{V}{R} \cdot 2\pi f_r C$ ④ $\dfrac{V}{R \cdot 2\pi f_r C}$

해설

직렬공진시 L 및 C 양단에 진입이 확대되며, 두 진입은 깉게 된다.

$$V_L = I_r \omega L = \frac{V}{R} \cdot 2\pi f_r L = \frac{V}{R} \cdot \frac{1}{2\pi f_r C}$$

답 : ④

3.2 병렬공진회로(반공진 : anti-resonance)

코일과 콘덴서를 병렬로 연결할 때 코일은 내부저항이 있으므로 그림 18과 같은 회로를 구성할 수 있다. 여기서, R은 인덕터 L에 포함된 권선의 저항성분이다. 이러한 회로에 어드미턴스를 구하면 다음과 같다.

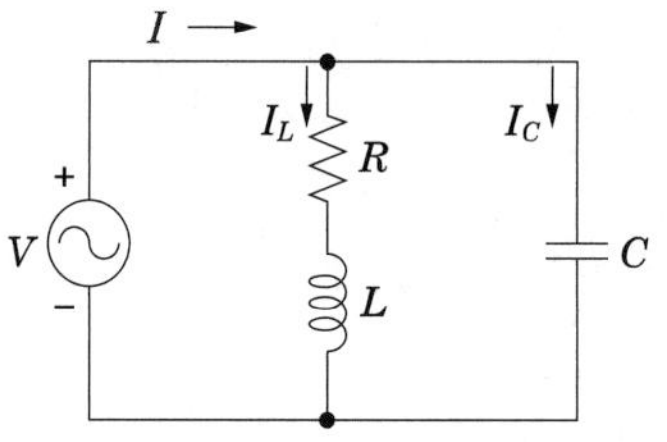

그림 18 반공진회로

$$Y = \frac{1}{R+j\omega L} + j\omega C \ \ [\mho]$$

여기서 Y : 어드미턴스, R : 저항, L : 인덕턴스, C : 정전용량

분모를 공액복소수를 취하여 분자와 분모에 곱한 후 실수와 허수로 각각 정리하면

$$Y = \frac{R}{R^2+\omega^2 L^2} + j\left(\omega C - \frac{\omega L}{R^2+\omega^2 L^2}\right) [\mho]$$

가 된다. 공진이 되기 위해서는 허수부=0 즉, 서셉턴스 $B=0$로 되는 조건이므로

$$\omega_a C - \frac{\omega_a L}{R^2+\omega_a^2 L^2} = 0$$

여기서 ω_a : 병렬공진 각속도

이 공진조건이 된다. 따라서 병렬공진 각주파수 ω_a와 병렬공진 주파수 f_a 는 위 식으로부터'

$$\omega_a = \sqrt{\left(\frac{1}{LC} - \frac{R^2}{L^2}\right)}$$

$$f_a = \frac{1}{2\pi} \sqrt{\left(\frac{1}{LC} - \frac{R^2}{L^2}\right)}$$

$$\frac{1}{LC} \gg \frac{R^2}{L^2}$$

가 된다. 이때 코일 내부의 저항값은 무시할 수 있을 정도로 작기 때문에 이를 무시하면

$$\omega_a = \frac{1}{\sqrt{LC}}$$

$$f_a = \frac{1}{2\pi\sqrt{LC}}$$

가 된다. 공진시 어드미턴스는 허수부가 0이 된 상태의 값으로

$$Y = \frac{R}{R^2 + \omega^2 L^2} \,[\mho]$$

가 되며 역수를 취하면 임피던스가 된다.

$$Z_a = \frac{1}{Y_a} = \frac{R^2 + \omega_a^2 L^2}{R} \,[\Omega]$$

특히 내부저항이 매우 작기 때문에 $R^2 \ll \omega_a^2$ 의 관계가 성립하여 임피던스는 다음과 같이 나타낼 수 있다.

$$Z_a = \frac{\omega_a^2 L^2}{R} = \frac{L}{RC}$$

이와 같이 병렬공진 시에는 임피던스가 Z가 최대, 어드미턴스 Y가 최소로 되기 때문에 전류가 최소로 된다. 병렬공진의 경우는 직렬공진과 동일하게 첨예도가 존재하며 직렬공진의 경우와 반대로 전류 L 및 C 양단에 전류가 확대된다. 이를 전류 확대비라 하며, 선택도로 다음과 같이 나타낸다.

$$Q = \frac{I_L}{I_a} = \frac{I_C}{I_a} = \frac{R}{\omega_a L} = \omega_a CR = R\sqrt{\frac{C}{L}}$$

예를 들면 $R = 5\,[\Omega]$, $L = 20\,[\mathrm{mH}]$ 및 가변 용량 C 로 구성된 $R-L-C$ 병렬 회로에 주파수 $1000\,[\mathrm{Hz}]$인 교류를 가한 다음, C 를 가변 하여 병렬 공진시켰다. $C_r\,[\mu\mathrm{F}]$ 의 값은 다음과 같다.

$$C_r = \frac{1}{\omega_r^2 L} = \frac{1}{(2\pi \times 1000)^2 \times 20 \times 10^{-3}} \fallingdotseq 1.268\,[\mu\mathrm{F}]$$

예제문제 10

그림과 같은 회로에서 전류 I는 몇 [A]인가? 단, $R = 10$ [Ω], $X_L = 10\,[\Omega]$, $X_C = 10\,[\Omega]$, $E = 100\,[\mathrm{V}]$ 이다.

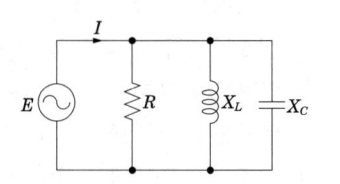

① 30   ② 20

③ 10   ④ 1

해설
유도 리액턴스와 용량리액턴스가 같으므로 공진상태이다. 따라서 저항에 의한 전류만 구해도 동일한 결과가 된다.

$I = I_R + I_L + I_C = \dfrac{100}{10} + \dfrac{100}{j10} + \dfrac{100}{-j10} = 10 - j10 + j10 = 10\,[\mathrm{A}]$

답 : ③

핵심과년도문제

3·1

인덕터의 특징을 요약한 것 중 잘못된 것은?

① 인덕터는 직류에 대해서 단락 회로로 작용한다.
② 일정한 전류가 흐를 때 전압은 무한대이지만 일정량의 에너지가 축적된다.
③ 인덕터의 전류가 불연속적으로 급격히 변화하면 전압이 무한대가 되어야 하므로 인덕터 전류가 불연속적으로 변할 수 없다.
④ 인덕터는 에너지를 축적하지만 소모하지는 않는다.

해설 인덕터에 일정한 전류가 흐르면 $e = L\dfrac{di}{dt}$ 에서 $di = 0$ 이므로 전압은 0이 된다. 인턱터는 전류가 변화될 때 전압이 나타난다.　　　　　　　　　　　　　　　　　　【답】 ②

3·2

어떤 코일에 흐르는 전류가 0.01 [s] 사이에 일정하게 50 [A]에서 10 [A]로 변할 때 20 [V]의 기전력이 발생한다고 하면 자기 인덕턴스[mH]는?

① 200　　　　　　② 33　　　　　　③ 40　　　　　　④ 5

해설 전류가 변화가 있으므로 인덕터 양단의 전압은 20[V]가 된다는 조건이 있다. 따라서

$$V_L = L\frac{di(t)}{dt}, \quad L = \frac{V_L}{\frac{di(t)}{dt}} = \frac{20}{\frac{50-10}{0.01}} = 5 \text{ [mH]}$$
　　　　　　　　　　　　　　　　　　　　　　　　　　　　　　　　　　　【답】 ④

3·3

$L = 2$ [H]인 인덕턴스에 $i(t) = 20e^{-2t}$ [A]의 전류가 흐를 때 L의 단자 전압 [V]은?

① $40e^{-2t}$　　　　　　　　　　　　② $-40e^{-2t}$
③ $80e^{-2t}$　　　　　　　　　　　　④ $-80e^{-2t}$

해설 단자전압과 유도기전력을 구분해야 한다. 문제는 단자전압을 요구한다.

$$v_L = L\frac{di(t)}{dt} = 2 \times \frac{d}{dt}(20e^{-2t}) = -80e^{-2t}$$
　　　　　　　　　　　　　　　　　　　　　　　　　　　　　　　　　　　【답】 ④

3·4

1 [H]의 인덕턴스에 그림과 같은 전류를 흘릴 경우 유기되는 기전력의 파형은?

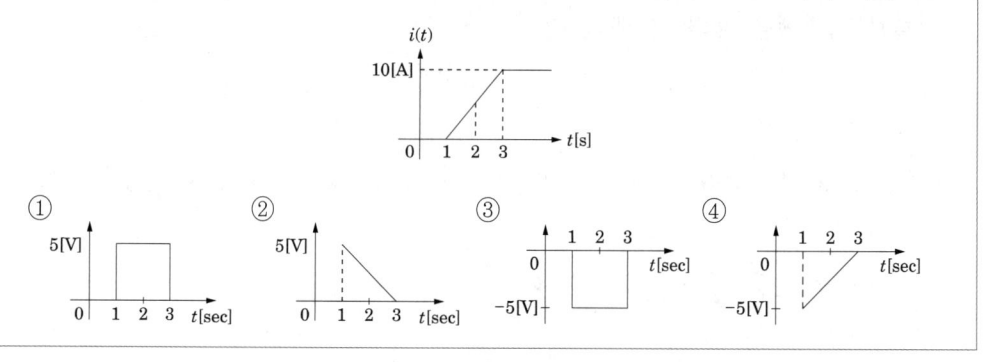

①
5[V]

②
5[V]

③
1 2 3
0   t[sec]
−5[V]

④
1 2 3
0   t[sec]
−5[V]

해설 문제는 유도기전력을 요구하므로 $V_L = -L\dfrac{di}{dt} = -1\dfrac{10}{2} = -5$ [V]가 된다.　　　【답】 ③

3·5

자기 인덕턴스 0.1 [H]인 코일에 실효값 100 [V], 60 [Hz] 위상각 0인 전압을 가했을 때 흐르는 전류의 실효값[A]은?

① 1.25　　　　② 2.24　　　　③ 2.65　　　　④ 3.41

해설 인덕턴스를 리액턴스로 환산하고 전류를 구한다.

$$I = \frac{E}{X_L} = \frac{E}{\omega L}\ [\text{A}] = \frac{E}{2\pi f L} = \frac{100}{2 \times 3.14 \times 60 \times 0.1} = 2.65\ [\text{A}]$$
　　　【답】 ③

3·6

정전 용량 C [F]의 회로에 기전력 $e = E_m \sin \omega t$ [V]를 가할 때 흐르는 전류 i [A]는?

① $i = \dfrac{E_m}{\omega C} \sin(\omega t + 90°)$　　　　② $i = \dfrac{E_m}{\omega C} \sin(\omega t - 90°)$

③ $i = \omega C E_m \sin(\omega t + 90°)$　　　　④ $i = \omega C E_m \cos(\omega t + 90°)$

해설 콘덴서에 흐르는 전류는

$$i = C\frac{de}{dt} = C\frac{d}{dt}\{E_m \sin \omega t\} = \omega C E_m \cos \omega t = \omega C E_m \sin(\omega t + 90°)$$
　　　【답】 ③

3·7

정전 용량이 같은 콘덴서 2개를 병렬로 연결했을 때 합성 용량은 이들을 두 개 직렬로 연결했을 때의 몇 배인가?

① 2   ② 4   ③ 5   ④ 8

해설 정전 용량을 C, 직렬로 연결할 때의 정전 용량을 C_s, 병렬로 연결할 때의 정전 용량을 C_p 라 하면

$$C_s = \frac{C \times C}{C + C} = \frac{C^2}{2C} = \frac{C}{2}, \qquad C_p = C + C = 2C$$

$$\therefore C_p = 4C_s$$

【답】②

3·8

60 [Hz]에서 3 [Ω]의 리액턴스를 갖는 자기 인덕턴스 및 정전 용량값을 구하면?

① 6 [mH], 660 [μF]   ② 7 [mH], 770 [μF]

③ 8 [mH], 880 [μF]   ④ 9 [mH], 990 [μF]

해설 유도리액턴스는 $X_L = 2\pi f L$, $\quad \therefore L = \dfrac{X_L}{2\pi f} = \dfrac{3}{2 \times 3.14 \times 60} = 8 \times 10^{-3}$ [H] = 8 [mH]

용량리액턴스는 $X_C = \dfrac{1}{2\pi f C}$, $\quad \therefore C = \dfrac{1}{2\pi f X_C} = 8.846 \times 10^{-4}$ [F] = 880 [μF]

【답】③

3·9

정전 용량 C만의 회로에 100 [V], 60 [Hz]의 교류를 가하니 60 [mA]의 전류가 흐른다. C는 얼마인가?

① 5.26 [μF]   ② 4.32 [μF]   ③ 3.59 [μF]   ④ 1.59 [μF]

해설 콘덴서만의 회로이므로 전압과 전류로 용량 리액턴스를 구한다.

$$X_C = \frac{V}{I} = \frac{100}{60 \times 10^{-3}} = \frac{10}{6} \times 10^3 = 1.66 \times 10^3 \text{ [Ω]}$$

$$C = \frac{1}{\omega(1.66 \times 10^3)} = \frac{1}{2 \times 3.14 \times 60 \times 1.66 \times 10^3} = 1.59 \times 10^{-6} = 1.59 \text{ [μF]}$$

【답】④

3·10

콘덴서와 코일에서 실제적으로 급격히 변화할 수 없는 것이 있다. 그것은 다음 중 어느 것인가?

① 코일에서 전압, 콘덴서에서 전류   ② 코일에서 전류, 콘덴서에서 전압

③ 코일, 콘덴서 모두 전압   ④ 코일, 콘덴서 모두 전류

해설 $v_L = L\dfrac{di}{dt}$ 에서 i 가 급격히 $(t=0$인 순간) 변화하면 v_L 이 ∞ 가 되는 모순이 생기고, $i_c = C\dfrac{dv}{dt}$ 에서 v 가 급격히 변화하면 i_c 가 ∞ 가 되는 모순이 생긴다. 따라서 코일에서는 전류가 콘덴서에서는 전압이 급격히 변화할 수 없다. 【답】 ②

3·11

3 [μF]인 커패시턴스는 50 [Ω]의 용량 리액턴스로 사용하면 주파수는 몇 [Hz]인가?

① 2.06×10^3 ② 1.06×10^3 ③ 3.06×10^3 ④ 4.06×10^3

해설 용량 리액턴스의 식에서 주파수를 구하면 $X_C = \dfrac{1}{2\pi f C}$ 에서 $f = \dfrac{1}{2\pi C \cdot X_C}$ 이므로

$$f = \dfrac{1}{2\pi \times 3 \times 10^{-6} \times 50} \fallingdotseq 1.06 \times 10^3 \text{ [Hz]}$$

【답】 ②

3·12

저항 1 [Ω], 인덕턴스 1 [H]를 직렬로 연결한 후 여기에 60 [Hz], 100 [V]의 전압을 인가시 흐르는 전류의 위상은 전압의 위상보다?

① 90° 늦다.   ② 같다.
③ 90° 빠르다.   ④ 늦지만 90° 이하이다.

해설 임피던스 회로 이므로 $R-L$ 직렬 회로에서 $I = \dfrac{E}{Z}\angle -\theta\,(\theta < 90°)$ 【답】 ④

3·13

A, B 2개의 코일이 있다. A, B 코일의 저항과 유도 리액턴스는 각각 3 [Ω], 5 [Ω], 5 [Ω], 1 [Ω]이다. 두 코일을 직렬 접속하고 100 [V]를 가할 때, I [A]는?

① $10\angle 37°$ ② $10\angle -37°$ ③ $10\angle 53°$ ④ $10\angle -53°$

해설 두 코일의 합성 임피던스를 구하여 전류를 구하면

$$I = \dfrac{100}{8+j6} = \dfrac{100(8-j6)}{(8+j6)(8-j6)} = \dfrac{800 - j600}{100} = 8 - j6$$

$$\therefore I = 10\angle -\tan^{-1}\dfrac{3}{4} = 10\angle -37°$$

【답】 ②

3·14

100 [V] 전원에 1 [kW]의 선풍기를 접속하니 12 [A]의 전류가 흘렀다. 선풍기의 무효율[%]은?

① 50   ② 55   ③ 83   ④ 91

해설 역률을 구하면 $\cos\theta = \dfrac{P}{P_a} = \dfrac{1000}{100 \times 12} = 0.833$ 따라서 무효율은

$$\sin\theta = \sqrt{1 - \cos^2\theta} = \sqrt{1 - 0.833^2} = 0.552$$

【답】②

3·15

어떤 회로의 전압 및 전류가 $E = 10 \angle 60°$ [V], $I = 5 \angle 30°$ [A]일 때 이 회로의 임피던스 Z [Ω]는?

① $\sqrt{3} + j$ ② $\sqrt{3} - j$ ③ $1 + j\sqrt{3}$ ④ $1 - j\sqrt{3}$

해설 전압과 전류가 페이저로 주어졌으므로 임피던스도 페이저로 계산한다.

$$\dot{Z} = \frac{\dot{E}}{\dot{I}} = \frac{10 \angle 60}{5 \angle 30} = 2 \angle 30 = \sqrt{3} + j$$

【답】①

3·16

저항 8 [Ω]과 용량 리액턴스 X_C [Ω]이 직렬로 접속된 회로에 100 [V], 60 [Hz]의 교류를 가하니 10 [A]의 전류가 흐른다. 이때 X_C [Ω]의 값은?

① 10   ② 8   ③ 6   ④ 4

해설 저항값과 용량 리액턴스 값을 가지고 임피던스를 구한다.

따라서 전류는 10[A]라고 주어졌으므로

$$I = \frac{E}{Z} = \frac{E}{\sqrt{R^2 + X_C^2}} = \frac{100}{\sqrt{8^2 + X_C^2}} = 10 \qquad \therefore X_C = 6 \ [\Omega]$$

【답】③

3·17

저항 R와 리액턴스 X의 직렬 회로에서 $\dfrac{X}{R} = \dfrac{1}{\sqrt{2}}$일 경우 회로의 역률은?

① $\dfrac{1}{2}$ ② $\dfrac{1}{\sqrt{3}}$ ③ $\dfrac{\sqrt{2}}{\sqrt{3}}$ ④ $\dfrac{\sqrt{3}}{2}$

해설 역률은 $\cos\theta = \dfrac{R}{\sqrt{R^2 + X^2}} = \dfrac{1}{\sqrt{1 + \left(\dfrac{X}{R}\right)^2}} = \dfrac{1}{\sqrt{1 + \left(\dfrac{1}{\sqrt{2}}\right)^2}} = \dfrac{\sqrt{2}}{\sqrt{3}}$

【답】③

3·18

$E = 40 + j30$ [V]의 전압을 가하면 $I = 30 + j10$ [A]의 전류가 흐른다. 이 회로의 역률값을 구하면?

① 0.651　　　　② 0.764　　　　③ 0.949　　　　④ 0.831

해설 전압과 전류가 페이저의 형태로 주어졌으므로 고전적인 방법은 주어진 직교지표 형식을 극좌표로 변환하여 임피던스를 구한다. 그러나 직교좌표로 계산할 수 있으면 그대로 하여도 된다.

$$\begin{cases} E = 40 + j30 = 50\angle 36.9° \\ I = 30 + j10 = 31.6\angle 18.4° \end{cases} \qquad Z = \frac{E}{I} = \frac{50\angle 36.9°}{31.6\angle 18.4°} = 1.58\angle 18.5°$$

임피던스를 극좌표 형식으로 구하여 각도를 cos 을 취하면 역률이 계산된다.

$$\therefore \cos\theta = \cos(18.5°) = 0.949$$

【답】③

3·19

어떤 부하에 $V = 80 + j60$[V]의 전압을 가하여 $I = 4 + j2$[A]의 전류가 흘렀을 경우, 이 부하의 역률과 무효율은?

① 0.8, 0.6　　② 0.894, 0.448　　③ 0.916, 0.401　　④ 0.984, 0.179

해설 복소전력을 구할때는 전압이나 전류중 하나를 공액복소수를 취하여 계산한다.

$$P_a = \overline{V}I = (80 - j60)(4 + j2) = 440 - j80 = 447.21\angle -10.3 \text{ [VA]}$$이므로

역률은 $\cos 10.3 = 0.984$, 무효율은 $\sin 10.3 = 0.179$가 된다.

【답】④

3·20

100 [V], 50 [Hz]의 교류 전압을 저항 100 [Ω], 커패시턴스 10 [μF]의 직렬 회로에 가할 때 역률은?

① 0.25　　　　② 0.27　　　　③ 0.3　　　　④ 0.35

해설 커패시턴스를 용량리액턴스로 환산하면

$$X_C = \frac{1}{2\pi f C} = \frac{1}{2 \times 3.14 \times 50 \times 10 \times 10^{-6}} = \frac{10^3}{3.14} \text{ [Ω]}$$

$$\therefore \cos\theta = \frac{R}{Z} = \frac{R}{\sqrt{R^2 + X_C^2}} = \frac{100}{\sqrt{100^2 + \left(\frac{10^3}{3.14}\right)^2}} = 0.3$$

【답】③

3·21

$R = 200\,[\Omega]$, $L = 1.59\,[\mathrm{H}]$, $C = 3.315\,[\mu\mathrm{F}]$을 직렬로 한 회로에 $v = 141.4\sin 377t$ [V]를 인가할 때 C의 단자 전압[V]은?

① 71   ② 212   ③ 283   ④ 401

해설

주어진 조건을 그림으로 그리면 다음과 같다. 여기서 전압 분배 법칙을 적용하면

$$V_C = \frac{-j800}{200 + j600 - j800} \times 100 = 283\,[\mathrm{V}]$$

【답】③

3·22

저항 $4\,[\Omega]$과 인덕턴스 L의 코일에 $100\,[\mathrm{V}]$, $60\,[\mathrm{Hz}]$의 교류를 가하니 $20\,[\mathrm{A}]$의 전류가 흘렀다. $L\,[\mathrm{mH}]$은?

① 약 2.7   ② 약 5.3   ③ 약 6.6   ④ 약 8.0

해설 전압과 전류를 가지고 임피던스를 구한다.

$$Z = \frac{V}{I} = \frac{100}{20} = 5\,[\Omega] \qquad Z = \sqrt{R^2 + X_L^2} = 5$$

$$\therefore X_L = 3\,[\Omega] \qquad\qquad X_L = 2\pi f L = 3\,[\Omega]$$

따라서

$$L = \frac{3}{2\pi f} = \frac{3}{2\pi\,60} \fallingdotseq 8 \times 10^{-3}$$

【답】④

3·23

$R = 50\,[\Omega]$, $L = 200\,[\mathrm{mH}]$의 직렬 회로에 주파수 $f = 50\,[\mathrm{Hz}]$의 교류에 대한 역률[%]은?

① 약 52.3   ② 약 82.3   ③ 약 62.3   ④ 약 72.3

해설 $R-L$ 직렬 회로의 역률은 $\cos\theta = \dfrac{R}{Z} = \dfrac{R}{\sqrt{R^2 + X_L^2}}$

$$\cos\theta = \frac{50}{\sqrt{50^2 + (2 \times 3.14 \times 50 \times 200 \times 10^{-3})^2}} = 0.623 \qquad \therefore 62.3\,[\%]$$

【답】③

3·24

그림과 같은 회로에서 전류 I의 최대값은 몇 [A]인가?

단, $e(t) = \sqrt{2} \times 110 \sin{(\omega t + 10)}$ [V], $R = \sqrt{2}$ [Ω], $\omega L = 10$ [Ω], $\dfrac{1}{\omega C} = 10$ [Ω]

① 55 [A]

② $\sqrt{2} \times 110$ [A]

③ 220 [A]

④ 110 [A]

해설 직렬회로 이므로 회로의 임피던스 Z는

$$Z = \sqrt{R^2 + (\omega L - (1/\omega C)^2)} = \sqrt{\sqrt{2}^2 + (10 - 10)^2} = \sqrt{2} \ [\Omega]$$
$$\therefore I_m = E_m / Z = \sqrt{2} \cdot 110 / \sqrt{2} = 110 \ [\text{A}]$$

【답】 ④

3·25

어떤 회로에 $V = 100 + j20$ [V]인 전압을 가할 때 $4 + j3$ [A]인 전류가 흘렀다. 이 회로의 임피던스는?

① $18.4 - j8.8$ [Ω]

② $18.4 + j15.2$ [Ω]

③ $45.8 + j31.4$ [Ω]

④ $65.7 - j54.3$ [Ω]

해설 주어진 전압과 전류가 페이저 이므로 임피던스도 페이저로 구한다.

$$Z = \frac{V}{I}$$
$$= \frac{100 + j20}{4 + j3} = \frac{(100 + j20)(4 - j3)}{(4 + j3)(4 - j3)} = \frac{460 - j220}{25} = 18.4 - j8.8 \ [\Omega]$$

【답】 ①

3·26

$Z_1 = 2 + j11$ [Ω], $Z_2 = 4 - j3$ [Ω]의 직렬 회로에 교류 전압 100 [V]를 가할 때 회로에 흐르는 전류[A]는?

① 10

② 8

③ 6

④ 4

해설 두 임피던스가 직렬이므로 합성 임피던스

$$Z_0 = Z_1 + Z_2 = (2 + j11) + (4 - j3) = 6 + j8 \ [\Omega]$$
$$\therefore I = \frac{V}{Z_0} = \frac{100}{6 + j8} = 10 \ [\text{A}]$$

【답】 ①

3·27

$R = 10\,[\Omega]$, $L = 0.045\,[\mathrm{H}]$의 직렬 회로에 실효값 $140\,[\mathrm{V}]$, 주파수 $25\,[\mathrm{Hz}]$의 정현파 교류 전압을 가했을 때 임피던스$[\Omega]$의 크기는?

① 17.25   ② 16.31   ③ 12.25   ④ 10.41

해설 주어진 코일의 값을 리액턴스로 환산하면

$$\omega L = 2\pi f L = 2 \times 3.14 \times 25 \times 0.045 = 7.068\,[\Omega]$$
$$\therefore Z = \sqrt{R^2 + (\omega L)^2} = \sqrt{10^2 + 7.06^2} = 12.25\,[\Omega]$$

【답】③

3·28

정현파 교류 전원 $v = V_m \sin(\omega t + \theta)\,[\mathrm{V}]$가 인가된 $R-L-C$ 직렬 회로에 있어서 $\omega L > \dfrac{1}{\omega C}$일 경우, 이 회로에 흐르는 전류 i 는 인가 전압 v와 위상이 어떻게 되는가?

① $\tan^{-1}\dfrac{\omega L - \dfrac{1}{\omega C}}{R}$ 앞선다.

② $\tan^{-1}\dfrac{\omega L - \dfrac{1}{\omega C}}{R}$ 뒤진다.

③ $\tan^{-1} R\left(\dfrac{1}{\omega L} - \omega C\right)$ 앞선다.

④ $\tan^{-1} R\left(\dfrac{1}{\omega L} - \omega C\right)$ 뒤진다.

해설 문제에서 유도성 회로의 조건이 주어졌으므로

$$Z = R + j\left(\omega L - \dfrac{1}{\omega C}\right)$$

$$\theta = \tan^{-1}\dfrac{\text{허수부}}{\text{실수부}} = \tan^{-1}\dfrac{\omega L - \dfrac{1}{\omega C}}{R}\ \text{뒤진다.}$$

【답】②

3·29

이 회로의 총 어드미턴스 값은 몇 $[\mho]$인가?

① $\dfrac{1}{R}(1 + j\omega CR)$

② $j\dfrac{R}{\omega CR - 1}$

③ $R - j\dfrac{1}{\omega C}$

④ $\dfrac{1}{R} - j\dfrac{1}{\omega C}$

해설 어드미턴스로 구하면 $Y_0 = Y_1 + Y_2 = \dfrac{1}{R} + \dfrac{1}{\dfrac{1}{j\omega C}} = \dfrac{1}{R} + j\omega C = \dfrac{1}{R}(1 + j\omega CR)$

【답】①

3·30

어드미턴스 $Y = a + jb$에서 b는?

① 저항이다.　　　　　　　　　② 컨덕턴스이다.
③ 리액턴스이다.　　　　　　　④ 서셉턴스(susceptance)이다.

해설 어드미턴스 $Y = a + jb$에서 a는 컨덕턴스, b는 서셉턴스이다.　　　　【답】④

3·31

그림과 같은 회로의 역률은 얼마인가?

① $1 + (\omega RC)^2$　　　　② $\sqrt{1 + (\omega RC)^2}$

③ $\dfrac{1}{\sqrt{1 + (\omega RC)^2}}$　　　④ $\dfrac{1}{1 + (\omega RC)^2}$

해설 병렬회로의 역률은 동일한 값을 갖는 직렬회로의 무효율과 같다.

$$\cos\theta = \frac{\frac{1}{R}}{Y} = \frac{Z}{R} = \frac{\frac{RX_C}{\sqrt{R^2 + X_C^2}}}{R} = \frac{X_C}{\sqrt{R^2 + X_C^2}} = \frac{1}{\sqrt{1 + \frac{R^2}{X_C^2}}} = \frac{1}{\sqrt{1 + \omega^2 C^2 R^2}}$$

【답】③

3·32

저항 30 [Ω]과 유도 리액턴스 40 [Ω]을 병렬로 접속하고 120 [V]의 교류 전압을 가했을 때 회로의 역률값은?

① 0.6　　　　　② 0.7　　　　　③ 0.8　　　　　④ 0.9

해설 병렬회로의 역률은 동일한 값을 갖는 직렬회로의 무효율과 같으므로 $R-L$ 병렬 회로에서

역률은 $\cos\theta = \dfrac{G}{Y} = \dfrac{X_L}{\sqrt{R^2 + X_L^2}} = \dfrac{40}{\sqrt{30^2 + 40^2}} = 0.8$　　　【답】③

3·33

$R = 25$ [Ω], $X_L = 5$ [Ω], $X_C = 10$ [Ω]을 병렬로 접속한 회로의 어드미턴스 Y [℧]는?

① $0.4 - j0.1$　　② $0.4 + j0.1$　　③ $0.04 + j0.1$　　④ $0.04 - j0.1$

해설 어드미턴스는 $Y_0 = \dfrac{1}{25} - j\dfrac{1}{5} + j\dfrac{1}{10} = 0.04 - j0.1$ [℧]　　　【답】④

3·34

그림과 같은 회로에서 전원에 흘러들어오는 전류 I [A]는?

① 7   ② 10

③ 13   ④ 17

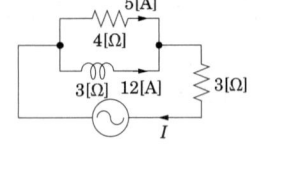

해설 키르히호프의 법칙을 적용한다. 여기서 저항과 코일에 흐르는 전류이므로

$$I = \sqrt{{I_R}^2 + {I_L}^2} = \sqrt{5^2 + 12^2} = 13$$

【답】③

3·35

$e_s(t) = 3e^{-5t}$인 경우 그림과 같은 회로의 임피던스는?

① $\dfrac{j\omega RC}{1 + j\omega RC}$ ② $\dfrac{1}{1 + RCs}$

③ $\dfrac{R}{1 - 5RC}$ ④ $\dfrac{1 + j\omega RC}{R}$

해설 병렬회로의 임피던스는 $Z = \dfrac{\dfrac{R}{j\omega C}}{R + \dfrac{1}{j\omega C}} = \dfrac{R}{1 + j\omega CR}$ 이고, $e_s(t) = 3e^{-5t}$ 에서 $j\omega = -5$이므로

$$Z = \dfrac{R}{1 + j\omega CR} = \dfrac{R}{1 - 5CR}$$

【답】③

3·36

$R = 15\,[\Omega]$, $X_L = 12\,[\Omega]$, $X_C = 30\,[\Omega]$이 병렬로 된 회로에 120 [V]의 교류 전압을 가하면 전원에 흐르는 전류[A]와 역률[%]은?

① 22, 85   ② 22, 80   ③ 22, 60   ④ 10, 80

해설 병렬회로의 어드미턴스는 $Y = \dfrac{1}{15} + \dfrac{1}{j12} + \dfrac{1}{-j30} = 0.083 \angle -36.87$

따라서, $I = YV = 0.083 \times 120 = 9.96 ≒ 10\,[A]$

$\cos\theta = \cos(-36.87) = 0.8$

【답】④

3·37

직렬 공진 회로에서 최대가 되는 것은?

① 전류   ② 저항   ③ 리액턴스   ④ 임피던스

해설 직렬 공진은 허수부가 0이 되므로 Z가 최소가 되어 I가 최대가 되며, L 및 C 양단에 전압이 확대된다.

【답】①

3·38

$L-C$ 직렬 회로의 공진 조건은?

① $\dfrac{1}{\omega L} = \omega C + R$ ② 직류 전원을 가할 때

③ $\omega L = \omega C$ ④ $\omega L = \dfrac{1}{\omega C}$

[해설] 직렬회로의 공진 조건은 유도리액턴스와 용량리액턴스가 같으므로 $\omega L = \dfrac{1}{\omega C}$ 이고, 병렬 공진 조건 $\omega C = \dfrac{1}{\omega L}$ 이다. 【답】④

3·39

시불변, 선형 $R-L-C$ 직렬 회로에 $v = V_m \sin \omega t$ 인 교류 전압을 가하였다. 정상 상태에 대한 설명 중 옳지 않은 것은?

① 이 회로의 합성 리액턴스는 양 또는 음이 될 수 있다.
② $\omega L < 1/\omega C$ 이면 용량성 회로이다.
③ $\omega L > 1/\omega C$ 이면 유도성 회로이다.
④ $\omega L = 1/\omega C$ 이면 공진 회로이며 인덕턴스 양단에 걸린 전압은 RI_0 이다.

[해설] 직렬 공진시 코일 및 콘덴서 양단에 걸리는 전압 $V_L = XI_0$ 가 된다. 【답】④

3·40

어떤 $R-L-C$ 병렬 회로가 병렬 공진되었을 때 합성 전류는?

① 최소가 된다.   ② 최대가 된다.
③ 전류는 흐르지 않는다.   ④ 전류는 무한대가 된다.

[해설] 병렬 공진시 회로의 어드미턴스는 최소가 되므로 전류는 최소가 된다. 【답】①

3·41

공진 회로의 Q 가 갖는 물리적 의미와 관계없는 것은?

① 공진 회로의 저항에 대한 리액턴스의 비
② 공진 곡선의 첨예도
③ 공진시의 전압 확대비
④ 공진 회로에서 에너지 소비 능률

해설 직렬 공진 회로의 선택도는 공진 곡선의 첨예도를 의미할 뿐만 아니라 공진시 전압 확대비이고 또한 공진시 저항에 대한 리액턴스의 비이다. 【답】④

3·42

$R-L-C$ 직렬 회로에서 전원 전압을 V라 하고 L 및 C에 걸리는 전압을 각각 V_L 및 V_C라 하면 선택도 Q를 나타내는 것은 어느 것인가? 단, 공진 주파수는 ω_r이다.

① $\dfrac{CL}{R}$ ② $\dfrac{\omega_r R}{L}$ ③ $\dfrac{V_L}{V}$ ④ $\dfrac{V}{V_C}$

해설 선택도는 전압확대비를 의미하므로 $Q=\dfrac{V_L}{V}=\dfrac{V_C}{V}=\dfrac{X}{R}=\dfrac{\omega L}{R}=\dfrac{1}{\omega CR}=\dfrac{1}{R}\sqrt{\dfrac{L}{C}}$ 【답】③

3·43

$R=5\,[\Omega]$, $L=20\,[\mathrm{mH}]$ 및 가변 용량 C로 구성된 $R-L-C$ 직렬 회로에 주파수 $1000\,[\mathrm{Hz}]$인 교류를 가한 다음, C를 가변하여 직렬 공진시켰다. $C_r\,[\mu\mathrm{F}]$의 값과 선택도 Q는?

① $C_r=2.277\,[\mu\mathrm{F}]$, $Q=2.512$ ② $C_r=1.268\,[\mu\mathrm{F}]$, $Q=2.512$

③ $C_r=2.277\,[\mu\mathrm{F}]$, $Q=25.12$ ④ $C_r=1.268\,[\mu\mathrm{F}]$, $Q=25.12$

해설 공진조건에서 $C_r=\dfrac{1}{\omega_r^2 L}=\dfrac{1}{(2\pi\times 1000)^2\times 20\times 10^{-3}}\fallingdotseq 1.268\,[\mu\mathrm{F}]$

$Q=\dfrac{1}{R}\sqrt{\dfrac{L}{C}}=\dfrac{1}{5}\sqrt{\dfrac{20\times 10^{-3}}{1.268\times 10^{-6}}}\fallingdotseq 25.12$ 【답】④

3·44

$R=100\,[\Omega]$, $L=1/\pi\,[\mathrm{H}]$, $C=100/4\pi\,[\mathrm{pF}]$이다. 직렬 공진회로의 Q는 얼마인가?

① 2×10^3 ② 2×10^4 ③ 3×10^3 ④ 3×10^4

해설 직렬 공진회로에서 $Q=\dfrac{1}{R}\sqrt{\dfrac{L}{C}}$ 이므로

$Q=\dfrac{1}{R}\sqrt{\dfrac{L}{C}}=\dfrac{1}{100}\sqrt{\dfrac{1/\pi}{100/4\pi\times 10^{-12}}}=\dfrac{1}{100}\times\dfrac{1}{5}\times 10^6=2\times 10^3$ 【답】①

3·45

$R-L-C$ 직렬 회로에서 L 및 C의 값은 고정시켜 놓고 저항 R의 값만 큰 값으로 변화시킬 때 옳게 설명한 것은?

① 공진 주파수는 커진다.　　　② 공진 주파수는 작아진다.
③ 공진 주파수는 변화하지 않는다.　　　④ 이 회로의 0은 커진다.

해설 공진조건에서 공진주파수는 L 및 C의 값에 의해 결정된다.

$$f_r = \frac{1}{2\pi\sqrt{LC}}$$

【답】③

3·46

그림과 같은 $R-L-C$ 병렬 공진 회로에 관한 설명 중 옳지 않은 것은?

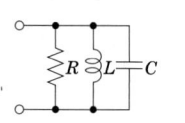

① R가 작을수록 Q가 높다.
② 공진시 L 또는 C를 흐르는 전류는 입력 전류 크기의 Q배가 된다.
③ 공진 주파수 이하에서의 입력 전류는 전압보다 위상이 뒤진다.
④ 공진시 입력 어드미턴스는 매우 작아진다.

해설 회로의 어드미턴스 Y는

$$Y = \frac{1}{R} + \frac{1}{j\omega L} + j\omega C = \frac{1}{R} + j\left(\omega C - \frac{1}{\omega L}\right)$$

따라서, 공진 조건은 $\omega C = \dfrac{1}{\omega L}$

공진 주파수 : $f_r = \dfrac{1}{2\pi\sqrt{LC}}$

전류 확대비 : $Q = \dfrac{I_C}{I_r} = \dfrac{\omega CV}{\dfrac{V}{R}} = R\omega C$,　$Q = \dfrac{I_L}{I_r} = \dfrac{\dfrac{V}{\omega L}}{\dfrac{V}{R}} = \dfrac{R}{\omega L}$

즉, R이 클수록 Q는 커진다.

$\omega L - \dfrac{1}{\omega C} = 0$에서 $f < f_r$이면 $\dfrac{1}{\omega C} > \omega L$이 되어 유도성 회로가 된다.

또한, 공진시 어드미턴스 $Y_r = \dfrac{1}{R}$이 되어 매우 작아진다.

【답】①

심화학습문제

01 저항이 $R(t) = R_a + R_b \cos \omega t$ 일 때 이 저항에 $i(t) = A \cos \omega_1 t$ 인 전류를 흘리면 R에서의 단자 전압의 각주파수는?

① ω_1

② ω_1 및 ω의 두 가지

③ $\omega + \omega_1$ 및 $\omega - \omega_1$의 두 가지

④ ω_1, $\omega + \omega_1$, $\omega - \omega_1$의 세 가지

해설

$v(t) = R(t) \cdot i(t)$ 이므로

$v(t) = (R_a + R_b \cos \omega t)(A \cos \omega_1 t)$

$\quad = AR_a \cos \omega_1 t + AR_b \cos \omega t \cos \omega_1 t$

$\quad = AR_a \cos \omega_1 t + \dfrac{AR_b}{2} \{ \cos (\omega + \omega_1) t + \cos (\omega - \omega_1) t \}$

$\therefore v(t)$의 각주파수는 ω_1, $\omega + \omega_1$, $\omega - \omega_1$의 세 가지이다.

【답】④

02 전압 v와 i의 관계가 $i = a(e^{bv} - 1)$(a, b는 상수)인 다이오드의 $v = V_0$에서의 교류분에 대한 컨덕턴스는?

① abe^{bV_0}

② ae^{bV_0}

③ abV_0

④ $\dfrac{a(e^{bV_0} - 1)}{V_0}$

해설

옴의법칙에 의해 $G = \dfrac{I}{V}$ 에서 $V = V_0$ 이므로

$G = \dfrac{a(e^{bV_0} - 1)}{V_0}$

【답】④

03 그림은 커패시터 C_1인 정전 전압계로서 10배의 전압 E_x를 측정하기 위해서 C_2를 연결하였다. C_2의 값은?

① $C_2 = \dfrac{C_1}{10}$

② $C_2 = \dfrac{1}{10 C_1}$

③ $C_2 = \dfrac{1}{9 C_1}$

④ $C_2 = \dfrac{C_1}{9}$

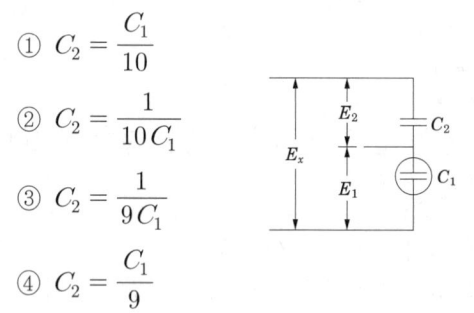

해설

콘덴서에 걸리는 전압은 콘덴서 값에 반비례하므로 전압 분배 법칙을 적용하면 $E_1 = \dfrac{C_2}{C_1 + C_2} E_x$

여기서, $E_x = 10 E_1$ 이므로 $E_1 = \dfrac{C_2}{C_1 + C_2} 10 E_1$

따라서, $C_1 + C_2 = 10 C_2$ $\therefore C_2 = \dfrac{C_1}{9}$ 가 된다.

【답】④

04 $i(t) = I_0 e^{st}$ 로 주어지는 전류가 C에 흐르는 경우의 임피던스는?

① C

② $s C$

③ $\dfrac{1}{s C}$

④ $\dfrac{1}{j \omega C}$

해설

콘덴서 C에서의 전압 $v(t) = \dfrac{1}{C} \displaystyle\int i(t) dt$ 이므로

$v(t) = \dfrac{1}{C} \displaystyle\int I_0 e^{st} dt = \dfrac{I_0}{s C} e^{st}$

$\therefore Z = \dfrac{v(t)}{i(t)} = \dfrac{\dfrac{I_0 e^{st}}{s C}}{I_0 e^{st}} = \dfrac{1}{s C}$

【답】③

05 $0.1 [\mu F]$인 콘덴서에 $v = 2\sin(2\pi 100t)$의 전압을 인가했을 때 $t = 0$에서의 전류 [mA]는?

① 0
② 0.01
③ 0.1256
④ 1.25

해설

콘덴서에 흐르는 전류는
$$i = C\frac{dv}{dt} = 0.1 \times 10^{-6} \times \frac{d}{dt} 2\sin(2\pi 100t)$$
$$= 4\pi \times 10^{-5} \times \cos(2\pi 100t)$$

여기서, $t = 0$이므로
$$i = 12.56 \times 10^{-5} [A] = 0.1256 [mA]$$

【답】③

06 그림과 같은 회로에서 전류 i의 순시값을 표시하는 식은? 단, $Z_1 = 3 + j10$, $Z_2 = 3 - j2$, $e = 100\sqrt{2}\sin 120\pi t$이다.

① $10\sqrt{2}\sin\left(377t + \tan^{-1}\dfrac{4}{3}\right)$

② $14.1\sin\left(377t + \tan^{-1}\dfrac{3}{4}\right)$

③ $14.1\sin\left(120\pi t - \tan^{-1}\dfrac{4}{3}\right)$

④ $10\sqrt{2}\sin\left(120\pi t - \tan^{-1}\dfrac{3}{4}\right)$

해설

임피던스가 직렬이므로 합성 임피던스 Z는
$$Z = Z_1 + Z_2 = 3 + j10 + 3 - j2 = 6 + j8 = 10\angle\tan^{-1}\frac{4}{3}$$

그러므로, 회로에 흐르는 전류 i는
$$i = \frac{v}{Z} = \frac{100\sqrt{2}\sin 120\pi t}{10\angle\tan^{-1}\frac{4}{3}} = 10\sqrt{2}\sin\left(120\pi t - \tan^{-1}\frac{4}{3}\right)$$

【답】③

07 저항과 콘덴서를 병렬로 접속한 회로에 직류를 100 [V]를 가하면 5 [A]가 흐르고, 교류 300 [V]를 가하면 25 [A]가 흐른다. 이때, 용량 리액턴스[Ω]는?

① 7
② 14
③ 15
④ 30

해설

직류를 인가한 경우 저항을 구할 수 있다.
$$R = \frac{E}{I} = \frac{100}{5} = 20 [\Omega]$$

교류를 인가한 경우는 임피던스에 의해 전류가 흐르므로 저항에 흐르는 전류를 I_R, 콘덴서에 흐르는 전류를 I_C, 전체 전류를 I라 하면
$$I_c^2 = I^2 - I_R^2 = 25^2 - \left(\frac{300}{20}\right)^2 = 400$$
$$\therefore I_c = 20 [A]$$
$$X_c = \frac{V}{I_c} = \frac{300}{20} = 15 [\Omega]$$

【답】③

08 저항 4 [Ω]과 X_L의 유도 리액턴스가 병렬로 접속된 회로에 12 [V]의 교류 전압을 가하니 5 [A]의 전류가 흘렀다. 이 회로의 리액턴스 X_L의 값[Ω]은?

① 8
② 6
③ 3
④ 1

해설

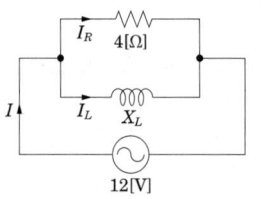

키르히호프의 법칙을 적용하면
$$I_R = \frac{12}{4} = 3 [A]$$
$$I_L = \sqrt{I^2 - I_R^2} = \sqrt{5^2 - 3^2} = 4 [A]$$
$$\therefore X_L \cdot I_L = 12 [V]이므로$$
$$X_L = \frac{12}{I_L} = \frac{12}{4} = 3 [\Omega]$$

【답】③

09 회로에서 i_C값을 구하면?

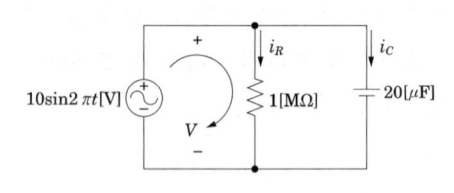

① $4\pi \times 10^{-3}\cos 2\pi t$ [A]

② $4\pi \times 10^{-4}\sin 2\pi t$ [A]

③ $4\pi \times 10^{-3}\sin 2\pi t$ [A]

④ $4\pi \times 10^{-4}\cos 2\pi t$ [A]

해설

콘덴서에 흐르는 전류는

$$i_C = C\frac{de(t)}{dt} = 20\times 10^{-6}\times \frac{d}{dt}10\sin 2\pi t$$
$$= 4\pi \times 10^{-4}\cos 2\pi t \text{ [A]}$$

【답】④

10 다음 회로 중 저항 $1\,[\mathrm{M}\Omega]$에서 $t=0.5$ [sec] 동안 소비되는 에너지[J]는 얼마인가?

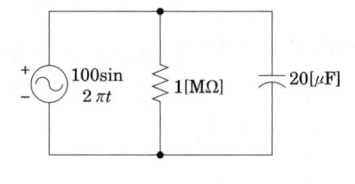

① 2.5

② 2.5×10^{-2}

③ 2.5×10^{-3}

④ 2.5×10^{-4}

해설

병렬회로 이므로 전압으로 전력을 구하면

$$P = I^2 Rt = \frac{V^2}{R}t \text{ [J]}$$
$$= \frac{\left(\frac{100}{\sqrt{2}}\right)^2}{1\times 10^6}\times 0.5 = 2.5\times 10^{-3} \text{ [J]}$$

【답】③

11 유도 리액턴스 $5\,[\Omega]$과 용량 리액턴스 $5.2\,[\Omega]$를 병렬로 한 회로에 $100\,[\mathrm{V}]$를 가할 때 용량 리액턴스의 전류는 합성 전류의 약 몇 배가 되는가?

① 10

② 15

③ 20

④ 25

해설

병렬회로 이므로 전압이 일정하다. 따라서

$$I_L = \frac{V}{X_L} = \frac{100}{5} = 20 \text{ [A]}$$
$$I_C = \frac{V}{X_C} = \frac{100}{5.2} = 19.23 \text{ [A]}$$

I_L은 뒤진 전류이고 I_C는 앞선 전류이므로 전체 합성 전류 $I = I_L - I_C = 20 - 19.23 = 0.77$ [A]

$$\therefore \frac{I_C}{I} = \frac{19.23}{0.77} = 24.97배$$

【답】④

12 회로에서 단자 a, b 사이에 교류 전압 200 [V]를 가하였을 때 c, d 사이의 전위차는 몇 [V]인가?

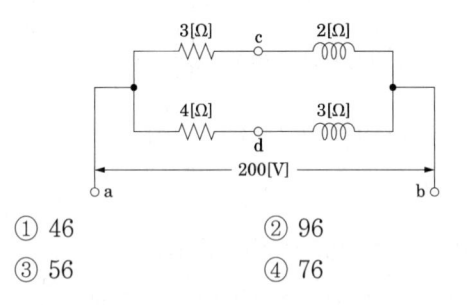

① 46

② 96

③ 56

④ 76

해설

브리지가 평형 되지 않은 상태이다. 또 병렬회로이므로 전압이 일정하므로 각 지로에 흐르는 전류를 구하여 전압강하를 구한다음 전위를 구하고 전위차를 구한다.

$$I_1 = \frac{200}{3+j4} = \frac{200(3-j4)}{25} = \frac{600-j800}{25} = 24-j32$$
$$I_2 = \frac{200}{4+j3} = \frac{200(4-j3)}{25} = \frac{800-j600}{25} = 32-j24$$
$$V_{cd} = 4(32-j24) - 3(24-j32)$$
$$= 128 - j96 - 72 + j96 = 56 \text{ [V]}$$

【답】③

13 그림과 같은 회로에서 출력 전압의 위상은 입력 전압보다 어떠한가?

① 뒤진다.
② 앞선다.
③ 전압과 관계없다.
④ 같다.

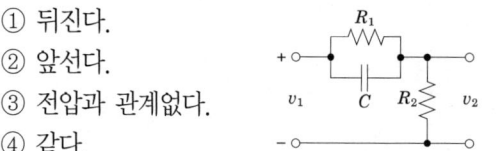

해설

콘덴서 C의 전압 강하를 e_1, R_1, C에 흐르는 전류를 i_R, i_C라 하면

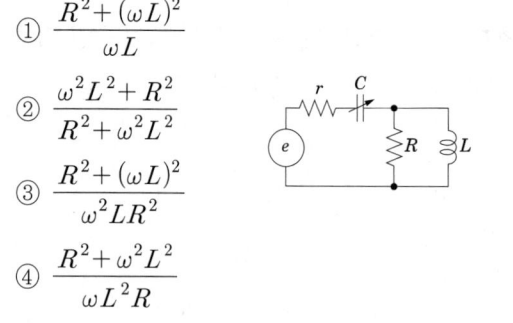

【답】②

14 그림에서 C를 가감할 때에 회로에 흐르는 전류를 최대로 하기 위한 C의 값을 구하여라. 단, e, r, R, L은 불변이다.

① $\dfrac{R^2+(\omega L)^2}{\omega L}$

② $\dfrac{\omega^2 L^2+R^2}{R^2+\omega^2 L^2}$

③ $\dfrac{R^2+(\omega L)^2}{\omega^2 L R^2}$

④ $\dfrac{R^2+\omega^2 L^2}{\omega L^2 R}$

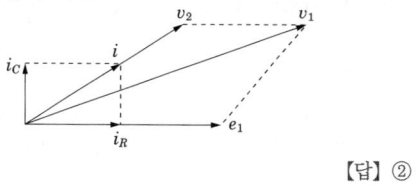

해설

문제의 조건에서 전류를 최대로 하기 위해서는 공진상태가 되어야 한다. 따라서 합성 임피던스의 허수부가 0이 되면 전류는 최대가 되므로

$$\mathbf{Z}=r-jX_C+\frac{jRX_L}{R+jX_L}=r+\frac{RX_L^2}{R^2+X_L^2}+j\left(\frac{R^2 X_L}{R^2+X_L^2}-X_c\right)$$

$$X_C=\frac{R^2 X_L}{R^2+X_L^2}, \quad \frac{1}{\omega C}=\frac{R^2 X_L}{R^2+X_L^2}$$

$$\therefore C=\frac{R^2+\omega^2 L^2}{\omega R^2\omega L}=\frac{R^2+(\omega L)^2}{\omega^2 R^2 L}$$

【답】③

15 그림 (a)의 병렬 회로를 그림 (b)와 같이 등가 직렬 회로로 고친 등가 임피던스 $\mathbf{Z}$는 몇 [Ω]인가?

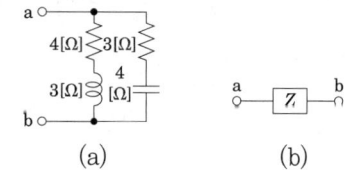

(a)　　　　　(b)

① $0.12+j0.16$　　② $0.28+j0.04$
③ $3.5-j0.5$　　④ $4+j3$

해설

두 그림이 등가 상태가 된다는 것은 그림(a)의 합성임피던스를 구하는 것과 같다.

$$\mathbf{Z}=\frac{(4+j3)(3-j4)}{4+j3+3-j4}=\frac{24-j7}{7-j}=3.5-j0.5$$

【답】③

16 다음 그림에서 각 분로(分路)의 전류가 각각 $i_L=3-j6$ [A], $i_C=5+j2$ [A]일 때 전원에서의 역률은?

① $\dfrac{1}{\sqrt{17}}$

② $\dfrac{4}{\sqrt{17}}$

③ $\dfrac{1}{\sqrt{5}}$

④ $\dfrac{2}{\sqrt{5}}$

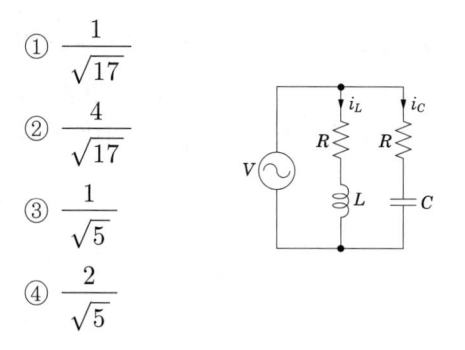

해설

병렬회로 이므로 합성 전류

$$i=i_L+i_C=3-j6+5+j2=8-j4 \text{ [A]}$$

$$역률=\frac{I_R}{I}=\frac{8}{\sqrt{8^2+4^2}}=\frac{8}{\sqrt{80}}=\frac{2\times4}{\sqrt{5}\times\sqrt{16}}=\frac{2}{\sqrt{5}}$$

【답】④

17 $R = 100\,[\Omega]$, $X_C = 100\,[\Omega]$이고 L만을 가변할 수 있는 R, L, C 직렬 회로가 있다. 이때 $f = 500\,[\text{Hz}]$, $E = 100\,[\text{V}]$를 인가하여 L을 변화시킬 때 L의 단자 전압 E_L의 최대값은 몇 [V]인가?

① 200   ② 150

③ 100   ④ 50

해설

L의 단자전압의 최대값은 공진상태에서 나타나므로

$$\frac{E_L}{E} = \frac{E_C}{E} = \frac{I \cdot X_L}{I \cdot R} = \frac{I \cdot X_C}{I \cdot R}$$

그러므로, $E_L = \dfrac{X_C}{R} \cdot E$이고

또한, $E_L = \dfrac{1}{\omega C R} \cdot E = \dfrac{1}{2\pi f C R} \cdot E$

문제 조건에서

$R = 100\,[\Omega]$, $X_C = 100\,[\Omega]$, $E = 100\,[\text{V}]$이므로

$$E_L = \frac{100}{100} \cdot 100 = 100\,[\text{V}]$$

【답】③

18 $R = 10\,[\text{k}\Omega]$, $L = 10\,[\text{mH}]$, $C = 1\,[\mu\text{F}]$의 직렬 회로에 $|E| = 100\,[\text{V}]$인 전압을 가하면 그 주파수를 변화시켰을 때 최대 전류 [mA]는?

① $\dfrac{1}{100}$ ② $\dfrac{1}{10}$

③ 100   ④ 10

해설

주파수를 변화시켜 최대 전류를 흐르게 할 경우는 공진상태이므로 최대 전류는 $\omega L = \dfrac{1}{\omega C}$일 때이며 이때의 임피던스 $Z = R$이 된다. 즉,

$$I = \frac{E}{R} = \frac{100}{10 \times 10^3} = 0.01\,[\text{A}] = 10\,[\text{mA}]$$

【답】④

19 그림과 같은 회로에서 공진시 임피던스는? 단, $Q = \dfrac{\omega L}{R}$임

① $R(1 + Q^2)$

② Q^2

③ $R + Q^2$

④ ∞

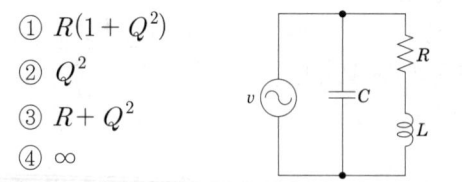

해설

반공진 회로의 공진조건은 $\omega C = \dfrac{\omega L}{R^2 + (\omega L)^2}$로부터

$$Y = \frac{1}{R + j\omega L} + j\omega C$$

$$= \frac{R}{R^2 + (\omega L)^2} + j\left(\omega C - \frac{\omega L}{R^2 + (\omega L)^2}\right) = \frac{R}{R^2 + (\omega L)^2}$$

$$Z = \frac{R^2 + (\omega L)^2}{R}$$

$$= R + \frac{\omega L^2}{R} = R\left(1 + \frac{(\omega L)^2}{R^2}\right) = R(1 + Q^2)$$

【답】①

20 그림과 같은 2단자 회로에서 반공진 각주파수 $\omega_r\,[\text{rad/s}]$을 구하면?

① 100

② 200

③ 400

④ 800

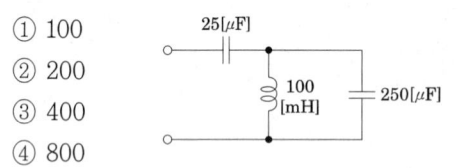

해설

공진조건에 의해

$$\omega_r = \frac{1}{\sqrt{LC}}$$

$$= \frac{1}{\sqrt{100 \times 10^{-3} \times 250 \times 10^{-6}}} = 200\,[\text{rad/s}]$$

【답】②

21 그림과 같은 회로의 공진 주파수 f [Hz]는?

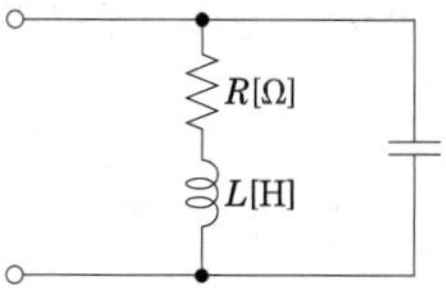

① $\dfrac{1}{2\pi\sqrt{LC}}$

② $\dfrac{1}{2\pi\sqrt{LC}}\sqrt{1-\dfrac{R^2L}{C}}$

③ $\dfrac{1}{2\pi}\sqrt{\dfrac{C}{L}}$

④ $\dfrac{1}{2\pi\sqrt{LC}}\sqrt{1-\dfrac{R^2C}{L}}$

해설

반공진 회로의 공진 조건은 $\omega_0 C = \dfrac{\omega_0 L}{R^2+\omega_0^2 L^2}$ 이므로

$$C = \frac{L}{R^2+\omega_0^2 L^2},\ \ L = CR^2+\omega_0^2 L^2 C$$

$$\omega_0^2 = \frac{L-CR^2}{L^2C} = \frac{1}{LC} - \frac{R^2}{L^2}$$

$$\therefore\ \omega_0 = \sqrt{\frac{1}{LC} - \frac{R^2}{L^2}}$$

【답】④

22 그림과 같은 회로의 공진시의 어드미턴스는?

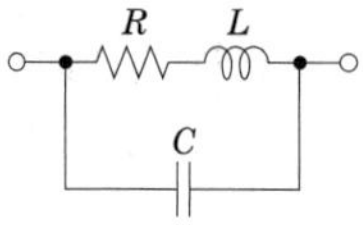

① $\dfrac{CR}{L}$　　　② $\dfrac{L}{CR}$

③ $\dfrac{CL}{R}$　　　④ $\dfrac{LR}{C}$

해설

반공진 회로의 공진조건은 합성 어드미턴스의 허수부가 0에서 구한다.

$$Y = Y_1 + Y_2 = \frac{1}{R+j\omega L} + j\omega C$$

$$= \frac{R}{R^2+\omega^2 L^2} + j\left(\omega C - \frac{\omega L}{R^2+\omega^2 L^2}\right)$$

$$\therefore\ Y = \frac{R}{R^2+\omega^2 L^2}$$

그런데 공진 조건은 $\omega C = \dfrac{\omega L}{R^2+\omega^2 L^2}$ 이므로

$$R^2 + \omega^2 L^2 = \frac{L}{C}$$

$$\therefore\ Y_r = \frac{R}{R^2+\omega^2 L^2} = \frac{R}{\dfrac{L}{C}} = \frac{RC}{L}$$

【답】①

23 그림과 같은 $R-L$ 회로에 교류 전압을 가할 때 주파수의 영향을 받지 않기 위해서 콘덴서 C를 병렬로 R에 연결하였다. 이때 C의 값은? 단, $\omega^2 C^2 R^2 \ll 1$ 이다.

① $C = \dfrac{L}{R}$

② $C = \dfrac{R^2}{L}$

③ $C = \dfrac{L}{R^2}$

④ $C = R^2 L$

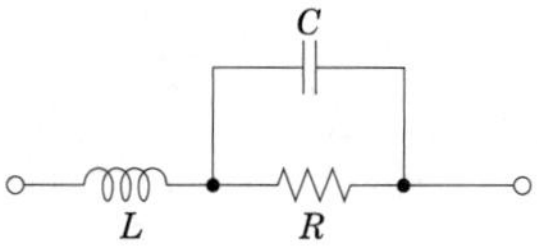

해설

주파수에 영향을 받지 않는 회로는 정저항 회로 이므로 합성 임피던스의 허수부가 0가 되면 주파수의 영향을 받지 않는다.

$$Z = j\omega L + \frac{\dfrac{R}{j\omega C}}{R+\dfrac{1}{j\omega C}} = j\omega L + \frac{R}{1+j\omega CR}$$

$$= \frac{R}{1+\omega^2 C^2 R^2} + j\omega\left(L - \frac{CR^2}{1+\omega^2 C^2 R^2}\right)$$

여기서, $\omega^2 C^2 R^2 \ll 1$ 이므로 $L = CR^2$

$$\therefore\ C = \frac{L}{R^2}$$

【답】③

4 교류전력

교류회로는 크게 R, L 및 C의 수동소자가 사용되며, 임피던스를 구하면 실수분과 허수분으로 구분된다. 이것은 복소수 형태를 가진다.

교류회로에서는 유효분에서 소비되는 유효전력과, 무효분에서 소비되는 무효전력, 이를 전체적으로 나타내는 피상전력(겉보기전력)등 3가지로 구분된다.

1. 저항회로의 전력

저항 R회로에 정현파 교류전압 $v = \sqrt{2}\,V\sin\omega t$를 인가했을 때, 저항 R에 흐르는 순시전류는

$$i = \frac{v}{R} = \frac{\sqrt{2}\,V}{R}\sin\omega t = \sqrt{2}\,I\sin\omega t \ \ [\text{A}]$$

📌 이 부분은 기본교류 회로중 저항만의 회로의 전류를 구한 식과 같다.

이때 저항에서 소비되는 순시전력은

$$p = vi = (\sqrt{2}\,V\sin\omega t) \times (\sqrt{2}\,I\sin\omega t) = 2VI\sin^2\omega t = VI(1 - \cos 2\omega t) \ [\text{W}]$$

이것을 그림으로 나타내면 그림 1과 같다.

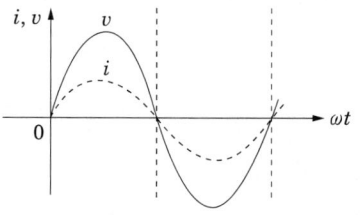
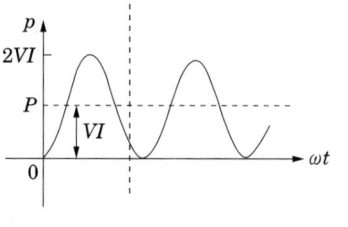

그림 1 저항회로의 소비전력

그림 1은 순시전력 p의 주파수는 전압이나 전류 주파수의 2배(2ω)로서 항상 (+) 전력값으로 되는 것을 보여준다.

2. 인덕턴스회로의 전력

인덕턴스 L 회로에 정현파 교류전류 $i = \sqrt{2}\,I\sin\omega t$ [A]를 흘릴 때 인덕턴스 양단에는 전압이 걸리게 된다.

$$v = \sqrt{2}\;V\sin\left(\omega t + \frac{\pi}{2}\right) = \sqrt{2}\;V\cos\omega t \;[\text{V}]$$

🟢 이 부분은 기본교류 회로중 인덕턴스만의 회로의 전압을 구한 식과 같다.

이 전압과 전류로 순시전력을 구하면 다음과 같다.

$$p = vi = 2VI\sin\omega t \cdot \cos\omega t = VI\sin2\omega t$$

이식을 그림으로 나타내면 그림 2와 같다.

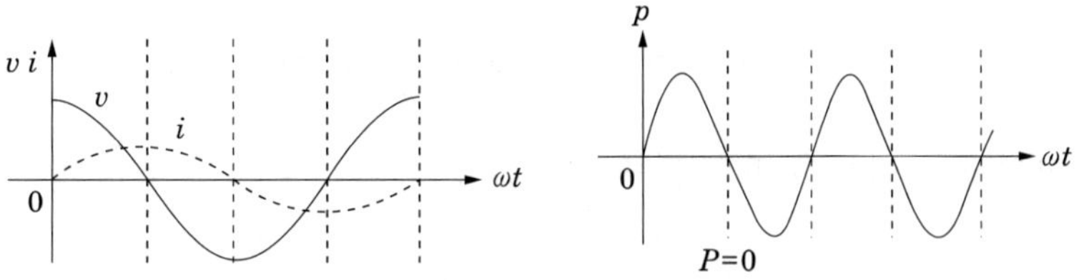

그림 2 인덕턴스회로의 소비전력

순시전력 p의 주파수는 전압이나 전류 주파수의 2배(2ω)로 되며 주기적으로 (+)와 (−)가 변하는 정현파 전력특성을 나타낸다. 여기서, 평균전력을 구하면 0이 된다. 인덕터 코일에 교류전원이 공급되면 전원과 인덕터 사이에 주기적인 에너지 교환이 일어날 뿐, 전력의 소모는 발생하지 않는다.

$$P = \frac{1}{T}\int_0^T p\,dt = \frac{1}{T}\int_0^T VI\sin2\omega t\,dt = 0$$

여기서 T : 주기, p : 순시전력

인덕턴스에서 저장되는 에너지는

$$w_L = \frac{1}{2}Li^2 = LI^2\sin^2\omega t = \frac{1}{2}LI^2(1-\cos 2\omega t)$$

이 된다. 평균값을 구하면

$$W_L = \frac{1}{T}\int_0^T \frac{1}{2}LI^2(1-\cos 2\theta)\,d\theta = \frac{1}{2}LI^2 \ [\text{J}]$$

이 된다.

예제문제 01

Var은 무엇의 단위인가?

① 전력   ② 피상 전력   ③ 효율   ④ 무효 전력

해설

무효전력 $P_r = VI\sin\theta = I^2 X \ [\text{Var}]$ 답 : ④

3. 콘덴서회로의 전력

커패시턴스 C 회로에 정현파 교류전압 $v = \sqrt{2}\,V\sin\omega t$ 가 인가될 때, 커패시턴스 C 에 흐르는 전류 i 는

$$i = \sqrt{2}\,I\sin\left(\omega t + \frac{\pi}{2}\right) = \sqrt{2}\,I\cos\omega t \ [\text{A}]\text{가 된다.}$$

이 전압과 전류로 순시전력을 구하면 다음과 같다.

$$p = vi = 2VI\sin\omega t \cdot \cos\omega t = VI\sin 2\omega t$$

이 식을 그림으로 나타내면 그림 3과 같다.

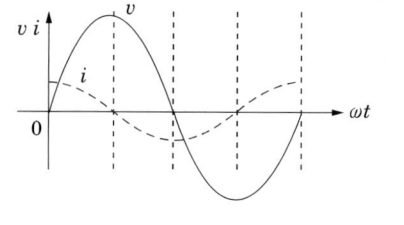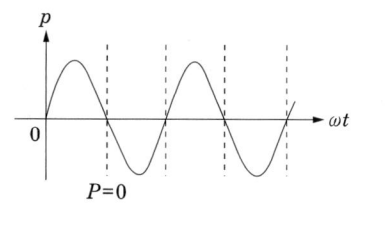

그림 3 콘덴서회로의 소비전력

순시전력 p의 주파수는 전압이나 전류 주파수의 2배(2ω)로 되며 주기적으로 (+)와 (−)가 변하는 정현파 전력특성을 나타낸다. 여기서, 평균전력을 구하면 0이 된다.

$$P = \frac{1}{T}\int_0^T p\, dt = \frac{1}{T}\int_0^T VI\sin 2\omega t\, dt = 0$$

여기서 T : 주기, p : 순시전력

커패시터 회로에 교류전원이 공급되면 전원과 커패시터 사이에 주기적인 에너지 교환이 일어날 뿐, 전력의 소모는 발생하지 않는다. 축적되는 정전에너지의 순시값 w_C

$$w_C = \frac{1}{2}Cv^2 = CV^2\sin^2\omega t = \frac{1}{2}CV^2(1 - \cos 2\omega t)$$

평균값을 구하면

$$W_C = \frac{1}{T}\int_0^T w_C\, dt = \frac{1}{T}\int_0^T \frac{1}{2}CV^2(1 - \cos 2\omega t)\, dt = \frac{1}{2}CV^2 \,[\text{J}]$$

이 된다.

4. 임피던스회로의 전력

그림 4와 같은 임피던스회로에 순시전류 $i = \sqrt{2}\,I\sin\omega t$ [A]가 흐를 때 소비전력을 저항과 리액턴스에서의 전력을 구하면 다음과 같다.

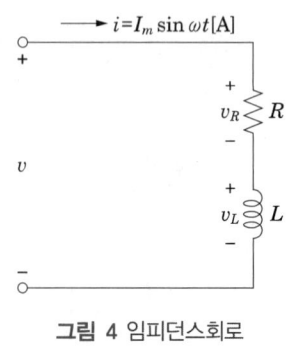

그림 4 임피던스회로

① 저항에서 소비되는 전력을 유효전력이라 한다.

$$P = VI\cos\theta = I^2R = \frac{V^2R}{R^2 + X^2} \ [\text{W}]$$

여기서 P : 전력, V : 전압, I : 전류, $\cos\theta$: 역률, X : 리액턴스

② 인덕턴스에서 소비되는 전력을 무효전력이라 한다.

$$P_r = VI\sin\theta = I^2X = \frac{V^2X}{R^2 + X^2} \ [\text{Var}]$$

여기서 P : 전력, V : 전압, I : 전류, $\cos\theta$: 역률, X : 리액턴스

③ 임피던스에서 소비되는 전력을 피상전력이라 한다.

$$P_a = VI = I^2Z = \frac{V^2Z}{R^2 + X^2} \ [\text{VA}]$$

여기서 P : 전력, V : 전압, I : 전류, $\cos\theta$: 역률, Z : 임피던스

이들의 관계를 그림으로 나타내면 그림 5와 같다.

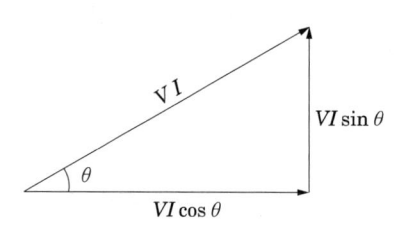

그림 5 전력의 삼각형

그림 5는 직각삼각형이므로

$$P_a = \sqrt{P^2 + P_r^2}$$

의 관계가 성립한다.

예제문제 02

어느 회로에 전압과 전류의 실효값이 각각 50 [V], 10 [A]이고 역률이 0.8이다. 소비 전력 [W]은?

① 400   ② 500   ③ 300   ④ 600

해설
유효전력 $P = VI\cos\theta = 50 \times 10 \times 0.8 = 400 \ [\text{W}]$ 답 : ①

예제문제 **03**

$R = 40\,[\Omega]$, $L = 80\,[mH]$의 코일이 있다. 이 코일에 100 [V], 60 [Hz]의 전압을 가할 때에 소비되는 전력[W]은?

① 100   ② 120   ③ 160   ④ 200

해설
인덕턴스를 리액턴스로 환산하면 $X_L = \omega L = 2\pi f L = 2\pi \times 60 \times 80 \times 10^{-3} \fallingdotseq 30\,[\Omega]$

$\therefore P = \dfrac{V^2 R}{R^2 + X^2} = \dfrac{100^2 \times 40}{40^2 + 30^2} = 160\,[W]$

답 : ③

예제문제 **04**

저항 R, 리액턴스 X와의 직렬 회로에 전압 V가 가해졌을 때 소비 전력은?

① $\dfrac{R}{\sqrt{R^2 + X^2}}\,V^2$ ② $\dfrac{X}{\sqrt{R^2 + X^2}}\,V^2$

③ $\dfrac{R}{R^2 + X^2}\,V^2$ ④ $\dfrac{X}{R^2 + X^2}\,V^2$

해설
전류를 구하여 $P = I^2 R$에 대입한다.

$I = \dfrac{V}{\sqrt{R^2 + X^2}}$

$\therefore P = \dfrac{V^2}{\sqrt{(R^2 + X^2)^2}}\,R = \dfrac{V^2}{R^2 + X^2}\,R$

답 : ③

5. 복소전력

회로망에 공급되는 유효전력을 실수부로, 무효전력을 허수부로 하는 복소수를 그 회로에 대한 복소전력(complex power)라 하며 다음과 같이 표시된다.

① $I^2 = \dot{I}\,\overline{I}$의 경우

$P_a = ZI^2 = Z\dot{I}\,\overline{I} = \dot{V}\,\overline{I} = P + jP_r$

② $V^2 = \dot{V}\,\overline{V}$의 경우

$P_a = YV^2 = Y\dot{V}\,\overline{V} = \dot{I}\,\overline{V} = P + jP_r$

$P_a = ZI^2 = Z\dot{I}\,\overline{I} = \dot{V}\,\overline{I} = P + jP_r$

일반적으로 전류의 값을 공액복소수를 취하여 계산하면 유도성 부하의 경우 허수부가 正(+)으로 나타난다.

$$P_a = YV^2 = Y\dot{V}\overline{V} = \dot{I}\overline{V} = P + jP_r$$

전압의 값을 공액복소수를 취하여 계산하면 용량성 부하의 경우 허수부가 正(+)으로 나타난다. 복소전력을 계산시 전압 또는 전류중의 어느 하나만 공액 하여 계산하면 산술적인 값은 쉽게 찾을 수 있으며 이때 이 값을 좌표변환하면 크기는 피상전력을 편각은 역률각을 의미하는 것도 알 수 있다.

표 1 복소전력

구 분	피상전력	$+jQ$	$-jQ$
전류공액	$P_a = V\overline{I} = P \pm jQ$	유도성 무효전류	용량성 무효전력
전압공액	$P_a = \overline{V}I = P \pm jQ$	용량성 무효전력	유도성 무효전력

예제문제 05

부하에 $100\angle 30°$ [V]의 전압을 가하였을 때 $10\angle 60°$ [A]의 전류가 흘렀다. 부하에 소비되는 유효 전력[W], 무효 전력[Var]은 각각 얼마인가?

① $P = 500,\ Q = 866$ ② $P = 866,\ Q = 500$

③ $P = 680,\ Q = 400$ ④ $P = 400,\ Q = 680$

해설
복소전력은 전압이나 전류중 하나를 공액복소수를 취하여 계산한다.
$P = \overline{V}I = V\overline{I} = 100\angle -30° \times 10\angle 60° = 1,000\angle 30°$
$1,000\cos 30° + j1,000\sin 30° = 866 + j500$

답 : ②

예제문제 06

어떤 회로에 $V = 100\angle\dfrac{\pi}{3}$[V]의 전압을 가하니 $I = 10\sqrt{3} + j10$ [A]의 전류가 흘렀다. 이 회로의 무효 전력[Var]은?

① 0 ② 1000 ③ 1732 ④ 2000

해설
복소전력은 전압이나 전류중 하나를 공액복소수를 취하여 계산한다.
$I = 10\sqrt{3} + j10 = \sqrt{(10\sqrt{3})^2 + 10^2}\angle\tan^{-1}\left(\dfrac{1}{\sqrt{3}}\right) = 20\angle 30°$

$\therefore P_a = \overline{V}I = 100\angle -60 \times 20\angle 30 = 2000\angle -30$
$= 2000(\cos 30 - j\sin 30) = 1000\sqrt{3} - j1000$

답 : ②

어떤 회로의 전압 V, 전류 I일 때, $P_a = \overline{V}I = P + jP_r$에서 $P_r > 0$이다. 이 회로는 어떤 부하인가?

① 유도성   ② 무유도성   ③ 용량성   ④ 정저항

해설
복소전력에서 전압을 공액복소수를 취하여 전력을 구하는 경우
$P_a = \overline{V}I = P \pm jP_r$에서 허수부가 음(−)이 될 때는 뒤진 전류에 의한 지상 무효 전력이 되고, 양 (+)이 될 때는 앞선 전류에 의한 진상 무효 전력이 된다.

답 : ③

6. 최대전력의 전송

발전소에서 발전된 전력을 부하에 최대로 전달하기 위한 조건을 구하면 다음과 같다.

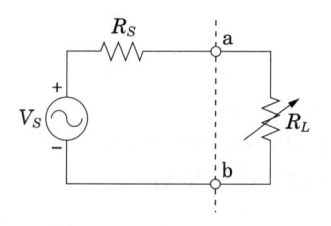

그림 6 최대전력의 전송

그림 6과 같이 부하저항 R_L에서의 전력은 다음식에 의하여 구한다.

$$P_L = \frac{V_S^2 R_L}{(R_S + R_L)^2} = \frac{V_S^2 R_L}{R_S^2 + 2R_S R_L + R_L^2} = \frac{V_S^2}{\dfrac{R_S^2}{R_L} + 2R_S + R_L} \ [\mathrm{W}]$$

여기서 P_L : 부하전력, V_S : 전원전압, R_L : 부하저항, R_S : 전원내부저항

여기서, R_L을 변화시켜 R_L에서의 전력을 최대로 하기 위해서는

$$\frac{R_S^2}{R_L} + 2R_S + R_L$$

가 최소가 되어야 한다.

$\dfrac{R_S^2}{R_L} + 2R_S + R_L$을 A로 치환하고 $\dfrac{dA}{dR_L} = 0$의 조건을 구하면

$$R_S = R_L$$

부하저항 R_L과 전원측의 저항 R_S가 같을 경우 R_L에서 전력이 최대로 소비된다. 이
때 최대전력을 구하면 다음과 같다.

$$P_{Lmax} = \frac{V_S^2}{4R_L} = \frac{V_S^2}{4R_S} \ [\text{W}]$$

여기서 P_L : 부하전력, V_S : 전원전압, R_L : 부하저항, R_S : 전원내부저항

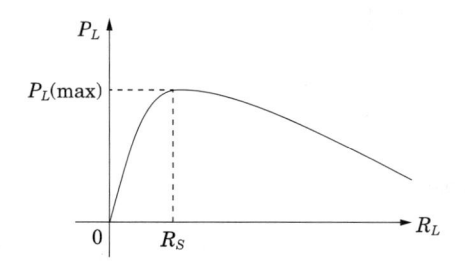

그림 7 저항에 변화에 따른 최대전력

그림 7은 부하저항 R_L에 변화에 따른 전력의 변화를 그린 것이다.

최대전력전달조건을 이용하는 예를 들면 집에서 사용하는 오디오 앰프의 뒷면을 보면
스피커 선을 연결하는 곳에 $8\,\Omega$이라고 표시되어 있다. 이것은 오디오 앰프 테브난 등
가회로의 R_{th}의 값을 표시한 것이다. 즉, 최대전력전달 정리에 의해 연결하는 스피커
의 부하저항 값이 $8\,\Omega$이 되어야 최대전력이 전달된다는 것을 뜻한다. 예를 들어 한
개의 $8\,\Omega$ 스피커가 연결된 오디오 시스템을 다른 장소에서도 나누어 듣기 위해 $8\,\Omega$
스피커 두개를 병렬로 연결하면 부하저항은 $8\,\Omega$ 대신 $4\,\Omega$이 된다. 그래서 앰프에서
출력되는 소리가 최대로 스피커에 전달되지 못해 시스템이 성능을 내지 못하게 된다.

예제문제 08

그림과 같이 전압 E와 저항 R로 된 회로의 단자 A, B간에 적당한 저항 R_L을 접속하여 R_L
에서 소비되는 전력을 최대로 되게 하고자 한다. R_L을 어떻게 하면 되는가?

① R ② $\frac{3}{2}R$

③ $\frac{1}{2}R$ ④ $2R$

해설
최대 전력 전송 조건은 $R = R_L$이 되어야 한다. 이러한 상태를 임피던스 정합이라 한다.

답 : ①

예제문제 09

그림과 같이 전압 E와 저항 R로 되는 회로 단자 A, B간에 적당한 저항 R_L을 접속하여 R_L에서 소비되는 전력을 최대로 하게 했다. 이때 R_L에서 소비되는 전력 P는 얼마인가?

① $\dfrac{E^2}{4R}$ ② $\dfrac{E^2}{2R}$

③ $\dfrac{E^2}{3R_L}$ ④ $\dfrac{E}{R_L}$

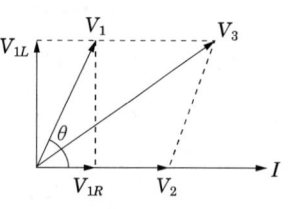

해설

① 최대 전력 전송 조건 : 임피던스정합 $R_L = R$

② 최대전력 : $P_m = I^2 R_L = \left(\dfrac{E}{R+R}\right)^2 R = \dfrac{E^2}{4R}$ [W]

답 : ①

7. 단상전력의 측정

7.1 3전압계 법

단상 전력을 전압계 3개로 전력을 측정하는 방법을 3전압계법이라 한다. 그림 8과 같이 전압계 3대를 연결하여 각 전압계의 지시값을 단상 전력을 측정할 수 있다.

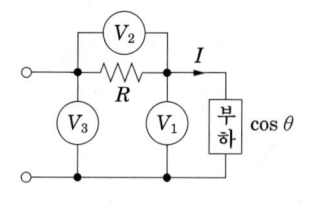

그림 8 3전압계법

그림 8의 전압계중 V_3의 전압이 가장 큰 전압을 지시하며 입력되어지는 전압을 지시한다. V_2는 저항양단의 전압강하를 지시하며, V_1은 부하단의 전압을 지시한다.

이들의 전압 사이에는 벡터적인 키르히호프의 전압방정식이 성립한다.

$$\dot{V}_3 = \dot{V}_1 + \dot{V}_2$$

위 식은 페이저를 나타난 것이므로 이것의 합을 구하면 다음과 같다.

$$|V_3| = \sqrt{V_1^2 + V_2^2 + 2V_1 V_2 \cos\theta}$$

그림 8에서 소비 전력 $P = V_1 I \cos\theta$이고 벡터도에서

$$|V_3| = \sqrt{V_1^2 + V_2^2 + 2V_1 V_2 \cos\theta}$$

이므로 양변을 제곱하면

$$V_3^2 = V_1^2 + V_2^2 + 2V_1V_2\cos\theta$$

가 된다. 여기서 전력은

$$P = V_1 I \cos\theta \, [\mathrm{W}]$$

이므로, 이를 정리하면

$$\therefore P = V_1 I \cos\theta \; = \frac{1}{2R}(V_3^2 - V_1^2 - V_2^2) \, [\mathrm{W}]$$

가 된다. 또한 전압계 3대로 측정할 수 있는 역률은

$$\cos\theta = \frac{V_3^2 - V_1^2 - V_2^2}{2V_1V_2}$$

가 된다.

예제문제 **10**

그림과 같은 회로에서 전압계 3개로 단상 전력을 측정하고자 할 때의 유효 전력은?

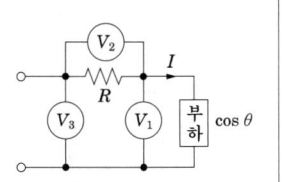

① $\dfrac{1}{2R}(V_3^2 - V_1^2 - V_2^2)$ ② $\dfrac{1}{2R}(V_3^2 - V_1^2)$

③ $\dfrac{R}{2}(V_3^2 - V_1^2 - V_2^2)$ ④ $\dfrac{R}{2}(V_2^2 - V_1^2 - V_3^2)$

[해설]
전류 I를 기준으로 벡터도를 그리고,
소비 전력 $P = V_1 I \cos\theta$이고,
벡터도에서 $V_3 = \sqrt{V_1^2 + V_2^2 + 2V_1V_2\cos\theta}$ 이므로

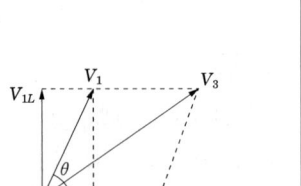

$$\cos\theta = \frac{V_3^2 - V_1^2 - V_2^2}{2V_1V_2}$$

$$\therefore P = V_1 I \cos\theta = V_1 \cdot \frac{V_2}{R} \cdot \frac{V_3^2 - V_1^2 - V_2^2}{2V_1V_2} = \frac{1}{2R}(V_3^2 - V_1^2 - V_2^2)$$

답 : ①

7.2 3전류계법

단상전력은 전류계 3개로 전력을 측정하는 방법을 3전류계법이라 한다.

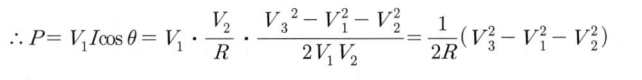

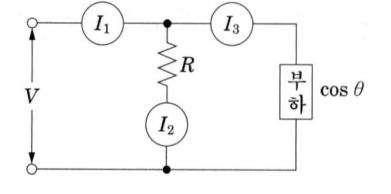 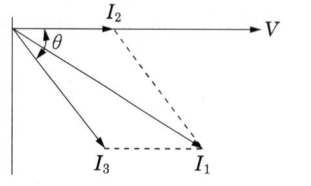

그림 9 3전류계법

그림 9와 같이 전류계 3대를 연결하고 전류를 측정한다. 이때 전류 I_1이 가장크며 키르히호프의 전류법칙에 의해 I_2와 I_3의 합이 된다. 이를 페이저로 표시하면 다음과 같다.

$$\dot{I_1} = \dot{I_2} + \dot{I_3}$$

상기 식의 크기를 구하면

$$I_1 = \sqrt{I_2^{\,2} + I_3^{\,2} + 2\,I_2\,I_3\cos\theta}$$

가 된다. 이식의 양변을 제곱하면

$$I_1^2 = I_2^{\,2} + I_3^{\,2} + 2\,I_2\,I_3\cos\theta$$

이 된다. 여기서, 소비전력 $P = VI_3\cos\theta$ 이고 그림 9의 벡터도에서

$$\therefore P = VI_3\cos\theta = \frac{R}{2}(I_1^{\,2} - I_2^{\,2} - I_3^{\,2})$$

가 된다. 또 역률을 구하면 다음과 같다.

$$\cos\theta = \frac{I_1^{\,2} - I_2^{\,2} - I_3^{\,2}}{2\,I_2\,I_3}$$

예제문제 11

그림과 같이 전류계 A_1, A_2, A_3, 25 [Ω]의 저항 R를 접속하였더니, 전류계의 지시는 $A_1 = 10$ [A], $A_2 = 4$ [A], $A_3 = 7$ [A]이다. 부하의 전력[W]과 역률을 구하면?

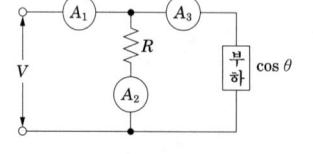

① $P = 437.5$, $\cos\theta = 0.625$
② $P = 437.5$, $\cos\theta = 0.547$
③ $P = 487.5$, $\cos\theta = 0.647$
④ $P = 507.5$, $\cos\theta = 0.747$

해설
3전류계법의 역률공식에 대입하여 풀면
$$\cos\theta = \frac{I_1^2 - I_2^2 - I_3^2}{2\,I_2\,I_3} = \frac{10^2 - 4^2 - 7^2}{2\times4\times7} = 0.625$$
따라서 전력은 $\therefore P = VI_3\cos\theta = I_2 RI_3\cos\theta = 4\times25\times7\times0.625 = 437.5$ [W]

답 : ①

핵심과년도문제

4·1

어떤 회로에 전압 v와 전류 i가 각각 $v = 100\sqrt{2}\sin\left(377t + \dfrac{\pi}{3}\right)$ [V], $i = \sqrt{8}\sin\left(377t + \dfrac{\pi}{6}\right)$ [A]일 때 소비 전력[W]은?

① 100   ② $200\sqrt{3}$ ③ 300   ④ $100\sqrt{3}$

[해설] 전압과 전류의 실효값과 위상차로 구하면

$$P = VI\cos\theta = 100 \times \frac{\sqrt{8}}{\sqrt{2}}\cos\left(\frac{\pi}{3} - \frac{\pi}{6}\right) = 100\sqrt{3}$$

【답】 ④

4·2

정격 600 [W] 전열기에 정격 전압의 80 [%]를 인가하면 전력은 몇 [W]로 되는가?

① 614   ② 545   ③ 486   ④ 384

[해설] 전열기가 변함이 없으므로 전력은 $P = \dfrac{V^2}{R} = 600$ [W]

$$P' = \frac{(0.8V)^2}{R} = 0.64 \times \frac{V^2}{R} = 0.64 \times 600 = 384 \text{ [W]}$$

【답】 ④

4·3

$R-L$ 병렬 회로의 양단에 $e = E_m\sin(\omega t + \theta)$ [V]의 전압이 가해졌을 때 소비되는 유효 전력[W]은?

① $\dfrac{E_m^2}{2R}$ ② $\dfrac{E^2}{2R}$ ③ $\dfrac{E_m^2}{\sqrt{2R}}$ ④ $\dfrac{E^2}{\sqrt{2R}}$

[해설] 병렬회로이므로 전압이 일정하므로

$$P = I^2R = \frac{V^2}{R} = \frac{\left(\dfrac{E_m}{\sqrt{2}}\right)^2}{R} = \frac{E_m^2}{2R}$$

【답】 ①

4·4

22 [kVA]의 부하가 역률 0.8이라면 무효 전력[kVar]은?

① 16.6 ② 17.6 ③ 15.2 ④ 13.2

해설 삼각함수 $\cos^2\theta + \sin^2\theta = 1$에서 무효율을 구하면

$$\sin\theta = \sqrt{1-\cos^2\theta} = \sqrt{1-0.8^2} = 0.6$$
$$\therefore P_r = VI\sin\theta = P_a \cdot \sin\theta = 22 \times 0.6 = 13.2 \,[\text{kVar}]$$

【답】 ④

4·5

어떤 회로에 전압을 115 [V]를 인가하였더니 유효 전력이 230 [W], 무효 전력이 345 [Var]를 지시한다면 회로에 흐르는 전류[A]의 값은 어느 것인가?

① 약 2.5 ② 약 5.6 ③ 약 3.6 ④ 약 4.5

해설 피상전력은 $P_a = \sqrt{P^2 + P_r^2} = \sqrt{230^2 + 345^2} = 414.6 \,[\text{VA}]$

$$I = \frac{P_a}{V} = \frac{414.6}{115} = 3.6 \,[\text{A}]$$

【답】 ③

4·6

저항 $R = 3\,[\Omega]$과 유도 리액턴스 $X_L = 4\,[\Omega]$이 직렬로 연결된 회로에 $v = 100\sqrt{2}\sin\omega t\,[\text{V}]$인 전압을 가하였다. 이 회로에서 소비되는 전력[kW]은?

① 1.2 ② 2.2 ③ 3.5 ④ 4.2

해설 직렬회로의 단상전력은 $P = \dfrac{V^2 R}{R^2 + X^2} = \dfrac{100^2 \times 3}{3^2 + 4^2} = 1200\,[\text{W}] = 1.2\,[\text{kW}]$

【답】 ①

4·7

저항 $R = 12\,[\Omega]$, 인덕턴스 $L = 13.3\,[\text{mH}]$인 $R-L$ 직렬 회로에 실효값 $|E| = 130\,[\text{V}]$, 주파수 $f = 60\,[\text{Hz}]$인 전압을 가했을 때 이 회로의 무효 전력은?

① 500 [kVar] ② 0.5 [kVar] ③ 5 [kVar] ④ 50 [kVar]

해설 인덕턴스를 리액턴스로 환산하여 무효전력을 구하면

$$P_r = I^2 X = \left(\frac{E}{\sqrt{R^2 + (\omega L)^2}}\right)^2 \cdot X = \frac{E^2 X}{R^2 + (\omega L)^2}$$
$$= \frac{130^2 (2 \times 3.14 \times 60 \times 13.3 \times 10^{-3})}{12^2 + (2 \times 3.14 \times 60 \times 13.3 \times 10^{-3})^2} = 500\,[\text{Var}]$$
$$\therefore 0.5\,[\text{kVar}]$$

【답】 ②

4·8

$R-C$ 병렬 회로에 60 [Hz], 100 [V]의 전압을 가했더니 유효 전력이 800 [W], 무효 전력이 600 [Var]이었다. 저항 $R\,[\Omega]$과 정전 용량 $C\,[\mu\mathrm{F}]$의 값은 각각 얼마인가?

① $R=12.5,\ C=159$　　② $R=15.5,\ C=180$

③ $R=18.5,\ C=189$　　④ $R=20.5,\ C=219$

해설 병렬회로이므로 전압이 일정하다. 따라서 저항은 $R=\dfrac{V^2}{P}=\dfrac{100^2}{800}=12.5\,[\Omega]$

리액턴스는 $X_C=\dfrac{V^2}{P_r}=\dfrac{100^2}{600}=16.67\,[\Omega]$

$\therefore C=\dfrac{1}{2\pi f X_C}=\dfrac{1}{2\pi\times60\times16.67}=159\,[\mu\mathrm{F}]$ 　【답】①

4·9

역률이 70 [%]인 부하에 전압 100 [V]를 가해서 전류 5 [A]가 흘렀다. 이 부하의 피상 전력[VA]는?

① 100　② 200　③ 400　④ 500

해설 주어진 전압과 전류가 실효값이므로 $P=VI\cos\theta\,[\mathrm{W}]$에서

$VI=\dfrac{P}{\cos\theta}\,[\mathrm{W}]$이고, 또한 $P_a=VI=100\cdot5=500\,[\mathrm{VA}]$ 　【답】④

4·10

어느 회로의 유효 전력은 300 [W], 무효 전력은 400 [Var]이다. 이 회로의 피상 전력은?

① 500 [VA]　② 600 [VA]　③ 700 [VA]　④ 350 [VA]

해설 피상전력은 $P_a=\sqrt{P^2+P_r^{\,2}}=\sqrt{300^2+400^2}=500\,[\mathrm{VA}]$ 　【답】①

4·11

역률 0.8, 부하 800 [kW]를 2시간 사용할 때의 소비 전력량[kWh]은?

① 1000　② 1200　③ 1400　④ 1600

해설 전력량은 소비전력에 시간을 곱한 것이므로 $W=P\cdot t$에서

$W=800\times2=1600\,[\mathrm{kWh}]$ 　【답】④

4·12

역률 0.8, 소비 전력 800 [W]인 단상 부하에서 30분간의 무효 전력량[Var·h]은?

① 200　　　　　② 300　　　　　③ 400　　　　　④ 800

해설 무효전력량은 무효전력에 시간을 곱한 것 이므로 무효전력을 먼저 구한다.

$$P = VI\cos\theta \text{에서} \quad VI = \frac{P}{\cos\theta} = \frac{800}{0.8} = 1000 \text{ [VA]}$$

$$P_r = VI\sin\theta = 1000 \times 0.6 = 600 \text{ [Var]}$$

$$\therefore \text{무효 전력량} = P_r \times t = 600 \times \frac{1}{2} = 300 \text{ [Var·h]}$$

【답】②

4·13

$\dot{V} = 50\sqrt{3} + j50$ [V], $\dot{I} = 15\sqrt{3} - j15$ [A]일 때 전력[W]과 무효 전력[Var]은?

① $\begin{cases} 3,000 \\ 1,500 \end{cases}$　　② $\begin{cases} 1,500 \\ 1,500\sqrt{3} \end{cases}$　　③ $\begin{cases} 750 \\ 750\sqrt{3} \end{cases}$　　④ $\begin{cases} 2,250 \\ 1,500\sqrt{3} \end{cases}$

해설 복소전력은 전압이나 전류 둘 중 하나의 값을 공액복소수를 취하여 구한다.

$$P = \overline{V}I = V\overline{I}$$

$$(50\sqrt{3} + j50) \times (15\sqrt{3} + j15) = 1,500 + j1,500\sqrt{3}$$

【답】②

4·14

$E = 40 + j30$ [V]의 전압을 가하면 $I = 30 + j10$ [A] 전류가 흐른다. 이 회로의 역률값은?

① 0.456　　　　② 0.567　　　　③ 0.854　　　　④ 0.949

해설 복소전력은 전압이나 전류 둘 중 하나의 값을 공액복소수를 취하여 구하면

$$P_a = E\overline{I} = (40 + j30)(30 - j10) = 1500 + j500$$

유효 전력 $P = 1500$ [W]

피상 전력 $P_a = \sqrt{1500^2 + 500^2} = 1581$ [VA]

$$\therefore \text{역률} \quad \cos\theta = \frac{P}{P_a} = \frac{1500}{1581} = 0.949$$

【답】④

4·15

어떤 회로의 유효 전력이 80 [W], 무효 전력이 60 [Var]이면 역률은 몇 [%]인가?

① 50　　　　　② 70　　　　　③ 80　　　　　④ 90

해설 피상전력은 $P_a = \sqrt{80^2 + 60^2} = 100$[VA] 이므로 역률은 $\cos\theta = \frac{P}{P_a} = \frac{80}{100} = 0.8$, $\therefore 80$ [%]　　【답】③

4·16

어떤 회로에 $V = 100 + j20$ [V]인 전압을 가했을 때, $I = 4 + j3$ [A]인 전류가 흘렀다. 이 회로의 임피던스 Z [Ω] 및 소비 전력 P [W]는?

① $Z = 19.5 - j9.9$, $P = 450$ ② $Z = 18.4 - j8.8$, $P = 460$

③ $Z = 17.3 - j8.7$, $P = 470$ ④ $Z = 17.3 + j8.7$, $P = 470$

해설 주어진 전압과 전류가 페이저 이므로 임피던스는

$$Z = \frac{V}{I} = \frac{100 + j20}{4 + j3} = \frac{(100 + j20)(4 - j3)}{4^2 + 3^2} = 18.4 - j8.8 \ [\Omega]$$

복소전력을 구하고 유효분이 유효전력이 되므로

$$P_a = \overline{V}I = (100 - j20)(4 + j3) = 460 + j220 \ [\text{VA}] \qquad \therefore P = 460 \ [\text{W}]$$

【답】②

4·17

최대값 V_0, 내부 임피던스 $Z_0 = R_0 + jX_0 \ (R_0 > 0)$인 전원에서 공급할 수 있는 최대 전력은?

① $\dfrac{V_0^2}{8R_0}$ ② $\dfrac{V_0^2}{4R_0}$ ③ $\dfrac{V_0^2}{2R_0}$ ④ $\dfrac{V_0^2}{2\sqrt{2}\,R_0}$

해설 최대전력 전송조건은 임피던스 정합에 의해 구할 수 있다. 또 최대전력은

$$P_{\max} = \frac{V^2}{4R_0} = \frac{\left(\dfrac{V_0}{\sqrt{2}}\right)^2}{4R_0} = \frac{V_0^2}{8R_0}$$

【답】①

4·18

어떤 전원의 내부 저항이 저항 R와 리액턴스 X로 구성되어 있다. 외부에 부하 R_L을 연결하여 최대 전력을 소모시키고 싶다. R_L의 값은 얼마이어야 하는가?

① R ② $R + X$ ③ $\sqrt{R^2 - X^2}$ ④ $\sqrt{R^2 + X^2}$

해설 최대전력 전송조건은 내부 임피던스가 주어졌으므로 임피던스 정압에 의해 $R_L = \sqrt{R^2 + X^2}$ 이 된다.

【답】④

4·19

내부 임피던스 $Z_g = 0.3 + j2$ [Ω]인 발전기에 임피던스 $Z_l = 1.7 + j3$ [Ω]인 선로를 연결하여 부하에 전력을 공급한다. 부하 임피던스 Z_0 [Ω]이 어떤 값을 취할 때 부하에 최대 전력이 전송되는가?

① $2 - j5$ ② $2 + j5$ ③ 2   ④ $\sqrt{2^2 + 5^2}$

해설 부하가 임피던스일 경우는 최대전력 전송조건은 내부 임피던스에 공액복수로 같아야 한다.

발전기 내부 임피던스와 선로 임피던스의 합을 전원 임피던스로 생각하면 전원 임피던스 Z_s는

$$Z_s = Z_g + Z_l = 0.3 + j2 + 1.7 + j3 = 2 + j5 \ [\Omega]$$

최대 전력 전달 조건에서의 $Z_0 = \overline{Z_s}$이므로

$$Z_0 = 2 - j5 \ [\Omega]$$

【답】①

4·20

$C = 100$ [μF]인 콘덴서와 저항 R [Ω]과의 직렬 회로에서 R의 값을 적당히 선정하면 저항에서 소비되는 전력을 최대로 할 수 있는데 이때의 소비 전력은? 단, 입력 전압은 100 [V], 주파수는 60 [Hz]라 한다.

① 157.3 [W]   ② 188.5 [W]   ③ 201.2 [W]   ④ 243.5 [W]

해설 최대전력 전송조건에 의해 $R = \dfrac{1}{\omega C}$이고, 그때 최대 소비 전력 $P_L = \dfrac{V^2}{2X} = \dfrac{V^2}{2\dfrac{1}{\omega C}} = \dfrac{1}{2}\omega C V^2$

이므로 $P_L = \dfrac{1}{2} \times 2 \times \pi \times 60 \times 100 \times 10^{-6} \times 100^2 = 188.49$ [W]

【답】②

심화학습문제

01 100 [V], 100 [W]의 전구와 100 [V], 200 [W]의 전구가 그림과 같이 직렬 연결되어 있다면 100 [W] 전구와 200 [W]의 전구가 실제 소비하는 전력의 비는 얼마인가?

① 4 : 1
② 1 : 2
③ 2 : 1
④ 1 : 1

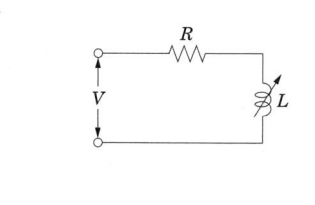

해설

직렬회로는 100[W] 전구의 저항과 200[W] 전구의 저항이 직렬로 연결된 회로이므로
각 전구의 저항을 구하면

$P=\dfrac{V}{R}$ 에서 $R=\dfrac{V^2}{P}$

$\therefore R_1=\dfrac{100^2}{100}=100\,[\Omega]$

$R_2=\dfrac{100^2}{200}=50\,[\Omega]$

직렬 회로에서 전류는 일정하므로 소비 전력은,
$P=I^2R\propto R$이 된다.

【답】③

02 그림에서 주파수 f [Hz], 단상 교류 전압 V [V]의 전원에 저항 $R\,[\Omega]$, 인덕턴스 L [H]의 코일을 접속한 회로가 있을 때 L을 가감해서 R의 전력을 L이 0인 때의 1/5로 하면 L의 크기는?

① $\dfrac{R}{2\pi f}$

② $\dfrac{R}{\pi f}$

③ $\pi f R^2$

④ $\dfrac{R^2}{2\pi f}$

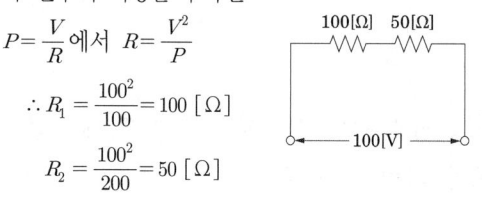

해설

$R-L$ 직렬회로의 전력을 구하는 식으로부터

$\dfrac{V^2}{R}\times\dfrac{1}{5}=\left(\dfrac{V}{\sqrt{R^2+\omega^2L^2}}\right)^2\cdot R$ 이므로

$5R^2=R^2+\omega^2L^2$

$\therefore L=\dfrac{2R}{\omega}=\dfrac{R}{\pi f}$

【답】②

03 입력 임피던스가 $Z=R+jX=\dfrac{1}{Y}$ $=\dfrac{1}{G+jB}=\dfrac{1}{|Y|\angle\theta°}$인 회로의 역률에 대한 여러 가지 표시 중 옳지 않은 것은?

① $\dfrac{R}{|Z|}$

② $\dfrac{G\sin\theta}{B}$

③ $\dfrac{\text{무효 전력}}{\text{유효 전력}}$

④ $\dfrac{\text{평균 전력}}{\text{피상 전력}}$

해설

임피던스와 어드미턴스 삼각형에서

그림 (a)에서 $\cos\theta=\dfrac{R}{Z}$

그림 (b)에서 $\tan\theta=\dfrac{\sin\theta}{\cos\theta}=\dfrac{B}{G}$

$\therefore \cos\theta=\dfrac{G}{B}\sin\theta$

(a)　　　　　(b)

다음 전력 $P=VI\cos\theta$ 에서 $\cos\theta=\dfrac{P}{VI}=\dfrac{\text{유효 전력}}{\text{피상 전력}}$ 이 된다.

【답】③

04 전압 $200\,[\text{V}]$, 전류 $30\,[\text{A}]$로서 $4.8\,[\text{kW}]$의 전력을 소비하는 회로의 리액턴스$[\Omega]$는?

① 6.6   ② 5.3

③ 4.0   ④ 3.3

해설

전압과 전류로 피상전력을 구하면

$$P_a = VI = 200 \times 30 = 6000\,[\text{VA}]$$

따라서 무효전력은 $P_r = \sqrt{P_a^2 - P^2}$ 에서

$$P_r = \sqrt{6000^2 - 4800^2} = 3600\,[\text{Var}]$$

$P_r = I^2 X$ 에서

$$X = \frac{P_r}{I^2} = \frac{3600}{30^2} = 4\,[\Omega]$$

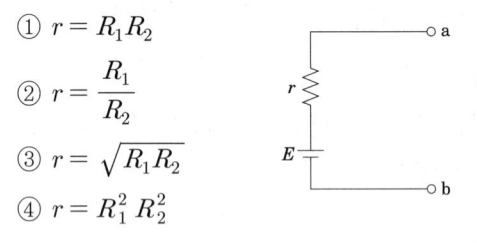

【답】③

05 그림과 같이 내부 저항 $r\,[\Omega]$, 기전력 E $[\text{V}]$인 전원의 단자 a, b에 $R_1\,[\Omega]$의 저항을 접속한 경우와 $R_2\,[\Omega]$의 저항을 접속한 경우의 부하 저항의 소비 전력이 같았다. r과 R_1, R_2와의 사이에 어떤 관계가 있는가?

① $r = R_1 R_2$

② $r = \dfrac{R_1}{R_2}$

③ $r = \sqrt{R_1 R_2}$

④ $r = R_1^2 R_2^2$

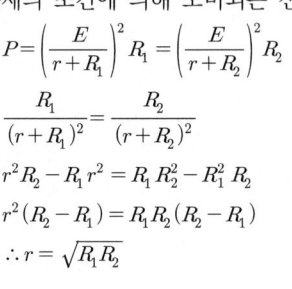

해설

문제의 조건에 의해 소비되는 전력이 같으므로

$$P = \left(\frac{E}{r + R_1}\right)^2 R_1 = \left(\frac{E}{r + R_2}\right)^2 R_2$$

$$\frac{R_1}{(r + R_1)^2} = \frac{R_2}{(r + R_2)^2}$$

$$r^2 R_2 - R_1 r^2 = R_1 R_2^2 - R_1^2 R_2$$

$$r^2 (R_2 - R_1) = R_1 R_2 (R_2 - R_1)$$

$$\therefore r = \sqrt{R_1 R_2}$$

【답】③

06 그림과 같은 회로에서 $I_1 = 2e^{-j\frac{\pi}{3}}\,[\text{A}]$, $I_2 = 5e^{j\frac{\pi}{3}}\,[\text{A}]$, $I_3 = 1\,[\text{A}]$이다. 이 단상 회로에서의 평균 전력[W] 및 무효 전력[Var]은?

① 10, −9.75

② 20, 19.5

③ 20, −19.5

④ 45, 26

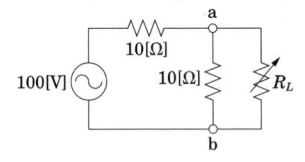

해설

병렬회로에서 전체전류는

$$I = I_1 + I_2 + I_3 = 2e^{-j\frac{\pi}{3}} + 5e^{j\frac{\pi}{3}} + 1$$

$$= 2\left(\cos\frac{\pi}{3} - j\sin\frac{\pi}{3}\right) + 5\left(\cos\frac{\pi}{3} + j\sin\frac{\pi}{3}\right) + 1$$

$$= 4.5 + j2.6\,[\text{A}]$$

$$E = I_3 R = 1 \times 10 = 10\,[\text{V}]$$

복소전력을 구하면

$$\therefore P_a = \overline{E} I = 10(4.5 + j2.6) = 45 + j26\,[\text{VA}]$$

【답】④

07 그림과 같은 회로에서 부하 R_L에서 소비되는 최대 전력[W]은?

① 50

② 125

③ 250

④ 500

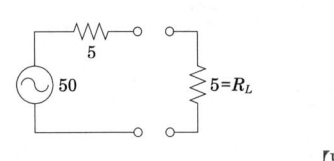

해설

테브낭의 등가 회로를 그리고, 최대전력 전송을 위한 부하저항을 구한 후 최대전력을 구한다.

$$P_m = \frac{V^2}{4R} = \frac{50^2}{4 \times 5} = 125\,[\text{W}]$$

【답】②

08 그림과 같은 회로에서 일정 전압 E_0에 대하여 최대 전력을 공급할 수 있는 조건은?

① $2X$

② $\dfrac{3}{2}X$

③ $3X$

④ $\dfrac{5}{2}X$

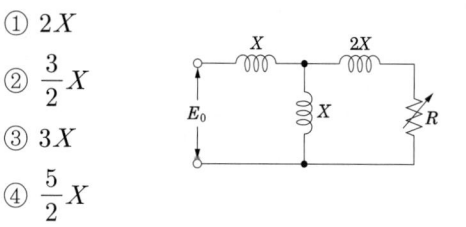

해설

최대전력 전송조건에 의해 전압원을 단락하고 내부 임피던스를 구하면

$2X + \dfrac{X \cdot X}{X + X} = \dfrac{5X}{2}$ 이므로 $R = \dfrac{5}{2}X$가 되어야 한다.

【답】④

---

09 부하 저항 R_L이 전원의 내부 저항 R_0의 3배가 되면 부하 저항 R_L에서 소비되는 전력 P_L은 최대 전송 전력 P_m의 몇 배인가?

① 0.89   ② 0.75

③ 0.5   ④ 0.3

해설

소비전력은

$$P_L = I^2 R_L = \left(\frac{V_g}{R_0 + R_L}\right)^2 \cdot R_L$$

$$= \left(\frac{V_g}{R_0 + 3R_0}\right)^2 \times 3R_0 = \frac{3}{16} \cdot \frac{V_g^{\,2}}{R_0}$$

최대전력은 $P_{\max} = \dfrac{V_g^{\,2}}{4R_0}$

$$\therefore \frac{P_L}{P_{\max}} = \frac{\dfrac{3}{16} \cdot \dfrac{V_g^{\,2}}{R_0}}{\dfrac{1}{4} \cdot \dfrac{V_g^{\,2}}{R_0}} = \frac{12}{16} = 0.75 \,[\text{배}]$$

【답】②

---

10 그림과 같은 회로에서 부하 임피던스 Z_L을 얼마로 할 때 이에 최대 전력이 공급되는가?

① $4 - j10$

② $4 + j10$

③ $10 - j4$

④ $10 + j4$

해설

전압원을 단락하고 내부 임피던스를 구한 후 최대 전력 전송조건을 구한다.

$$Z_s = 10 + \frac{(j2)(-j4)}{j2 - j4} = 10 + j4 \,[\Omega]$$

$$\therefore Z_L = \overline{Z_s} = 10 - j4 \,[\Omega]$$

【답】③

---

11 코일에 단상 100 [V]의 전압을 가하면 30 [A]의 전류가 흐르고 1.8 [kW]의 전력을 소비한다고 한다. 이 코일과 병렬로 콘덴서를 접속하여 회로의 합성 역률을 100 [%]로 하기 위한 용량 리액턴스는 대략 몇 [Ω]이어야 하는가?

① 1   ② 2

③ 3   ④ 4

해설

피상전력은 $P_a = V \cdot I = 100 \cdot 30 = 3000 \,[\text{VA}]$

무효전력은 $P_r = \sqrt{P_a^2 - P^2} = \sqrt{3^2 - 1.8^2} = 2.4 \,[\text{kVar}]$

역률이 100 [%]가 되기 위해서는 2.4 [kVA]의 콘덴서가 필요하므로

$$Q_C = 2\pi f\, C V^2 = \frac{V^2}{X_C} = 2.4 \times 10^3$$

$$X_C = \frac{100^2}{2.4 \times 10^3} = 4.16 \,[\Omega]$$

【답】④

12 어떤 코일의 임피던스를 측정하고자 직류 전압 100 [V]를 가했더니 500 [W]가 소비되고, 교류 전압 150 [V]를 가했더니 720 [W]가 소비되었다. 이 코일의 저항[Ω]과 리액턴스[Ω]는?

① $R = 20,\ X = 15$ ② $R = 15,\ X = 20$
③ $R = 25,\ X = 20$ ④ $R = 30,\ X = 25$

해설

직류를 공급할 경우 저항만 존재하므로

$$R = \frac{V^2}{P} = \frac{100^2}{500} = 20\ [\Omega]$$

교류를 공급할 경우 코일은 임피던스 회로이므로

$$P = \frac{V^2 R}{R^2 + X^2} \text{에서 } 720 = \frac{150^2 \times 20}{20^2 + X^2} \rightarrow X = 15\ [\Omega]$$

【답】①

13 그림과 같은 회로에서 각 계기들의 지시값은 다음과 같다. ⓥ는 240 [V], ⓐ는 5 [A], ⓦ는 720 [W]이다. 이때 인덕턴스 L [H]는? 단, 전원 주파수는 60 [Hz]라 한다.

① $\dfrac{1}{\pi}$

② $\dfrac{1}{2\pi}$

③ $\dfrac{1}{3\pi}$

④ $\dfrac{1}{4\pi}$

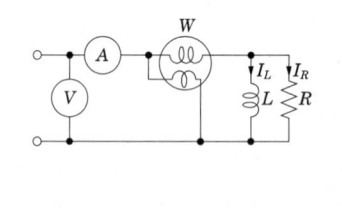

해설

그림의 회로는 병렬회로 이므로 피상전력은

$$P_a = VI = 240 \times 5 = 1200\ [\text{VA}]$$

전력계는 유효전력이므로 무효전력은

$$P_r = \sqrt{P_a^2 - P^2} = \sqrt{1200^2 - 720^2} = 960\ [\text{Var}]$$

$$\therefore X_L = \frac{V^2}{P_r} = \frac{240^2}{960} = 60\ [\Omega]$$

따라서, $L = \dfrac{X_L}{2\pi f} = \dfrac{60}{2\pi \times 60} = \dfrac{1}{2\pi}\ [\text{H}]$

【답】②

5 결합회로

1. 전자유도법칙

발전기의 기전력을 유도한다 던지, 코일의 양단에 걸리는 전압을 구하는 경우 등 적용되는 법칙이 전자유도법칙이다. 이 법칙은 다음과 같은 의미를 갖는다.
"유도 기전력의 크기는 폐회로에 쇄교하는 자속의 시간적 변화율에 비례한다."
이것을 패러데이 법칙(Faraday's law) 또는 노이만 법칙(Neumann's law)이라 한다.
유도 기전력을 정량적으로 나타내면 다음과 같다.

$$e = -\frac{d\Phi}{dt} \ [V]$$

여기서 $d\Phi$: 총쇄교 자속수, dt : 시간의 변화량

여기서 $(-)$는 기전력의 방향이 쇄교 자속의 변화를 방해하는 방향으로 발생하는 것을 의미하며 렌쯔의 법칙을 적용한 것이다.

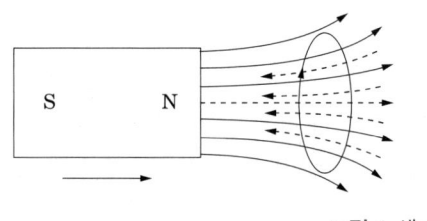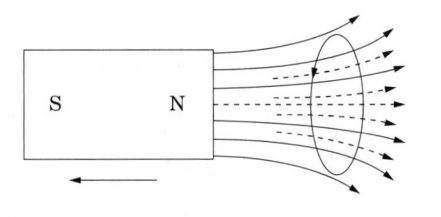

그림 1 쇄교 기전력의 방향

자속 ϕ 가 N회의 코일을 통과할 때 유도 기전력은 식

$$e = -\frac{d\Phi}{dt} = -N\frac{d\phi}{dt} \ [V]$$

가 얻어진다. 단, $\Phi = N\phi$ 를 쇄교 자속수라고 한다. 전자유도 현상을 응용한 분야는 일정한 자계 속에서 코일을 회전시키면 기전력이 발생하는 발전기의 기본 원리와 철심에 감은 1, 2차 코일의 1차 코일에 교번자속을 주면 두 코일의 권수비에 비례하는 전압이

2차 코일에 유도되는 변압기, 그 외 적산전력계 등 응용 분야는 매우 많다.

2. 자기유도와 상호유도

2.1 자기유도(Self Induction)

코일에 흐르는 전류가 변화하면 그에 따라 자속이 변화하므로 전자유도에 의해 코일 내에 유도 기전력이 생긴다. 이를 자기유도라 한다. 지금 권수 n인 코일의 인덕턴스 L은 여기에 흐르는 전류를 $i(A)$, 자속을 $\phi[\text{Wb}]$라 하면

$$L = \frac{n\phi}{i} \, [\text{H}]$$

여기서 i : L에 흐르는 전류, ϕ : 자속, L : 자기인덕턴스

가 되나 코일을 통과하는 자속에 변화가 있으면 이것을 방해하려는 방향으로 전류를 흐르도록 하는 유도기전력 e가 코일 단자에 나타므로

$$e = -L\frac{di}{dt} = -n\left(\frac{d\phi}{dt}\right)[\text{V}]$$

가 된다.

2.2 상호유도(Mutual Induction)

유도적으로 결합되어 있는 두 개의 회로에서 제1회로에 흐르는 전류가 변화하면 다른 회로에 쇄교하는 자력선 수가 변화하므로 제2회로에 유도전류가 생긴다. 이러한 현상을 상호유도라 한다.

예제문제 01

코일이 2개 있다. 한 코일의 전류가 매초 150 [A]일 때 다른 코일에는 75 [V]의 기전력이 유기된다. 이때 두 코일의 상호 인덕턴스는?

① 1 [H]   ② $\frac{1}{2}$ [H]   ③ $\frac{1}{4}$ [H]   ④ 0.75 [H]

해설

전자유도법칙에 의해 $V_L = M\frac{di(t)}{dt}$, $M = \dfrac{V_L}{\frac{di(t)}{dt}} = \dfrac{75}{150} = \dfrac{1}{2}[\text{H}]$

답 : ②

---

3. 유도결합회로

그림 2와 같이 1차 코일에 i_1의 전류가 흐르면 자속이 발생된다. 발생된 자속은 1차 코일에서 자기유도를 일으킨다. 또 2차 코일에 상호유도를 일으킨다. 이때 v_1은 자기유도에 의한 전압과 상호유도에 의한 전압의 합이 된다.

$$v_1 = L_1 \frac{di_1}{dt} \pm M \frac{di_2}{dt}$$

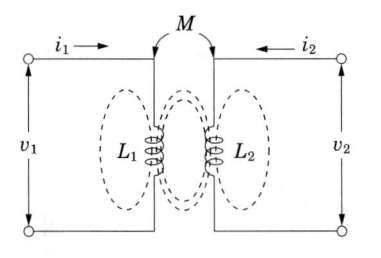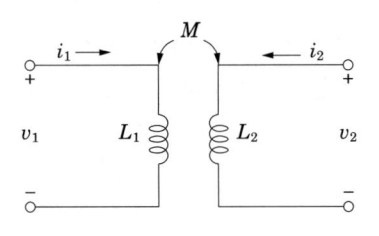

그림 2 유도결합회로

반대로 2차 코일에 i_2의 전류가 흐르면 자속이 발생된다. 발생된 자속은 2차 코일에서 자기유도를 일으킨다. 또 1차 코일에 상호유도를 일으킨다. 이때 v_2는 자기유도에 의한 전압과 상호유도에 의한 전압의 합이 된다.

$$v_2 = L_2 \frac{di_2}{dt} \pm M \frac{di_1}{dt}$$

여기서, $L_1 \dfrac{di_1}{dt}$와 $L_2 \dfrac{di_2}{dt}$를 자기유도전압이라 하고, $\pm M \dfrac{di_2}{dt}$와 $\pm M \dfrac{di_1}{dt}$를 상호유도전압이라 한다.

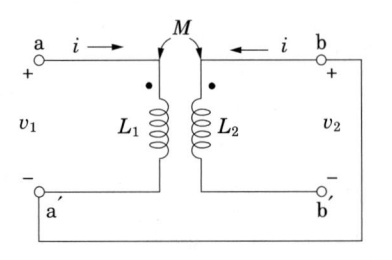

그림 3 유도결합회로

그림 3과 같이 유도결합된 회로의 1차와 2차를 연결하게 되면 a와 b' 사이에 걸리는 전압은 다음과 같다.

$$v_{ab'} = L_1 \frac{di_1}{dt} + M \frac{di_2}{dt} + L_2 \frac{di_2}{dt} + M \frac{di_1}{dt} = (L_1 + L_2 + 2M) \frac{di}{dt}$$

그러므로

$$L_1 + L_2 + 2M$$

여기서 L_1 : 1차 코일의 자기인덕턴스, L_2 : 2차 코일의 자기인덕턴스, M : 상호인덕턴스

은 연결된 유도결합회로의 합성 인덕턴스가 되며, 이와 같이 상호인덕턴스의 부하가 (+)가 되는 것을 가동결합 또는 화동결합이라 한다.

차동결합의 경우는 코일의 방향을 반대로 감아 자속의 방향을 반대로 하거나 그림 4와 같이 연결하는 경우이며 이 경우 상호인덕턴스의 부호는 (−)가 된다. 이러한 결합회로를 차동결합회로라 한다.

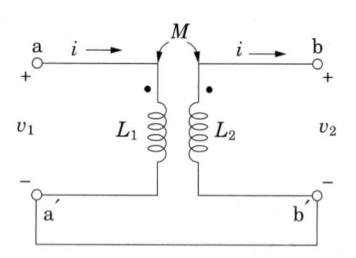

그림 4 차동결합회로

예제문제 02

그림과 같이 고주파 브리지를 가지고 상호 인덕턴스를 측정하고자 한다. 그림 (a)와 같이 접속하면 합성 자기 인덕턴스는 30 [mH]이고, (b)와 같이 접속하면 14 [mH]이다. 상호 인덕턴스[mH]는?

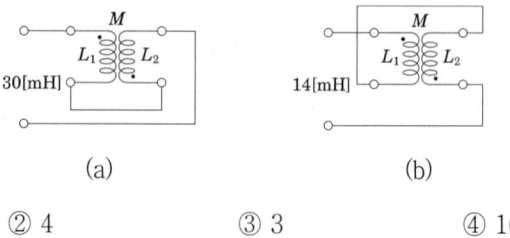

(a)   (b)

① 2   ② 4   ③ 3   ④ 16

해설
합성한 것이 큰 값은 가동결합이며, 작은 값은 차동결합이므로 상호 인덕턴스를 M이라 하면 그림 (a), (b)에서

$$30 = L_1 + L_2 + 2M \cdots\cdots\cdots ①$$
$$14 = L_1 + L_2 - 2M \cdots\cdots\cdots ②$$

식 ①, ②를 연립방정식 소거법에 의해 구하면 $M = \dfrac{1}{4}(30 - 14) = 4$ [mH]

답 : ②

그림과 같이 직렬로 유도 결합된 회로에서 단자 a, b로 본 등가 임피던스 Z_{ab}를 나타낸 식은 어느 것인가?

① $R_1 + R_2 + R_3 + j\omega(L_1 + L_2 - 2M)$

② $R_1 + R_2 + j\omega(L_1 + L_2 + 2M)$

③ $R_1 + R_2 + R_3 + j\omega(L_1 + L_2 + L_3 + 2M)$

④ $R_1 + R_2 + R_3 + j\omega(L_1 + L_2 + L_3 - 2M)$

해설

그림은 차동결합 형태 이므로 $L_0 = L_1 + L_2 \pm 2M$에서 M의 부호는 $-$이다.

답 : ④

4. 캠벨 브리지(Campbell bridge)

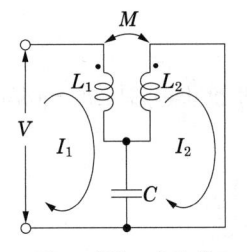

그림 5 캠벨브리지 회로

그림 5와 같은 유도결합회로를 특별히 캠벨브리지 회로라 한다. 이 회로 2차에 벨을 연결하여 벨이 울리지 않는 조건을 평형조건이라 한다. 그림 5의 등가회로는 그림 6과 같다.

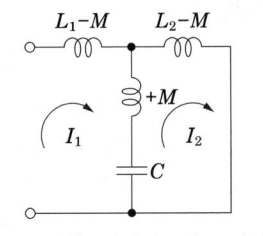

그림 6 캠벨브지리회로의 등가회로

그림 6에서 I_2가 0이 되기 위한 방정식을 세우면 다음과 같다.

$$\left(j\omega L_2 - j\omega M\right)I_2 + \left(j\omega M - j\frac{1}{\omega C}\right)(I_2 - I_1) = 0$$

이를 정리하면

$$\left(j\frac{1}{\omega C}-j\omega M\right)I_1+\left(j\omega L_2-j\frac{1}{\omega C}\right)I_2=0$$

가 된다. 여기서 $I_2=0$인 조건을 적용하면

$$j\frac{1}{\omega C}-j\omega M=0$$

가된다. 이때 C의 값은 다음과 같다.

$$C=\frac{1}{\omega^2 M}$$

여기서 C: 정전용량, M : 상호인덕턴스, ω : 각속도

이것을 평형조건이라 한다.

예제문제 **04**

그림과 같은 캠벨 브리지(Campbell bridge) 회로에 있어서 I_2가
0이 되기 위한 C의 값은?

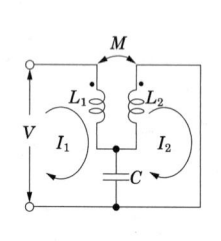

① $\dfrac{1}{\omega L}$ ② $\dfrac{1}{\omega^2 L}$

③ $\dfrac{1}{\omega M}$ ④ $\dfrac{1}{\omega^2 M}$

해설

키르히호프의 전압 방정식은 $\left(j\omega L_2-j\omega M\right)I_2+\left(j\omega M-j\frac{1}{\omega C}\right)(I_2-I_1)=0$

$\left(j\frac{1}{\omega C}-j\omega M\right)I_1+\left(j\omega L_2-j\frac{1}{\omega C}\right)I_2=0$

캠벨브리지의 평형조건의 $I_2=0$가 되려면
I_1의 계수가 0이어야 하므로

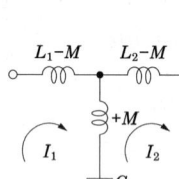

$j\frac{1}{\omega C}-j\omega M=0$ $\therefore C=\frac{1}{\omega^2 M}$

답 : ④

핵심과녁도문제

5·1

한 코일의 전류가 매초 120 [A]의 비율로 변화할 때 다른 코일에 15 [V]의 기전력이 발생하였다면 두 코일의 상호 인덕턴스[H]는?

① 0.125　　　　② 2.85　　　　③ 0　　　　④ 1.25

해설 전자유도법칙에 의해 $V_L = M\dfrac{di(t)}{dt}$,　$M = \dfrac{V_L}{\dfrac{di(t)}{dt}} = \dfrac{15}{120} = 0.125$ [H]　　　【답】①

5·2

상호 인덕턴스 100 [mH]인 회로의 1차 코일에 3 [A]의 전류가 0.3초 동안에 18 [A]로 변화할 때 2차 유도 기전력[V]은?

① 5　　　　② 6　　　　③ 7　　　　④ 8

해설 전자유도법칙에 의해 $e = M\dfrac{di}{dt} = 100 \times 10^{-3} \times \dfrac{18-3}{0.3} = 5$ [V]　　　【답】①

5·3

그림과 같은 회로에서 a, b간의 합성 인덕턴스 L_0의 값은?

① $L_1 + L_2 + L$
② $L_1 + L_2 - 2M + L$
③ $L_1 + L_2 + 2M + L$
④ $L_1 + L_2 - M + L$

해설 L_1과 L_2의 결합이 차동 결합 이므로 $L_0 = L_1 + L_2 - 2M + L$이 된다.　　　【답】②

5·4

인덕턴스가 각각 5 [H], 3 [H]인 두 코일을 직렬로 연결하고 인덕턴스를 측정하였더니 15 [H]였다. 두 코일간의 상호 인덕턴스[H]는?

① 1　　　　② 3　　　　③ 3.5　　　　④ 7

해설 합성인덕턴스 $L = L_1 + L_2 + 2M$에서 $M = \dfrac{L - L_1 - L_2}{2} = \dfrac{15 - 5 - 3}{2} = 3.5$ [H]　　　【답】③

5·5

서로 결합하고 있는 두 코일 A와 B를 같은 방향으로 감아서 직렬로 접속하면 합성 인덕턴스가 10 [mH]가 되고, 반대로 연결하면 합성 인덕턴스가 40 [%] 감소한다. A코일의 자기 인덕턴스가 5 [mH]라면 B코일의 자기 인덕턴스는 몇 [mH]인가?

① 10　　　　　② 8　　　　　③ 5　　　　　④ 3

해설 가동결합의 경우 $5+L_b+2M=10$ ……①

차동결합의 경우 $5+L_b-2M=10(1-0.4)$ ……②

연립방정식의 소거법에 의해 구하면 식 ①+②가 되므로 $10+2L_b=16$

∴ $L_b=3$ [mH]　　　　　　　　　　　　　　　　　　　　　　　　　【답】 ④

5·6

인덕턴스 L_1 , L_2 가 각각 3 [mH], 6 [mH]인 두 코일간의 상호 인덕턴스 M 이 4 [mH]라고 하면 결합 계수 k 는?

① 약 0.94　　　② 약 0.44　　　③ 약 0.89　　　④ 약 1.12

해설 결합계수는 $k=\dfrac{M}{\sqrt{L_1L_2}}=\dfrac{4}{\sqrt{3\times6}}≒0.94$ 　　　　　　　　【답】 ①

5·7

두 개의 코일 a, b가 있다. 두 개를 직렬로 접속하였더니 합성 인덕턴스가 119 [mH]이었다. 극성을 반대로 했더니 합성 인덕턴스가 11 [mH]이고, 코일 a의 자기 인덕턴스 $L_a=20$ [mH]라면 결합 계수 k 는?

① 0.6　　　　　② 0.7　　　　　③ 0.8　　　　　④ 0.9

해설 가동결합의 경우 $L_a+L_b+2M=119$ ……①

차동결합의 경우 $L_a+L_b-2M=11$ ……②

연립방정식의 소거법에 의해 구하면 식 ①−②에서 $M=\dfrac{119-11}{4}=\dfrac{108}{4}$

∴ $M=27$ [mH]

∴ $L_b=119-2M-L_a=119-27\times2-20=45$ [mH]

$k=\dfrac{M}{\sqrt{L_aL_b}}=\dfrac{27}{\sqrt{20\times45}}=0.9$ 　　　　　　　　　　　　【답】 ④

5·8

자기 인덕턴스 150 [mH]의 코일 두 개를 감극성이 되게 접속하여 합성 인덕턴스를 20 [mH]가 되게 하려면 두 코일의 상호 인덕턴스는 얼마[mH]로 되게 하여야 하는가?

① 170   ② 140   ③ 130   ④ 300

해설 감극성이라는 조건에 의해 차동결합의 합성인덕턴스는

$$L_0 = L_1 + L_2 - 2M \text{에서} \quad 20 = 150 + 150 - 2M$$

$$\therefore M = \frac{280}{2} = 140 \, [\text{mH}]$$

【답】②

5·9

그림의 회로에서 합성 인덕턴스는?

① $\dfrac{L_1 L_2 + M^2}{L_1 + L_2 - 2M}$ ② $\dfrac{L_1 L_2 - M^2}{L_1 + L_2 - 2M}$

③ $\dfrac{L_1 L_2 + M^2}{L_1 + L_2 + 2M}$ ④ $\dfrac{L_1 L_2 - M^2}{L_1 + L_2 + 2M}$

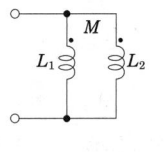

해설 병렬로 연결된 인덕턴스의 등가 회로를 그려 합성 인덕턴스 L_0를 구하면

$$L_0 = M + \frac{(L_1 - M)(L_2 - M)}{(L_1 - M) + (L_2 - M)} = \frac{L_1 L_2 - M^2}{L_1 + L_2 - 2M}$$

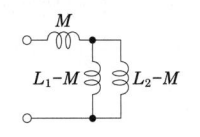

【답】②

5·10

20 [mH]와 60 [mH]의 두 인덕턴스가 병렬로 연결되어 있다. 합성 인덕턴스의 값[mH]은? 단, 상호 인덕턴스는 없는 것으로 한다.

① 15   ② 20   ③ 50   ④ 75

해설 상호인덕턴스가 없으므로 저항의 병렬연결처럼 구하면

$$L_0 = \frac{L_1 \times L_2}{L_1 + L_2} = \frac{20 \times 60}{20 + 60} = 15 \, [\text{mH}]$$

【답】①

5·11

다음 그림과 같은 교류 브리지 회로에서 Z_0에 흐르는 전류가 0이 되려면 각 임피던스는 어떤 조건이어야 하는가?

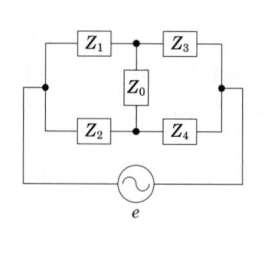

① $Z_1 Z_2 = Z_3 Z_4$　　② $Z_1 Z_2 = Z_3 Z_0$

③ $Z_2 Z_3 = Z_1 Z_0$　　④ $Z_2 Z_3 = Z_1 Z_4$

해설 문제의 조건에서 평형이 되었을 경우이므로 $Z_1/Z_2 = Z_3/Z_4$ 혹은 $Z_1 Z_4 = Z_2 Z_3$가 된다.

【답】④

5·12

그림과 같은 회로에서 절점 a와 절점 b의 전압이 같을 조건은?

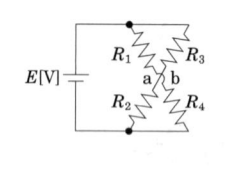

① $R_1 R_2 = R_3 R_4$　　② $R_1 + R_3 = R_2 R_4$

③ $R_1 R_3 = R_2 R_4$　　④ $R_1 R_2 = R_3 + R_4$

해설 절점 a와 절점 b의 전압이 같기 위한 조건은 브리지가 평형 상태이므로

$$R_1 R_2 = R_3 R_4$$

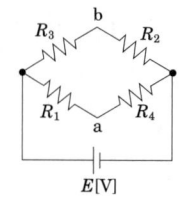

【답】①

5·13

그림과 같은 브리지 회로가 평형하기 위한 Z의 값은?

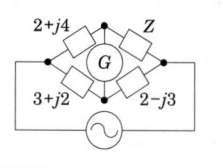

① $2 + j4$　　　　② $-2 + j4$

③ $4 + j2$　　　　④ $4 - j2$

해설 브리지가 평형 상태이므로 $Z(3+j2) = (2+j4)(2-j3)$

$$\therefore Z = \frac{(2+j4)(2-j3)}{3+j2} = \frac{(16+j2)(3-j2)}{(3+j2)(3-j2)} = 4 - j2$$

【답】④

5·14

그림과 같은 브리지의 평형 조건은?

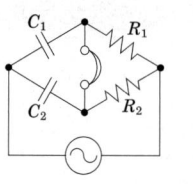

① $\dfrac{1}{C_1 C_2} = R_1 R_2$ ② $C_1 C_2 = R_1 R_2$

③ $C_1 R_2 = C_2 R_1$ ④ $C_1 R_1 = C_2 R_2$

해설 브리지 평형조건을 구하기 위해서는 임피던스를 가지고 구한다.

$$R_2 \frac{1}{j\omega C_1} = R_1 \frac{1}{j\omega C_2}$$

$$\therefore \frac{R_2}{C_1} = \frac{R_1}{C_2} \qquad \therefore R_1 C_1 = R_2 C_2$$

【답】④

심화학습문제

01 그림과 같은 회로에서 $i_1 = I_m \sin \omega t$ 일 때 개방된 2차 단자에 나타나는 유기 기전력 e_2 는 몇 [V]인가?

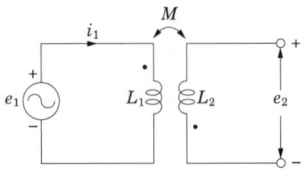

① $\omega M \sin \omega t$

② $\omega M \cos \omega t$

③ $\omega M I_m \sin (\omega t - 90°)$

④ $\omega M I_m \sin (\omega t + 90°)$

해설

전압 e_1 은 전류 i_1 보다 90° 앞서고 e_2 는 e_1 과 역위상이므로

$e_1 = \omega M I_m \sin (\omega t - 90°)$ [V] 또는

$e_2 = -M \dfrac{di_1}{dt} = -\omega M I_m \cos \omega t = \omega M I_m \sin (\omega t - 90°)$ [V]

【답】③

02 20 [mH]의 두 자기 인덕턴스가 있다. 결합 계수를 0.1부터 0.9까지 변화시킬 수 있다면 이것을 접속시켜 얻을 수 있는 합성 인덕턴스의 최대값과 최소값의 비는?

① 9 : 1   ② 19 : 1

③ 13 : 1   ④ 16 : 1

해설

합성인덕턴스의 계산식은 $L_0 = L_1 + L_2 + 2\alpha \sqrt{L_1 L_2}$ 이고, 여기서 α 는 결합계수 이다.

최대의 경우는 $L_0' = 20 + 20 + 2 \times 0.9 \sqrt{20 \times 20} = 76$

최소의 경우는 $L_0 = 20 + 20 - 2 \times 0.9 \sqrt{20 \times 20} = 4$

∴ 최대와 최소의 비는 76 : 4 = 19 : 1

【답】②

03 그림과 같은 회로의 합성 임피던스 Z_{ab} 는?

① $25 + j \dfrac{100}{5}$

② $25 - j \dfrac{100}{5}$

③ $25 + j \dfrac{100}{3}$

④ $25 - j \dfrac{100}{3}$

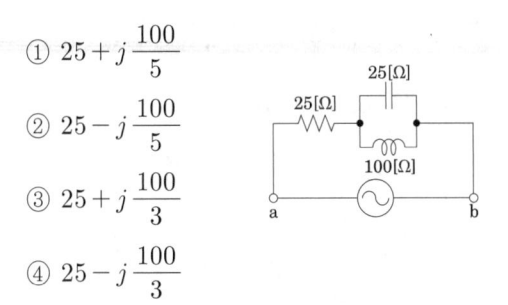

해설

그림의 합성 임피던스는

$Z_{ab} = 25 + \dfrac{j100(-j25)}{j100 - j25} = 25 - \dfrac{(-j)^2 2500}{j75}$

$= 25 + \dfrac{2500}{j75} = 25 - j\dfrac{2500}{75} = 25 - j\dfrac{100}{3}$

【답】④

04 그림과 같이 1개의 콘덴서와 2개의 코일이 직렬로 접속된 회로에 300 [Hz]의 주파수가 공진한다고 한다. 콘덴서의 정전 용량 및 코일의 자기 인덕턴스를 각각 $C = 25 [\mu F]$, $L_1 = 4.3 [mH]$, $L_2 = 4.6 [mH]$라고 하면 코일간의 상호 인덕턴스 M [mH]은 얼마인가? 단, 코일은 같은 방향으로 감겨져 있고, 동일축 상에 놓여져 있는 것으로 한다.

① 2.36

② 1.18

③ 1.91

④ 1.0

해설

가동 결합이므로 두 코일의 인덕턴스 L은

$L = L_1 + L_2 + 2M$

또, L과 C 사이에 $300\,[\text{Hz}]$로 공진이 되므로

$$L = \frac{1}{\omega^2 C}$$

두 식에서 $L_1 + L_2 + 2M = \dfrac{1}{\omega^2 C}$

$$\therefore M = \frac{1}{2}\left(\frac{1}{\omega^2 C} - L_1 - L_2\right)$$

$$= \frac{1}{2}\left\{\frac{1}{(2\pi \times 300)^2 \times 25 \times 10^{-6}} - 4.3 \times 10^{-3} - 4.6 \times 10^{-3}\right\}$$

$$= 1.18\,[\text{mH}]$$

【답】②

05 그림과 같은 유도 결합 회로는 $e_1 = 2\cos t$로 여진된 상태에서 정상 상태 동작을 하고 있다. $L_1 = L_2 = 1\,[\text{H}]$이고, $M = \dfrac{1}{4}\,[\text{H}]$, $C = 1\,[\text{F}]$일 때 전압 $v_a(t)$는?

① $1.6\cos t$

② $2.4\cos t$

③ $1.6\sin t$

④ $2.4\sin t$

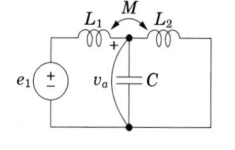

해설

전압의 식에서 $\omega = 1$이므로 리액턴스를 구하면

$$\omega L_1 = \omega L_2 = 1\,[\Omega], \quad \omega M = 0.25\,[\Omega], \quad \frac{1}{\omega C} = 1\,[\Omega]$$

이며, 각 값을 대입한 등가 회로에서 그림과 같이 전류 방향을 가정하여 방정식을 세우면,

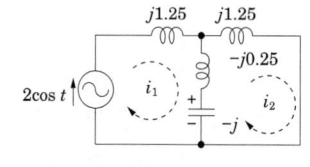

$$\begin{cases} 2\cos t = j(1.25 - 0.25 - 1)\,i_1 + j(0.25 + 1)\,i_2 \\ 0 = j(0.25 + 1)\,i_1 + j(1.25 - 0.25 - 1)\,i_2 \end{cases}$$

$$\begin{cases} 2\cos t = j1.25\,i_2 \\ 0 = j1.25\,i_1 \end{cases}$$

$$\therefore i_1 = 0, \quad i_2 = -j\frac{2}{1.25}\cos t = -j1.6\cos t$$

따라서, C 양단의 전압 $v_a(t)$는

$$v_a(t) = \frac{1}{C}\int (i_1 - i_2)\,dt = j1.6\int \cos t\,dt$$

$$= j1.6\sin t = 1.6\cos t$$

【답】①

06 코일 (1)의 권수 $N_1 = 50$회, 코일 (2)의 권수 $N_2 = 500$회이다. 코일 (1)에 $1\,[\text{A}]$의 전류를 흘렸을 때 코일 (1)과 쇄교하는 전 자속 $\phi_1 = \phi_{11} + \phi_{12} = 6 \times 10^{-4}\,[\text{Wb}]$이고 코일 (2)와 쇄교하는 자속 $\phi_{12} = 5.5 \times 10^{-4}\,[\text{Wb}]$이다. 코일 (2)에 $1\,[\text{A}]$를 흘렸을 때 코일 (2)의 쇄교하는 자속 $\phi_2 = \phi_{21} + \phi_{22} = 6 \times 10^{-3}\,[\text{Wb}]$이고, 코일 (1)과 쇄교하는 자속 ϕ_{21}은 $5.5 \times 10^{-3}\,[\text{Wb}]$라고 할 때 결합 계수 k의 값은?

① 약 0.917

② 약 1

③ 약 0.817

④ 약 0.717

해설

결합 계수

$$k = \sqrt{k_{12}k_{21}} = \sqrt{\frac{\phi_{12}}{\phi_1} \cdot \frac{\phi_{21}}{\phi_2}}$$

$$= \sqrt{\frac{5.5 \times 10^{-4}}{6 \times 10^{-4}} \cdot \frac{5.5 \times 10^{-3}}{6 \times 10^{-3}}} \fallingdotseq 0.917$$

【답】①

07 그림과 같은 회로에서 A, B 사이에 흐르는 전류는 몇 $[\text{A}]$인가? 단, 단위는 $[\Omega]$이다.

① 4

② 3

③ 2

④ 1

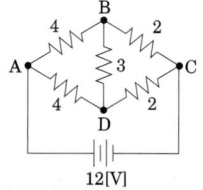

해설

브리지가 평형이므로 병렬회로로 등가하여 전류를 구하면

$$I = \frac{12}{4+2} = 2\,[\text{A}]$$

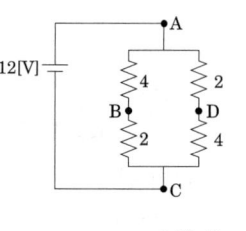

【답】③

08 그림과 같은 브리지가 평형되어 있다. 미지 코일의 저항 R_4 및 인덕턴스 L_4의 값은 얼마인가?

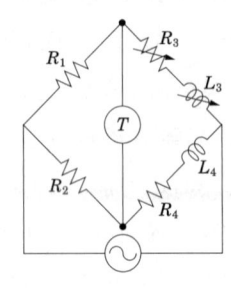

① $R_4 = \dfrac{R_1}{R_2}R_3, \quad L_4 = \dfrac{R_1}{R_2}L_3$

② $R_4 = \dfrac{R_1}{R_2}R_3, \quad L_4 = \dfrac{R_1 R_2}{L_3}$

③ $R_4 = R_1 R_2 R_3, \quad L_4 = R_1 R_2 L_3$

④ $R_4 = \dfrac{R_2}{R_1}R_3, \quad L_4 = \dfrac{R_2}{R_1}L_3$

해설

임피던스 회로의 브리지 평형조건은

$$R_1(R_4 + j\omega L_4) = R_2(R_3 + j\omega L_3) ,$$
$$R_1 R_4 + j\omega R_1 L_4 = R_2 R_3 + j\omega R_2 L_3$$

이며, 실수와 허수에서 각각 조건을 구한다.

실수에서 $R_1 R_4 = R_2 R_3 \qquad \therefore R_4 = \dfrac{R_2}{R_1}R_3$

허수에서 $j\omega R_1 L_4 = j\omega R_2 L_3 \qquad \therefore L_4 = \dfrac{R_2}{R_1}L_3$

【답】 ④

09 이상 변압기에 대한 서술 중 옳은 것은?

① 단자 전압의 비 V_2 / V_1는 코일의 권수비와 같다.

② 단자 전류의 비 I_2 / I_1는 권수비와 같다.

③ 1차 단자에서 본 전체 임피던스는 부하 임피던스에 권수비는 자승의 역수를 곱한 것과 같다.

④ 1차측의 복소 전력은 2차측 부하의 복소 전력과 같다.

해설

변압기의 권수비는 $n = \dfrac{I_2}{I_1} = \dfrac{n_1}{n_2}$

【답】 ②

10 그림과 같은 이상 변압기에 대하여 성립되지 않는 관계식은? 단, n_1, n_2는 1차 및 2차 코일의 권수이다.

① $v_1 i_1 = v_2 i_2$

② $\dfrac{v_2}{v_1} = \dfrac{n_2}{n_1} = \dfrac{1}{n}$

③ $\dfrac{i_2}{i_1} = \dfrac{n_1}{n_2} = n$

④ $n = \sqrt{\dfrac{L_2}{L_1}}$

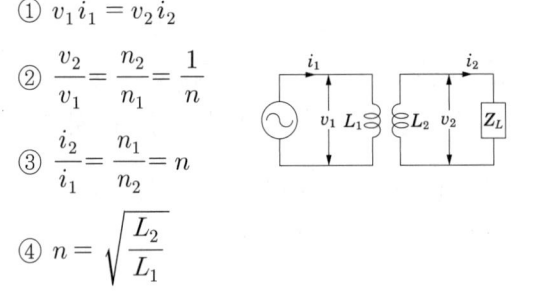

해설

이상 변압기는 누설 자속이 없으므로

$$L_1 = \dfrac{n_1 \phi_1}{i_1}, \qquad L_2 = \dfrac{n_2 \phi_2}{i_2}$$

또, 전압비는 $\dfrac{v_1}{v_2} = n = \dfrac{i_2}{i_1}$ 이므로

$$n = \dfrac{n_1}{n_2} = \dfrac{L_1}{M} = \dfrac{M}{L_2} = \sqrt{\dfrac{L_1}{L_2}} = \sqrt{\dfrac{Z_1}{Z_2}}$$

【답】 ④

11 그림과 같은 전원측 저항 $100 [\Omega]$, 부하저항 $1 [\Omega]$일 때, 이것에 변압비 $n : 1$의 이상 변압기를 써서 정합을 취하려고 한다. 이 때 n의 값은 얼마인가?

① 100

② 10

③ $\dfrac{1}{10}$

④ $\dfrac{1}{100}$

해설

이상변압기의 권수비에서

$$R_1 = n^2 R_2 \quad , \quad n^2 = \frac{R_1}{R_2} = \frac{100}{1}$$

$$\therefore n = 10$$

【답】②

해설

2차 회로가 없을 때 1차 측에서 본 임피던스는 $R_1 + j\omega L_1$이며 2차 회로가 있을 때 1차 측에서 본 등가 임피던스를 Z_0라면

$$E = (R_1 + j\omega L_1)I_1 + j\omega M I_2 = Z_{11}I_1 + Z_M I_2 \cdots\cdots ①$$

$$0 = j\omega M I_1 + (R_2 + j\omega L_2)I_2 = Z_M I_1 + Z_{22} I_2 \cdots\cdots ②$$

식 ①, ②에서,

$$I_1 = \frac{Z_{22}}{Z_{11}Z_{22} - Z_M^2} E$$

$$\therefore Z_0 = \frac{E}{I_1} = \frac{Z_{11}Z_{22} - Z_M^2}{Z_{22}} = R_1 + j\omega L_1 + \frac{\omega^2 M^2}{R_2 + j\omega L_2}$$

$$= \left(R_1 + \frac{\omega^2 M^2 R_2}{R_2^2 + \omega^2 L_2^2}\right) + j\omega\left(L_1 - \frac{\omega^2 M^2 L_2}{R_2^2 + \omega^2 L_2^2}\right)$$

【답】③

12 그림과 같은 이상 변압기의 권선비가 $n_1 : n_2 = 1 : 3$일 때 a, b단자에서 본 임피던스[Ω]는?

① 50

② 100

③ 200

④ 400

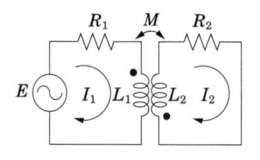

해설

이상변압기의 권수비에서

$$Z_1 = Z_2 n^2 = 900 \times \left(\frac{1}{3}\right)^2 = 100 \ [\Omega]$$

【답】②

13 그림과 같이 2차 회로가 있을 때에는 2차 회로가 없을 때에 비하여 1차측에서 본 임피던스는 어떻게 되는가?

① 저항, 인덕턴스 다같이 R_1, L_1보다 작게 된다.

② 저항, 인덕턴스 다같이 R_1, L_1보다 커진다.

③ 저항은 R_1보다 크게 되고, 인덕턴스는 L_1보다 작아진다.

④ 저항은 R_1보다 작게 되고, 인덕턴스는 L_1보다 크게 된다.

회로망 해석

1. 이상적인 전압원과 전류원

1.1 전압원(voltage source)

이상적인 전압원은 부하에 흐르는 전류의 크기에 관계없이 항상 일정한 전압을 공급하는 것을 말한다. 그러나 실제의 전압원의 경우는 그림 1과 같이 내부저항이 존재하고, 전압원의 내부저항 r에 의한 전압강하가 존재하므로 부하에 공급하는 전압 V는 전원 전압보다 작게 된다. 이러한 전압원을 실제의 전압원이라 한다.

이상적인 전압원은 내부저항이 0인 상태를 말한다.

그림 1 전압원

1.2 전류원(Current source)

이상적인 전류원은 부하의 변동에 관계없이 항상 일정한 전류를 공급하는 장치를 말한다. 즉, 부하의 전압에 변화에 대해서도 일정한 전류가 유지되어야 한다. 그러나, 실제는 그림 2와 같이 내부저항이 존재하고 내부저항에 전류가 흐르게 되면서 부하에 공급하는 전류 i_L이 감소하게 되어 공급전류보다 작게 된다. 이러한 전류원을 실제의 전류원이라 한다. 이상적인 전류원은 내부저항이 무한대인 상태를 말한다.

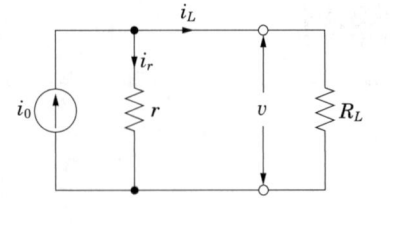
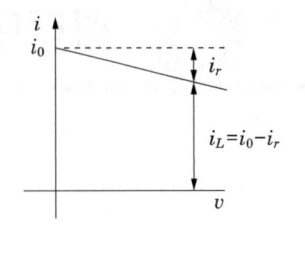

그림 2 전류원

1.3 선형회로망

R, L, C, M 등의 회로 소자가 전압, 전류에 따라 그 본래의 값이 변화하지 않는 것을 선형소자라 하며, 이들 선형소자로 구성된 회로를 선형회로망이라 한다.

예제문제 01

실제적인 전압원을 나타내는 전압 – 전류 특성 곡선은?

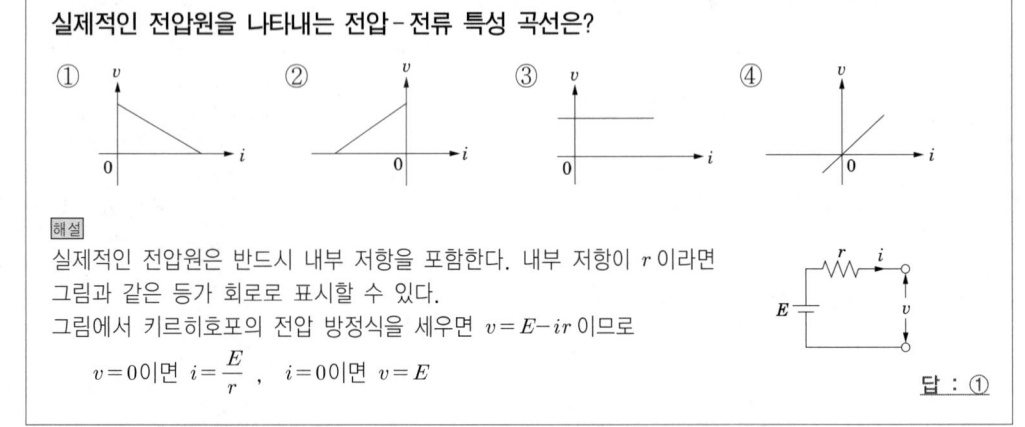

해설
실제적인 전압원은 반드시 내부 저항을 포함한다. 내부 저항이 r 이라면 그림과 같은 등가 회로로 표시할 수 있다.
그림에서 키르히호프의 전압 방정식을 세우면 $v = E - ir$ 이므로

$$v = 0 이면 \ i = \frac{E}{r} \ , \quad i = 0 이면 \ v = E$$

답 : ①

예제문제 02

그림 (a), (b)와 같은 특성을 갖는 전압원은 다음 중 어느 것에 속하는가?

① 시변, 선형 소자
② 시불변, 선형 소자
③ 시변, 비선형 소자
④ 시불변, 비선형 소자

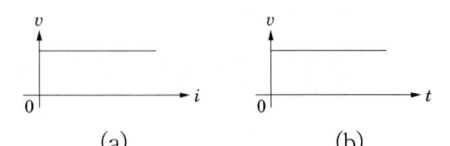

(a)　　　　　　(b)

해설
전압이 전류에 대하여 일정하므로 비선형 소자이며, 시간에 대하여 일정하므로 시불변 소자가 된다.

답 : ④

2. 중첩의 정리(Superposition theorem)

여러개의 전압원이나 전류원이 혼합된 회로망에 있어서, 회로 내 어느 한 지로에 흐르는 전류는 각 전원이 단독으로 존재할 때의 전류를 구하여 각각 대수적으로 합하는 정리를 말한다.

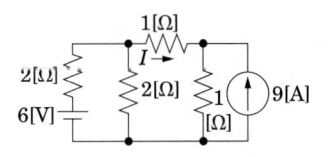

그림 3 전압원과 전류원의 회로

그림 3의 회로를 중첩의 원리에 의해 I를 구하면 다음과 같다.

먼저 전압원만 존재하는 회로로 등가한다. 이때 이상적인 전류원은 내부저항이 무한대 $[\Omega]$ 이므로 전류원을 개방하고 등가회로를 그리면 그림 4와 같다.

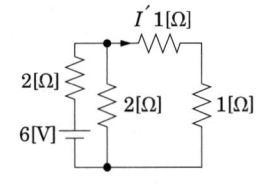

그림 4 전압원 등가회로

그림 4에서 전류 I'을 구한다.

$$I' = \frac{6}{2 + \dfrac{(1+1) \times 2}{(1+1)+2}} \cdot \frac{2}{(1+1)+2} = 1\,[\mathrm{A}]$$

그림 3을 전류원만 존재하는 회로로 등가회로를 그린다. 이때 전압원은 내부저항이 $0[\Omega]$이므로 단락하고 그린다.

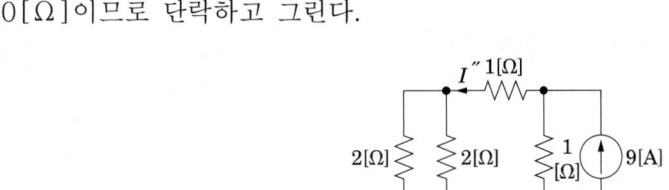

그림 5 전류원 등가회로

그림 5에서 전류 I''를 구한다.

$$I'' = 9 \times \frac{1}{\left(1 + \dfrac{2 \times 2}{2+2}\right) + 1} = 3\,[\mathrm{A}]$$

전 전류 I는 I'과 I''의 방향이 반대이므로

$$I = I' - I'' = 1 - 3 = -2 \text{ [A]}$$

가 된다.

예제문제 03

그림과 같은 회로에서 전류 I [A]를 구하면?

① 2   ② −2

③ −4   ④ 4

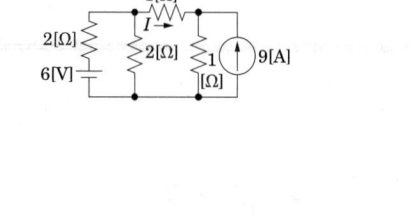

해설

중첩의 원리에 의해 그림 (a), (b)에서

전류원 개방시 I'는

$$I' = \frac{6}{2 + \dfrac{(1+1) \times 2}{(1+1)+2}} \cdot \frac{2}{(1+1)+2} = 1 \text{ [A]}$$

그림 (c), (d)에서 전압원 단락시 I''는

$$I'' = 9 \times \frac{1}{\left(1 + \dfrac{2 \times 2}{2 + 2}\right) + 1} = 3 \text{ [A]}$$

전 전류 I는 I'과 I''의 방향이 반대이므로

$$I = I' - I'' = 1 - 3 = -2 \text{ [A]}$$

(a)   (b)

(c)   (d)

답 : ②

예제문제 04

그림에서 저항 20 [Ω]에 흐르는 전류는 몇 [A]인가?

① 0.4   ② 1

③ 3   ④ 3.4

해설

중첩의 원리에 의하여

전류원을 개방하면 10 [V]에 의한 전류는 $I_1 = \dfrac{10}{5+20} = 0.4$ [A]

전압원을 단락하면 3 [A]에 의한 전류는 $I_2 = \dfrac{5}{5+20} \times 3 = 0.6$ [A]

$\therefore I = I_1 + I_2 = 0.4 + 0.6 = 1.0$ [A]

답 : ②

그림과 같은 회로에서 5 [Ω]에 흐르는 전류는 몇 [A]인가?

① 1/2   ② 2/3

③ 1   ④ 5/3

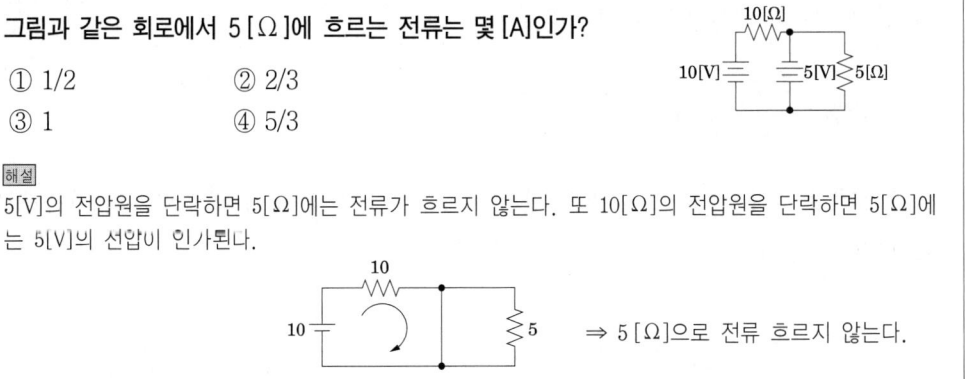

해설

5[V]의 전압원을 단락하면 5[Ω]에는 전류가 흐르지 않는다. 또 10[Ω]의 전압원을 단락하면 5[Ω]에는 5[V]의 전압이 인가된다.

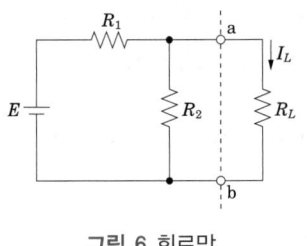

⇒ 5 [Ω]으로 전류 흐르지 않는다.

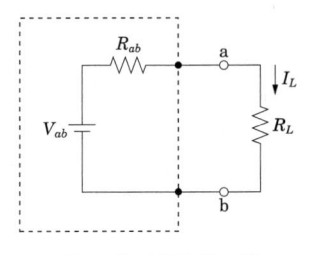

답 : ③

3. 테브낭의 정리(Thevenin's theorem)

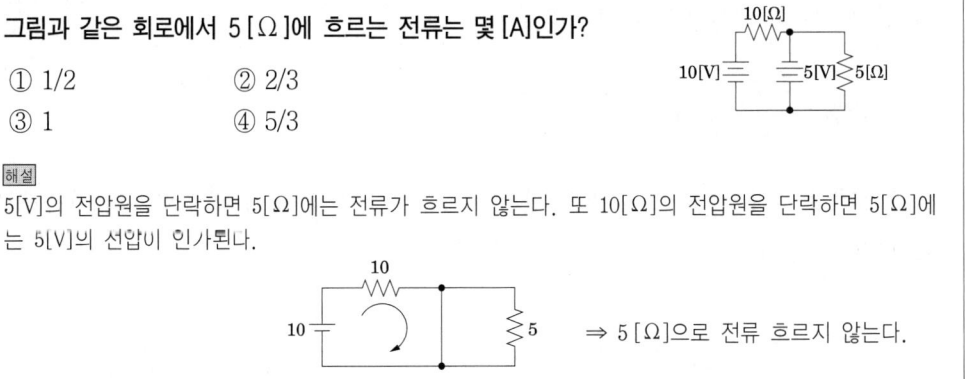

그림 6 회로망

그림 6의 회로망에서 부하 R_L에 흐르는 전류를 구할 경우 그림 7과 같은 등가회로를 그리면 쉽게 구할 수 있다.

그림 7 데브낭의 등가회로

그림 7의 회로에서 R_{ab}는 그림 6의 단자 a, b를 개방한 후 합성저항을 구한값으로 다음과 같다. 이때 전압원은 단락한다.

$$R_{ab} = \frac{R_1 R_2}{R_1 + R_2}\,[\,\Omega\,]$$

그림 7의 회로에서 V_{ab}는 그림 6의 단자 a, b를 개방한 후 a, b 양단에 나타나는 전압으로 다음과 같다.

$$V_{ab} = \frac{R_2}{R_1 + R_2}\times E\,[\mathrm{V}]$$

따라서, 부하저항 R_L에 흐르는 그림 7에서 전류를 쉽게 구할 수 있다.

$$I_L = \frac{V_{ab}}{R_{ab} + R_L}\,[\mathrm{A}]$$

예를 들면 다음과 같다.

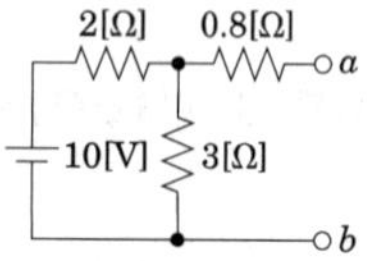

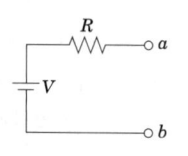

그림 8 회로망

그림 8에서 개방단자 a, b에서 합성저항을 구하면 다음과 같다. 이때 전압원은 단락상태이다.

$$R = 0.8 + \frac{2\times 3}{2+3} = 2\,[\,\Omega\,]$$

개방단자 a, b의 전압을 구하면

$$V = \frac{3}{2+3}\times 10 = \frac{30}{5} = 6\,[\mathrm{V}]$$

가 된다. 따라서 데브낭의 등가회로는 그림 9와 같이 된다.

그림 9 데브낭의 등가회로

예제문제 06

테브낭 정리를 써서 그림 (a)의 회로를 그림 (b)와 같은 등가 회로로 만들고자 한다. E [V]와 R [Ω]을 구하면?

① 3, 2   ② 5, 2

③ 5, 5   ④ 3, 1.2

해설

단자를 개방한 상태에서 개방단에 나타나는 전압은 $E = 5 \times \dfrac{3}{3+2} = 3$ [V]

전압원을 단락하고 단자에서 합성저항을 구하면 $R = 0.8 + \dfrac{2 \times 3}{2+3} = 2$ [Ω]

답 : ①

예제문제 07

그림과 같은 (a)의 회로를 그림 (b)와 같은 등가 회로로 구성하고자 한다. 이때 V 및 R의 값은?

① 2 [V], 3 [Ω]   ② 3 [V], 2 [Ω]

③ 6 [V], 2 [Ω]   ④ 2 [V], 6 [Ω]

해설

전압원을 단락하고 단자 a, b에서 합성저항을 구하면 $R = 0.8 + \dfrac{2 \times 3}{2+3} = 2$ [Ω]

단자 a, b를 개방하고 개방단에 나타나는 전압을 구하면 $V = \dfrac{3}{2+3} \times 10 = \dfrac{30}{5} = 6$ [V]

답 : ③

---

4. 노튼의 정리(Norton's theorem)

노튼의 정리는 테브낭의 등가회로와 쌍대가 되는 정리로서 전류원의 등가회로를 말한다.

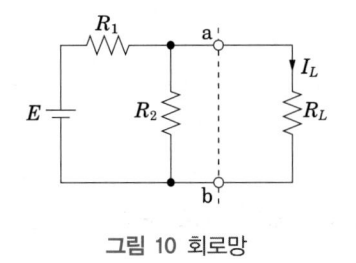

그림 10 회로망

그림 10의 회로망에서 R_L에 흐르는 전류를 구하기 위해서 그림 11과 같이 등가회로를 그리면 쉽게 구할 수 있다.

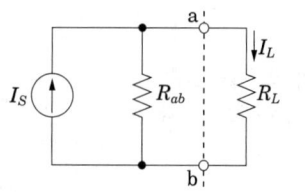

그림 11 노튼등가회로

그림 11의 R_{ab}는 그림 10의 단자 a, b를 개방한 후 합성저항을 구한 값으로 다음과 같다. 이때 전류원은 개방한다.

$$R_{ab} = \frac{R_1 R_2}{R_1 + R_2}\,[\Omega]$$

전류 I_S는 단자 a, b를 단락한 후 흐르는 전류를 구한 값으로 다음과 같다.

$$I_S = \frac{E}{R_1}$$

따라서 부하저항 R_L에 흐르는 전류는 그림 11에서 쉽게 구할 수 있다.

$$I_L = \frac{R_{ab}}{R_{ab} + R_L} \times I_S\,[A]$$

예제문제 08

그림의 (a), (b)가 등가가 되기 위한 I_g [A], R [Ω]의 값은?

① 0.5, 10

② 0.5, $\frac{1}{10}$

③ 5, 10

④ 10, 10

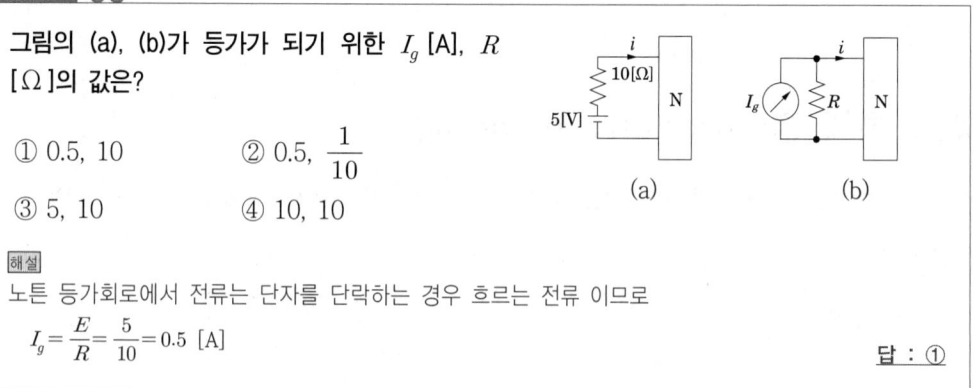

(a) (b)

해설

노튼 등가회로에서 전류는 단자를 단락하는 경우 흐르는 전류 이므로

$$I_g = \frac{E}{R} = \frac{5}{10} = 0.5\ [A]$$

답 : ①

5. 밀만의 정리(Millman's theorem)

밀만의 정리는 여러개의 전압원이 하나의 회로망에 존재할 때 이들의 중섭점 전위를 구하는 방법으로 사용된다. 일반적으로 3상회로망의 전원과 부하간의 중섭점 전위를 구할때도 이용되며, 송전선로의 중성점 잔류전압을 구하는 것에도 사용된다.

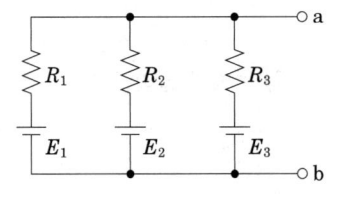

그림 12 전압원의 회로망

그림 12에서 각각의 전압원에 의해 흐르는 의 합은

$$\frac{E_1}{R_1} + \frac{E_2}{R_2} + \frac{E_3}{R_3} \ [A]$$

이며 a, b를 개방한 후 전압원을 단락한 다음 합성 저항을 구하면

$$\frac{1}{\dfrac{1}{R_1} + \dfrac{1}{R_2} + \dfrac{1}{R_3}} \ [\Omega]$$

이 된다. 따라서, 합성저항과 전류에 의한 단자전압은

$$V_{ab} = \frac{\dfrac{E_1}{R_1} + \dfrac{E_2}{R_2} + \dfrac{E_3}{R_3}}{\dfrac{1}{R_1} + \dfrac{1}{R_2} + \dfrac{1}{R_3}} \ [V]$$

가 된다. 이것을 밀만의 정리라 한다.

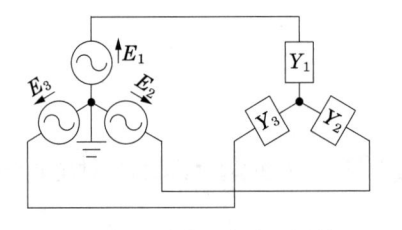

그림 13 3상회로의 Y-Y결선

그림 13의 중성점 전위는 밀만의 정리에 의해

$$\frac{Y_1 E_1 + Y_2 E_2 + Y_3 E_3}{Y_1 + Y_2 + Y_3} [V]$$

여기서 Y : 부하의 어드미턴스, E : 전원의 상전압

가 된다.

예제문제 09

다음 회로의 단자 a, b에 나타나는 전압[V]은 얼마인가?

① 9　　　　　　② 10

③ 12　　　　　　④ 3

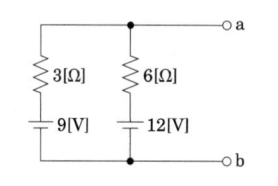

해설

밀만의 정리를 사용하여 a, b 양단의 전압을 구하면 $E_{ab} = \dfrac{E_1 Y_1 + E_2 Y_2}{Y_1 + Y_2} = \dfrac{\dfrac{9}{3} + \dfrac{12}{6}}{\dfrac{1}{3} + \dfrac{1}{6}} = 10$ [V]

<u>답</u> : ②

예제문제 10

그림의 회로에서 단자 a, b 사이의 전압을 구하면?

① $\dfrac{360}{37}$ [V]　　　　② $\dfrac{120}{37}$ [V]

③ 28 [V]　　　　④ 40 [V]

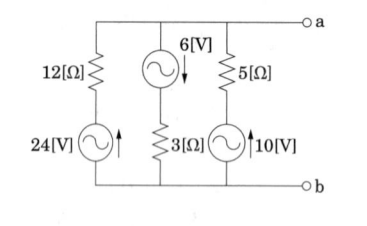

해설

밀만의 정리를 사용하여 a, b 양단의 전압을 구하면 $\dfrac{\dfrac{24}{12} - \dfrac{6}{3} + \dfrac{10}{5}}{\dfrac{1}{12} + \dfrac{1}{3} + \dfrac{1}{5}} = \dfrac{120}{37}$

<u>답</u> : ②

6. 가역정리(상반 정리 : reciprocal theorem)

그림 14의 회로에서 V_1의 전원에 의한 I_2인 경우와 그림 15의 경우 V_2의 전원에 의한 전류 I_1은 $V_1 = V_2$ 이면 $I_1 = I_2$의 관계가 성립한다. 이를 가역정리라 한다.

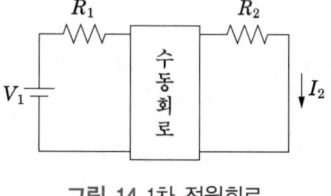

그림 14 1차 전원회로

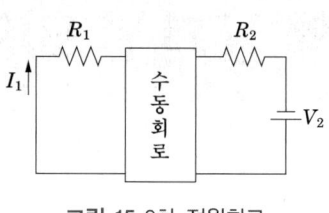

그림 15 2차 전원회로

또 가역정리가 성립할 경우는

$$V_1 I_1 = V_2 I_2$$

의 관계도 성립한다.

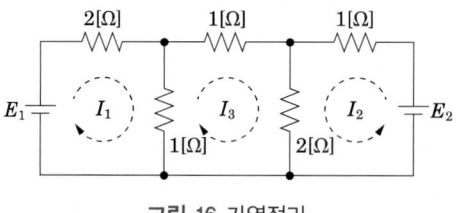

그림 16 가역정리

그림 16에서 $E_1 = 1$ [V], $E_2 = 0$ [V]일 때의 I_2와 $E_1 = 0$ [V], $E_2 = 1$ [V]일 때의 I_1을 비교하였을 때 가역정리가 성립하며, $I_1 = I_2$가 된다.

예제문제 11

그림과 같은 회로망에서 Z_a 지로에 300 [V]의 전압을 가할 때 Z_b 지로에 30 [A]의 전류가 흘렀다. Z_b 지로에 200 [V]의 전압을 가할 때 Z_a 지로에 흐르는 전류[A]를 구하면?

① 10

② 20

③ 30

④ 40

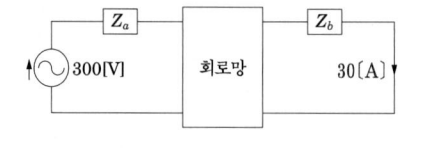

해설

가역 정리 $E_1 I_1 = E_2 I_2$를 적용하면 $300 I_1 = 200 \times 30$ 이므로

$I_1 = 20$ [A]

<u>답 : ②</u>

핵심과년도문제

6·1

이상적인 전압 전류원에 관하여 옳은 것은?

① 전압원의 내부 저항은 ∞ 이고 전류원의 내부 저항은 0이다.
② 전압원의 내부 저항은 0이고 전류원의 내부 저항은 ∞ 이다.
③ 전압원, 전류원의 내부 저항은 흐르는 전류에 따라 변한다.
④ 전압원의 내부 저항은 일정하고 전류원의 내부 저항은 일정하지 않다.

[해설] 이상 전압원의 내부 저항은 0이고 이상 전류원의 내부 저항은 ∞ 가 되어야 한다.   【답】②

6·2

선형 회로에 가장 관계가 있는 것은?

① 키르히호프의 법칙
② 중첩의 원리
③ $V = R I^2$
④ 패러데이의 전자 유도 법칙

[해설] 중첩의 원리는 선형 회로인 경우에만 적용한다.   【답】②

6·3

그림에서 10 [Ω]의 저항에 흐르는 전류는 몇 [A]
인가?

① 16
② 15
③ 14
④ 13

[해설] 중첩의 정리에 의해 저항에 흐르는 전류는 $I_R = 10 + 2 + 3 = 15$ [A]   【답】②

6·4

그림의 회로에서 a, b 사이의 단자 전압[V]은?

① +2
② −2
③ +5
④ −5

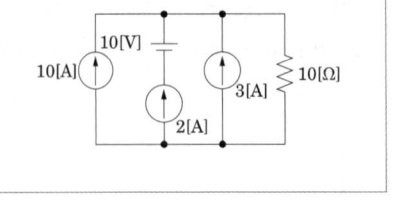

[해설] 중첩의 원리에 의해서

전류원을 개방하면 전압원 2 [V]에 의해 +2 [V]

전압원을 단락하면 전류원 5 [A]에 의해서는 전압원이 단락 상태이므로 0 [V]이다.

∴ +2 [V]

【답】 ①

6·5

그림과 같은 회로의 컨덕턴스 G_2에 흐르는 전류 [A]는?

① 5 ② 3
③ 10 ④ 15

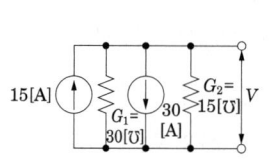

[해설] 전류원 두 개가 방향이 반대이므로 전류원을 하나의 등가회로로 그리고

전류분배법칙을 적용하면

$$I_2 = I \times \frac{G_2}{G_1 + G_2} = 15 \times \frac{15}{30 + 15} = 5 \text{ [A]}$$

【답】 ①

6·6

회로에서 I_x의 값은 몇 [A]인가?

① 1 ② 2
③ −1 ④ 3

[해설] 전류원을 개방하면 3 [V]의 전압원에 의해서 9 [Ω]에 흐르는

전류를 I'라 하면 $I' = \frac{3}{6+9} = \frac{3}{15} = 0.2$ [A]

전압원을 단락하면 2 [A]의 전류원에 의해 9 [Ω]에 흐르는

전류를 I''라 하면 $I'' = \frac{6}{6+9} \times 2 = \frac{12}{15} = 0.8$ [A]

$I_x = I' + I'' = 0.2 + 0.8 = 1$ [A]

【답】 ①

6·7

그림의 회로에서 I_1과 I_2는 몇 [A]인가?

① $I_1 = 5$ [A], $I_2 = 5$ [A]
② $I_1 = 10$ [A], $I_2 = 10$ [A]
③ $I_1 = 5$ [A], $I_2 = 10$ [A]
④ $I_1 = 10$ [A], $I_2 = 5$ [A]

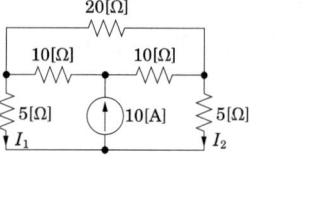

[해설] 전류는 저항에 반비례한다.

【답】 ①

6·8

그림과 같은 회로에서 $2[\Omega]$의 단자 전압[V]은?

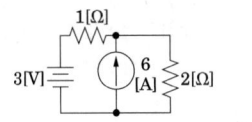

① 3   ② 4

③ 6   ④ 8

해설 전류원을 개방하고 전압원만 존재할 때 $2[\Omega]$에 흐르는 전류 I_1 은 $I_1 = \dfrac{3}{2+1} = 1[A]$

전압원을 단락하고 전류원만 존재할 때 $2[\Omega]$에 흐르는 전류 I_2 는 $I_2 = \dfrac{1}{1+2} \times 6 = 2[A]$

$2[\Omega]$을 흐르는 전 전류 I 는 $I = I_1 + I_2 = 1 + 2 = 3[A]$

$\therefore V = IR = 3 \times 2 = 6[V]$

【답】 ③

6·9

그림과 같은 회로에서 $7[\Omega]$ 저항 양단의 전압[V]은?

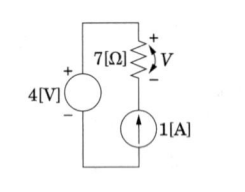

① 4   ② -4

③ 7   ④ -7

해설 전류원을 개방하면 회로가 개방되어 전류가 흐르지 않게 된다. 전압원은 단락하고 전류원
존재시에만 전류가 흐르게 되므로 $7[\Omega]$에 걸리는 전압은 $7[V]$이다. 그런데 전류원의 방
향과 V의 방향이 반대이므로 $V = -7[V]$가 된다.

【답】 ④

6·10

그림의 회로에서 $12[V]$의 전압원이 공급하는
전력은 몇 [W]인가?

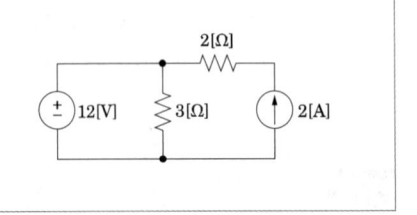

① 12   ② 24

③ 36   ④ 48

해설 전압원만이 공급하는 전력을 구하는 것이므로 중첩의 원리에 의하여 전류원은 개방하고 12
$[V]$의 전압원은 $3[\Omega]$의 저항에만 전력을 공급하므로

$\therefore P = \dfrac{E^2}{R} = \dfrac{12^2}{3} = 48[W]$

【답】 ④

6·11

회로망의 개방 전압 E, 합성 임피던스 Z_0, 부하 저항 Z이라면 여기에 흐르는 전류 I는?

① $\dfrac{V}{Z_0}$　　　　② $\dfrac{V}{Z}$　　　　③ $\dfrac{V}{Z_0 + Z}$　　　　④ $\dfrac{V}{Z_0 - Z}$

해설 테브낭의 등가회로에 의해 전류를 구하면

$$I = \frac{V}{Z_0 + Z}$$

【답】③

6·12

그림에서 a, b단자의 전압이 50 [V], a, b단자에서 본 능동회로망의 임피던스가 $Z = 6 + j8$ [Ω]일 때 a, b단자에 임피던스 $\dot{Z} = 2 - j2$ [Ω]을 접속하면 이 임피던스에 흐르는 전류[A]는 얼마인가?

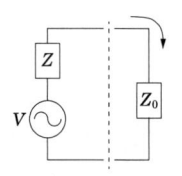

① $4 - j3$　　　　② $4 + j3$　　　　③ $3 - j4$　　　　④ $3 + j4$

해설 데브낭의 등가회로에 의해 전류를 구하면

$$\dot{I} = \frac{V}{Z + \dot{Z}} = \frac{50}{6 + j8 + 2 - j2} = 4 - j3 \text{ [A]}$$

【답】①

6·13

그림 (a)를 그림 (b)와 같은 등가 전류원으로 변환할 때 I와 R은?

① $I = 6,\ R = 2$
② $I = 3,\ R = 5$
③ $I = 4,\ R = 0.5$
④ $I = 3,\ R = 2$

해설 노튼 등가회로에서의 전류는 단자를 단락하는 경우 흐르는 전류 이므로 $I = \dfrac{V}{R} = \dfrac{6}{2} = 3$ [A]

저항은 개방단의 저항과 같다. $R = R' = 2$ [Ω]

【답】④

6·14

그림의 회로에서 a-b 사이의 전압 E_{ab} 값은?

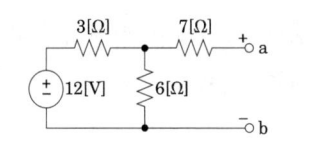

① 8 [V]　　　　② 10 [V]

③ 12 [V]　　　　④ 14 [V]

해설 개방단의 전압은 전압 분배 법칙을 적용하면 $E_{ab}=\dfrac{6}{3+6}\times 12=8$ [V]가 된다.　　【답】 ①

6·15

그림 (a)와 같은 회로를 (b)와 같은 등가 전압원과 직렬 저항으로 변환시켰을 때 E_s [V] 및 R_s [Ω]의 값은?

① 12, 7

② 8, 9

③ 36, 7

④ 12, 13

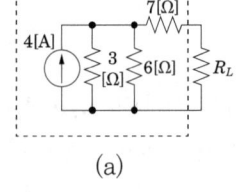
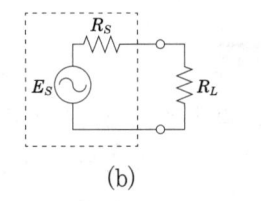

(a)　　　　　　　　(b)

해설 문제 그림 (a)의 전류원을 전압원으로 등가하면

여기서 개방단에 전압을 구하면

$$E_s=12\times\frac{6}{3+6}=8 \text{ [V]}$$

전압원을 단락하고 개방단의 합성저항을 구하면

$$R_s=7+\frac{3\times 6}{3+6}=9 \text{ [}\Omega\text{]}$$

【답】 ②

6·16

그림과 같은 회로에서 테브낭 정리를 이용하기 위해 단자 a, b에서 본 저항 R_{ab} [Ω]은?

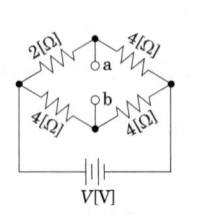

① $\dfrac{24}{7}$　　　　　　② $\dfrac{10}{3}$

③ 14　　　　　　④ 24

해설 전압원을 단락하면 직병렬 회로가 되며, 이때 합성저항은

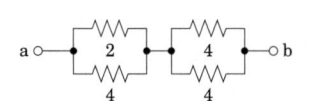

$$\therefore R=\frac{2\times 4}{2+4}+\frac{4\times 4}{4+4}=\frac{4}{3}+2=\frac{10}{3} \text{ [}\Omega\text{]}$$

【답】 ②

6·17

전류가 전압에 비례한다는 것을 가장 잘 나타낸 것은?

① 키르히호프의 법칙　　　　② 테브낭의 정리
③ 밀만의 정리　　　　　　　④ 중첩의 원리

해설 전압가 전류이 비례 : 테브낭이 정리
선형 회로 : 중첩의 원리　　　　　　　　　【답】②

6·18

테브낭의 정리와 쌍대의 관계가 있는 것은 다음 중 어느 것인가?

① 밀만의 정리　　　　　　　② 중첩의 원리
③ 노튼의 정리　　　　　　　④ 보상의 정리

해설 노튼의 정리(Norton's theorem)　$I=\dfrac{Y_L}{Y_g+Y_L}\cdot I_s$　　　【답】③

6·19

그림의 회로망 (a)와 (b)는 등가이다. (b)회로의
저항 R값[Ω]은?

① $\dfrac{7}{15}$　　　② $\dfrac{4}{7}$

③ $\dfrac{7}{4}$　　　④ $\dfrac{15}{7}$

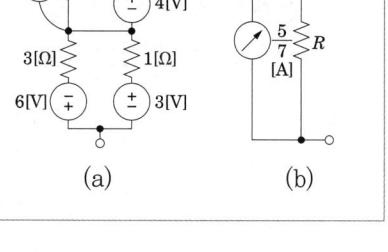

(a)　　　　(b)

해설 전압원은 단락, 전류원은 개방한 상태에서 합성저항을 구하면

$$\therefore R=\frac{2\times2}{2+2}+\frac{3\times1}{3+1}=\frac{7}{4}[\Omega]$$

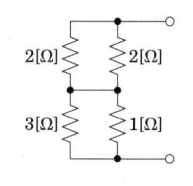

【답】③

6·20

그림과 같은 회로에서 a, b 사이의 전위차[V]는?

① 2　　　　② 4
③ 6　　　　④ 8

해설 밀만의 정리에서 단자 a, b사이의 전압을 구하면

$$V_{ab} = \frac{\dfrac{5}{30} + \dfrac{10}{10} + \dfrac{5}{30}}{\dfrac{1}{30} + \dfrac{1}{10} + \dfrac{1}{30}} = 8\,[\text{V}]$$

【답】 ④

6·21

그림과 같은 회로에서 $E_1 = 110\,[\text{V}]$, $E_2 = 120\,[\text{V}]$, $R_1 = 1\,[\Omega]$, $R_2 = 2\,[\Omega]$일 때 a, b단자에 $5\,[\Omega]$의 R_3를 접속하였을 때 a, b간의 전압 $V_{ab}\,[\text{V}]$은?

① 85   ② 90   ③ 100   ④ 105

해설 밀만의 정리에서 단자 a, b사이의 전압을 구하면

$$V_{ab} = \frac{\dfrac{E_1}{R_1} + \dfrac{E_2}{R_2}}{\dfrac{1}{R_1} + \dfrac{1}{R_2} + \dfrac{1}{R_3}} = \frac{\dfrac{110}{1} + \dfrac{120}{2}}{\dfrac{1}{1} + \dfrac{1}{2} + \dfrac{1}{5}} = \frac{1700}{17} = 100\,[\text{V}]$$

【답】 ③

6·22

그림과 같은 선형 회로망에서 단자 a, b간에 $100\,[\text{V}]$의 전압을 가할 때 c, d에 흐르는 전류가 $5\,[\text{A}]$이었다. 반대로 같은 회로에서 c, d간에 $50\,[\text{V}]$를 가하면 a, b에 흐르는 전류[A]는?

① 2.5   ② 10   ③ 25   ④ 50

해설 가역 정리는 $E_1 I_1 = E_2 I_2$이므로

$$I_1 = \frac{E_2}{E_1} I_2 = \frac{50}{100} \times 5 = 2.5\,[\text{A}]$$

【답】 ①

6·23

회로 (a) 및 (b)에서 $I_1 = I_2$가 되면?

① 보상 정리가 성립한다.
② 중첩의 원리가 성립한다.
③ 노튼의 정리가 성립한다.
④ 가역 정리가 성립한다.

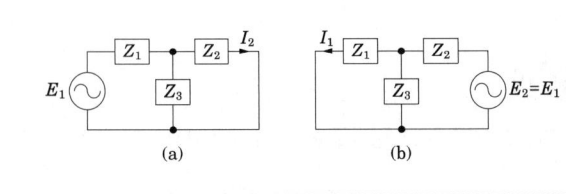

해설 문제의 조건에서 $I_1 = I_2$이며, $E_1 = E_2$이므로 가역 정리 $I_1 E_1 = I_2 E_2$가 성립한다.

【답】 ④

6·24

그림과 같은 회로에서 $E_1 = 1$ [V], $E_2 = 0$ [V]일 때의 I_2와 $E_1 = 0$ [V], $E_2 = 1$ [V]일 때의 I_1을 비교하였을 때 옳은 것은?

① $I_1 > I_2$

② $I_1 < I_2$

③ $I_1 - I_2$

④ $I_1 < I_3 < I_2$

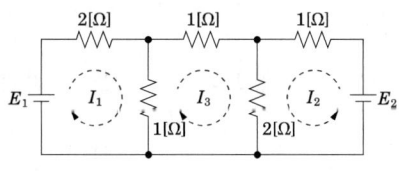

해설 가역 정리에 의하여 두 경우의 전류는 같다.　　　　　【답】③

심화학습문제

01 그림과 같은 회로에서 $V - i$ 관계식은?

① $V = 0.8i$

② $V = i_s R_s - 2i$

③ $V = 3 + 0.2i$

④ $V = 2i$

[해설]

전류분배 법칙을 적용하여 방정식을 세우면

$$V = \frac{2}{3+2} \times 2i = \frac{4}{5} i = 0.8i$$

【답】①

02 다음 회로의 a, b단자에서 $v - i$ 특성을 옳게 나타낸 것은?

① $v = i + 1$

② $v = 1 - i$

③ $v = i + 2$

④ $v = i - \dfrac{1}{2}$

[해설]

데브낭의 등가회로를 그리면

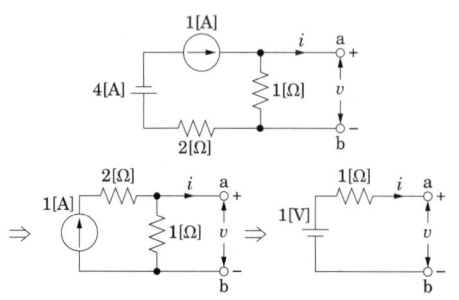

그림으로부터 전압의 방정식을 세우면

$v = 1 - i \times 1 = 1 - i$

【답】②

03 그림과 같은 회로에서 전압 v [V]는?

① 약 0.93

② 약 0.6

③ 약 1.47

④ 약 1.5

[해설]

중첩의 원리를 적용한다. 전류분배 법칙에 의해 6[A]의 전류원에 의해 0.5[Ω]에 흐르는 전류는

$$6 \times \frac{0.6}{0.6 + 0.9} = 2.4$$

2[A]에 의해 0.5[Ω]에 흐르는 전류는

$$2 \times \frac{0.4}{1.1 + 0.4} = 0.53$$

따라서 $(2.4 + 0.53) \times 0.5 \fallingdotseq 1.47$

【답】③

04 회로에서 20 [Ω]의 저항이 소비하는 전력[W]은?

① 14

② 27

③ 40

④ 80

[해설]

데브낭의 등가회로를 그리고 옴의 법칙에 의해 전류를 구한다.

$$I = \frac{E}{R} = \frac{\dfrac{4}{1+4} \times 27 + 30}{\dfrac{1 \times 4}{1+4} + 20 + 5} = 2 \text{ [A]}$$

$\therefore P = I^2 R = 2^2 \times 20 = 80 \text{ [W]}$

【답】④

05 그림과 같은 회로에서 단자 a, b간의 전압 V_{ab} [V]는?

① $-j160$

② 40

③ $j160$

④ 80

전류분배 법칙에 의해 전류를 구하면

$$8 \times \frac{-j8}{(j20-j4)-j8} = -8$$

따라서 전압은 $V_{ab} = -8 \times j20 = -j160$

【답】①

06 그림의 회로에서 단자 a, b 에 3 [Ω]의 저항을 연결할 때 저항에서의 소비 전력은 몇 [W]인가?

① 1/12

② 1/3

③ 1

④ 12

해설

데브낭의 등가를 이용하여 전류원을 전압원으로 변환하면, 전류는

$$I = \frac{1}{6} [A]$$

그러므로 전력은 $P = I^2 R$에서

$$P = \left(\frac{1}{6}\right)^2 \cdot 3 = \frac{3}{36} = \frac{1}{12} [W]$$

【답】①

07 그림에서 저항 0.2 [Ω]에 흐르는 전류[A]는?

① 0.1

② 0.2

③ 0.3

④ 0.4

해설

데브낭의 등가회로를 작성한다.

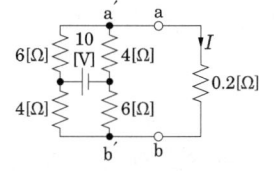

a, b를 개방했을 때 전압 V_T는 a'와 b'간의 전위 차이므로

$$V_T = V_b' - V_a' = 10 \times \frac{6}{4+6} - 10 \times \frac{4}{4+6} = 2 [V]$$

다음, 전원을 단락하고 a, b에서 본 저항 R_T는

$$R_T = \frac{6 \times 4}{6+4} + \frac{6 \times 4}{6+4} = 4.8 [\Omega]$$

$$\therefore I = \frac{V_T}{R_T + R} = \frac{2}{4.8 + 0.2} = 0.4 [A]$$

【답】④

08 두 개의 N_1과 N_2가 있다. a, b단자, a', b'단자의 각각의 전압은 50 [V], 30 [V]이다. 또, 양 단자에서 N_1, N_2를 본 임피던스가 15[Ω]과 25 [Ω]이다. a와 a', b와 b'를 연결하면 이 때 흐르는 전류[A]는?

① 0.5

② 1

③ 2

④ 4

해설

회로망 N_1과 N_2는 데브낭의 등가회로이며 전압 방향이 반대이므로

$$I = \frac{V_1 + V_2}{Z_1 + Z_2} = \frac{50 + 30}{15 + 25} = 2 [A]$$

【답】③

09 그림과 같은 등가 회로에서 노튼 정리를 이용한 등가 전류원[A]은?

① 2.5

② 4

③ 5

④ 10

노튼 등가회로의 전류는 단자를 단락한 경우 흐르는 전류 이므로 $I = \dfrac{E}{R} = \dfrac{10}{2.5} = 4$ [A]

【답】②

10 그림과 같은 회로에서 단자 a, b간의 전압 V_{ab} [V]는?

① 16.1　② 32.5
③ 23.7　④ 12.5

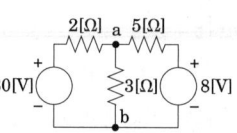

해설

밀만의 정리를 이용하여 단자 a, b의 전압을 구하면

$$V_{ab} = \dfrac{\dfrac{30}{2} + \dfrac{8}{5}}{\dfrac{1}{2} + \dfrac{1}{3} + \dfrac{1}{5}} = 16.06 \text{ [V]}$$

【답】①

11 그림과 같은 회로에서 단자 b, c 에 걸리는 전압 V_{bc} 는 몇 [V]인가?

① 4
② 6
③ 8
④ 10

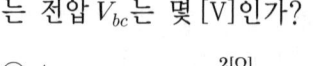

해설

문제의 그림의 전류원을 데브낭의 등가로 전압원으로 변환하여 밀만의 정리를 적용한다.

$$V_{bc} = \dfrac{\dfrac{4}{2} + \dfrac{12}{2}}{\dfrac{1}{2} + \dfrac{1}{2}} = 8 \text{ [V]}$$

【답】③

12 다음에서 전류 i_5는?

① 37 [A]
② 47 [A]
③ 57 [A]
④ 67 [A]

$i_1 = 40$ [A], $i_2 = 12$ [A]
$i_3 = 15$ [A], $i_4 = 10$ [A]

해설

키르히호프의 전류법칙을 적용하면

$$i_1 + i_2 + i_3 - i_4 - i_5 = 0$$
$$\therefore i_5 = i_1 + i_2 + i_3 - i_4 = 40 + 12 + 15 - 10 = 57 \text{ [A]}$$

【답】③

13 키르히호프의 전압 법칙의 적용에 대한 서술 중 옳지 않은 것은?

① 이 법칙은 집중 정수 회로에 적용된다.
② 이 법칙은 회로 소자의 선형, 비선형에는 관계를 받지 않고 적용된다.
③ 이 법칙은 회로 소자의 시변, 시불변성에 구애를 받지 않는다.
④ 이 법칙은 선형 소자로만 이루어진 회로에 적용된다.

해설

키르히호프의 법칙은 집중 정수 회로에서 선형, 비선형에 무관하게 항상 성립된다.

【답】④

14 여러 개의 기전력을 포함하는 선형 회로망 내의 전류 분포는 각 기전력이 단독으로 그 위치에 있을 때 흐르는 전류 분포의 합과 같다는 것은?

① 키르히호프(Kirchhoff) 법칙이다.
② 중첩의 원리이다.
③ 테브낭(Thevenin)의 정리이다.
④ 노튼(Norton)의 정리이다.

해설

여러 개의 전압원과 전류원이 함께 존재하는 회로망에서 회로 전류는 각 전압원이나 전류원이 각각 단독으로 존재할 때 흐르는 전류를 합한 것과 같으며 이것을 중첩의 원리라고 한다.

【답】②

Chapter 7

다상 교류

다상 교류라 함은 주파수는 같으나 위상이 다른 여러 기전력이 같은 회로계 내에 동시에 존재하는 교류방식을 다상교류방식(polyphase system)이라 한다. 3상 교류라 함은 주파수는 같고 위상의 차가 120°인 기전력이 3개가 존재하는 회로를 말한다.

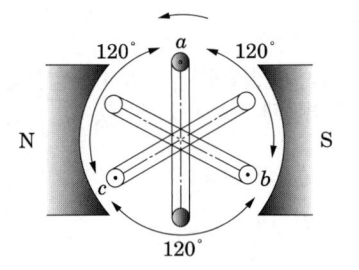

그림 1 3상교류의 발생

3상 발전기는 3개의 권선을 공간적으로 120° 간격으로 배치하여 회전자에 감은 구조로 되어 있다. 회전자가 균일 자장 내에서 일정속도로 회전하면 각 권선의 양 단에는 그림 2와 같이 크기가 같고 120°의 위상차를 갖는 교류 정현파 v_a, v_b, v_c가 발생한다. 이 3개의 단상전압을 일컬어 3상 기전력 또는 3상 전압이라 한다.

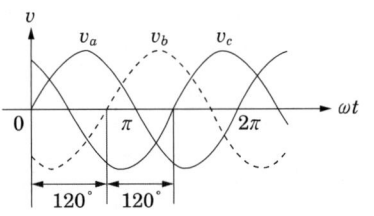

그림 2 3상교류

그림 2의 3상 교류를 각각 순시값으로 표시하면 다음과 같다.

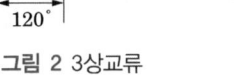

$$v_a = V_m \sin\omega t$$

$$v_b = V_m \sin(\omega t - 120°)$$

$$v_c = V_m \sin(\omega t - 240°)$$

이것을 페이저로 표시하면

$$V_a = V\angle 0°, \quad V_b = V\angle -120°, \quad V_c = V\angle -240°$$

가 된다. 기전력의 크기가 같고 120°의 위상차를 갖는 3상 기전력을 평형 3상전원이라 한다. 평형3상 전원의 합은 0이 된다.

$$V_a + V_b + V_c = 0$$

예제문제 01

3상 4선식에서 중성선이 필요하지 않아서 중성선을 제거하여 3상 3선식을 만들기 위한 중성선에서의 조건식은 어떻게 되는가? 단, I_a, I_b, I_c는 각 상의 전류이다.

① 불평형 3상 $I_a + I_b + I_c = 1$ ② 불평형 3상 $I_a + I_b + I_c = \sqrt{3}$

③ 불평형 3상 $I_a + I_b + I_c = 3$ ④ 평형 3상 $I_a + I_b + I_c = 0$

해설
평형 3상이면 전류의 합이 0이 되므로 중성선에는 전류가 흐르지 않는다.

답 : ④

예제문제 02

대칭 3상 교류에서 순시값의 벡터 합은?

① 0 ② 40 ③ 0.577 ④ 86.6

해설
평형 3상이면 전압의 합은 0이 된다.

답 : ①

---

1. Y 전원회로

그림 1의 3상 교류회로에서는 3개의 코일이 있다. 각 코일에는 2개의 단자가 있으며, 하나는 (+), 하나는 (−)로 보고 그림 3과 같이 결선한다. 이것을 Y결선이라 한다.

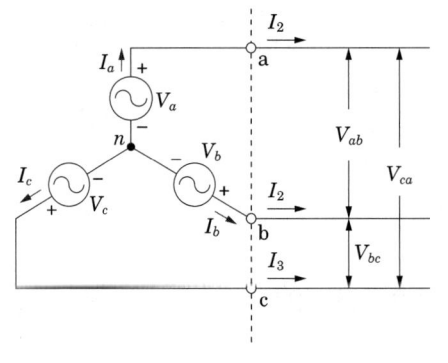

그림 3 Y결선

그림 3에서 각 선과 선 사이에는 전압이 존재하며, 그 전압은 다음과 같다.

$$V_{ab} = V_a - V_b = V_a + (- V_b)$$
$$V_{bc} = V_b - V_c = V_b + (- V_c)$$
$$V_{ca} = V_c - V_a = V_c + (- V_a)$$

이 전압을 선간전압이라 한다. 선간전압을 벡터로 나타내면 그림 4와 같다.

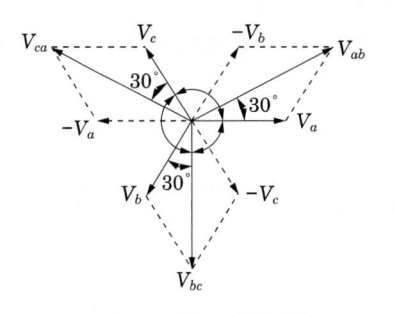

그림 4 Y결선의 선간전압

그림 4의 벡터도에서 선간전압과 상전압의 관계 다음과 같이 계산할 수 있다.

$$V_{ab} = \sqrt{3}\, V_a \angle 30°$$
$$V_{bc} = \sqrt{3}\, V_b \angle 30°$$
$$V_{ca} = \sqrt{3}\, V_c \angle 30°$$

즉,

$$V_l = \sqrt{3}\, V_p \angle 30°$$

의 관계가 성립한다. 여기서, V_l을 선간전압, V_p를 상전압이라 한다. 그림 3에서 각선

에 흐르는 전류는

$$I_1 = I_a, \ I_2 = I_b, \ I_3 = I_c$$

의 관계가 있으며

$$I_l = I_P$$

의 관계가 성립한다. 여기서, I_l은 선전류 I_P는 상전류라 한다.

예제문제 03

Y결선의 전원에서 각 상전압이 100[V]일 때 선간 전압[V]은?

① 143   ② 151   ③ 173   ④ 193

해설
Y결선에서 선간전압이 상전압에 $\sqrt{3}$ 배 크므로 $V_l = \sqrt{3}\,V_p = \sqrt{3} \times 100 = 173\,[\text{V}]$

답 : ③

예제문제 04

$Z = 8 + j6\,[\Omega]$인 평형 Y부하에 선간 전압 200[V]인 대칭 3상 전압을 가할 때 선전류[A]는?

① 11.5   ② 10.5   ③ 7.5   ④ 5.5

해설
1상의 임피던스와 1상의 전압으로 상전류를 구한다.
△결선에서는 선전류와 상전류가 같으므로

$$I_l = I_p = \frac{V_p}{Z} = \frac{\dfrac{200}{\sqrt{3}}}{8 + j6} = 11.5\,[\text{A}]$$

답 : ①

예제문제 05

대칭 3상 Y결선 부하에서 각 상의 임피던스가 $Z = 16 + j12\,[\Omega]$이고 부하 전류가 10[A]일 때, 이 부하의 선간 전압[V]은?

① 235.4   ② 346.4   ③ 456.7   ④ 524.4

해설
Y결선에서는
선간 전압 = $\sqrt{3} \times$ 상전압, 1상의 임피던스와 1상의 전류로 상전압을 구한다.
상전압 = 부하 전류 × 1상 임피던스 = $10 \times \sqrt{16^2 + 12^2} = 200\,[\text{V}]$
$\therefore\ V_l = \sqrt{3}\,V_p = 200\sqrt{3}\,[\text{V}] = 346.4\,[\text{V}]$

답 : ②

2. △ 전원회로

그림 1의 3상 교류회로에서는 3개의 코일이 있다. 각 코일에는 2개의 단자가 있으며, 하나는 (+), 하나는 (−)로 보고 그림 5와 같이 결선한다. 이것을 △결선이라 한다.

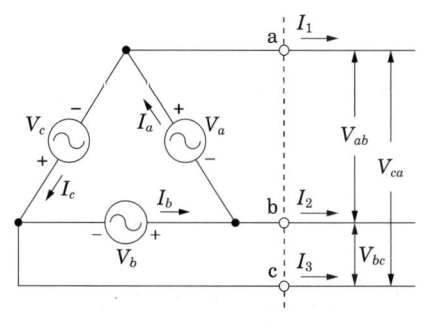

그림 5 △결선

그림 5에서 각 전선에는 각상의 전류가 합하여 흐르게 된다.

$$I_1 = I_a - I_c = I_a + (-I_c)$$
$$I_2 = I_b - I_a = I_b + (-I_a)$$
$$I_3 = I_c - I_b = I_c + (-I_b)$$

이 전류를 선전류라 한다. 선전류를 벡터로 나타내면 그림 6과 같다.

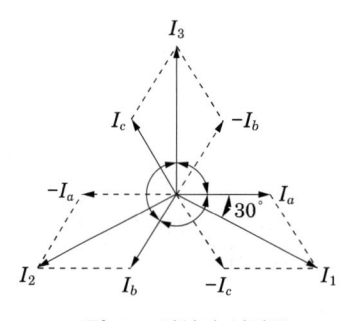

그림 6 △결선의 선전류

그림 6의 벡터도에 의해 선전류와 상전류의 관계는 다음과 같이 계산할 수 있다.

$$I_1 = \sqrt{3}\, I_a \angle -30°$$
$$I_2 = \sqrt{3}\, I_b \angle -30°$$
$$I_3 = \sqrt{3}\, I_c \angle -30°$$

즉,

$$I_l = \sqrt{3}\, I_p \angle -30°$$

의 관계가 성립한다. 여기서 I_p를 상전류, I_l 선전류라 한다. 그림 5에서 선간전압과 상전압은

$$V_{ab} = V_a,\ V_{bc} = V_b,\ V_{ca} = V_c$$

의 관계가 있으며

$$V_l = V_P$$

의 관계가 성립한다. 여기서 V_P를 상전압, V_l을 선간전압이라 한다.

예제문제 06

3상 3선식에서 선간 전압이 100 [V] 송전선에 $5 \angle 45°$ [Ω]의 부하를 △접속할 때의 선전류 [A]는?

① 20　　　　　② 28.2　　　　　③ 34.6　　　　　④ 40

해설
1상의 전압과 1상의 임피던스로 상전류를 구한다. 또 △결선에서 선전류 이므로

$$I_l = \sqrt{3}\, I_P \ , \qquad \therefore I_l = \sqrt{3} \times \frac{100}{5\angle 45} = 20\sqrt{3} \angle -45$$

답 : ③

예제문제 07

R [Ω]의 3개의 저항을 전압 V [V]의 3상 교류 선간에 그림과 같이 접속할 때 선전류는 얼마인가?

① $\dfrac{V}{\sqrt{3}\,R}$　　　　② $\dfrac{\sqrt{3}\,V}{R}$

③ $\dfrac{V}{3R}$　　　　④ $\dfrac{3V}{R}$

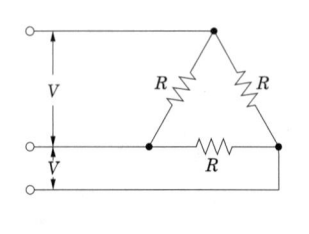

해설
△결선에서는 1상의 저항값과 1상에 전압에 의해 상전류를 구하면 $I_p = \dfrac{V}{R}$

선전류는 $I_l = \sqrt{3}\, I_p$ 이므로 $\quad I_l = \sqrt{3}\,\dfrac{V}{R}$

답 : ②

예제문제 08

그림과 같은 평형 3상 회로에 선간 전압 100 [V]를 가했을 때 흐르는 선전류는?

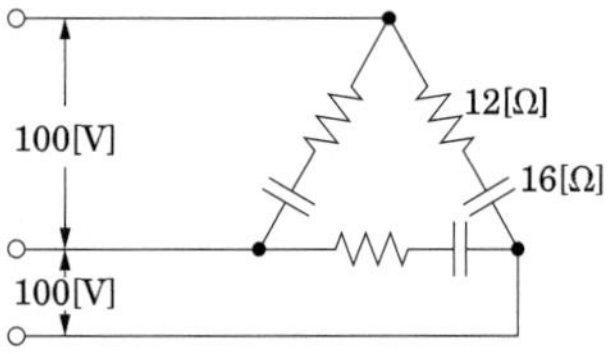

① 3.6 [A]　　　　② $3.6\sqrt{3}$ [A]

③ 5 [A]　　　　　④ $5\sqrt{3}$ [A]

해설

1상의 임피던스와 1상의 전압으로 상전류를 구한다. △결선에서는 $I_l = \sqrt{3}\,I_p$ 이므로

$$I_p = \frac{100}{12-j16} = \frac{100}{\sqrt{12^2+16^2}} = 5\,[A], \quad \therefore I_l = 5\sqrt{3}$$

답 : ④

3. 3상회로의 전력

3상회로의 전력은 각 상의 전력의 합으로 구한다. 이것은 부하의 평형과 불평형에 관계없이 구해 합하면 됩니다. 평형의 경우는 단상의 전력을 구해 3배를 하는 방법으로 구한다.

유효전력　$P = 3V_P I_P \cos\theta\,[W]$

무효전력　$P = 3V_P I_P \sin\theta\,[Var]$

피상전력　$P = 3V_P I_P\,[VA]$

선간전압과 상전압의 관계를 적용하면 다음과 같다.

유효전력　$P = \sqrt{3}\,V_l I_l \cos\theta\,[W]$

무효전력　$P = \sqrt{3}\,V_l I_l \sin\theta\,[Var]$

피상전력　$P = \sqrt{3}\,V_l I_l\,[VA]$

위 식은 △결선 또는 Y결선의 여부에 관계없이 적용된다. 일반적으로 평형 3상회로를 해석할 경우는 등가단상법을 이용한다.

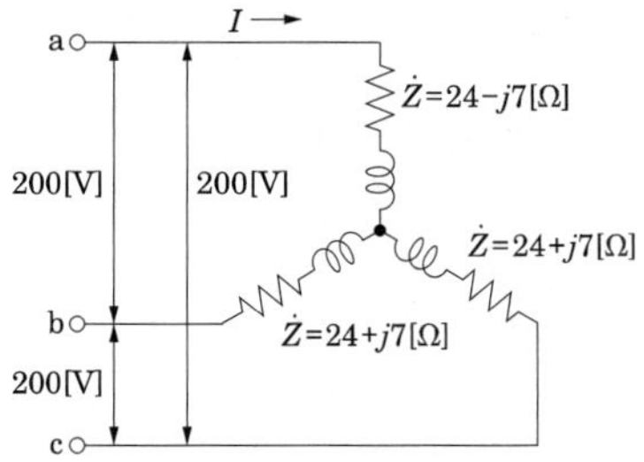

그림 7 부하의 Y결선

그림 7의 부하의 결선을 단상으로 등가하면 그림 8과 같이 된다.

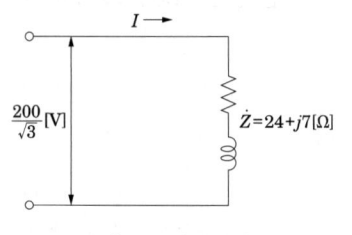

그림 8 등가단상회로

유효전력은 $P = 3\dfrac{V_P^2 R}{R^2 + X^2}$ [W]의 식으로 구할 수 있다. 이 식은 한상의 전력에 3배를 한 것으로 그림 8의 상전압과 상전류를 대입하여 구한다.

$$P = 3\frac{\left(\dfrac{200}{\sqrt{3}}\right)^2 \times 24}{24^2 + 7^2} = 1536[\mathrm{W}]$$

무효전력은 $P = 3\dfrac{V_P^2 X}{R^2 + X^2}$ [Var]의 식으로 구할 수 있다.

$$P = 3\frac{\left(\dfrac{200}{\sqrt{3}}\right)^2 \times 7}{24^2 + 7^2} = 448[\mathrm{Var}]$$

피상전력은 $P = 3\dfrac{V_P^2 \sqrt{R^2 + X^2}}{R^2 + X^2}$ [VA]의 식으로 구할 수 있다.

$$P = 3\frac{\left(\dfrac{200}{\sqrt{3}}\right)^2 \times \sqrt{24^2 + 7^2}}{24^2 + 7^2} = 1600[\mathrm{VA}]$$

단상회로와 같이 역률은 그림 8의 임피던스에 의해 구한다.

$$p \cdot f = \cos\theta = \frac{R}{Z} = \frac{24}{\sqrt{24^2 + 7^2}} = \frac{24}{25}$$

무효율은 그림 8의 임피던스에 의해 구한다.

$$c \cdot f = \sin\theta = \frac{X}{Z} = \frac{7}{\sqrt{24^2 + 7^2}} = \frac{7}{25}$$

예제문제 09

한 상의 임피던스가 $3+j4$ [Ω]인 평형 △ 부하에 대칭인 선간 전압 200 [V]를 가할 때 3상 전력은 몇 [kW]인가?

① 9.6　　　　② 12.5　　　　③ 14.4　　　　④ 20.5

해설

1상의 전압과 1상의 임피던스로 상전류를 구하면 $I_p = \dfrac{V_p}{Z_p} = \dfrac{200}{\sqrt{3^2+4^2}} = 40$ [A]

이며, 3상 전력은 1상의 전력에 3배 이므로

$\therefore P = 3 I_p^2 \cdot R = 3 \times 40^2 \times 3 = 14400$ [W] $= 14.4$ [kW]

답 : ③

예제문제 10

1상의 임피던스 $\dot{Z}_p = 12+j9$ [Ω]인 평형 △부하에 평형 3상 전압 208 [V]가 인가되어 있다. 이 회로의 피상 전력[VA]은 약 얼마인가?

① 8652　　　　② 7640　　　　③ 6672　　　　④ 5340

해설

3상 전력은 1상의 전력에 3배 이므로

$P_a = \dfrac{3 V_P^2 Z}{R^2+X^2} = \dfrac{3 \times 208^2 \times \sqrt{12^2+9^2}}{12^2+9^2} = 8652$ [VA]

답 : ①

예제문제 11

그림의 3상 Y결선 회로에서 소비하는 전력[W]은?

① 3072

② 1536

③ 768

④ 512

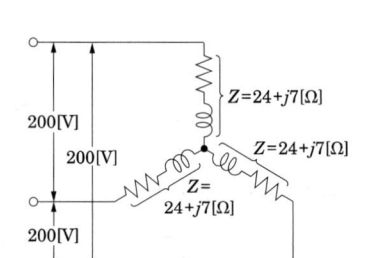

해설

3상 전력은 1상의 전력에 3배 이므로

$P = \dfrac{3 V_p^2 R}{R^2+X^2}$ [W] $= \dfrac{3 \left(\dfrac{200}{\sqrt{3}}\right)^2 \times 24}{24^2+7^2} = 1536$ [W]

답 : ②

4. V결선

△−△ 결선에서 1대의 단상변압기가 단락, 또는 사고가 발생한 경우, 고장이 발생된 변압기를 제거시킨 결선법으로 즉, 2대의 단상변압기로서 3상 변압기와 같은 전력을 송·배전하기 위한 방식을 V결선이라 한다.

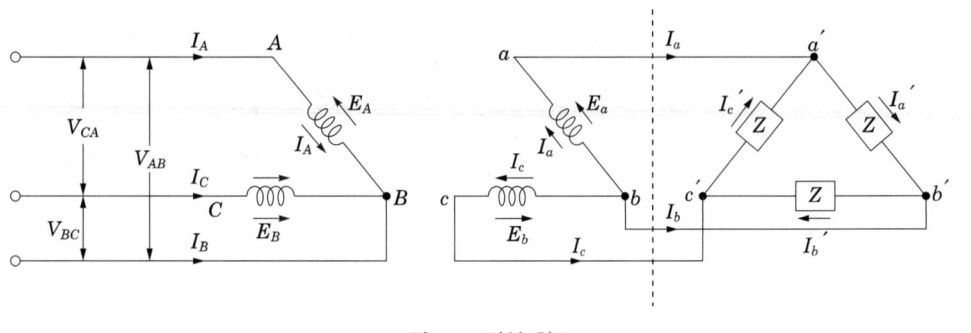

그림 9 V결선 회로

V결선 선간전압과 상전압이 같기 때문에 △결선 중 1상이 고장이 발생한 경우도 계속해서 전력을 공급할 수 있다. V결선의 출력은 다음 그림 10에서 각 각의 변압기의 출력을 구한 후 합하여 구할 수 있다.

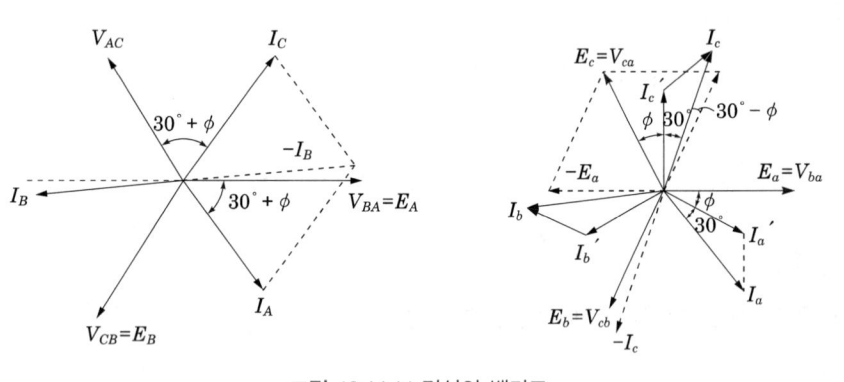

그림 10 V−V 결선의 벡터도

그림 10의 벡터도에서

$$\text{A 변압기의 출력} = VI\cos\left(\frac{\pi}{6}+\phi\right)$$

$$\text{B 변압기의 출력} = VI\cos\left(\frac{\pi}{6}-\phi\right)$$

가 된다. V결선시의 3상 출력은 식은

$$P_v = VI\cos\left(\frac{\pi}{6}+\phi\right) + VI\cos\left(\frac{\pi}{6}-\phi\right) = \sqrt{3}\,VI\cos\phi\,[\text{W}]$$

V결선의 용량은 $\sqrt{3}\,VI=\sqrt{3}\times$ (1대의 용량)으로 나타낼 수 있으므로 △결선 때의 3상 출력은 $\sqrt{3}\,VI\cos\theta$ 가 되어 △결선 운전중 1대가 고장나서 V결선으로 사용한다면 다음과 같다.

$$\frac{V}{\triangle}=\frac{\sqrt{3}\,VI\cos\phi}{3\,VI\cos\phi}\fallingdotseq 0.577$$

변압기 3대를 결선하면 △결선때의 57.7[%]의 출력이 된다. V결선에서는 변압기 2대를 사용 하였으므로 그 정격출력의 합은 $2\,VI$이며, V결선의 이용률은 2대의 정격용량에 대한 3대의 변압기를 사용한 경우 $\frac{\sqrt{3}\,VI}{2\,VI}=0.866$이 된다.

예제문제 12

V결선 변압기 이용률[%]은?

① 57.7   ② 86.6   ③ 80   ④ 100

해설
V결선 변압기 이용률은 2대의 용량에 대한 V결선의 출력의 비 이므로
$$U=\frac{\sqrt{3}\,VI\cos\theta}{2\,VI\cos\theta}=\frac{\sqrt{3}}{2}=0.866$$
답 : ②

예제문제 13

단상 변압기 3대(50 [kVA]×3)를 △결선으로 운전 중 한 대가 고장이 생겨 V결선으로 한 경우 출력은 몇 [kVA]인가?

① $30\sqrt{3}$ ② $50\sqrt{3}$ ③ $100\sqrt{3}$ ④ $200\sqrt{3}$

해설
△결선을 V결선으로 바꿀 때 출력 감소는 $\frac{1}{\sqrt{3}}$이므로 V결선시 출력 P_V는 1상의 용량에 $\sqrt{3}$배가 된다.
$$P_V=50\sqrt{3}\ [kVA]$$
답 : ②

---

5. 전력의 측정

5.1 전력계법에 의한 3상전력의 측정

그림 11과 같이 2대의 전력계를 연결하고 부하의 전력을 측정한다. 각각의 지시값을 P_1, P_2라 하면 3상 순시전력은 그림 12의 벡터도에 의해 구할 수 있다.

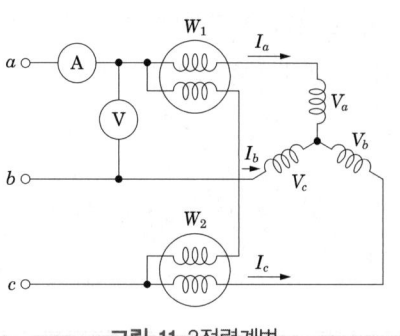

그림 11 2전력계법   **그림 12** 2전력계법의 벡터도

평형 3상 회로에서 전력계 W_1, W_2 의 지시를 각각 P_1, P_2라 하면 소비 전력 P는

$$P = P_1 + P_2$$

가 된다. 즉,

$$P_1 = |V_{ca}||I_a|\cos(30° - \theta)$$
$$P_2 = |V_{bc}||I_b|\cos(30° + \theta)$$

이며,

$$|V_{ca}| = |V_{bc}| = V$$
$$|I_a| = |I_b| = I$$

이므로

$$P = P_1 + P_2 = 2\,VI\cos 30°\cos\theta = \sqrt{3}\,VI\cos\theta$$

즉, 두 개의 전력계로 3상 부하의 유효 전력을 측정할 수 있으며 이를 2전력계법이라 한다. 무효전력의 경우는 다음과 같이 구한다.

$$P_1 - P_2 = 2\,VI\sin 30°\sin\theta = VI\sin\theta$$

여기서, $P_r = \sqrt{3}\,VI\sin\theta$ 이므로 $P_r = \sqrt{3}(P_1 - P_2)$ [Var]가 된다.
역률은 다음과 같이 된다.

$$\cos\theta = \frac{P_1 + P_2}{\sqrt{(P_1 + P_2)^2 + 3(P_1 - P_2)^2}}$$
$$= \frac{P_1 + P_2}{\sqrt{4P_1^2 + 4P_2^2 - 4P_1P_2}} = \frac{P_1 + P_2}{2\sqrt{P_1^2 + P_2^2 - P_1P_2}}$$

5.2 3전력계법에 의한 3상전력의 측정

단상 전력계 3대를 그림 13과 같이 접속하여 전력을 측정하면

$$P = P_1 + P_2 + P_3 = e_1 i_1 + e_2 i_2 + e_3 i_3$$

따라서, 3상 평균전력은 W_1, W_2, W_3의 합으로 구할 수 있다.

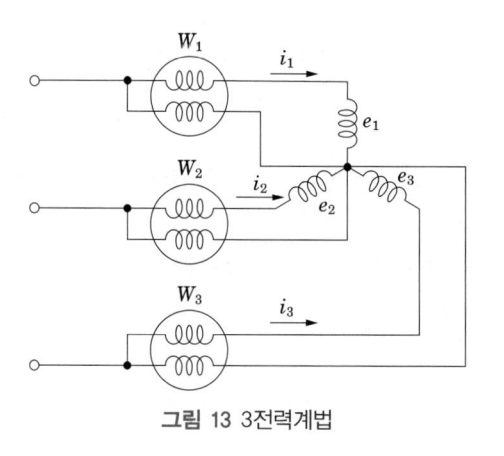

그림 13 3전력계법

예제문제 14

대칭 3상 전압을 공급한 3상 유도 전동기에서 각 계기의 지시는 다음과 같다. 유도 전동기의 역률은? 단, $W_1 = 2.36$ [kW], $W_2 = 5.95$ [kW], $V = 200$ [V], $A = 30$ [A]이다.

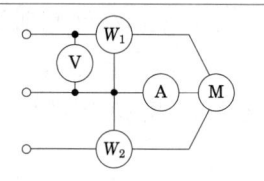

① 0.60   ② 0.80   ③ 0.65   ④ 0.86

해설

2전력계법에 의해 유효 전력은 $P = W_1 + W_2 = 2360 + 5950 = 8310$ [W]

전압계와 전류계는 선간전압과 선전류를 측정하므로 $P_a = \sqrt{3}\,VI = \sqrt{3} \times 200 \times 30 = 10392$ [VA]

$$\therefore \cos\theta = \frac{P}{P_a} = \frac{8310}{10392} \fallingdotseq 0.80$$

여기서, 2전력계법에 의해 역률을 구해도 동일한 결과를 가져올 수 있다. 다만, 문제의 전압과 전류가 2전력계법과 관계없이 수치가 주어질 수 있고, 이 경우 결과가 다르게 나오므로 전압계와 전류계가 주어지고 2전력계법에 의해 구하라는 조건이 없으면, 상기 풀이와 같이 풀이하는 것이 바람직하다.

답 : ②

예제문제 15

2전력계법으로 평형 3상 전력을 측정하였더니 한 쪽의 지시가 800 [W], 다른 쪽의 지시가 1600 [W]이었다. 피상 전력은 얼마[VA]인가?

① 2971   ② 2871   ③ 2771   ④ 2671

해설

2전력계법에 의한 피상전력은 $P_a = 2\sqrt{W_1^2 + W_2^2 - W_1 W_2}$ 이므로

$$P_a = 2\sqrt{800^2 + 1600^2 - 800 \times 1600} \fallingdotseq 2771 \text{ [VA]}$$

답 : ③

핵심과년도문제

7·1

평형 3상 3선식 회로가 있다. 부하는 Y결선이고 $V_{ab} = 100\sqrt{3} \angle 0°$ [V]일 때 $I_a = 20 \angle -120°$ [A]이었다. Y결선된 부하 한 상의 임피던스는 몇 [Ω]인가?

① $5 \angle 60°$　　② $5\sqrt{3} \angle 60°$　　③ $5 \angle 90°$　　④ $5\sqrt{3} \angle 90°$

[해설] Y결선에서 상전압은 선간 전압보다 30° 늦다. a상의 상전압을 V_a 라 하면,

$$Z_a = \frac{V_a}{I_a} = \frac{100 \angle -30°}{20 \angle -120°} = 5 \angle 90° \ [\Omega]$$

【답】 ③

7·2

그림과 같은 평형 Y형 결선에서 각상이 8 [Ω]의 저항과 6 [Ω]의 리액턴스가 직렬을 접속된 부하에 걸린 선간 전압이 $100\sqrt{3}$ [V]이다. 이때 선전류는 몇 [A]인가?

① 5　　　　② 10
③ 15　　　　④ 20

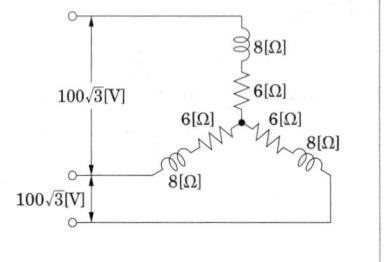

[해설] Y결선에서는 선전류와 상전류의 크기가 같으므로 1상의 전압과 1상의 임피던스 값에 의해 상전류를 구하면 선전류와 같게 된다.

$$I_l = \frac{E}{Z} = \frac{\dfrac{100\sqrt{3}}{\sqrt{3}}}{\sqrt{6^2 + 8^2}} = \frac{100}{10} = 10 \ [A]$$

【답】 ②

7·3

$(R + jX)$ [Ω]인 3개의 임피던스를 전압 $|E|$ [V]의 대칭 3상 교류 선간에 접속하는 데 있어서 Y결선을 할 때의 선전류[A]는?

① $\dfrac{|E|}{\sqrt{2(R^2 + X^2)}}$

② $\dfrac{\sqrt{2}|E|}{\sqrt{R^2 + X^2}}$

③ $\dfrac{\sqrt{3}|E|}{\sqrt{R^2 + X^2}}$

④ $\dfrac{|E|}{\sqrt{3(R^2 + X^2)}}$

해설 1상의 전압과 1상의 임피던스로 상전류를 구한다. Y결선에서는 선전류와 상전류가 같으므로

$$I_0 = I_p = \frac{E_p}{Z} = \frac{|E|/\sqrt{3}}{\sqrt{R^2 + X^2}} = \frac{|E|}{\sqrt{3(R^2 + X^2)}}$$

【답】 ④

7·4

전원과 부하가 다같이 △결선된 3상 평형 회로가 있다. 전원 전압이 200 [V], 부하 임피던스가 $6 + j8$ [Ω]인 경우 선전류[A]는?

① 20   ② $\dfrac{20}{\sqrt{3}}$ ③ $20\sqrt{3}$ ④ $10\sqrt{3}$

해설 1상의 전압과 1상의 임피던스로 상전류를 구하면 I_p는

$$I_p = \frac{V}{Z} = \frac{200}{\sqrt{6^2 + 8^2}} = 20 \text{ [A]}$$

△결선에서 선전류는 상전류에 $\sqrt{3}$ 배이므로

$$\therefore I_l = \sqrt{3} I_p = 20\sqrt{3} \text{ [A]}$$

【답】 ③

7·5

전원과 부하가 △−△결선인 평형 3상 회로의 선간 전압이 220 [V], 선전류가 30 [A]이었다면 부하 1상의 임피던스[Ω]는?

① 9.7   ② 10.7   ③ 11.7   ④ 12.7

해설 1상의 전압과 1상의 전류로 1상의 임피던스를 구할 수 있다. 상전류는 선전류의 $1/\sqrt{3}$ 배이므로,

$$부하\ 1상의\ 임피던스 = \frac{상전압}{상전류} = \frac{220}{\dfrac{30}{\sqrt{3}}} = \frac{220\sqrt{3}}{30} = 12.7 \text{ [Ω]}$$

【답】 ④

7·6

△결선된 3상 회로에서 상전류가 다음과 같다.

$$I_{12} = 4\angle -36° \text{ [A]}, \qquad I_{23} = 4\angle -156° \text{ [A]}, \qquad I_{31} = 4\angle 84° \text{ [A]}$$

선전류 I_1, I_2, I_3 중에서 그 크기가 가장 큰 것은?

① 2.31   ② 4.0   ③ 6.93   ④ 8.0

해설 상전류는 4[A] 이므로 선전류는 $4\sqrt{3}$ [A]로 동일하다.

【답】 ③

7·7

그림과 같은 불평형 Y형 회로에 평형 3상 전압을
가할 경우 중성점의 전위는?

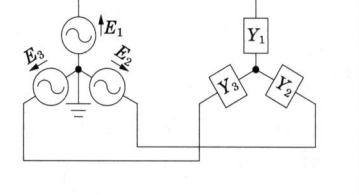

① $\dfrac{E_1 + E_2 + E_3}{Z_1 + Z_2 + Z_3}$ ② $\dfrac{Z_1 E_1 + Z_2 E_2 + Z_3 E_3}{Z_1 + Z_2 + Z_3}$

③ $\dfrac{E_1 + E_2 + E_3}{Y_1 + Y_2 + Y_3}$ ④ $\dfrac{Y_1 E_1 + Y_2 E_2 + Y_3 E_3}{Y_1 + Y_2 + Y_3}$

해설 밀만의 정리에 의해 중성점 전위를 구한다. 【답】 ④

7·8

선간 전압 100 [V], 역률 60 [%]인 평형 3상 부하에서 소비전력 $P_a = 10$ [kW]일
때, 선전류[A]는?

① 66.2   ② 86.2   ③ 96.2   ④ 99.3

해설 선간전압과 선전류에 의해 구하는 소비전력은 $P = \sqrt{3}\, VI\cos\theta$ 이므로

$$I = \frac{P}{\sqrt{3}\, V\cos\theta} = \frac{10 \times 10^3}{\sqrt{3} \times 100 \times 0.6} = 96.2 \text{ [A]}$$

【답】 ③

7·9

△결선된 부하를 Y결선으로 바꾸면 소비 전력은 어떻게 되겠는가? 단, 선간 전
압은 일정하다.

① 3배   ② 9배   ③ $\dfrac{1}{9}$배   ④ $\dfrac{1}{3}$배

해설 3상 소비전력은 1상의 소비전력에 3배 이므로 △결선시 1상의 전력을 구한다음 3배하면

$$P_\triangle = 3I^2 R = 3\left(\frac{V}{R}\right)^2 R = 3 \cdot \frac{V^2}{R}$$

Y결선시 상전압은 선간 전압의 $\dfrac{1}{\sqrt{3}}$ 이므로

$$P_Y = 3 \cdot \frac{\left(\dfrac{V}{\sqrt{3}}\right)^2}{R} = \frac{V^2}{R}\ , \qquad \therefore P_Y = \frac{1}{3} P_\triangle$$

【답】 ④

7·10

대칭 3상 Y부하에서 각상의 임피던스가 $Z = 3 + j4\,[\Omega]$이고, 부하 전류가 20 [A]일 때 이 부하에서 소비되는 전력[W]은?

① 3600   ② 1400   ③ 1600   ④ 1800

해설 Y결선시 선전류의 상전류가 같으므로 1상의 전력을 구하여 3배를 하면

$$P = 3I^2 R = 3 \times 20^2 \times 3 = 3600\,[\text{W}]$$

【답】 ①

7·11

한 상의 임피던스가 $Z = 20 + j10\,[\Omega]$인 Y결선 부하에 대칭 3상 선간 전압 200 [V]를 가할 때 유효 전력[W]은?

① 1600   ② 1700   ③ 1800   ④ 1900

해설 Y결선의 선간전압을 상전압으로 환산하여 1상의 전력을 구한 후 3배하면

$$P = \frac{3V_p^2 R}{R^2 + X^2} = \frac{3\left(\dfrac{200}{\sqrt{3}}\right)^2 \times 20}{20^2 + 10^2} = 1600\,[\text{W}]$$

【답】 ①

7·12

3상 평형 부하에 선간 전압 200 [V]의 평형 3상 정현파 전압을 인가했을 때 선전류는 8.6 [A]가 흐르고 무효 전력이 1788 [Var]이었다. 역률은 얼마인가?

① 0.6   ② 0.7   ③ 0.8   ④ 0.9

해설 피상 전력을 P_a라 하면 선간전압과 선전류로 3상 전력을 구한다.

$$P_a = \sqrt{3}\,VI = \sqrt{3} \times 200 \times 8.6 = 2980\,[\text{VA}]$$

무효 전력을 P_r이라 하면 $P_r = P_a \sin\theta$에서

$$\sin\theta = \frac{P_r}{P_a} = \frac{1788}{2980} = 0.6$$

$$\therefore \cos\theta = \sqrt{1 - \sin^2\theta} = \sqrt{1 - 0.6^2} = 0.8$$

【답】 ③

7·13

10 [kVA]의 변압기 2대로 공급할 수 있는 최대 3상 전력[kVA]은?

① 20   ② 17.3   ③ 14.1   ④ 10

해설 V결선시 출력은 1대의 용량에 $\sqrt{3}$ 배 이므로

$$P = \sqrt{3}\,P_1 = \sqrt{3} \times 10\,[\text{kVA}] = 17.3\,[\text{kVA}]$$

【답】 ②

7·14

단상 변압기 3개를 △결선하여 부하에 전력을 공급하고 있다. 변압기 1개의 고장으로 V결선으로 한 경우 공급할 수 있는 전력과 고장 전 전력과의 비율[%]은?

① 57.7　　　　② 66.7　　　　③ 75.0　　　　④ 86.6

해설 변압기 1개의 출력을 P라 하면 출력비는 고장전 출력에 대한 고장후 출력의 비를 말하므로

$$\frac{P_V}{P_\triangle} = \frac{\sqrt{3}\,P}{3P} = \frac{\sqrt{3}}{3} \fallingdotseq 0.577$$

【답】 ①

7·15

용량 30 [kVA]의 단상 변압기 2대를 V결선하여 역률 0.8, 전력 20 [kW]의 평형 3상 부하에 전력을 공급할 때 변압기 1대가 분담하는 피상 전력[kVA]은 얼마인가?

① 14.4　　　　② 15　　　　③ 20　　　　④ 30

해설 변압기 1대가 분담할 피상 전력을 P_a라 하면 V결선시 출력은 부하의 피상 전력을 $P_a{}'$일 경우

$$\sqrt{3}\,P_a = P_a{}'$$
$$\therefore P_a = \frac{P_a{}'}{\sqrt{3}} = \frac{P}{\sqrt{3}\cos\theta} = \frac{20}{\sqrt{3}\times0.8} = 14.4 \,[\text{kVA}]$$

【답】 ①

7·16

두 대의 전력계를 사용하여 평형 부하의 3상 회로의 역률을 측정하려고 한다. 전력계의 지시가 각각 P_1, P_2라 할 때 이 회로의 역률은?

① $\dfrac{\sqrt{P_1+P_2}}{P_1+P_2}$

② $\dfrac{P_1+P_2}{P_1{}^2+P_2{}^2-2P_1P_2}$

③ $\dfrac{P_1+P_2}{2\sqrt{P_1{}^2+P_2{}^2-P_1P_2}}$

④ $\dfrac{2P_1P_2}{\sqrt{P_1{}^2+P_2{}^2-P_1P_2}}$

해설 2전력계법에 의한 유효전력과 무효전력은

$P = P_1 + P_2$, $P_r = \sqrt{3}(P_1-P_2)$이므로

$$\cos\theta = \frac{P_1+P_2}{\sqrt{(P_1+P_2)^2+3(P_1-P_2)^2}}$$
$$= \frac{P_1+P_2}{\sqrt{4P_1^2+4P_2^2-4P_1P_2}} = \frac{P_1+P_2}{2\sqrt{P_1^2+P_2^2-P_1P_2}}$$

【답】 ③

7·17

대칭 3상 4선식 전력계통이 있다. 단상 전력계 2개로 전력을 측정하였더니 각 전력계의 값이 −301 [W] 및 1327 [W]이었다. 이때 역률은 얼마인가?

① 0.94　　　　　② 0.75　　　　　③ 0.62　　　　　④ 0.34

해설 2전력계법에 의한 역률은

$$\cos\theta = \frac{P_1 + P_2}{2\sqrt{P_1^2 + P_2^2 - P_1 P_2}} = \frac{1026}{2\sqrt{301^2 + 1327^2 + 301 \times 1327}} = 0.34$$

【답】④

7·18

대칭 3상 전압을 그림과 같은 평형 부하에 가할 때의 부하의 역률은 얼마인가?
단, $R = 9\,[\Omega]$, $\dfrac{1}{\omega C} = 4\,[\Omega]$이다.

① 1　　　　　② 0.96

③ 0.8　　　　　④ 0.6

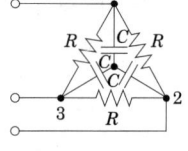

해설 △결선된 저항을 Y연결 회로를 등가 변환하면 그림과 같다.
그림에서 1상의 어드미턴스 Y 는

$$Y = \frac{1}{3} + j\frac{1}{4}\,[\mho]$$

$$\therefore \cos\theta = \frac{X_C}{\sqrt{R^2 + X_C^2}} = \frac{4}{\sqrt{3^2 + 4^2}} = 0.8$$

【답】③

7·19

다상 교류 회로의 설명 중 잘못된 것은? 단, $n =$ 상수이다.

① 평형 3상 교류에서 △결선의 상전류는 선전류의 $\dfrac{1}{\sqrt{3}}$ 과 같다.

② n상 전력 $P = \dfrac{1}{2\sin\dfrac{\pi}{n}} V_l I_l \cos\theta$ 이다.

③ 성형 결선에서 선간 전압과 상전압과의 위상차는 $\dfrac{\pi}{2}\left(1 - \dfrac{2}{n}\right)$ [rad]이다.

④ 비대칭 다상 교류가 만드는 회전 자계는 타원 회전 자계이다.

해설 대칭 n상의 경우 전력은 1상의 전력에 n배가 된다. $P = \dfrac{n}{2\sin\dfrac{\pi}{n}} V_l I_l \cos\theta$ [W]

【답】②

7·20

대칭 n상에서 선전류와 상전류 사이의 위상차[rad]는 어떻게 되는가?

① $\dfrac{\pi}{2}\left(1-\dfrac{2}{n}\right)$　　② $2\left(1-\dfrac{2}{n}\right)$　　③ $\dfrac{n}{2}\left(1-\dfrac{2}{n}\right)$　　④ $\dfrac{\pi}{2}\left(1-\dfrac{n}{2}\right)$

해설 대칭 n상에서 선전류는 환상 전류(상전류)보다 $\dfrac{\pi}{2}\left(1-\dfrac{2}{n}\right)$ [rad]만큼 위상이 뒤진다. 【답】①

7·21

대칭 6상 기전력의 선간 전압과 상기전력의 위상차는?

① 75°　　　　② 30°　　　　③ 60°　　　　④ 120°

해설 대칭 n상인 경우 기전력의 위상차는

$$\theta = \frac{\pi}{2}\left(1-\frac{2}{n}\right) = \frac{180}{2}\left(1-\frac{2}{6}\right) = 90 \times \frac{2}{3} = 60°$$

【답】③

7·22

12상 Y결선 상전압이 100 [V]일 때 단자 전압[V]은?

① 75.88　　　　② 25.88　　　　③ 100　　　　④ 51.76

해설 대칭 12상의 경우 선간전압은

$$V_l = 2V_p \sin\frac{\pi}{n} = 2 \times 100 \times \sin\frac{\pi}{12} = 51.76 \text{ [V]}$$

【답】④

7·23

대칭 6상 성형(star) 결선에서 선간 전압과 상전압과의 관계가 바르게 나타난 것은? 단, E_l : 선간 전압, E_p : 상전압

① $E_l = \sqrt{3}\,E_p$　　　　　　② $E_l = \dfrac{1}{\sqrt{3}}E_p$

③ $E_l = \dfrac{2}{\sqrt{3}}E_p$　　　　　　④ $E_l = E_p$

해설 대칭 6상의 경우 선간전압은

$$E_l = 2E_p \sin\frac{\pi}{n} = 2E_p \sin\frac{\pi}{6}\ , \qquad \therefore E_l = E_p$$

【답】④

7·24

다음의 대칭 다상 교류에 의한 회전 자계 중 잘못된 것은?

① 대칭 3상 교류에 의한 회전 자계는 원형 회전 자계이다.
② 대칭 2상 교류에 의한 회전 자계는 타원형 회전 자계이다.
③ 3상 교류에서 어느 두 코일의 전류의 상순을 바꾸면 회전 자계의 방향도 바뀐다.
④ 회전 자계의 회전 속도는 일정 각속두 ω 이다.

해설 대칭 3상교류의 경우는 원형회전자계를 비대칭 3상교류의 경우는 타원형 회전자계를 만든다. 단상교류의 경우는 회전자계를 만들지 못하며, 교번자계를 만든다. 【답】②

7·25

비대칭 다상 교류가 만드는 회전 자계는?

① 교번 자계　　　　　　　　② 타원 회전 자계
③ 원형 회전 자계　　　　　　④ 포물선 회전 자계

해설 대칭 3상교류의 경우는 원형회전자계를 비대칭 3상교류의 경우는 타원형 회전자계를 만든다. 단상교류의 경우는 회전자계를 만들지 못하며, 교번자계를 만든다. 【답】②

7·26

공간적으로 서로 $2\pi/n$ [rad]의 각도를 두고 배치한 n개의 코일에 대칭 n 상 교류를 흘리면 그 중심에 생기는 회전 자계의 모양은?

① 원형 회전 자계　　　　　　② 타원 회전 자계
③ 원통 회전 자계　　　　　　④ 원추형 회전 자계

해설 대칭 3상교류의 경우는 원형회전자계를 비대칭 3상교류의 경우는 타원형 회전자계를 만든다. 단상교류의 경우는 회전자계를 만들지 못하며, 교번자계를 만든다. 【답】①

심화학습문제

01 그림과 같은 회로에 대칭 3상 전압 220 [V]를 가할 때 a, a′선이 ×점에서 단선되었다고 하면 선전류[A]는 얼마인가?

① 5
② 10
③ 15
④ 20

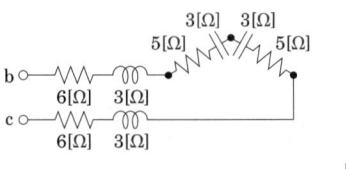

a ○─\/\/\─⌒⌒⌒─×   a′
　　6[Ω]　3[Ω]　　　⌇5[Ω]
　　　　　　　3[Ω] 3[Ω]
　　　　　　5[Ω] /\/\/ 5[Ω]
b ○─\/\/\─⌒⌒⌒─b′　　c′
　　6[Ω]　3[Ω]
c ○─\/\/\─⌒⌒⌒
　　6[Ω]　3[Ω]

[해설]

단선이 되면 임피던스는 단상회로가 되므로

$$I = \frac{E}{Z} = \frac{220}{6+5+5+6+j3-j3+j3-j3}$$

$$= \frac{220}{22} = 10 \, [A]$$

b ○─\/\/\─⌒⌒⌒─●──3[Ω] 3[Ω]──●
　　6[Ω]　3[Ω]　 5[Ω] /\/\/ 5[Ω]
c ○─\/\/\─⌒⌒⌒
　　6[Ω]　3[Ω]

【답】②

02 그림과 같은 Y결선 평형 부하에서 ×점에서 단선시 ×의 양단에 나타나는 전압[V]은?

① 100
② 100 $\sqrt{3}$
③ 200
④ 200 $\sqrt{3}$

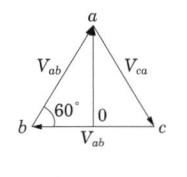

[해설]

벡터도에서 a상의 ×점이 단선되었을 때 ×점 양측에 나타나는 전압은 a점과 O점의 전위차가 된다.

$$V_{ao} = 200 \sin 60° = 200 \times \frac{\sqrt{3}}{2} = 100\sqrt{3} \, [V]$$

【답】②

03 세 개의 저항 R를 △결선하여 3상 평형 전원에 연결하였더니 전전류가 그림에서처럼 100 [A] 흘렀다. ac 단자간의 저항선 한 상이 단선되었다면 각 선전류 I_a, I_b, I_c는?

① $I_a = 100 \, [A]$, $I_b = 100 \, [A]$, $I_c = 57.7 \, [A]$
② $I_a = 57.7 \, [A]$, $I_b = 57.7 \, [A]$, $I_c = 100 \, [A]$
③ $I_a = 57.7 \, [A]$, $I_b = 100 \, [A]$, $I_c = 57.7 \, [A]$
④ $I_a = 100 \, [A]$, $I_b = 57.7 \, [A]$, $I_c = 57.7 \, [A]$

[해설]

a와 c 사이의 저항이 단선이 되면 전류는 그림과 같이 흐른다.
따라서, $I_a = 57.7 \, [A]$
　　　　$I_b = 100 \, [A]$
　　　　$I_c = 57.7 \, [A]$

04 5 [Ω]의 저항 세 개를 그림에서처럼 △결선하여 200 [V]의 3상 평형 전원에 연결하였다. P점에서 단선되었다면 선전류 I_l는 단선되기 전의 몇 [%]로 되는가?

① 50 [%]
② 86.6 [%]
③ 66.6 [%]
④ 57.7 [%]

단선 전 전류는 델타결선의 선전류와 같다.

단선 전 선전류 $= \dfrac{200\sqrt{3}}{5} = 40\sqrt{3}$ [A]

단선 후의 전류는 5[Ω]과 10[Ω]이 병렬로 연결된 형태로 합성저항을 구하여 전류를 구하면

단선 후 선전류 $= \dfrac{200}{3.33} ≒ 60$ [A]

그러므로 전류비는 $\dfrac{60}{40\sqrt{3}} = 0.866$

【답】②

05 그림과 같이 리액터 1개와 동일한 전구 2개를 결선해서 3상 전원에 접속하고 상회전이 1, 2, 3일 때 다음 중에서 적당한 것은?

① L_1이 밝고 L_2가 어둡다.
② L_2가 밝고 L_1이 어둡다.
③ L_1과 L_2의 밝기가 같다.
④ L_1과 L_2의 밝기를 구별할 수 없다.

문제의 그림에서 상회전 방향이 1, 2, 3인 경우 3번은 코일로 3번의 전압이 90도 늦어지면 1번과 3번 사이 전압은 낮아지고, 2번과 3번 사이 전압은 높아져 L_2 전구가 L_1 전구보다 밝다.

【답】②

06 대칭 6상 전원이 있다. 환상 결선으로 권선에 120 [A]의 전류를 흘린다고 하면 선전류는 몇 [A]인가?

① 60　　　　② 90
③ 120　　　④ 150

대칭 6상결선의 선전류는

$$I_l = 2I_p \sin \frac{\pi}{n} = 2 \times 120 \times \sin \frac{\pi}{6} = 120 \text{ [A]}$$

【답】③

07 선간 전압 V [V]의 3상 평형 전원에 대칭 3상 저항 부하 R [Ω]이 그림과 같이 접속되었을 때 a, b 두 상간에 접속된 전력계의 지시값이 W [W]라 하면 c상의 전류[A]는?

① $\dfrac{\sqrt{3}\,W}{V}$

② $\dfrac{3\,W}{V}$

③ $\dfrac{W}{\sqrt{3}\,V}$

④ $\dfrac{2\,W}{\sqrt{3}\,V}$

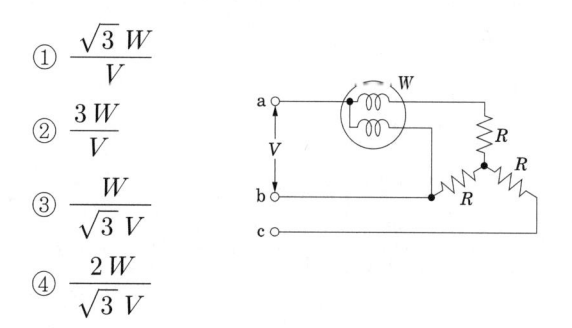

2전력계법에 의해 소비 전력 P는

$$P = 2W = \sqrt{3}\,VI \qquad \therefore I = \frac{2W}{\sqrt{3}\,V}$$

【답】④

08 평형 3상 무유도 저항 부하가 3상 3선식 회로에 걸려 있을 때 단상 전력계를 그림과 같이 접속했더니 그 지시값이 W [W]이었다. 부하의 전력은? 단 정현파 교류이다.

① $\sqrt{2}\,W$ [W]

② $2W$ [W]

③ $\sqrt{3}\,W$ [W]

④ $3W$ [W]

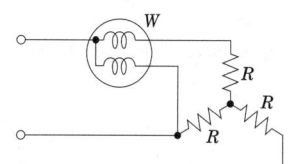

전력계 1대로 전력을 3상 전력을 측정하는 경우 선전 전압을 E_{12}, 부하 전류를 I_1이라 하면 I_1은 상전압 E_1과 동상이 되지만 E_{12}와는 30° 위상차가 있으므로

$$W = E_{12}I_1 \cos 30° = \frac{\sqrt{3}}{2}E_{12} \cdot I_1$$

$$\therefore E_{12} \cdot I_1 = \frac{2W}{\sqrt{3}}$$

부하 전력 $P = \sqrt{3}\,E_{12} \cdot I_1 = \sqrt{3} \times \dfrac{2W}{\sqrt{3}} = 2W$ [W]

【답】②

09 3상 유도 전동기의 출력이 5 [HP], 전압 200 [V], 효율 90 [%], 역률 85 [%]일 때, 이 전동기에 유입되는 선전류는 약 몇 [A]인가?

① 4   ② 6
③ 8   ④ 14

해설

입력은 출력을 효율로 나누어 주므로

$$P_i = \frac{P_0}{\eta} = \sqrt{3}\, VI\cos\theta$$

$$\therefore I = \frac{P_0}{\eta\sqrt{3}\, V\cos\theta} = \frac{5\times 746}{0.9\times\sqrt{3}\times 200\times 0.85} = 14\ [\text{A}]$$

【답】④

10 부하 단자 전압이 220 [V]인 15 [kW]의 3상 대칭 부하에 3상 전력을 공급하는 선로 임피던스가 $3+j2\ [\Omega]$일 때, 부하가 뒤진 역률 60 [%]이면 선전류[A]는?

① 약 $26.2 - j19.7$
② 약 $39.36 - j52.48$
③ 약 $39.39 - j29.54$
④ 약 $19.7 - j26.4$

해설

3상 회로에서 전력은 $P = \sqrt{3}\, V_l I_l \cos\theta$이며, 여기서 선전류는

$$I_l = \frac{P}{\sqrt{3}\, V_l\cos\theta} = \frac{15000}{\sqrt{3}\times 220\times 0.6} = 65.6\ [\text{A}]$$

이를 유효분과 무효분으로 나타내면

$$I_l = 65.6(\cos\theta - j\sin\theta)$$
$$= 65.6(0.6 - j0.8) = 39.36 - j52.48\ [\text{A}]$$

【답】②

11 △결선된 대칭 3상 부하가 있다. 역률이 0.8(지상)이고, 소비 전력이 1800 [W]이다. 선로의 저항 0.5 [Ω]에서 발생하는 선로 손실이 50 [W]이면 부하단자 전압[V]은?

① 627   ② 876
③ 302   ④ 225

해설

선로 손실은 저항에 의해 발생하므로 $P_l = 3I^2 R$에서 전류는

$$I^2 = \frac{P_l}{3R} = \frac{50}{3\times 0.5} = \frac{100}{3}\ \text{에서}\ I = \frac{10}{\sqrt{3}}$$

선간전압, 선전류 이므로 전력 $P = \sqrt{3}\, VI\cos\theta$에서 전압은

$$V = \frac{P}{\sqrt{3}\, I\cos\theta} = \frac{1800}{\sqrt{3}\times\frac{10}{\sqrt{3}}\times 0.8} = 225\ [\text{V}]$$

【답】④

12 그림에서 저항 R이 접속되고, 여기에 3상 평형 전압 V가 가해져 있다. 지금 ×표의 곳에서 1선이 단선되었다고 하면 소비 전력은 몇 배로 되는가?

① 1
② 0.5
③ $\dfrac{1}{4}$
④ $\dfrac{1}{\sqrt{2}}$

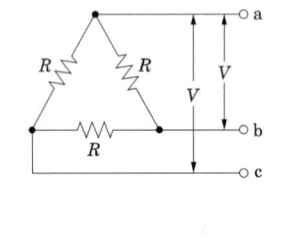

해설

△결선 1상의 전류 $I_\triangle = \dfrac{V}{R}$ 이므로 3상 전력은

$$\therefore P_\triangle = 3I_\triangle^2 \cdot R = 3\left(\frac{V}{R}\right)^2 \cdot R = \frac{3V^2}{R}$$

c선이 단선되었을 때 a, b간에는 두 개의 직렬 부분이 병렬로 되었으므로 a, b간의 전류를 I_1, 소비 전력을 P_1, a, c, b간의 전류를 I_2, 소비 전력을 P_2라 하면

$$P_1 = I_1^2 R = \left(\frac{V}{R}\right)^2 \cdot R = \frac{V^2}{R}$$

$$P_2 = I_2^2 \cdot 2R = \left(\frac{V}{2R}\right)^2 \cdot 2R = \frac{V^2}{2R}$$

그러므로, 병렬 부분의 소비 전력 P는 두 전력의 합이되므로

$$P = P_1 + P_2 = \frac{V^2}{R} + \frac{V^2}{2R} = \frac{3V^2}{2R}$$

$$\therefore \frac{P}{P_\triangle} = \frac{\frac{3V^2}{2R}}{\frac{3V^2}{R}} = \frac{1}{2}$$

【답】②

13 역률이 50 [%]이고 1상의 임피던스가 60 [Ω]인 유도 부하를 △로 결선하고 여기에 병렬로 저항 20 [Ω]을 Y결선으로 하여 3상 선간 전압 200 [V]를 가할 때의 소비 전력[W]은?

① 약 2000　　　② 약 2200
③ 약 2500　　　④ 약 3000

해설
△결선의 소비전력과 Y결선의 소비전력을 합하면

$$P = 3V_p I_p \cos\theta + 3\frac{V_p^2}{R}$$

$$= 3 \times 200 \times \frac{200}{60} \times 0.5 + 3 \times \frac{\left(\frac{200}{\sqrt{3}}\right)^2}{20} = 3000$$

【답】④

14 그림과 같은 회로에 대칭인 상전압 200 [V]를 가했을 때 이 회로에서 소비되는 전력 [kW]은? 단, $R_1 = 30$ [Ω], $R_2 = 10$ [Ω]이라 한다.

① 15
② 24
③ 32
④ 44

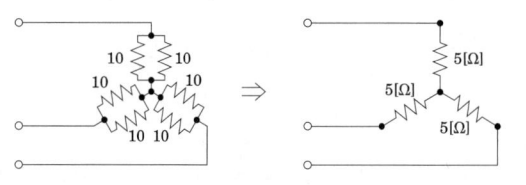

해설
△ 결선된 저항 R_1를 Y결선으로 변환시키면

$$R_{1Y} = \frac{30}{3} = 10 \text{ [Ω] 이므로}$$

전원의 상전압이 200 [V]이므로

$$P = 3V_p I_p = 3 \times 200 \times \frac{200}{5} = 24000[\text{W}]$$
$$= 24 \text{ [kW]}$$

【답】②

15 3상 평형 부하가 있다. 이것의 선간 전압은 200 [V], 선전류는 10 [A]이고, 부하의 소비 전력은 4 [kW]이다. 이 부하의 등가 Y회로의 각 상의 저항[Ω]은 얼마인가?

① 8　　　② 13.3
③ 15.6　　　④ 18.3

해설
Y결선 이므로 1상의 전압과 1상의 전류로 임피던스를 구하면

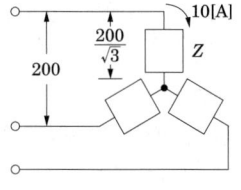

$$Z = \frac{\frac{200}{\sqrt{3}}}{10} = 11.547[\text{Ω}]$$

피상전력과 유효전력은
$$P_a = \sqrt{3} VI = \sqrt{3} \times 200 \times 10 = 3464$$
$$P = 4000 \text{ [W]}$$

역률을 구하면 $\cos\theta = \frac{4,000}{3,464} = 1.155$ 이므로 앞에서 구한 임피던스의 값에 의해

$$\therefore R = Z\cos\theta = 11.547 \times 1.155 = 13.334 \text{ [Ω]}$$

【답】②

16 평형 3상 회로에 그림과 같이 변류기를 접속하고 전류계 Ⓐ를 연결했을 때 Ⓐ에 흐르는 전류는 몇 [A]인가?

① 10
② 5
③ 17.3
④ 20

해설
전류계에는 두 전류의 차가 흐른다.
$$I = 2 \times 10 \times \cos 30° = 10\sqrt{3} \text{ [A]}$$

【답】③

17 10 [kV], 3 [A]의 3상 교류 발전기는 Y결선이다. 이것을 △결선으로 변경하면 그 정격 전압 및 전류는 얼마인가?

① $\dfrac{10}{\sqrt{3}}$ [kV], $3\sqrt{3}$ [A]

② $10\sqrt{3}$ [kV], $3\sqrt{3}$ [A]

③ $10\sqrt{3}$ [kV], $\sqrt{3}$ [A]

④ $\dfrac{10}{\sqrt{3}}$ [kV], $\sqrt{3}$ [A]

해설

한 상에서 발생되는 전압과 전류는 변함이 없으므로 그림과 같다.

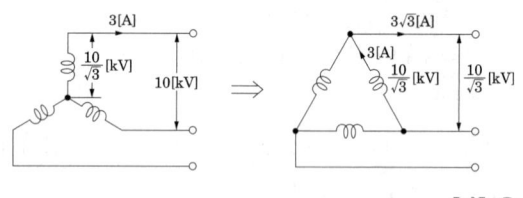

【답】 ①

18 R [Ω]인 3개의 저항을 같은 전원에 △결선으로 접속시킬 때와 Y결선으로 접속시킬 때 선전류의 크기 비 $\left(\dfrac{I_\triangle}{I_Y}\right)$는?

① $\dfrac{1}{3}$ ② $\sqrt{6}$

③ $\sqrt{3}$ ④ 3

해설

△결선은 상전류를 구하여 $\sqrt{3}$ 배를 하며, Y결선은 상전압을 구하여 전류를 구하면

$$\frac{I_\triangle}{I_Y}=\frac{\dfrac{\sqrt{3}\,V}{R}}{\dfrac{V}{\sqrt{3}\,R}}=3$$

【답】 ④

19 그림과 같은 회로의 단자 a, b, c에 대칭 3상 전압을 가하여 각 선전류를 같게 하려면 R의 값을 얼마[Ω]로 하면 되는가?

① 2

② 8

③ 16

④ 24

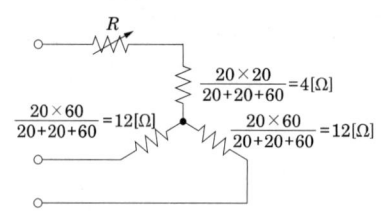

해설

△저항을 Y저항으로 등가 변환하면

$$\frac{20\times 20}{20+20+60}=4[\Omega]$$

$$\frac{20\times 60}{20+20+60}=12[\Omega]$$

$$\frac{20\times 60}{20+20+60}=12[\Omega]$$

위에서 각 선전류가 같기 위해서는 각 선전항이 같아야 하므로 $R+4=12$라야 한다.

$R=12-4=8\,[\Omega]$

【답】 ②

20 9 [Ω]과 3 [Ω]의 저항 3개를 그림과 같이 연결하였을 때 A, B 사이의 합성 저항[Ω]은?

① 6

② 4

③ 3

④ 2

해설

Y연결된 3[Ω]의 저항을 △결선으로 변환하여 병렬 합성 저항을 구한 후 합성저항을 구한다.

【답】 ③

21 그림과 같은 Y결선 회로와 등가인 △결선 회로의 A, B, C 값은?

A○────────●
　　　　　　ξ 1
C○───●〜〜●〜〜● 2
　　　3
B○──────────────●

A○──────── a
　　　　C ξ　ξ A
C○──●〜〜●〜〜● b
　　 c　　B
B○──────────────

① $A = \dfrac{11}{3}$, $B = 11$, $C = \dfrac{11}{2}$

② $A = \dfrac{7}{3}$, $B = 7$, $C = \dfrac{7}{2}$

③ $A = 11$, $B = \dfrac{11}{2}$, $C = \dfrac{11}{3}$

④ $A = 7$, $B = \dfrac{7}{2}$, $C = \dfrac{7}{3}$

해설

Y연결된 저항을 △연결로 등가변환하면

$$A = \frac{1 \times 2 + 2 \times 3 + 3 \times 1}{3} = \frac{11}{3}$$

$$B = \frac{1 \times 2 + 2 \times 3 + 3 \times 1}{1} = 11$$

$$C = \frac{1 \times 2 + 2 \times 3 + 3 \times 1}{2} = \frac{11}{2}$$

【답】 ①

22 $r\,[\Omega]$인 6개의 저항을 그림과 같이 접속하고 평형 3상 전압 V를 가했을 때 I는 몇 [A]인가? 단, $r = 3\,[\Omega]$, $V = 60\,[V]$이다.

① 5
② 6
③ 7.5
④ 8.5

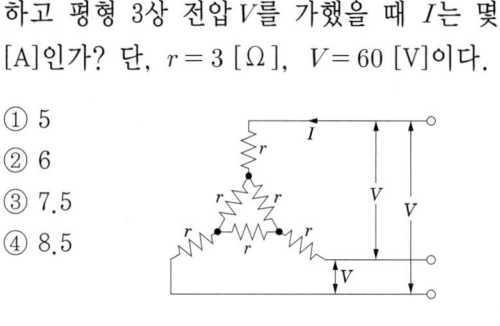

해설

△연결된 저항을 Y연결로 변환하여 합성저항을 구한 후 전류를 구하면

$$I = \frac{\sqrt{3}\,V}{4r} = \frac{60\sqrt{3}}{4 \times 3} = 8.66 \,[A]$$

【답】 ④

23 전압 200 [V]의 3상 회로에 그림과 같은 평형 부하를 접속했을 때 선전류 $I\,[A]$는? 단, $r = 9\,[\Omega]$, $\dfrac{1}{\omega C} = 4\,[\Omega]$이다.

① 48.1
② 38.5
③ 28.9
④ 115.5

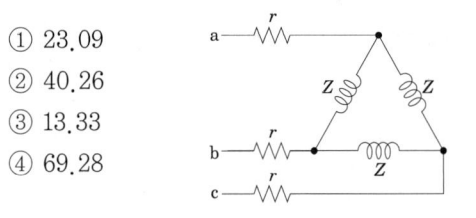

해설

△연결된 저항을 부하를 Y변환하면 1상의 어드미턴스는

$$Y = \frac{1}{3} + j\frac{1}{4}\,[\Omega]$$

$$\therefore I = Y V_p = \left(\frac{1}{3} + j\frac{1}{4}\right) \frac{200}{\sqrt{3}}$$

$$I = \frac{200}{\sqrt{3}} \sqrt{\left(\frac{1}{3}\right)^2 + \left(\frac{1}{4}\right)^2} = 48.1 \,[A]$$

【답】 ①

24 그림과 같이 △로 접속된 부하에서 각 선로의 저항은 $r = 1\,[\Omega]$이고 부하의 임피던스는 $Z = 6 + j12\,[\Omega]$이다. 단자 a, b, c간에 200 [V]의 평형 3상 전압을 가할 때 부하의 상전류[A]는?

① 23.09
② 40.26
③ 13.33
④ 69.28

a○──〜〜r〜〜──●
　　　　Z　　　Z
b○──〜〜r〜〜──●〜〜Z〜〜
c○──〜〜r〜〜──

해설

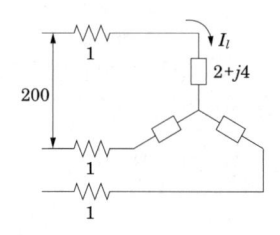

임피던스의 △연결을 Y로 등가하면
1상의 임피던스

$$Z_p = r + \frac{Z}{3} = 1 + 2 + j4 = 3 + j4 \,[\Omega]$$

$$I_l = \frac{V_p}{Z_p} = \frac{\dfrac{200}{\sqrt{3}}}{3 + j4} = 23.09 \,[A]$$

따라서, $I_p = \dfrac{23.09}{\sqrt{3}} = 13.33 \,[A]$

【답】③

25 저항 R[Ω] 3개를 Y로 접속한 회로에 200[V]의 3상 교류전압을 인가시 선전류가 10[A]라면 이 3개의 저항을 △로 접속하고 동일 전원을 인가시 선전류는 몇 [A]인가?

① 10 ② $10\sqrt{3}$
③ 30 ④ $30\sqrt{3}$

해설

Y결선의 상전류 $I_Y = \dfrac{200}{\sqrt{3}\,R}$

Y결선의 선전류 $I_{Yl} = \dfrac{200}{\sqrt{3}\,R}$

△결선의 상전류 $I_\Delta = \dfrac{200}{R}$

△결선의 선전류 $I_{\Delta l} = \sqrt{3}\,I_\Delta = \dfrac{200\sqrt{3}}{R}$

$$\therefore \frac{I_{\Delta l}}{I_{Yl}} = \frac{\dfrac{200\sqrt{3}}{R}}{\dfrac{200}{\sqrt{3}\,R}} = 3$$

$$\therefore I_{\Delta l} = 3I_{Yl} = 3 \times 10 = 30 \,[A]$$

【답】③

26 그림과 같은 △결선의 평형전원에서 각 전원전압의 크기가 173[V]일 때 6[Ω]의 저항을 흐르는 전류[A]의 실효값은 얼마인가?

① 173
② 17.3
③ 1.73
④ 0.17

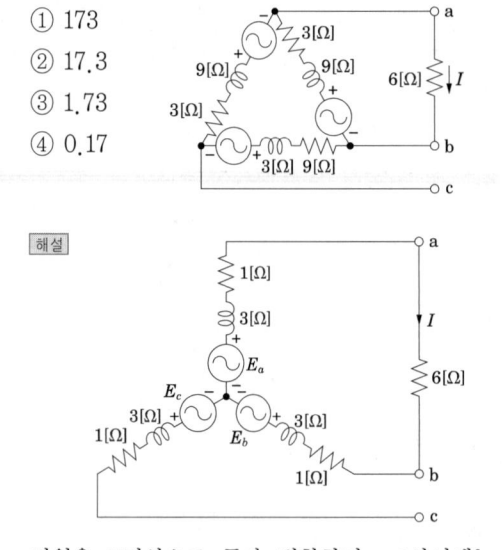

해설

전원을 Y결선으로 등가 변환하면 a, b사이에는 두 전압의 차가 걸리므로

$$I = \frac{|E_a - E_b|}{|1 + j3 + 1 + j3 + 6|} = \frac{173}{\sqrt{8^2 + 6^2}}$$
$$= 17.3 \,[A]$$

【답】②

대칭좌표법

1. 대칭좌표법

일반적인 전원의 상태는 평형상태를 유지한다. 그러나 발전기가 고장(1선지락, 2선지락, 선간단락 등)이 생긴 경우는 불평형 상태가 되며, 이러한 경우의 고장을 해석하기는 매우 어렵게 된다. 이 경우 불평형 상태의 전압을 평형상태로 등가하여 고장해석하는데 이것을 대칭좌표법이라 한다. 대칭좌표법(Symmetrical Coordinates Method)은 대칭분법(Symmetrical Components Method)라고도 불리며 3상 전력계통의 불평형 문제를 해결하는데 아주 유용하게 사용되는 수학적인 기법이다.

이러한 불평형성분을 평형성분으로 분해할 경우 페이서 오퍼레이터 "a"를 이용한 분해를 한다.

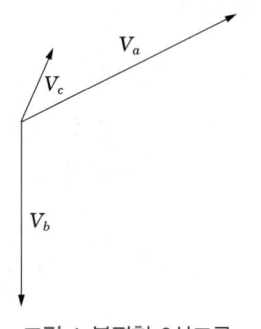

그림 1 불평형 3상교류

그림 1을 페이서 오퍼레이터 a를 이용해서 분해하면 그림 2와 같이 된다.

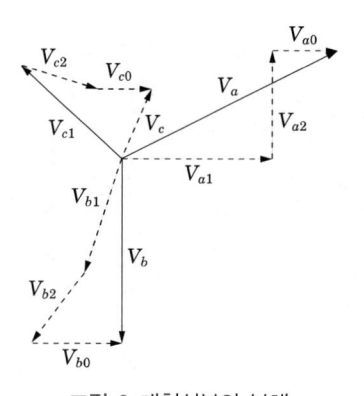

그림 2 대칭성분의 분해

그림 2를 각각의 대칭성분으로 분해하면 그림 3과 같다.

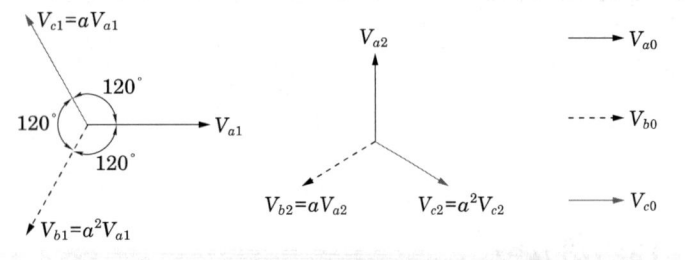

그림 3 대칭성분

그림 3은 불평형성분을 정상분, 역상분, 영상분으로 분해한 것을 나타낸 것이다.

① 정상분은 상순 a-b-c로 120°의 위상차를 갖는 전압
② 역상분은 상순 a-c-b로 120°의 위상차를 갖는 전압
③ 영상분은 전압의 크기가 같고 위상이 동상인 성분으로 접지선 또는 중성선에 존재한다.

1.1 영상, 정상, 역상전압

각 상의 전압을 V_a, V_b, V_c라 하고 이 전압을 각각 1/3을 한 후 페이서 오퍼레이터 a 적용하여 영상분 정상분 역상분을 구한다. 여기서 페이서 오퍼레이터는 $a = 1\angle 120°$를 의미하며, a를 곱하면 120°의 위상차가 생긴다.

$$a = 1\angle 120° = \cos 120° + j\sin 120° = -\frac{1}{2} + j\frac{\sqrt{3}}{2}$$

$$a^2 = 1\angle 240° = \cos 240° + j\sin 240° = -\frac{1}{2} - j\frac{\sqrt{3}}{2}$$

$$a^3 = 1\angle 360° = 1$$

영상 전압 $V_0 = \dfrac{V_a}{3} + \dfrac{V_b}{3} + \dfrac{V_c}{3} = \dfrac{1}{3}(V_a + V_b + V_c)$

정상 전압 $V_1 = \dfrac{V_a}{3} + a\dfrac{V_b}{3} + a^2\dfrac{V_c}{3} = \dfrac{1}{3}(V_a + aV_b + a^2V_c)$

역상 전압 $V_2 = \dfrac{V_a}{3} + a^2\dfrac{V_b}{3} + a\dfrac{V_c}{3} = \dfrac{1}{3}(V_a + a^2V_b + aV_c)$

1.2 불평형 3상전압

영상 전압, 정상 전압, 역상 전압을 구하여 각각 중첩의 원리에 의해 회로를 해석하고 다시 불평형 성분을 구하여야 한다. 이때 페이서 오퍼레이터를 제거하면 불평형 3상 전압을 구할 수 있다.

V_a는 다음과 같다.

$$\text{영상 전압} \quad V_0 = \frac{V_a}{3} + \frac{V_b}{3} + \frac{V_c}{3}$$

$$\text{정상 전압} \quad V_1 = \frac{V_a}{3} + a\frac{V_b}{3} + a^2\frac{V_c}{3}$$

$$\text{역상 전압} \quad V_2 = \frac{V_a}{3} + a^2\frac{V_b}{3} + a\frac{V_c}{3}$$

위 전압을 모두 더하면

$$\frac{V_a}{3} + \frac{V_a}{3} + \frac{V_a}{3} = V_a$$

$$\frac{V_b}{3} + a\frac{V_b}{3} + a^2\frac{V_b}{3} = (1 + a + a^2)V_b = 0$$

$$\frac{V_b}{3} + a^2\frac{V_b}{3} + a\frac{V_b}{3} = (1 + a^2 + a)V_b = 0$$

따라서, $V_a = V_0 + V_1 + V_2$의 관계가 성립한다.

V_b, V_c도 동일한 방법으로 구하면 다음과 같다.

$$V_b = V_0 + a^2 V_1 + a V_2$$

$$V_c = V_0 + a V_1 + a^2 V_2$$

예제문제 01

대칭 좌표법에서 사용되는 용어 중 3상에 공통인 성분을 표시하는 것은?

① 정상분   ② 영상분   ③ 역상분   ④ 공통분

해설 대칭 좌표법은 불평형 3상 전압이나 전류를 평형인 상순이 a-b-c인 정상분, 상순이 이와 반대인 역상분 및 각 상에 공통된 단상분인 영상분으로 분해하여 해석한다.

정상분   +   역상분   +   영상분 = 불평형 3상 전압(V_a, V_b, V_c)

불평형 3상 전압의 합성 및 분해

답 : ②

예제문제 02

대칭 좌표법에서 대칭분을 각 상전압으로 표시한 것 중 틀린 것은?

① $E_0 = \dfrac{1}{3}(E_a + E_b + E_c)$　　　　　② $E_1 = \dfrac{1}{3}(E_a + aE_b + a^2 E_c)$

③ $E_3 = \dfrac{1}{3}(E_a^2 + E_b^2 + E_c^2)$　　　④ $E_2 = \dfrac{1}{3}(E_a + a^2 E_b + aE_c)$

해설

$\begin{cases} E_0 = \dfrac{1}{3}(E_a + E_b + E_c) \text{ 영상 전압} \\ E_1 = \dfrac{1}{3}(E_a + aE_b + a^2 E_c) \text{ 정상 전압} \\ E_2 = \dfrac{1}{3}(E_a + a^2 E_b + aE_c) \text{ 역상 전압} \end{cases}$

답 : ③

예제문제 03

대칭분을 I_0, I_1, I_2라 하고, 선전류를 I_a, I_b, I_c라 할 때 I_b는?

① $I_0 + I_1 + I_2$　　　　　　　　② $\dfrac{1}{3}(I_0 + I_1 + I_2)$

③ $I_0 + a^2 I_1 + aI_2$　　　　　　④ $I_0 + aI_1 + a^2 I_2$

해설

$I_0 = \dfrac{1}{3}(I_a + I_b + I_c)$, $I_1 = \dfrac{1}{3}(I_a + aI_b + a^2 I_c)$, $I_2 = \dfrac{1}{3}(I_a + a^2 I_b + aI_c)$ 이며

b상이 전류는 $I_b = I_0 + a^2 I_1 + aI_2$이다.

답 : ③

2. 교류발전기 기본식

발전기가 고장(1선지락, 2선지락, 선간단락 등)이 생긴 경우는 불평형 상태가 되므로 교류 발전기의 고장해석을 할 경우는 대칭좌표법을 이용한다. 이때 교류발전기의 기본식을 대칭좌표법으로 표시하여야 한다.

발전기의 기본식을 사용하면 어떤 불평형 전류가 주어지더라도 쉽게 회로계산을 할 수 있다. 가령 어떤 불평형 전류가 주어지면 먼저 그것으로부터 전류의 대칭성분 전류를 구할 수 있고, 이것을 발전기 기본식에 대입하면 발전기의 단자전압의 대칭성분 전압을 각각 얻을 수 있다.

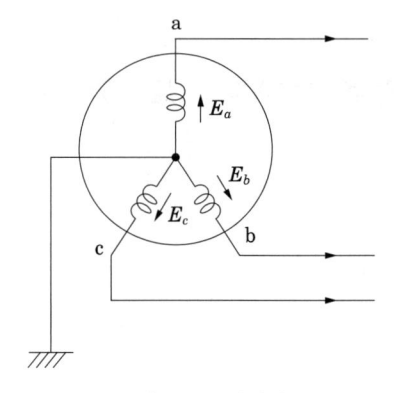

그림 4 교류발전기

$$V_0 = - Z_0 I_0$$

$$V_1 = E_a - Z_1 I_1$$

$$V_2 = - Z_2 I_2$$

여기서 E_a : a 상의 유기 기전력, Z_0 : 영상 임피던스, Z_1 : 정상 임피던스, Z_2 : 역상 임피던스

위 식을 교류발전기의 기본식이라 한다.

예제문제 04

대칭 3상 교류 발전기의 기본식 중 알맞게 표현된 것은? 단, V_0는 영상분 전압, V_1은 정상분 전압, V_2는 역상분 전압이다.

① $V_0 = E_0 - Z_0 I_0$ 　　　　② $V_1 = - Z_1 I_1$

③ $V_2 = Z_2 I_2$ 　　　　　　④ $V_1 = E_a - Z_1 I_1$

해설
발전기의 기본식 $V_0 = - Z_0 I_0$ (영상분)

$V_1 = E_a - Z_1 I_1$ (정상분)

$V_2 = - Z_2 I_2$ (역상분)

답 : ④

---

3. 불평형률

불평형 회로의 전압과 전류에는 정상분과 더불어 역상분과 영상분이 반드시 포함된다. 따라서 회로의 불평형 정도를 나타내는 척도로서 불평형률이 사용된다.

$$불평형률 = \frac{역상분}{정상분} \times 100 \, [\%] = \frac{V_2}{V_1} \times 100 \, [\%]$$

예제문제 **05**

3상 불평형 전압에서 영상 전압이 140 [V]이고 정상 전압이 600 [V], 역상 전압이 280 [V]라면 전압의 불평형률은?

① 2.144　　　　② 0.566　　　　③ 0.466　　　　④ 0.233

해설

불평형률 $= \dfrac{\text{역상 전압}}{\text{정상 전압}} = \dfrac{280}{600} = 0.466$

답 : ③

핵심과년도문제

8·1

3상 3선식에서는 회로의 평형, 불평형 또는 부하의 △, Y에 불구하고, 세 선전류의 합은 0이므로 선전류의 (   )은 0이다. 다음에서 (   ) 안에 들어갈 말은?

① 영상분   ② 정상분   ③ 역상분   ④ 상전압

해설 중성점 비접지식에서는 평형, 불평형 △, Y에 불구하고 $I_a + I_b + I_c = 0$이 된다고 하였으므로 $I_0 = \dfrac{1}{3}(I_a + I_b + I_c)$에서 I_0(영상분) = 0 이다. 【답】 ①

8·2

대칭 3상 전압 V_a, $V_b = a^2 V_a$, $V_c = a V_a$일 때 a상을 기준으로 한 각 대칭분 V_0, V_1, V_2은?

① 0, V_a, 0

② $a^2 V_a$, $a V_a$, V_a

③ $\dfrac{1}{3}(V_a + V_b + V_c)$, $\dfrac{1}{3}(V_a + a^2 V_b + a V_c)$, $\dfrac{1}{3}(V_a + a V_b + a^2 V_c)$

④ $\dfrac{1}{3}(V_a + V_b + V_c)$, $\dfrac{1}{3}(V_a + a V_b + a^2 V_c)$, $\dfrac{1}{3}(V_a + a^2 V_b + a V_c)$

해설 행렬로 계산하면

$$\begin{bmatrix} V_0 \\ V_1 \\ V_2 \end{bmatrix} = \frac{1}{3} \begin{bmatrix} 1 & 1 & 1 \\ 1 & a & a^2 \\ 1 & a^2 & a \end{bmatrix} \begin{bmatrix} V_a \\ V_b \\ V_c \end{bmatrix} = \frac{1}{3} \begin{bmatrix} 1 & 1 & 1 \\ 1 & a & a^2 \\ 1 & a^2 & a \end{bmatrix} \begin{bmatrix} V_a \\ a^2 V_a \\ a V_a \end{bmatrix} = \begin{bmatrix} 0 \\ V_a \\ 0 \end{bmatrix}$$ 【답】 ①

8·3

상순이 a, b, c인 불평형 3상 전류 I_a, I_b, I_c의 대칭분을 I_0, I_1, I_2라 하면 이때 대칭분과의 관계식 중 옳지 못한 것은?

① $\dfrac{1}{3}(I_a + I_b + I_c)$ ② $\dfrac{1}{3}(I_a + I_b \angle 120° + I_c \angle -120°)$

③ $\dfrac{1}{3}(I_a + I_b \angle -120° + I_c \angle 120°)$ ④ $\dfrac{1}{3}(-I_a - I_b - I_c)$

해설 $I_0 = \dfrac{1}{3}(I_a + I_b + I_c)$, $I_1 = \dfrac{1}{3}(I_a + a I_b + a^2 I_c)$, $I_2 = \dfrac{1}{3}(I_a + a^2 I_b + a I_c)$ 【답】 ④

8·4

V_a, V_b, V_c를 3상 불평형 전압이라 하면 정상은? 단, $a = -\dfrac{1}{2} + j\dfrac{\sqrt{3}}{2}$ 이다.

① $\dfrac{1}{3}(V_a + V_b + V_c)$

② $\dfrac{1}{3}(V_a + aV_b + a^2 V_c)$

③ $V_a + V_b + V_c$

④ $\dfrac{1}{3}(V_a + a^2 V_b + a V_c)$

해설 비대칭 전압이 V_a, V_b, V_c일 때 대칭분이 V_0, V_1, V_2라면

$$\begin{bmatrix} V_0 \\ V_1 \\ V_2 \end{bmatrix} = \frac{1}{3} \begin{bmatrix} 1 & 1 & 1 \\ 1 & a & a^2 \\ 1 & a^2 & a \end{bmatrix} \begin{bmatrix} V_a \\ V_b \\ V_c \end{bmatrix}, \qquad \begin{bmatrix} V_a \\ V_b \\ V_c \end{bmatrix} = \begin{bmatrix} 1 & 1 & 1 \\ 1 & a^2 & a \\ 1 & a & a^2 \end{bmatrix} \begin{bmatrix} V_0 \\ V_1 \\ V_2 \end{bmatrix}$$

에서

$$\therefore V_0 = \frac{1}{3}(V_a + V_b + V_c)$$

$$V_1 = \frac{1}{3}(V_a + aV_b + a^2 V_c)$$

$$V_2 = \frac{1}{3}(V_a + a^2 V_b + a V_c)$$

【답】②

8·5

V_a, V_b, V_c가 3상 전압일 때 역상 전압은? 단, $a = e^{j\frac{2}{3}\pi}$ 이다.

① $\dfrac{1}{3}(V_a + aV_b + a^2 V_c)$

② $\dfrac{1}{3}(V_a + a^2 V_b + a V_c)$

③ $\dfrac{1}{3}(V_a + V_b + V_c)$

④ $\dfrac{1}{3}(V_a + a^2 V_b + V_c)$

해설 영상전압 $V_0 = \dfrac{1}{3}(V_a + V_b + V_c)$

정상전압 $V_1 = \dfrac{1}{3}(V_a + aV_b + a^2 V_c)$

역상전압 $V_2 = \dfrac{1}{3}(V_a + a^2 V_b + a V_c)$

【답】②

8·6

불평형 3상 전류 $I_a = 15 + j2$ [A], $I_b = -20 - j14$ [A], $I_c = -3 + j10$ [A]일 때의 영상 전류 I_0는?

① $2.67 + j0.36$ ② $-2.67 - j0.67$ ③ $15.7 - j3.25$ ④ $1.91 + j6.24$

해설 영상전류는 $I_0 = \dfrac{1}{3}(I_a + I_b + I_c) = \dfrac{1}{3}(15 + j2 - 20 - j14 - 3 + j10) = \dfrac{1}{3}(-8 - j2) = -2.67 - j0.67$ [A]

【답】②

8·7

3상 회로에서 각 상의 전류는 다음과 같다.

$$I_a = 400 - j650, \quad I_b = -230 - j700, \quad I_c = -150 + j600$$

전류의 영상분 I_0는 얼마인가? 단, b상을 기준으로 한다.

① $20 - j750$ ② $6.66 - j250$

③ $572 - j223$ ④ $-179 - j177$

[해설] 영상 전류는 a상을 기준으로 하는 값과 b상을 기준으로 하는 값이 같다.

$$I_0 = \frac{1}{3}(I_a + I_b + I_c) = 6.66 - j250$$

【답】②

8·8

그림과 같이 교류 회로에서 각 선간 전압이 200 [V]이면 정상 임피던스는 몇 [Ω]인가?

① $1 + j0.667$

② $0.288 + j0.167$

③ $-0.239 + j0.167$

④ $0.133 + j0.424$

[해설] 각상의 임피던스가 그림으로 주어진 경우이며, 정상임피던스는

$$Z_1 = \frac{1}{3}(Z_a + aZ_b + a^2 Z_c)$$

$$= \frac{1}{3}\left\{(1+j) + \left(-\frac{1}{2} + j\frac{\sqrt{3}}{2}\right) + \left(-\frac{1}{2} - j\frac{\sqrt{3}}{2}\right)(1+j)\right\}$$

$$= 0.288 + j0.167 \ [\Omega]$$

【답】②

8·9

3상 3선식 회로에서 $V_a = -j6$ [V], $V_b = -8 + j6$ [V], $V_c = 8$ [V]일 때 정상분 전압은 몇 [V]가 되는가?

① 0 ② $0.33 \angle 37°$ ③ $2.37 \angle 43°$ ④ $7.82 \angle 257°$

[해설] 정상전압은

$$V_1 = \frac{1}{3}(V_a + aV_b + a^2 V_c)$$

$$= \frac{1}{3}\left\{-j6 + \left(-\frac{1}{2} + j\frac{\sqrt{3}}{2}\right)(-8 + j6) + \left(-\frac{1}{2} - j\frac{\sqrt{3}}{2}\right) \times 8\right\}$$

$$\fallingdotseq 1.73 - j7.6 = 7.82 \angle 257° \ [V]$$

【답】④

8·10

3상 △부하에서 각 선전류를 I_a, I_b, I_c라 하면 전류의 영상분은?

① ∞   ② -1   ③ 1   ④ 0

해설 중성점 비접지식에서 전류의 영상분 I_0는 $I_0 = \frac{1}{3}(I_a + I_b + I_c)$에서

$I_a + I_b + I_c = 0$이므로 $I_0 = 0$이 된다.   【답】④

8·11

비접지 3상 Y부하에 각선에 흐르는 비대칭 각 선전류를 $\dot{I}_a$, $\dot{I}_b$, $\dot{I}_c$라 할 때 전류의 영상분 $\dot{I}_0$는?

① $\dot{I}_a + \dot{I}_b$ ② $\dot{I}_a + \dot{I}_b + \dot{I}_c$ ③ $\frac{1}{3}(\dot{I}_a + \dot{I}_b + \dot{I}_c)$ ④ 0

해설 중성점 비접지식에서 전류의 영상분 I_0는 $I_0 = \frac{1}{3}(I_a + I_b + I_c)$에서

$I_a + I_b + I_c = 0$이므로 $I_0 = 0$이 된다.   【답】④

8·12

불평형 회로에서 영상분이 존재하는 3상 회로 구성은?

① △-△결선의 3상 3선식   ② △-Y결선의 3상 3선식
③ Y-Y결선의 3상 3선식   ④ Y-Y결선의 3상 4선식

해설 Y-Y결선의 3상 4선식은 중성점을 접지하므로 영상분이 존재한다.   【답】④

8·13

대칭 좌표법에 관한 설명 중 잘못된 것은?

① 불평형 3상 회로 비접지식 회로에서는 영상분이 존재한다.
② 대칭 3상 전압에서 영상분은 0이 된다.
③ 대칭 3상 전압은 정상분만 존재한다.
④ 불평형 3상 회로의 접지식 회로에서는 영상분이 존재한다.

해설 중성점 비접지식에서 전류의 영상분 I_0는 $I_0 = \frac{1}{3}(I_a + I_b + I_c)$에서

$I_a + I_b + I_c = 0$이므로 $I_0 = 0$이 된다.   【답】①

8·14

3상 불평형 전압에서 불평형률이란?

① $\dfrac{역상\ 전압}{영상\ 전압} \times 100$

② $\dfrac{정상\ 전압}{역상\ 전압} \times 100$

③ $\dfrac{역상\ 전압}{정상\ 전압} \times 100$

④ $\dfrac{영상\ 전압}{정상\ 전압} \times 100$

해설 불평형률 $= \dfrac{역상분}{정상분} \times 100\ [\%]$

【답】③

심화학습문제

01 3상 부하가 Y결선으로 되었다. 각 상의 임피던스가 각각 $Z_a = 3\,[\Omega]$, $Z_b = 3\,[\Omega]$, $Z_c = j3\,[\Omega]$이다. 이 부하의 영상 임피던스 $[\Omega]$는?

① $6 + j3$　　　　② $3 + j3$
③ $3 + j6$　　　　④ $2 + j$

해설

영상 임피던스 Z_0는

$$Z_0 = \frac{1}{3}(Z_a + Z_b + Z_c) = \frac{1}{3}(3 + 3 + j3) = 2 + j\,[\Omega]$$

【답】④

02 불평형 3상 전류가 $I_a = 15 + j2\,[A]$, $I_b = -20 - j14\,[A]$, $I_c = -3 + j10\,[A]$일 때, 역상분 전류 $I_2\,[A]$를 구하면?

① $1.91 + j6.24$　　② $15.74 - j3.57$
③ $-2.67 - j0.67$　　④ $2.67 - j0.67$

해설

역상전류는

$$\begin{aligned}
I_2 &= \frac{1}{3}(I_a + a^2 I_b + a I_c)\\
&= \frac{1}{3}\left\{(15 + j2) + \left(-\frac{1}{2} - j\frac{\sqrt{3}}{2}\right)(-20 - j14)\right.\\
&\quad\left. + \left(-\frac{1}{2} + j\frac{\sqrt{3}}{2}\right)(-3 + j10)\right\}\\
&= 1.91 + j6.24
\end{aligned}$$

【답】①

03 각상(各相)의 전류 I_a, I_b, I_c가 다음 식으로 표시될 때 영상 대칭분 전류[A]를 나타낸 것은 어느 것인가? ($I_a = 60\sin\omega t$, $I_b = 60\sin(\omega t - 90°)$, $I_c = 60\sin(\omega t + 90°)$ [A]이다.)

① $10\sin\omega t\,[A]$　　② $20\sin\omega t\,[A]$
③ $30\sin\omega t\,[A]$　　④ $60\sin\omega t\,[A]$

해설

정현파를 phasor로 표시하면

$$I_a = 60\angle 0 = 60$$
$$I_b = 60\angle -90 = -j60$$
$$I_c = 60\angle 90 = j60$$

따라서 영상전류를 구하여 페이저를 정현파로 구한다.

$$I_o = \frac{1}{3}(I_a + I_b + I_c) = \frac{1}{3}(60 - i60 + i60) = 20$$
$$\therefore I_o = 20\sin\omega t\text{가 된다.}$$

【답】②

04 3상 교류의 선간 전압을 측정하였더니 120 [V], 100 [V], 100 [V]이었다. 선간 전압의 불평형률을 구하면?

① 약 13 [%]　　② 약 15 [%]
③ 약 17 [%]　　④ 약 19 [%]

해설

선간전압을 각상의 전압으로 환산하면

$$E_a = 120,\quad E_b = -60 - j80,\quad E_c = -60 + j80$$

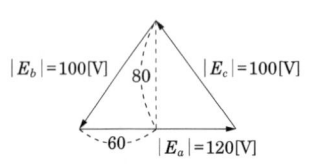

정상전압은

$$\begin{aligned}
E_1 &= \frac{1}{3}(E_a + a E_b + a^2 E_c)\\
&= \frac{1}{3}\left\{120 + \left(-\frac{1}{2} + j\frac{\sqrt{3}}{2}\right)(-60 - j80)\right.\\
&\quad\left. + \left(-\frac{1}{2} - j\frac{\sqrt{3}}{2}\right)(-60 + j80)\right\}\\
&= \frac{1}{3}(120 + 60 + 80\sqrt{3}) = 106.2
\end{aligned}$$

역상전압은

$$E_2 = \frac{1}{3}(E_a + a^2 E_b + a E_c)$$

$$= \frac{1}{3}\left\{120 + \left(-\frac{1}{2} - j\frac{\sqrt{3}}{2}\right)(-60 - j80)\right.$$

$$\left. + \left(-\frac{1}{2} + j\frac{\sqrt{3}}{2}\right)(-60 + j80)\right\}$$

$$= \frac{1}{3}(120 + 60 - 80\sqrt{3}) = 13.8$$

$$\therefore \text{불평형률} = \frac{|E_2|}{|E_1|} \times 100 = \frac{13.8}{106.2} \times 100 = 13\,[\%]$$

【답】①

05 어느 3상 회로의 선간 전압을 측정하였더니 120 [V], 100 [V] 및 100 [V]이었다. 이때의 역상 전압 V_2의 값은 약 몇 [V]인가?

① 9.8 ② 13.8
③ 96.2 ④ 106.2

해설

선간전압을 각상의 전압으로 환산하면

$$E_a = 120, \quad E_b = -60 - j80, \quad E_c = -60 + j80$$

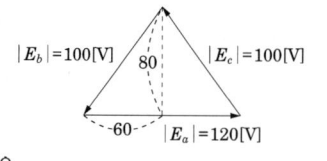

역상전압은

$$E_2 = \frac{1}{3}(E_a + a^2 E_b + a E_c)$$

$$= \frac{1}{3}\left\{120 + \left(-\frac{1}{2} - j\frac{\sqrt{3}}{2}\right)(-60 - j80)\right.$$

$$\left. + \left(-\frac{1}{2} + j\frac{\sqrt{3}}{2}\right)(-60 + j80)\right\}$$

$$= \frac{1}{3}(120 + 60 - 80\sqrt{3}) = 13.8$$

【답】②

06 그림과 같이 대칭 3상 교류 발전기의 a상이 임피던스 $\dot{Z}$를 통하여 지락되었을 때 흐르는 지락전류 $\dot{I}_g$는 얼마인가?

① $\dfrac{3\dot{E}_a}{\dot{Z}_0 + \dot{Z}_1 + \dot{Z}_2 + \dot{Z}}$ ② $\dfrac{\dot{E}_a}{\dot{Z}_0 + \dot{Z}_1 + \dot{Z}_2 + \dot{Z}}$

③ $\dfrac{3\dot{E}_a}{\dot{Z}_0 + \dot{Z}_1 + \dot{Z}_2 + 3\dot{Z}}$ ④ $\dfrac{\dot{E}_a}{\dot{Z}_0 + \dot{Z}_1 + \dot{Z}_2 + 3\dot{Z}}$

해설

그림에서 1선지락시 지락전류는 존재하며, $I_b = I_c = 0$, $E_a = ZI_a$가 된다. 대칭분으로 나타내면 b상과 c상의 전류는 0이 되므로

$$I_0 + a^2 I_1 + a I_2 = I_0 + a I_1 + a^2 I_2 = 0$$

$$\therefore I_0 = I_1 = I_2 = \frac{1}{3}(I_a + I_b + I_c) = \frac{1}{3}I_a \,(\because I_a = I_c = 0)$$

a상의 전압은 교류발전기의 기본식에 의해서

$$E_a = E_0 + E_1 + E_2$$

$$= -Z_0 I_0 + E_a - Z_1 I_1 - Z_2 I_2 = E_a - (Z_0 + Z_1 + Z_2)I_0$$

$$ZI_a = Z(I_0 + I_1 + I_2) = 3ZI_0$$

$$E_a - (Z_0 + Z_1 + Z_2)I_0 = 3ZI_0$$

$$\therefore I_0 = \frac{E_a}{Z_0 + Z_1 + Z_2 + 3Z}$$

$$I_a = 3I_0 = \frac{3E_a}{Z_0 + Z_1 + Z_2 + 3Z}\,[A]$$

【답】③

07 그림과 같이 중성점을 접지한 3상 교류 발전기의 a상이 지락되었을 때의 조건으로 맞는 것은?

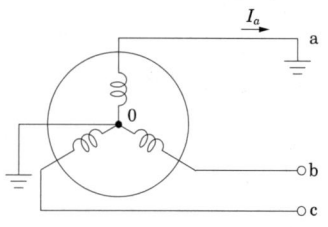

① $I_0 = I_1 = I_2$ ② $V_0 = V_1 = V_2$
③ $I_1 = -I_2, \quad I_0 = 0$ ④ $V_1 = -V_2, \quad V_0 = 0$

해설

그림에서 1선지락시 지락전류는 존재하며, $I_b = I_c = 0$, $E_a = ZI_a$가 된다. 대칭분으로 나타내면 b상과 c상의 전류는 0이 되므로

$$I_0 + a^2 I_1 + a I_2 = I_0 + a I_1 + a^2 I_2 = 0$$

$$\therefore I_0 = I_1 = I_2 = \frac{1}{3}(I_a + I_b + I_c) = \frac{1}{3} I_a \, (\because I_a = I_c = 0)$$

【답】①

08 단자 전압의 각 대칭분 V_0, V_1, V_2가 0 이 아니고 같게 되는 고장의 종류는?

① 1선 지락　　　② 선간 단락
③ 2선 지락　　　④ 3선 단락

해설

고장의 종류에 따른 대칭분값은
1선 지락시 V_0, V_1, V_2 존재
선간 단락시 $V_0 = 0$, V_1, V_2 존재
2선 지락시 $V_0 = V_1 = V_2 \neq 0$ 존재한다.

【답】③

09 그림과 같은 평형 3상 교류 발전기의 b, c 상이 직접 단락되었을 때의 단락 전류 I_b의 값은? 단, Z_0는 영상 임피던스, Z_1은 정상 임피던스, Z_2는 역상 임피던스이다.

① $\dfrac{(a^2 - a)E_a}{Z_1 + Z_2}$

② $\dfrac{3E_a}{Z_0 + Z_1 + Z_2}$

③ $\dfrac{3E_a}{Z_0 + Z_1 + Z_2 + Z_0 Z_2}$

④ $\dfrac{aE_a}{Z_1 + Z_2}$

해설

선간단락의 조건은

$$V_b = V_c, \qquad I_a = 0, \qquad I_b = -I_c$$

대칭분으로 표시하면

$$V_0 + a^2 V_1 + a V_2 = V_0 + a V_1 + a^2 V_2$$

$$I_0 = \frac{1}{3}(I_a + I_b + I_c) = 0$$

$$I_0 + a^2 I_1 + a I_2 = -(I_0 + a I_1 + a^2 I_2), \quad (\therefore I_1 = -I_2)$$

발전기 기본식에 대입하면

$$E_a - Z_1 I_1 = -Z_2 I_2 = Z_2 I_1$$

$$\therefore I_1 = \frac{E_a}{Z_1 + Z_2}, \quad I_2 = -I_1, \quad I_0 = 0$$

$$\therefore I_b = I_0 + a^2 I_1 + a I_2 = \frac{(a^2 - a)E_a}{Z_1 + Z_2}$$

【답】①

왜형파(비정현파 교류해석)

그림 1은 i_1인 정현파와 i_2인 정현파의 합성파를 나타낸 것이다. 다만, i_2는 i_1보다 주파수가 2배 많은 파형이 된다. 이러한 주파수가 다른 정현파와 정현파가 합성이 되면 그림 1의 점선과 같은 비정현파가 만들어진다. 비정현파는 일그러진 파형을 총칭하며 왜형파(non-sinuisoidal wave)라 한다. 비정현파의 발생 원인은 다음과 같다.

① 교류 발전기에서의 전기자 반작용에 의한 왜곡
② 변압기에서의 철심의 자기포화에 의한 왜곡
③ 변압기에서의 히스테리시스 현상에 의한 여자 전류의 왜곡
④ 다이오드의 비직선성에 의한 전류의 왜곡
⑤ 고조파에 의한 왜곡

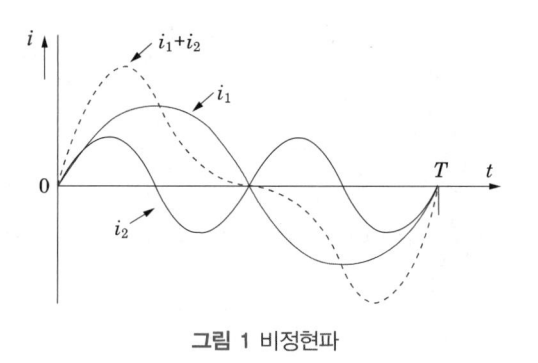

그림 1 비정현파

이와 반대로 생각하면 비정현파를 크기와 주파수가 다른 몇 개의 정현파로 분해할 수 있다. 이것을 푸리에급수의 전개라 한다.

1. 푸리에 급수(Fourier series)

푸리에 급수는 주파수와 진폭을 달리하는 무수히 많은 성분을 갖는 비정현파를 무수히 많은 정현(正弦)항과 여현(余弦)항의 합으로 표현하는 것을 말한다.

$$f(t) = a_0 + a_1\cos\omega t + a_2\cos 2\omega t + a_3\cos 3\omega t + \cdots + a_n\cos n\omega t$$

$$b_1\sin\omega t + b_2\sin 2\omega t + b_3\sin 3\omega t + \cdots + b_n\sin n\omega t \cdots\cdots$$

$$= a_0 + \sum_{n=0}^{\infty} a_n\cos n\omega t + \sum_{n=0}^{\infty} b_n\sin n\omega t$$

이 식의 의미는 직류분 + 여현항의 기본파와 고조파 + 정현항의 기본파와 고조파 의 합성을 의미한다.

여기서 고조파(Harmonics)란 기본파의 정수배를 갖는 전압 또는 전류를 말하며, 일반적으로 50차수 정도까지이며, 전력계통에서 제3고조파에서 제37고조파 까지 고려한다. 50차수 이상은 고주파(High Frequency) 혹은 Noise로 구분 된다. 푸리에 급수(Fourier series)에 의한 전개를 하기 위해서는 다음의 값을 구하여야 한다.

$$a_0 = \frac{1}{T}\int_0^T f(t)dt = \frac{1}{2\pi}\int_0^{2\pi} f(\omega t)d(\omega t)$$

$$a_n = \int_0^T f(t)\cos m\omega t dt$$

$$= \int_0^T a_0\cos m\omega t\ dt + \sum_{n=1}^{\infty}\int_0^T a_n\cos n\omega t\cos m\omega t\ dt$$

$$+ \sum_{n=1}^{\infty}\int_0^T b_n\sin n\omega t\cos m\omega t\ dt$$

$$b_n = \int_0^T f(t)\sin m\omega t\ dt$$

$$= \int_0^T a_0\sin m\omega t\ dt + \sum_{n=1}^{\infty}\int_0^T a_n\cos n\omega t\sin m\omega t\ dt$$

$$+ \sum_{n=1}^{\infty}\int_0^T b_n\sin n\omega t\sin m\omega t\ dt$$

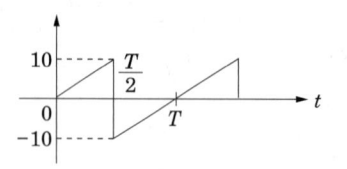

그림 2 톱니파

그림 2의 푸리에 급수(Fourier series)에 의한 전개할 경우 정현 대칭이므로 b_n 만 존재한다.

$$b_n = \frac{4}{T} \int_0^{\frac{T}{2}} f(t) \sin n\omega t\, dt$$

$$= \frac{4}{2\pi} \int_0^\pi \frac{10}{\pi} \omega t \sin n\omega t\, d(\omega t) = \frac{20}{\pi^2} \int_0^\pi \omega t \sin n\omega t\, d(\omega t)$$

$$= \frac{20}{\pi^2} \left[\frac{\sin n\omega t}{n^2} - \frac{\omega t \cdot \cos n\omega t}{n} \right]_0^\pi = \frac{20}{\pi^2} \left(-\frac{\pi \cos n\pi}{n} \right) = \frac{20}{n\pi} (-1)^{n+1}$$

$$\therefore f(t) = \frac{20}{\pi} \left(\sin \omega t - \frac{1}{2} \sin 2\omega t + \frac{1}{3} \sin 3\omega t - \frac{1}{4} \sin 4\omega t + \cdots \right)$$

예제문제 01

비정현파의 푸리에 급수에 의한 전개에서 옳게 전개한 $f(t)$는?

① $\displaystyle\sum_{n=1}^{\infty} a_n \sin n\omega t + \sum_{n=1}^{\infty} b_n \sin n\omega t$

② $\displaystyle\sum_{n=1}^{\infty} a_n \sin n\omega t + \sum_{n=1}^{\infty} b_n \cos n\omega t$

③ $\displaystyle a_0 + \sum_{n=1}^{\infty} a_n \cos n\omega t + \sum_{n=1}^{\infty} b_n \sin n\omega t$

④ $\displaystyle\sum_{n=1}^{\infty} a_n \cos n\omega t + \sum_{n=1}^{\infty} b_n \cos n\omega t$

해설

푸리에 급수의 전개식은 $f(t) = a_0 + \displaystyle\sum_{n=1}^{\infty} a_n \cos n\omega t + \sum_{n=1}^{\infty} b_n \sin n\omega t$

답 : ③

예제문제 02

비정현파 교류를 나타내는 식은?

① 기본파 + 고조파 + 직류분

② 기본파 + 직류분 − 고조파

③ 직류분 + 고조파 − 기본파

④ 교류분 + 기본파 + 고조파

해설

비정현파를 푸리에 급수의 전개를 하면 직류분 + 기본파 + 고조파로 구성됨을 알 수 있다.

답 : ①

예제문제 03

주기적인 구형파의 신호는 그 주파수 성분이 어떻게 되는가?

① 무수히 많은 주파수의 성분을 가진다.

② 주파수 성분을 갖지 않는다.

③ 직류분만으로 구성된다.

④ 교류 합성을 갖지 않는다.

해설

주기적인 비정현파는 일반적으로 푸리에 급수에 의해 표시되므로 무수히 많은 주파수의 합성으로 표현된다.

답 : ①

2. 비정현파의 대칭성

2.1 기함수

$t = nT$ 지나는 모든 점에 관해서 대칭이다.

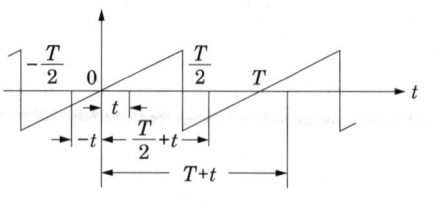

그림 3 기함수파

기함수인 경우에는 푸리에 급수에서 일정항 및 $\cos$항들은 없어지며, 또 $\sin$항의 계수들을 구할 때에는 반주기간만 평균하여 2배하면 된다.

$$f(t) = -f(-t)$$
$$a_0, \; a_n = 0$$
$$f(t) = \sum_{n=0}^{\infty} b_n \sin n\omega t$$

2.2 우함수

원점을 지나는 수직선에 관해서 뿐만 아니라, $t = nT$를 지나는 모든 수직선에 관해서 대칭이다.

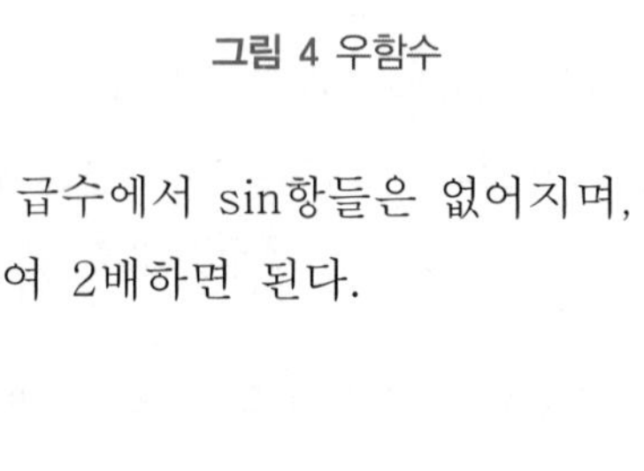

그림 4 우함수

우함수인 경우에는 푸리에 급수에서 $\sin$항들은 없어지며, 또 $\cos$항의 계수들을 구할 때에는 반주기간만 평균하여 2배하면 된다.

$$f(t) = f(-t)$$
$$a_n = 0$$
$$f(t) = a_0 + \sum_{n=0}^{\infty} a_n \cos n\omega t$$

2.3 반파대칭함수

주기 T인 사인파가 $f(t) = -f\left(t \pm \dfrac{T}{2}\right)$ 일 때 반파대칭이다. 반파대칭파는 반주기마다 동일한 파형이 반복되지만 부호가 바뀌며, 교류발전기에서 발생되는 파형은 비사인파 일지라도 반파대칭파가 된다.

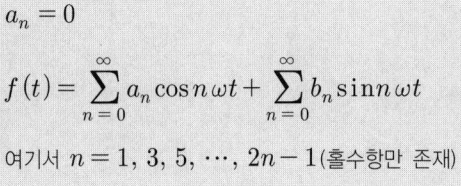

그림 5 반대대칭파

$$a_n = 0$$

$$f(t) = \sum_{n=0}^{\infty} a_n \cos n\omega t + \sum_{n=0}^{\infty} b_n \sin n\omega t$$

여기서 $n = 1, 3, 5, \cdots, 2n-1$(홀수항만 존재)

표 1 주기파의 푸리에 급수 전개시 결과

구 분	기함수파(정현대칭)	우함수파(여연대칭)	대칭파(반파대칭)
대칭 조건	$f(t) = -f(-t)$	$f(t) = f(-t)$	$f(t) = -f\left(t + \dfrac{T}{2}\right)$
결 과	sin항만 존재한다.	cos항 존재 직류분 존재	고조파 차수가 홀수차 항만 존재한다.

예제문제 04

반파 대칭의 왜형파에 포함되는 고조파는 어느 파에 속하는가?

① 제2고조파   ② 제4고조파   ③ 제5고조파   ④ 제6고조파

해설
반파 대칭의 경우 기수(홀수)파만 포함한다.

답 : ③

예제문제 **05**

비정현파에 있어서 정현 대칭의 조건은?

① $f(t) = f(-t)$

② $f(t) = -f(-t)$

③ $f(t) = -f(t)$

④ $f(t) = -f\left(t + \dfrac{T}{2}\right)$

해설

그림에서 정현(sin) 대칭 조건은
$f(t) = -f(-t)$
$f(t) = f(T+t)$

답 : ②

예제문제 **06**

그림과 같은 파형을 실수 푸리에 급수로 전개할 때에는?

① sin항은 없다.
② cos항은 없다.
③ sin항, cos항 모두 있다.
④ sin항, cos항을 쓰면 유한수의 항으로 전개된다.

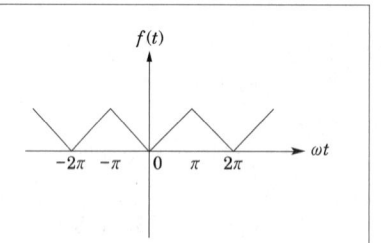

해설

ωt 축을 위로 이동시키면 여현(cos)대칭파가 된다. 그러므로, 푸리에 급수 전개를 하면 직류분(+)과 cos 항으로 전개할 수 있다.

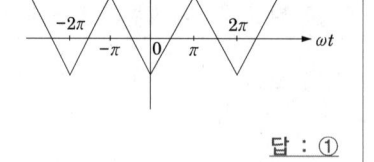

답 : ①

3. 비정현파의 실효값과 평균값

비정현파의 수식은 다음과 같다.

$$i = I_0 + \sum_{n=1}^{\infty} I_{mn} \sin(n\omega t + \theta_n)$$

비정현파 교류의 실효값은 푸리에 급수로 전개한 다음, 직류분(평균값) 및 각 고조파의 실효값을 제곱해서 더한 전체 값의 제곱근을 구하면 된다.

$$I = \sqrt{I_0^2 + \left(\frac{I_{m1}}{\sqrt{2}}\right)^2 + \left(\frac{I_{m2}}{\sqrt{2}}\right)^2 + \cdots + \left(\frac{I_{mn}}{\sqrt{2}}\right)^2}$$

$$= \sqrt{I_0^2 + I_1^2 + I_2^2 + \cdots + I_n^2}$$

즉, 비정현파 교류의 실효값은 직류분, 기본파 및 고조파의 제곱 합의 평방근으로 나타냄을 알 수 있다.

예제문제 07

비정현파의 실효값은?

① 최대파의 실효값   ② 각 고조파의 실효값의 합

③ 각 고조파의 실효값의 합의 제곱근   ④ 각 고조파의 실효값의 제곱의 합의 제곱근

해설

비정현파의 실효값은 각 고조파 실효값 제곱의 합의 제곱근으로 표현된다.

답 : ④

예제문제 08

비정현파의 전압 $v = \sqrt{2} \cdot 100\sin\omega t + \sqrt{2} \cdot 50\sin 2\omega t + \sqrt{2} \cdot 30\sin 3\omega t$ **[V]일 때 실효 전압[V]은?**

① $100 + 50 + 30 = 180$ ② $\sqrt{100 + 50 + 30} = 13.4$

③ $\sqrt{100^2 + 50^2 + 30^2} = 115.8$ ④ $\dfrac{\sqrt{100^2 + 50^2 + 30^2}}{3} = 38.6$

해설

비정현파의 실효값은 각 고조파의 실효값 제곱의 합의 제곱근으로

$V = \sqrt{100^2 + 50^2 + 30^2} = 115.8$

답 : ③

4. 왜형율(distortion factor)

비정현파에서 기본파에 비해 고조파성분이 어느 정도 포함되어 있는가 하는 것은 다음 식으로 정의되는 왜형율(distortion factor)로써 평가한다. 이는 비정현파가 정현파를 기준으로 하였을 때 얼마나 일그러졌는가를 표시하는 척도가 된다.

$$왜형률 = \frac{고조파\ 실효값의\ 합}{기본파\ 실효값} = \frac{\sqrt{(V_2{}^2 + V_3{}^2 + \cdots)}}{V_1}$$

$$= \sqrt{\frac{(V_2{}^2 + V_3{}^2 + \cdots)}{V_1^2}} = \sqrt{\left(\frac{V_2}{V_1}\right)^2 + \left(\frac{V_3}{V_1}\right)^2 + \cdots}$$

예제문제 09

왜형률이란 무엇인가?

① $\dfrac{전\ 고조파의\ 실효값}{기본파의\ 실효값}$　　　　② $\dfrac{전\ 고조파의\ 평균값}{기본파의\ 평균값}$

③ $\dfrac{제3고조파의\ 실효값}{기본파의\ 실효값}$　　　　④ $\dfrac{우수\ 고조파의\ 실효값}{기수\ 고조파의\ 실효값}$

해설
$$왜형률 = \frac{전\ 고조파의\ 실효값}{기본파의\ 실효값}$$

답 : ①

예제문제 10

다음 왜형파 전류의 왜형률을 구하면 얼마인가?

$$i = 30\sin\omega t + 10\cos 3\omega t + 5\sin 5\omega t\ \text{[A]}$$

① 약 0.46　　　② 약 0.26　　　③ 약 0.53　　　④ 약 0.37

해설
$$왜형률 = \frac{\sqrt{I_3{}^2 + I_5{}^2}}{I_1} = \frac{\sqrt{(10/\sqrt{2})^2 + (5/\sqrt{2})^2}}{30/\sqrt{2}} = 0.373$$

답 : ④

---

5. 비정현파 회로의 해석

5.1 저항 R만의 회로

저항 R만의 회로에 비정현파 전압

$$v = V_0 + V_{m1}\sin(\omega t + \phi_1) + V_{m2}\sin(2\omega t + \phi_2) + \cdots$$

이 인가 되었을 때 저항 R에 흐르는 전류는 중첩의 원리에 의해 구한다.

$$i = \frac{V_0}{R} + \frac{V_{m1}}{R}\sin(\omega t + \phi_1) + \frac{V_{m2}}{R}\sin(2\omega t + \phi_2) + \cdots$$

이때의 전류는 전압과 위상이 같은 파형이 된다.

5.2 인덕턴스 L만의 회로

저항 R만의 회로에 비정현파 전압

$$v = V_{m1}\sin(\omega t + \phi_1) + V_{m2}\sin(2\omega t + \phi_2) + \cdots$$

이 인가 되었을 때 L에 흐르는 전류는 중첩의 원리에 의해 구한다.

$$i = \frac{V_{m1}}{\omega L}\sin\left(\omega t + \phi_1 - \frac{\pi}{2}\right) + \frac{V_{m2}}{2\omega L}\sin\left(2\omega t + \phi_2 - \frac{\pi}{2}\right)$$

$$+ \frac{V_{m3}}{3\omega L}\sin\left(3\omega t + \phi_3 - \frac{\pi}{2}\right) + \cdots$$

이때 주의할 사항은 유도 리액턴스는 $n\omega L$은 주파수에 비례한다는 것이다. 즉, 각고조
파의 차수가 높게 될수록 고조파 전류의 비율이 감소하게 된다. 따라서, 고조파 차수가
높게 되면 고조파가 감소된다.

5.3 커패시턴스 C만의 회로

커패시턴스 C 만의 회로에 비정현파 전압

$$v = V_{m1}\sin(\omega t + \phi_1) + V_{m2}\sin(2\omega t + \phi_2) + \cdots$$

이 인가 되었을 때 C에 흐르는 전류는 중첩의 원리에 의해 구한다.

$$i = \omega C V_{m1}\sin\left(\omega t + \phi_1 + \frac{\pi}{2}\right) + 2\omega C V_{m2}\sin\left(2\omega t + \phi_2 + \frac{\pi}{2}\right)$$

$$+ 3\omega C V_{m3}\sin\left(3\omega t + \phi_3 + \frac{\pi}{2}\right) + \cdots$$

이때 주의할 사항은 용량 리액턴스 $\dfrac{1}{n\omega C}$은 주파수에 반비례하므로 고조파 차수가 높
게 될수록 고조파 전류의 비율이 크게 된다. 따라서, 고조파 차수가 높게 되면 고조파
가 증가되어 일그러짐이 심하게 된다.

① 저항 : 변화없음
② 유도 리액턴스 $X_{Ln} = 2\pi nf L = n \cdot X_L \rightarrow n$ 배로 증가
③ 용량 리액턴스 $X_{cn} = \dfrac{1}{2\pi nf C} = \dfrac{1}{n} \cdot \dfrac{1}{2\pi f C} = \dfrac{1}{n} \cdot X_c \rightarrow \dfrac{1}{n}$ 배 감소

예를 들면

$R - L$ 직렬 회로에 $v = 10 + 100\sqrt{2}\sin\omega t + 50\sqrt{2}\sin(3\omega t + 60°) + 60\sqrt{2}\sin(5\omega t$

$+30°)$[V]인 전압을 가할 때 제3고조파 전류의 실효값[A]은 다음과 같다. 여기서, $R = 8 [\Omega]$, $\omega L = 2 [\Omega]$로 보고 계산한다.

제3고조파의 경우는 인덕턴스는 주파수에 비례하므로 3배가 된다. 그러므로 전류는 다음과 같다.

$$I_3 = \frac{V_3}{Z_3} = \frac{V_3}{\sqrt{R^2 + (3\omega L)^2}} = \frac{50}{\sqrt{8^2 + 6^2}} = 5 \text{ [A]}$$

예제문제 11

$R - L$ 직렬 회로에 $v = 10 + 100\sqrt{2}\sin\omega t + 50\sqrt{2}\sin(3\omega t + 60°) + 60\sqrt{2}\sin(5\omega t + 30°)$[V]인 전압을 가할 때 제3고조파 전류의 실효값[A]은? 단, $R = 8[\Omega]$, $\omega L = 2$ $[\Omega]$이다.

① 1　　　　　② 3　　　　　③ 5　　　　　④ 7

해설
제3고조파의 실효전류는 제3고조파의 임피던스에 의해 구하면

$$I_3 = \frac{V_3}{Z_3} = \frac{V_3}{\sqrt{R^2 + (3\omega L)^2}} = \frac{50}{\sqrt{8^2 + 6^2}} = 5 \text{ [A]}$$

답 : ③

예제문제 12

저항 $3[\Omega]$, 유도 리액턴스 $4[\Omega]$인 직렬 회로에 $e = 141.4\sin\omega t + 42.4\sin3\omega t$ [V] 전압 인가시 전류의 실효값은 몇 [A]인가?

① 20.15　　　② 18.25　　　③ 16.15　　　④ 14.25

해설
기본파 실효전류는 기본파 임피던스에 의해 구하면 $I_1 = \dfrac{V_1}{Z} = \dfrac{141.4/\sqrt{2}}{\sqrt{3^2 + 4^2}} = 20$ [A]

제3고조파 실효전류는 제3고조파 임피던스에 의해 구하면

$$I_3 = \frac{V_3}{Z} = \frac{V_3}{\sqrt{R^2 + (3\omega L)^2}} = \frac{42.4/\sqrt{2}}{\sqrt{3^2 + (3 \times 4)^2}} = \frac{30}{12.37} = 2.425 \text{ [A]}$$

따라서 실효값은 각고조파의 실효값 제곱의 합의 제곱근 이므로

$$I = I_1 + I_3 = \sqrt{20^2 + 2.425^2} \fallingdotseq 20.15 \text{ [A]}$$

답 : ①

---

6. 비정현파의 전력

비정현파 회로망에서 전압과 전류가 각각 다음과 같이 주어졌을 경우

$$v = V_0 + V_{m1}\sin(\omega t + \phi_1) + V_{m2}\sin(2\omega t + \phi_2) + \cdots$$

$$i = I_0 + I_{m1}\sin(\omega t + \phi_1 + \theta_1) + I_{m2}\sin(2\omega t + \phi_2 + \theta_2) + \cdots$$

평균전력은

$$P = \frac{1}{T} \int_0^T vi\,dt\,[\text{W}]$$

이 경우 두 식을 곱하여 보면 다음 네 가지 항이 포함된다.

① $V_0 I_0$
② 일정항의 정현파의 곱
③ 주파수가 같은 두 정현파의 곱의 항
④ 주파수가 다른 두 정현파의 곱의 항

이 각 항의 평균값을 계산하면 ①의 평균값은 $V_0 I_0$ ②, ④의 평균값은 0 이 된다. 따라서 유효전력은 다음과 같다.

$$P = V_0 I_0 + \sum_{n=1}^{\infty} V_n I_n \cos\theta_n = V_0 I_0 + V_1 I_1 \cos\theta_1 + V_2 I_2 \cos\theta_2 + \cdots$$

임피던스의 회로인 $R - X$ 직렬연결 회로에서의 유효전력은

$$P = \frac{V_1^2 R}{R^2 + X_1^2} + \frac{V_2^2 R}{R^2 + X_2^2} + \frac{V_3^2 R}{R^2 + X_3^2} + \cdots$$

$$= I^2 R = (\sqrt{I_1^2 + I_2^2 + I_3^2 + \cdots})^2 R$$

가 된다.

무효전력의 경우도 유효전력의 경우와 동일하게 산출한다.

$$P_r = \sum_{n=1}^{\infty} V_n I_n \sin\theta_n = V_1 I_1 \sin\theta_1 + V_2 I_2 \sin\theta_2 + \cdots$$

임피던스의 회로인 $R - X$ 직렬연결 회로에서의 무효전력은

$$P = \frac{V_1^2 X_1}{R^2 + X_1^2} + \frac{V_2^2 X_2}{R^2 + X_2^2} + \frac{V_3^2 X_3}{R^2 + X_3^2} + \cdots$$

$$= I^2 R = (\sqrt{I_1^2 + I_2^2 + I_3^2 + \cdots})^2 X$$

가 된다. 피상전력의 경우는 실효값을 구하여 산출한다.

$$P_a = VI = \sqrt{V_1^2 + V_2^2 + V_3^2 + \cdots} \times \sqrt{I_1^2 + I_2^2 + I_3^2 + \cdots}$$

역률은 $\cos\theta = \dfrac{P}{P_a}$ 로 산출한다.

예를 들면 다음과 같다.

$R = 8\,[\Omega]$, $\omega L = 6\,[\Omega]$의 직렬 회로에 비정현파 전압 $V = 200\sqrt{2}\sin\omega t + 100\sqrt{2}\sin 3\omega t\,[V]$를 가했을 때, 이 회로에서 소비되는 전력은

$$I_1 = \frac{V_1}{Z_1} = \frac{V_1}{\sqrt{R^2 + (\omega L)^2}} = \frac{200}{\sqrt{8^2 + 6^2}} = 20\,[A]$$

$$I_3 = \frac{V_3}{Z_3} = \frac{V_3}{\sqrt{R^2 + (3\omega L)^2}} = \frac{100}{\sqrt{8^2 + 18^2}} = 5.08\,[A]$$

$$P = I_1^2 R + I_3^2 R = 20^2 \times 8 + 5.08^2 \times 8 \fallingdotseq 3406.45\,[W]$$

가 된다.

예제문제 13

비정현파의 전력식에서 잘못된 것은?

① $P = V_0 I_0 + \displaystyle\sum_{n=1}^{\infty} V_n I_n \cos\theta_n\,[W]$ ② $P_a = VI\,[VA]$

③ $\cos\theta = \dfrac{P}{VI}$ ④ $P_r = \displaystyle\sum_{n=1}^{\infty} V_n I_n \cos\theta_n\,[Var]$

해설
비정현파의 무효전력은 주파수가 같은 성분만 존재하므로
$P_r(\text{무효 전력}) = \displaystyle\sum_{n=1}^{\infty} V_n I_n \sin\theta_n\,[Var]$

답 : ④

예제문제 14

비정현파 기전력 및 전류의 값이

$$v = 100\sin\omega t - 50\sin(3\omega t + 30°) + 20\sin(5\omega t + 45°)\,[V]$$
$$i = 20\sin(\omega t + 30°) + 10\sin(3\omega t - 30°) + 5\cos 5\omega t\,[A]$$

라면, 전력[W]은?

① 763.2 ② 776.4 ③ 705.8 ④ 725.6

해설
비정현파의 유효전력은 주파수가 같은 성분만 존재하므로
i를 변형하면 $i = 20\sin(\omega t + 30°) + 10\sin(3\omega t - 30°) + 5\sin(5\omega t + 90°)$
$\therefore P = V_1 I_1 \cos\theta_1 + V_3 I_3 \cos\theta_3 + V_5 I_5 \cos\theta_5$
$\quad = \dfrac{100}{\sqrt{2}} \cdot \dfrac{20}{\sqrt{2}} \cos 30° - \dfrac{50}{\sqrt{2}} \cdot \dfrac{10}{\sqrt{2}} \cos 60° + \dfrac{20}{\sqrt{2}} \cdot \dfrac{5}{\sqrt{2}} \cos 45°$
$\quad = \dfrac{2000}{2} \cdot \dfrac{\sqrt{3}}{2} - \dfrac{500}{2} \cdot \dfrac{1}{2} + \dfrac{100}{2} \cdot \dfrac{1}{\sqrt{2}} = 776.4\,[W]$

답 : ②

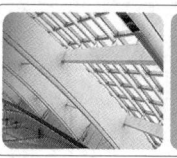

핵심과년도문제

9·1

비정현파를 여러 개의 정현파의 합으로 표시하는 방법은?

① 키르히호프의 법칙   ② 노튼의 정리
③ 푸리에 분석   ④ 테일러의 분석

해설 푸리에 분석은 비정현파를 여러 개의 정현파의 합으로 표시하는 방법을 말한다. 【답】③

9·2

다음 중 푸리에(Fourier) 급수로 비정현파 교류를 해석하는 데 적당하지 않은 것은?

① 반파 대칭인 경우 직류분은 없다.
② 우함수인 비정현파에서는 사인(sin)항이 없다.
③ 기함수인 경우 사인항을 구할 때 반주기간만 적분하여 2배 한다.
④ 반파 대칭에서는 반주기마다 동일한 파형이 반복되나 부호의 변화가 없다.

해설 대칭파의 푸리에 급수 전개의 경우

• 반파 대칭의 왜형파에서는 $b_0 = 0$(직류분)이고 a_n, b_n만 남는다.
• 우함수의 경우는 정현항이 없다.
• 기함수 정현항을 구할 때는 반주기마다 적분하여 2배 한다.
• 반파 대칭의 경우 한 주기마다 동일한 파형이 반복된다. 【답】④

9·3

다음의 왜형파 주기 함수를 보고 아래의 서술 중 잘못된 것은?

① 기수차의 정현항 계수는 0이다.
② 기함수파이다.
③ 반파 대칭파이다.
④ 직류 성분은 존재하지 않는다.

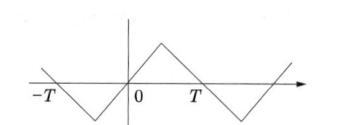

해설 그림의 파형은 정현 대칭함수 이면서 반파 대칭 함수이므로

$f(t) = -f(t+\pi)$와 $f(t) = -f(-t)$의 두 조건을 만족하는 기함수파 【답】①

9·4

그림과 같은 톱니파형을 푸리에 급수로 전개하면?

① $\dfrac{20}{\pi}\left(\sin\omega t - \dfrac{1}{2}\sin 2\omega t + \dfrac{1}{3}\sin 3\omega t - \dfrac{1}{4}\sin 4\omega t + \cdots\right)$

② $\dfrac{20}{\pi}\left(\sin\omega t + \dfrac{1}{2}\sin 2\omega t + \dfrac{1}{3}\sin 3\omega t + \cdots\right)$

③ $\dfrac{20}{\pi}\left(\sin\omega t + \dfrac{1}{3}\sin 3\omega t + \dfrac{1}{5}\sin 5\omega t + \cdots\right)$

④ $\dfrac{20}{\pi}\left(\sin\omega t - \dfrac{1}{3}\sin 3\omega t - \dfrac{1}{5}\sin 5\omega t + \cdots\right)$

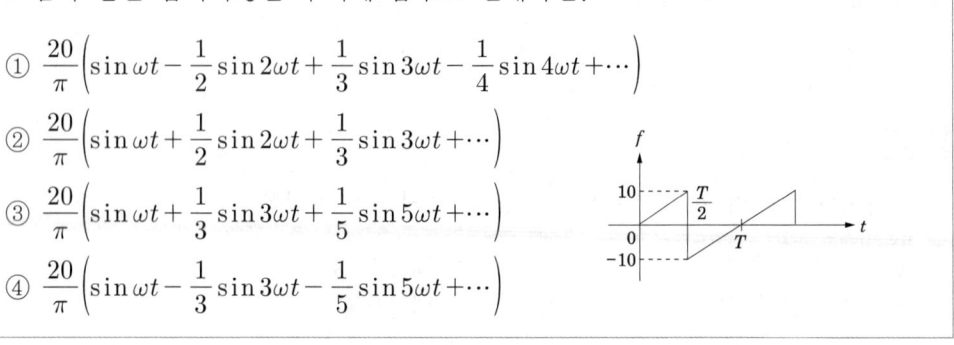

해설 그림은 정현(sin) 대칭이므로 b_n 만 존재한다.

$$b_n = \frac{4}{T}\int_0^{\frac{T}{2}} f(t)\sin n\omega t\,dt = \frac{4}{2\pi}\int_0^{\pi}\frac{10}{\pi}\omega t\sin n\omega t\,d(\omega t) = \frac{20}{\pi^2}\int_0^{\pi}\omega t\sin n\omega t\,d(\omega t)$$

$$= \frac{20}{\pi^2}\left[\frac{\sin n\omega t}{n^2} - \frac{\omega t\cdot\cos n\omega t}{n}\right]_0^{\pi} = \frac{20}{\pi^2}\left(-\frac{\pi\cos n\pi}{n}\right) = \frac{20}{n\pi}(-1)^{n+1}$$

$$\therefore f(t) = \frac{20}{\pi}\left(\sin\omega t - \frac{1}{2}\sin 2\omega t + \frac{1}{3}\sin 3\omega t - \frac{1}{4}\sin 4\omega t + \cdots\right)$$

【답】①

9·5

그림과 같은 왜형파를 푸리에 급수로 전개할 때 옳은 것은?

① 우수파만 포함한다.
② 기수파만 포함한다.
③ 우수파, 기수파 모두 포함한다.
④ 푸리에 급수로 전개할 수 없다.

해설 정현대칭이면서 반파대칭이므로 sin의 홀수항(기수파)의 정현 성분만 존재한다.　【답】②

9·6

반파 및 정현 대칭인 비정현파 전압의 표시식으로 옳은 것은?

① $a_1\sin\omega t + a_2\sin 2\omega t + a_3\sin 3\omega t + \cdots$

② $b_0 + b_1\cos\omega t + b_2\cos 2\omega t + b_3\cos 3\omega t + \cdots$

③ $a_1\sin\omega t + a_3\sin 3\omega t + a_5\sin 5\omega t + \cdots$

④ $b_1\cos\omega t + b_3\cos 3\omega t + b_5\cos 5\omega t + \cdots$

해설 정현대칭이면서 반파대칭이므로 sin의 홀수항(기수파)의 정현 성분만 존재한다.　【답】③

9·7

그림과 같은 삼각파를 푸리에 급수로 전개하면?

① 반파 정현 대칭으로 기수파만 포함한다.
② 반파 정현 대칭으로 우수파만 포함한다.
③ 반파 여현 대칭으로 기수파만 포함한다.
④ 반파 여현 대칭으로 우수파만 포함한다.

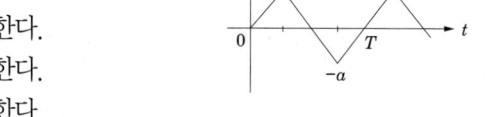

해설 정현대칭이면서 반파대칭이므로 sin의 홀수항(기수파)의 정현 성분만 존재한다.

$$i(t) = \frac{2I_m}{\pi}\left(\sin\omega t + \frac{1}{3}\sin 3\omega t + \frac{1}{5}\sin 5\omega t \cdots\right)$$

【답】 ①

9·8

그림과 같은 반파 정류파를 푸리에 급수로 전개할 때 직류분은?

① V_m

② $\dfrac{V_m}{2}$

③ $\dfrac{\pi}{2}$

④ $\dfrac{V_m}{\pi}$

해설 그림은 반파 정류파이므로 직류분은 평균값 $\dfrac{V_m}{\pi}$ 가 된다.

【답】 ④

9·9

그림과 같은 파형을 푸리에 급수로 전개하면?

① $\dfrac{A}{\pi} + \dfrac{\sin 2x}{2} + \dfrac{\sin 4x}{4} + \cdots$

② $\dfrac{4A}{\pi}\left(\sin\alpha\sin x + \dfrac{1}{9}\sin 3\alpha\sin 3x + \cdots\right)$

③ $\dfrac{4A}{\pi}\left(\sin x + \dfrac{1}{3}\sin 3x + \dfrac{1}{5}\sin 5x + \cdots\right)$

④ $\dfrac{4}{\pi}\left(\dfrac{\cos 2x}{1\times 3} + \dfrac{\cos 4x}{3\times 5} + \dfrac{\cos 6x}{5\times 7} + \cdots\right)$

해설 정현대칭이면서 반파대칭이므로 sin의 홀수항(기수파)의 정현 성분만 존재한다.

【답】 ③

9·10

그림과 같은 파형을 푸리에 급수로 전개할 때 다음 계수 중 어느 것만 남게 되는가?

$$y(t) = \sum_{n=1}^{\infty} a_n \sin n\omega t + b_0 + \sum_{n=1}^{\infty} b_n \cos n\omega t$$

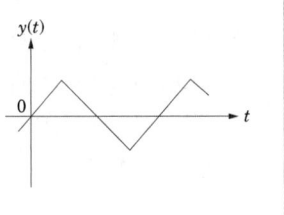

① $a_1,\ a_3,\ a_5,\ \cdots$ ② $b_0,\ b_1,\ b_2,\ \cdots$

③ $a_2,\ a_4,\ a_6, \cdots$ ④ $a_1,\ a_2,\ a_3, \cdots$

해설 정현대칭이면서 반파대칭이므로 sin의 홀수항(기수파)의 정현 성분만 존재한다.   【답】 ①

9·11

ωt 가 0에서 π 까지 $i = 10$ [A], π 에서 2π까지는 $i = 0$ [A]인 파형을 푸리에 급수로 전개하면 a_0는?

① 14.14   ② 10

③ 7.05   ④ 5

해설 그림은 구형반파 이므로 직류분은 한주기 평균값으로 구한다.

$$a_0 = \frac{1}{2\pi} \int_0^{\pi} i\, d(\omega t) = \frac{1}{2\pi} \int_0^{\pi} 10\, d(\omega t) = \frac{10}{2\pi} \cdot \pi = 5 \text{ [A]}$$

【답】 ④

9·12

$i(t) = \dfrac{4I_m}{\pi} \left(\sin \omega t + \dfrac{1}{3} \sin 3\omega t + \dfrac{1}{5} \sin 5\omega t + \cdots \right)$를 표시하는 파형은 어떻게 되는가?

①   ②   ③   ④

해설 정현 대칭 이면서 반파 대칭 이므로 sin의 홀수항(기수파)의 정현 성분만 존재한다. 【답】 ②

9·13

$v = 50\sin wt + 70\sin(3wt + 60°)$의 실효값은?

① $\dfrac{50+70}{\sqrt{2}}$ ② $\dfrac{\sqrt{50^2+70^2}}{\sqrt{2}}$ ③ $\sqrt{\dfrac{50^2+70^2}{\sqrt{2}}}$ ④ $\sqrt{\dfrac{50+70}{2}}$

[해설] 비정현파의 실효값은 각파의 실효값 제곱의 합의 제곱근 이므로

$$V = \sqrt{\left(\frac{50}{\sqrt{2}}\right)^2 + \left(\frac{70}{\sqrt{2}}\right)^2} = \sqrt{\frac{50^2+70^2}{2}} = \frac{\sqrt{50^2+70^2}}{\sqrt{2}}$$ 【답】②

9·14

$R-C$ 직렬 회로의 양단에 $e = 50 + 141.4\sin 2wt + 212.1\sin 4wt$인 전압을 인가할 때, 제2고조파 전류의 실효값은 몇 [A]인가? 단, $R = 8\,[\Omega]$, $1/wC = 12\,[\Omega]$

① 6 ② 8 ③ 10 ④ 12

[해설] 제2고조파의 실효값은 제2고조파의 임피던스에 의해 구한다.

$$I_2 = \frac{E_2}{Z_2} = \frac{E_2}{\sqrt{R^2 + \left(\frac{1}{2wC}\right)^2}} = \frac{100}{\sqrt{8^2 + \left(\frac{1}{2}\times 12\right)^2}} = 10\,[A]$$ 【답】③

9·15

기본파의 80 [%]인 제 3 고조파와 60 [%]인 제 5 고조파를 포함한 전압파의 왜형률은?

① 1 ② 3 ③ 0.5 ④ 0.8

[해설] 왜형률 $= \dfrac{전고조파의 실효값}{기본파의 실효값} = \dfrac{\sqrt{V_3^2 + V_5^2}}{V_1} = \sqrt{\left(\frac{V_3}{V_1}\right)^2 + \left(\frac{V_5}{V_1}\right)^2} = \sqrt{\left(\frac{80}{100}\right)^2 + \left(\frac{60}{100}\right)^2} = 1$ 【답】①

9·16

기본파의 40 [%]인 제3 고조파와 20 [%]인 제5 고조파를 포함하는 전압파의 왜형률은?

① $\dfrac{1}{\sqrt{5}}$ ② $\dfrac{1}{\sqrt{2}}$ ③ $\dfrac{2}{\sqrt{5}}$ ④ $\dfrac{1}{\sqrt{3}}$

[해설] 왜형률 $= \dfrac{\sqrt{V_3^2 + V_5^2}}{V_1} = \sqrt{\left(\frac{V_3}{V_1}\right)^2 + \left(\frac{V_5}{V_1}\right)^2}$

$$= \sqrt{0.4^2 + 0.2^2} = \sqrt{\left(\frac{4}{10}\right)^2 + \left(\frac{2}{10}\right)^2} = \sqrt{\frac{20}{100}} = \frac{1}{\sqrt{5}}$$ 【답】①

9·17

전압 $v = V(\sin\omega t - \sin 3\omega t)$, 전류 $i = I\sin\omega t$인 교류의 평균 전력[W]은?

① $\displaystyle\int_0^{2\pi} vi\,dt$ 　　② $\dfrac{1}{2}VI$ 　　③ $\dfrac{1}{2}VI\sin\omega t$ 　　④ $\dfrac{2}{\sqrt{3}}VI$

해설 주파수가 같은 성분만 고려하면 $P = \dfrac{VI}{2}\cos 0° = \dfrac{VI}{2}$ [W]가 된다.　　【답】②

9·18

다음의 전류와 전압의 짝(pair)들 중에서 유효 전력(평균 전력) P가 가장 작은 것은?

① $\begin{cases} v = 100\sin\omega t \\ i = 5\cos(\omega t + 30°) \end{cases}$ 　　② $\begin{cases} V = 50\sqrt{3} - j50 \\ I = 10 + j100 \end{cases}$

③ $\begin{cases} v = 200\sin(377t + 45°) \\ i = 4\sin(250t - 15°) \end{cases}$ 　　④ $\begin{cases} v = 200\sin(120\pi t + 60°) \\ i = 0.5\sin\left(120\pi t + \dfrac{\pi}{6}\right) \end{cases}$

해설 주파수가 다르면 전력이 0이므로 주파수 다른 것은 ③이므로 ③이 최소가 된다.　　【답】③

9·19

10 [Ω]의 저항에 흐르는 전류가 $i = 5 + 14.14\sin t + 7.07\sin 2t$일 때 저항에서 소비되는 평균 전력[W]은?

① 2000 　　② 1500 　　③ 1000 　　④ 750

해설 $P = I_0^2 R + I_1^2 R + I_2^2 R = 5^2 \times 10 + 10^2 \times 10 + 5^2 \times 10 = 1500$ [W]　　【답】②

9·20

$R = 8$ [Ω], $\omega L = 6$ [Ω]의 직렬 회로에 비정현파 전압 $V = 200\sqrt{2}\sin\omega t + 100\sqrt{2}\sin 3\omega t$ [V]를 가했을 때, 이 회로에서 소비되는 전력은 대략 얼마인가?

① 3350 [W] 　　② 3406 [W] 　　③ 3250 [W] 　　④ 3750 [W]

해설 기본파 임피던스에 의한 기본파 실효값 전류는 $I_1 = \dfrac{V_1}{Z_1} = \dfrac{V_1}{\sqrt{R^2 + (\omega L)^2}} = \dfrac{200}{\sqrt{8^2 + 6^2}} = 20$ [A]

제3고조파 임피던스에 의한 제3고조파 실효값 전류는 $I_3 = \dfrac{V_3}{Z_3} = \dfrac{V_3}{\sqrt{R^2 + (3\omega L)^2}} = \dfrac{100}{\sqrt{8^2 + 18^2}} = 5.08$ [A]

$\therefore P = I_1^2 R + I_3^2 R = 20^2 \times 8 + 5.08^2 \times 8 ≒ 3406.45$ [W]　　【답】②

9·21

다음 설명 중 잘못된 것은?

① 역률$\cos\phi = \dfrac{\text{유효 전력}}{\text{피상 전력}}$

② 파형률 $= \dfrac{\text{실효값}}{\text{평균값}}$

③ 파고율 $= \dfrac{\text{실효값}}{\text{최대값}}$

④ 왜형률 $= \dfrac{\text{전고조파의 실효값}}{\text{기본파의 실효값}}$

해설 파고율(crest factor)$= \dfrac{\text{최대값}}{\text{실효값}}$ 【답】③

9·22

$R-L-C$ 직렬 공진 회로에서 제 n고조파의 공진 주파수 f_n [Hz]은?

① $\dfrac{1}{2\pi\sqrt{LC}}$ ② $\dfrac{1}{2\pi\sqrt{nLC}}$ ③ $\dfrac{1}{2\pi n\sqrt{LC}}$ ④ $\dfrac{1}{2\pi n^2\sqrt{LC}}$

해설 제 n차 고조파 공진 조건은 $n^2\omega^2 LC = 1$에서 공진주파수는 $f_n = \dfrac{1}{2\pi n\sqrt{LC}}$ 【답】③

9·23

일반적으로 대칭 3상 회로의 전압, 전류에 포함되는 전압, 전류의 고조파는 n을 임의의 정수로 하여 $(3n+1)$일 때의 상회전은 어떻게 되는가?

① 정지 상태 ② 각 상 동위상

③ 상회전은 기본파와 반대 ④ 상회전은 기본파와 동일

해설 일반적으로 교류 발전기에 포함되는 고조파는 기수 고조파만이므로 n은 짝수이며$(3n+1)$ 조파는 상회전이 기본파와 같은 방향이 된다. 【답】④

심화학습문제

01 선형 회로망 소자가 아닌 것은?

① 철심이 있는 코일
② 철심이 없는 코일
③ 저항기
④ 콘덴서

해설

회로 소자가 전압, 전류에 따라 그 본래의 값이 변화하지 않는 것을 선형 소자라 하며, 이들 선형 소자로 구성된 회로를 선형 회로망이라 한다.

【답】①

02 다음에서 $f_e(t)$는 우함수, $f_o(t)$는 기함수를 나타낸다. 주기 함수 $f(t) = f_e(t) + f_o(t)$에 대한 다음의 서술 중 바르지 못한 것은?

① $f_e(t) = f_e(-t)$
② $f_o(t) = -f_o(-t)$
③ $f_e(t) = \dfrac{1}{2}[f(t) - f(-t)]$
④ $f_o(t) = \dfrac{1}{2}[f(t) - f(-t)]$

해설

$f_e(t) = f_e(-t)$, $f_o(t) = -f_o(-t)$는 옳고
$f(t) = f_e(t) + f_o(t)$이므로

$\dfrac{1}{2}[f(t) + f(-t)] = \dfrac{1}{2}[f_e(t) + f_o(t) + f_e(-t) + f_o(-t)]$

$\qquad = \dfrac{1}{2}[f_e(t) + f_o(t) + f_e(t) - f_o(t)] = f_e(t)$

$\dfrac{1}{2}[f(t) - f(-t)] = \dfrac{1}{2}[f_e(t) + f_o(t) - f_e(-t) - f_o(-t)]$

$\qquad = \dfrac{1}{2}[f_e(t) + f_o(t) - f_e(t) + f_o(t)] = f_o(t)$가 된다.

【답】③

03 다음의 비정현 주기파 중 고조파의 감소율이 가장 적은 것은? 단, 정류파는 정현파의 정류파를 뜻한다.

① 구형파
② 삼각파
③ 반파 정류파
④ 전파 정류파

해설

고조파의 감소율은 파가 급격히 변화할수록 작고 반대로 완만하게 변화할수록 크다.
구형파는 가장 급격히 변화하며 그 푸리에 급수는 $\dfrac{1}{n}$로 감소한다.

반파(전파) 정류파는 그 자체는 연속적이지만 그 1차 도함수는 불연속점을 가지며 그 푸리에 급수는 $\dfrac{1}{n^2}$로 감소한다.

【답】①

04 그림과 같은 회로에서 $E_d = 14\,[\text{V}]$, $E_m = 48\sqrt{2}\,[\text{V}]$, $R = 20\,[\Omega]$인 전류의 실효값[A]은?

① 약 2.5
② 약 2.2
③ 약 2.0
④ 약 1.5

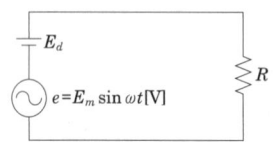

해설

전압이 직류분과 기본파의 합성된 고조파 이므로 전압의 실효값을 구하여 전류를 구하면

$$I = \dfrac{V}{R} = \dfrac{\sqrt{14^2 + 48^2}}{20} = 2.5\ [\text{A}]$$

【답】①

05 전류가 1 [H]의 인덕터를 흐르고 있을 때 인덕터에 축적되는 에너지[J]는 얼마인가? 단, $i = 5 + 10\sqrt{2}\sin 100t + 5\sqrt{2}\sin 200t$ [A]이다.

① 150   ② 100
③ 75   ④ 50

해설

전류의 실효값을 구하면

$$I = \sqrt{5^2 + 10^2 + 5^2} = \sqrt{150} \text{ [A]}$$

따라서 에너지는

$$\therefore W_L = \frac{1}{2}LI^2 = \frac{1 \times 150}{2} = 75 \text{ [J]}$$

【답】③

06 C [F]인 용량을 $v = V_1 \sin(\omega t + \theta_1) + V_3 \sin(3\omega t + \theta_3)$인 전압으로 충전할 때 몇 [A]의 전류(실효값)가 필요한가?

① $\dfrac{1}{\sqrt{2}}\sqrt{V_1^2 + 9V_3^2}$

② $\dfrac{1}{\sqrt{2}}\sqrt{V_1^2 + V_3^2}$

③ $\dfrac{\omega C}{\sqrt{2}}\sqrt{V_1^2 + 9V_3^2}$

④ $\dfrac{\omega C}{\sqrt{2}}\sqrt{V_1^2 + V_3^2}$

해설

콘덴서에 흐르는 전류는

$$i = \omega C V_1 \sin(\omega t + \theta_1 + 90°) + 3\omega C V_3 \sin(3\omega t + \theta_3 + 90°)$$

이므로 실효값을 구하면

$$I = \sqrt{\frac{(\omega C V_1)^2 + (3\omega C V_3)^2}{2}} = \frac{\omega C}{\sqrt{2}}\sqrt{V_1^2 + 9V_3^2}$$

【답】③

07 $R-L$ 직렬 회로에 $i = I_1\sin\omega t + I_3\sin 3\omega t$인 전류를 흘리는데 필요한 단자 전압 e [V]는?

① $(R\sin\omega t + \omega L\cos\omega t)I_1$
$\quad + (R\sin 3\omega t + 3\omega L\cos 3\omega t)I_3$

② $(R\sin\omega t + \omega L\cos 3\omega t)I_1$
$\quad + (R\sin 3\omega t + 3\omega L\cos\omega t)I_3$

③ $(R\sin 3\omega t + \omega L\cos\omega t)I_1$
$\quad + (R\sin\omega t + 3\omega L\cos 3\omega t)I_3$

④ $(R\sin 3\omega t + \omega L\cos\omega 3t)I_1$
$\quad + (R\sin\omega t + 3\omega L\cos\omega t)I_3$

해설

$R-L$ 직렬회로의 전압은

$$e = Ri + L\frac{di}{dt}$$

$$= R(I_1\sin\omega t + I_3\sin 3\omega t) + L(I_1\omega\cos\omega t + 3I_3\omega\cos 3\omega t)$$

$$= (R\sin\omega t + \omega L\cos\omega t)I_1 + (R\sin 3\omega t + 3\omega L\cos 3\omega t)I_3$$

【답】①

08 전압 $e = 100\sqrt{2}\sin(\omega_1 t + \pi/3)$ [V]이고, 전류 $i = 100\sqrt{2}\sin(\omega_2 t + 0)$ [A]일 때, 평균 전력은 몇 [W]인가? 단, $\omega_1 \neq \omega_2$이다.

① 0   ② 10,000
③ 5,000   ④ $5,000\sqrt{3}$

해설

전압과 전류의 주파수가 다르므로 $\omega_1 \neq \omega_2$이 되어 전력은 0이 된다.

【답】①

09 어떤 교류 회로에 $v = 100\sin\omega t + 20\sin\left(3\omega t + \dfrac{\pi}{3}\right)$ [V]인 전압을 가했을 때 이것에 의해 회로에 흐르는 전류가 $i = 40\sin\left(\omega t - \dfrac{\pi}{6}\right) + 5\sin\left(3\omega t + \dfrac{\pi}{12}\right)$ [A]라 한다. 이 회로에서 소비되는 전력은 약 몇 [kW]인가?

① 1.27   ② 1.77
③ 1.97   ④ 2.27

해설

같은 주파수 성분끼리 전력을 계산하여 합하면

$$P = \frac{100 \times 40}{2}\cos 30° + \frac{20 \times 5}{2}\cos 45° = 1767.4 \,[\text{W}]$$

【답】②

---

10 전압 $v = 20\sin\omega t + 30\sin 3\omega t$ [V]이고 전류가 $i = 30\sin\omega t + 20\sin 3\omega t$ [A]인 왜형파 교류 전압과 전류간의 역률은 얼마인가?

① 0.92   ② 0.86

③ 0.46   ④ 0.43

해설

유효전력은 같은 주파수 성분끼리 전력을 계산하여 합하면 $P = \frac{20 \times 30}{2} + \frac{30 \times 20}{2} = 600 \,[\text{W}]$

피상전력은 실효값의 전압과 전류로 구하면

$$P_a = VI = \sqrt{\frac{20^2 + 30^2}{2}} \cdot \sqrt{\frac{30^2 + 20^2}{2}} = 25.5 \times 25.5$$

$$\therefore \cos\theta = \frac{P}{P_a} = \frac{600}{25.5^2} ≒ 0.92$$

【답】①

---

11 $v = 100\sin(\omega t + 30°) - 50\sin(3\omega t + 60°)$
$+ 25\sin 5\omega t$ [V]

$i = 20\sin(\omega t - 30°) + 15\sin(3\omega t + 30°)$
$+ 10\cos(5\omega t - 60°)$ [A]

위와 같은 식의 비정현파 전압 전류로부터 전력[W]과 피상 전력[VA]은 얼마인가?

① $P = 283.5,\ P_a = 1542$

② $P = 385.2,\ P_a = 2021$

③ $P = 404.9,\ P_a = 3284$

④ $P = 491.3,\ P_a = 4141$

해설

주파수가 같은 성분끼리 전력을 구한다. 여기서 5 고조파 전류는 cos을 sin으로 변환하여 위상을 비교한다.

$$P = V_1 I_1 \cos\theta_1 + V_3 I_3 \cos\theta_3 + V_5 I_5 \cos\theta_5$$

$$= \frac{100}{\sqrt{2}} \cdot \frac{20}{\sqrt{2}}\cos 60° - \frac{50}{\sqrt{2}} \cdot \frac{15}{\sqrt{2}}\cos 30°$$

$$+ \frac{25}{\sqrt{2}} \cdot \frac{10}{\sqrt{2}}\cos 30°$$

$$≒ 283.5 \,[\text{W}]$$

다음, 전압의 실효값 V와 전류의 실효값 I는

$$V = \sqrt{V_1{}^2 + V_3{}^2 + V_5{}^2} = \sqrt{\frac{100^2 + 50^2 + 25^2}{2}} ≒ 81.01 \,[\text{V}]$$

$$I = \sqrt{I_1{}^2 + I_3{}^2 + I_5{}^2} = \sqrt{\frac{20^2 + 15^2 + 10^2}{2}} ≒ 19.04 \,[\text{A}]$$

실효값에 의해 피상전력을 구하면

$$\therefore P_a = V \cdot I = 81.01 \times 19.04 = 1542 \,[\text{VA}]$$

【답】①

---

12 그림과 같은 파형의 교류 전압 v와 전류 i 간의 등가 역률은? 단, $v = V_m \sin\omega t$, $i = I_m\left(\sin\omega t - \dfrac{1}{\sqrt{3}}\sin 3\omega t\right)$이다.

① $\dfrac{\sqrt{3}}{2}$

② $\dfrac{1}{2}$

③ 0.8

④ 0.9

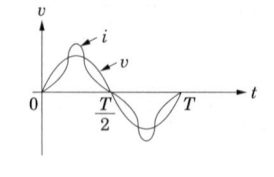

해설

유효 전력은 기본파에만 존재 하므로

$$P = \frac{V_m I_m}{2}$$

피상전력은 전압과 전류의 실효값을 대입하면 구하면

$$V = \frac{V_m}{\sqrt{2}}, \quad I = \frac{I_m}{\sqrt{2}}\sqrt{1 + \left(\frac{1}{\sqrt{3}}\right)^2} = \frac{\sqrt{2}\,I_m}{\sqrt{3}}$$

$$\therefore \cos\theta = \frac{P}{VI} = \frac{\dfrac{V_m I_m}{2}}{\dfrac{V_m}{\sqrt{2}} \cdot \dfrac{\sqrt{2}\,I_m}{\sqrt{3}}} = \frac{\sqrt{3}}{2}$$

【답】①

13 $i = 2 + 5\sin(100t + 30°)$

$\qquad + 10\sin(200t - 10°) - 5\cos(400t + 10°)$

와 파형이 동일하나 기본파의 위상이 20° 늦은 비정현 전류파의 순시값 $i\,'$의 표시식은?

① $2 + 5\sin(100t + 10°)$

$\qquad + 10\sin(200t - 50°) - 5\sin(400t - 70°)$

② $2 + 5\sin(100t + 10°)$

$\qquad + 10\sin(200t + 20°) + 5\cos(400t - 10°)$

③ $2 + 5\sin(100t + 10°)$

$\qquad + 10\sin(200t - 50°) - 5\cos(400t - 70°)$

④ $2 + 5\sin(100t + 10°)$

$\qquad + 10\sin(200t + 20°) + 5\sin(400t - 10°)$

해설

직류를 제외한 각 파의 위상을 20씩 감한다. 이때 주파수는 기본파는 1배, 2고조파는 2배, 4고조파는 4배를 하여야 한다.

【답】③

14 그림과 같은 Y결선에서 기본파와 제 3 고조파 전압만이 존재한다고 할 때 전압계의 눈금이 $V_p = 150\,[\text{V}]$, $V_l = 220\,[\text{V}]$로 나타났다면 제 3 고조파 전압[V]은?

① 약 79.9

② 약 127.2

③ 약 150.4

④ 약 350

해설

Y결선에서 상전압은 기본파와 제3고조파 전압만 존재하므로 V_p는

$$V_p = \sqrt{V_1^2 + V_3^2}\,, \quad 150 = \sqrt{V_1^2 + V_3^2}$$

Y결선에서 선간 전압은 제3고조파분이 존재하지 않으므로

$$V_l = \sqrt{3}\,V_1\,, \quad 220 = \sqrt{3}\,V_1$$

따라서 두식으로부터 기본파 전압과 제3고조파 전압은

$$V_1 = \frac{220}{\sqrt{3}} = 127\,[\text{V}]$$

$$V_3 = \sqrt{150^2 - V_1^2} = \sqrt{150^2 - 127^2} = 79.9\,[\text{V}]$$

【답】①

15 대칭 3상 전압이 있다. 1상의 Y전압의 순시값이 $v_s = 1000\sqrt{2}\sin\omega t + 500\sqrt{2}\sin(3\omega t + 20°) + 100\sqrt{2}\sin(5\omega t + 30°)$일 때 성상 및 선간 전압과의 비는 얼마인가?

① 0.55

② 0.65

③ 0.75

④ 0.85

해설

Y결선에서 상전압의 실효값 V_p는

$$V_p = \sqrt{V_1^2 + V_3^2 + V_5^2}$$

$$= \sqrt{1000^2 + 500^2 + 100^2} = 1122.5$$

Y결선에서 선간 전압은 제3고조파분이 존재하지 않으므로

$$V_l = \sqrt{3} \cdot \sqrt{V_1^2 + V_5^2}$$

$$= \sqrt{3} \cdot \sqrt{1000^2 + 100^2} = 1740.7$$

$$\therefore \frac{V_p}{V_l} = \frac{1122.5}{1740.7} = 0.645$$

【답】②

10 2단자망

한 회로망이 있을 때 그 구조가 아무리 복잡할지라도 그 회로망 속의 2점만으로써 외부회로와 접속될 때 다시 말하면 2개의 단자만을 갖는 경우 그 회로를 2단자망(two terminal network)이라고 한다.

1. 복소 각 주파수와 구동점 임피던스

α를 각주파수에 포함시킨 $(\alpha + j\omega)$를 복소 각주파수(complex angular frequency)라 하며 이것을 s로 표시한다. 즉, 구동점 임피던스(driving point impedance) $Z(j\omega)$을 $Z(s)$로 표시하고 L과 C의 임피던스를 sL, $\dfrac{1}{sC}$로 표시한다. 여기서 구동점 임피던스란 입력쪽에서 회로망과 출력쪽의 부하를 같이 보는 임피던스가 구동점임피던스이다.

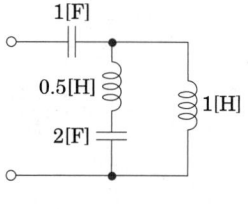

그림 1 2단자 회로망

그림 1의 구동점 임피던스를 구하면 다음과 같다.

$$Z(s) = \frac{1}{s} + \frac{\left(0.5s + \dfrac{1}{2s}\right)\cdot s}{0.5s + \dfrac{1}{2s} + s} = \frac{1}{s} + \frac{0.5s^2 + \dfrac{1}{2}}{1.5s + \dfrac{1}{2s}} = \frac{1}{s} + \frac{\left(0.5s^2 + \dfrac{1}{2}\right)\cdot 2s}{\left(1.5s + \dfrac{1}{2s}\right)\cdot 2s}$$

$$= \frac{1}{s} + \frac{s^3 + s}{3s^2 + 1} = \frac{3s^2 + 1 + s^4 + s^2}{s(3s^2 + 1)} = \frac{s^4 + 4s^2 + 1}{s(3s^2 + 1)} \ [\Omega]$$

예제문제 01

그림과 같은 2단자망의 구동점 임피던스는 얼마인가? 단, $s = j\omega$이다.

① $\dfrac{s}{s^2+1}$　　　　② $\dfrac{1}{s^2+1}$

③ $\dfrac{2s}{s^2+1}$　　　　④ $\dfrac{3s}{s^2+1}$

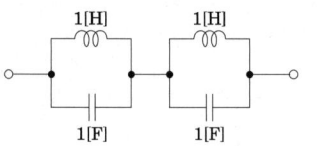

해설
구동점 임피던스를 구하면

$$Z(s) = \dfrac{s \times \dfrac{1}{s}}{s + \dfrac{1}{s}} \times 2 = \dfrac{2s}{s^2+1}\,[\Omega]$$

답 : ③

예제문제 02

그림과 같은 회로의 2단자 임피던스 $Z(s)$는? 단, $s = j\omega$라 한다.

① $\dfrac{s^3+1}{3s^2(s+1)}$　　　　② $\dfrac{3s^2(s+1)}{s^3+1}$

③ $\dfrac{s(3s^2+1)}{s^4+2s^2+1}$　　　　④ $\dfrac{s^4+4s^2+1}{s(3s^2+1)}$

해설
구동점 임피던스를 구하면

$$Z(s) = \frac{1}{s} + \frac{\left(0.5s + \dfrac{1}{2s}\right)\cdot s}{0.5s + \dfrac{1}{2s} + s} = \frac{1}{s} + \frac{0.5s^2 + \dfrac{1}{2}}{1.5s + \dfrac{1}{2s}} = \frac{1}{s} + \frac{\left(0.5s^2 + \dfrac{1}{2}\right)\cdot 2s}{\left(1.5s + \dfrac{1}{2s}\right)\cdot 2s}$$

$$= \frac{1}{s} + \frac{s^3+s}{3s^2+1} = \frac{3s^2+1+s^4+s^2}{s(3s^2+1)} = \frac{s^4+4s^2+1}{s(3s^2+1)}$$

답 : ④

2. 영점과 극점

그림 1에서 구한 구동점 임피던스가 다음과 같을 경우

$$Z(s) = \frac{s^4+4s^2+1}{s(3s^2+1)}$$

$Z(s) = 0$가 되는 s의 값을 영점(zero)이라 하며 회로의 단락상태를 나타내고 기호 ○으로 표시한다. 또 $Z(s) = \infty$가 되는 s의 값을 극점(pole)이라 하며 회로가 개방상태임을 뜻하고 기호 ×로 표시한다.

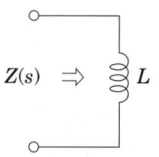

그림 2 인덕턴스회로

그림 2의 임피던스는 $Z(j\omega) = jX = j\omega L$ 이므로 구동점 임피던스는 $Z(s) = sL$이 된다. 여기서 영점은 0이므로 그림 2와 같이 표시한다.

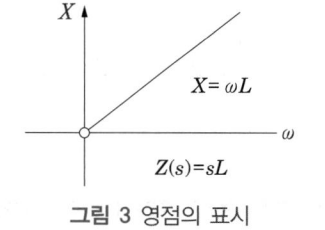

그림 3 영점의 표시

예를 들면 구동점 임피던스가 $Z(s) = \dfrac{(s+1)(s+2)}{(s+3)(s+4)}$ 인 경우 영점과 극점은 다음과 같다.

극점은 $Z(s) = \infty$

$(s+3)(s+4) = 0,$ $\qquad \therefore s = -3, \ -4$

영점은 $Z(s) = 0$

$(s+1)(s+2) = 0$ $\qquad \therefore s = -1, \ -2$

예제문제 03

2단자 임피던스 함수 $Z(s)$가 $Z(s) = \dfrac{(s+1)(s+2)}{(s+3)(s+4)}$일 때 영점(zero)과 극점을 옳게 표시한 것은?

① 영점 : −1, −2 극점 : −3, −4
② 영점 : 1, 2 극점 : 3, 4
③ 영점 : 없다. 극점 : −1, −2, −3, −4
④ 영점 : −1, −2, −3, −4 극점 : 없다.

해설
구동점 임피던스의 값이 ∞가 되는 경우가 극점이며, 0이 되는 경우가 영점이 된다.
극점은 $Z(s) = \infty$
$\quad (s+3)(s+4) = 0,$ $\qquad \therefore s = -3, \ -4$
영점은 $Z(s) = 0$
$\quad (s+1)(s+2) = 0$ $\qquad \therefore s = -1, \ -2$

답 : ①

회로망 함수

$$N(s) = \frac{p(s)}{q(s)} = \frac{a_0 s^n + a_1 s^{n-1} + \cdots a_{n-1} s + a_n}{f_0 s^n + f_1 s^{n-1} + \cdots + f_{n-1} s + f_n}$$

에서 분모 $q(s) = 0$를 만족시키는 근들은?

① 영점이다.　　　　　　　　　　　② 극점이다.

③ 감쇠 정수이다.　　　　　　　　　④ 위상 정수이다.

해설
구동점 임피던스의 값이 ∞가 되는 경우가 극점이며, 0이 되는 경우가 영점이 된다.
따라서 $p(s) = 0$이면 영점, $q(s) = 0$이면 극점이다.　　　　　　　　　　답 : ②

3. 정저항 회로(constant resistance network)

2단자 구동점 임피던스가 주파수에 관계없이 항상 일정한 실효저항으로 될 때 회로를 정저항 회로라 한다.

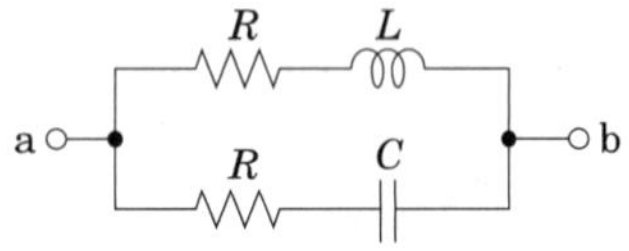

그림 4 정저항회로

그림 4에서 구동점 임피던스를 구하면 다음과 같다.

$$Z = \frac{(R + Z_1)(R + Z_2)}{(R + Z_1) + (R + Z_2)} \, [\Omega]$$

여기서 정저항이 되기위해서는 $Z = R\left(\dfrac{A}{B}\right)$의 형태로 만들어 $A = B$의 조건에서 정저항 조건을 구한다. 따라서,

$$Z = \frac{R^2 + Z_1 Z_2 + R(Z_1 + Z_2)}{2R + Z_{1+} Z_2} = R \frac{\left(R + \dfrac{Z_1 Z_2}{R} + Z_1 + Z_2\right)}{2R + Z_{1+} Z_2}$$

이므로 $Z = R$이 되기 위해서는

$$R + \frac{Z_1 Z_2}{R} + Z_1 + Z_2 = 2R + Z_{1+} Z_2$$

$$R^2 = Z_1 Z_2$$

이것을 정저항조건이라 한다.

그림 4의 역회로는 그림 5와 같이 된다.

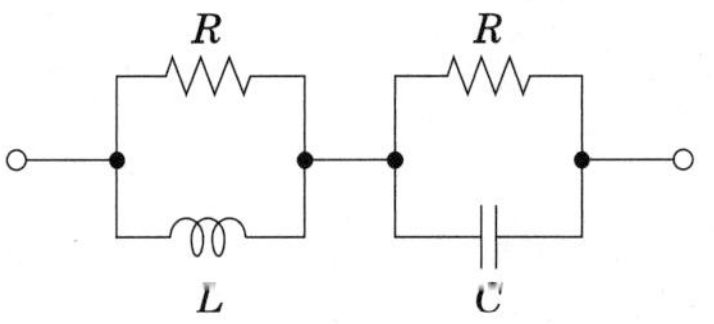

그림 5 정저항 회로

그림 5의 구동점 임피던스 Z는 다음과 같다.

$$Z = \frac{Z_1 R}{Z_1 + R} + \frac{Z_2 R}{Z_2 + R} = \frac{R\{Z_1 R + Z_1 Z_2 + Z_2 R + Z_1 Z_2\}}{R^2 + Z_1 R + Z_2 R + Z_1 Z_2}$$

Z가 주파수에 무관계하게 되려면

$$Z_1 R + Z_2 R + 2 Z_1 Z_2 = R^2 + Z_1 R + Z_2 R + Z_1 Z_2$$

$$\therefore R^2 = Z_1 Z_2 = j\omega L \times \frac{1}{j\omega C} = \frac{L}{C}$$

역회로의 경우도 정저항 조건은 동일한다.

여기서 역회로의 조건은 구동점 임피던스가 각각 Z_1, Z_2인 2개의 2단자 회로망에 있어서, 임피던스의 곱이 주파수에 무관한 점의 정수로 될 경우 즉,

$$Z_1 Z_2 = K^2 \text{ 또는 } \frac{Y_1}{Y_2} = K^2 \text{ (K는 실정수)}$$

의 관계에 있을 때 이 두 회로의 Z_1, Z_2는 $K > 0$에 관해서 역회로라 한다.

예제문제 05

그림과 같은 회로가 정저항 회로가 되기 위한 R의 값은 얼마인가?

① $200\,[\Omega]$

② $2\,[\Omega]$

③ $2 \times 10^{-2}\,[\Omega]$

④ $2 \times 10^{-4}\,[\Omega]$

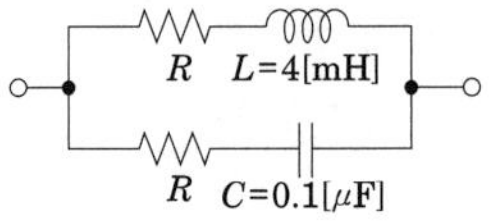

해설

정저항 조건에 의해 저항의 값을 구하면

$$R^2 = \frac{L}{C}, \quad R = \sqrt{\frac{L}{C}}, \quad \therefore R = \sqrt{\frac{4 \times 10^{-3}}{0.1 \times 10^{-6}}} = 200\,[\Omega]$$

<u>답 : ①</u>

예제문제 06

L 및 C를 직렬로 접속한 임피던스가 있다. 지금 그림과 같이 L 및 C의 각각에 동일한 무유도 저항 R을 병렬로 접속하여 이 합성 회로가 주파수에 무관계하게 되는 R의 값을 구하여라.

① $R^2 = \dfrac{L}{C}$ ② $R^2 = \dfrac{C}{L}$

③ $R^2 = L \cdot C$ ④ $R^2 = \dfrac{1}{LC}$

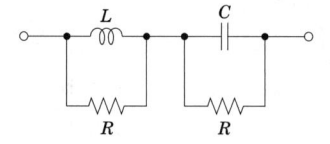

해설

구동점 임피던스 Z는

$$Z = \frac{Z_1 R}{Z_1 + R} + \frac{Z_2 R}{Z_2 + R} = \frac{R\{Z_1(R + Z_2) + Z_2(R + Z_1)\}}{(Z_1 + R)(Z_2 + R)} = \frac{R\{Z_1 R + Z_1 Z_2 + Z_2 R + Z_1 Z_2\}}{R^2 + Z_1 R + Z_2 R + Z_1 Z_2}$$

Z가 주파수에 무관계하게 되려면

$$Z_1 R + Z_2 R + 2Z_1 Z_2 = R^2 + Z_1 R + Z_2 R + Z_1 Z_2$$

$$\therefore R^2 = Z_1 Z_2 = j\omega L \times \frac{1}{j\omega C} = \frac{L}{C}$$

답 : ①

핵심과년도문제

10·1

그림과 같은 2단자망에서 구동점 임피던스를 구하면?

① $\dfrac{6s^2+1}{s(s^2+1)}$　　② $\dfrac{6s+1}{6s^2+1}$

③ $\dfrac{6s^2+1}{(s+1)(s+2)}$　　④ $\dfrac{s+2}{6s(s+1)}$

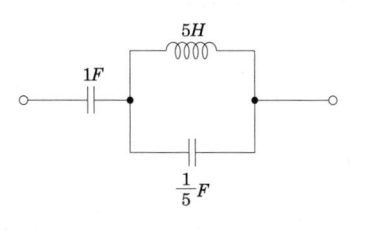

해설 구동점 임피던스를 구하면 $Z(j\omega)=\dfrac{1}{j\omega C_1}+\dfrac{j\omega L \cdot \dfrac{1}{j\omega C_2}}{j\omega L+\dfrac{1}{j\omega C_2}}$

$$Z(s)=\dfrac{1}{sC_1}+\dfrac{sL \cdot \dfrac{1}{sC_2}}{sL+\dfrac{1}{sC_2}}=\dfrac{1}{s}+\dfrac{5s \cdot \dfrac{5}{s}}{5s+\dfrac{5}{s}}=\dfrac{1}{s}+\dfrac{25}{\dfrac{5s^2+5}{s}}=\dfrac{s^2+1+5s^2}{s(s^2+1)}=\dfrac{6s^2+1}{s(s^2+1)}$$ 【답】 ①

10·2

구동점 임피던스에 있어서 영점(zero)은?

① 전류가 흐르지 않는 경우이다.　　② 회로를 개방한 것과 같다.
③ 회로를 단락한 것과 같다.　　④ 전압이 가장 큰 상태이다.

해설 구동점 임피던스 $Z(s)=0$인 경우는 임피던스가 0이므로 회로는 단락상태가 된다. 【답】 ③

10·3

구동점 임피던스 함수에 있어서 극점(pole)은?

① 단락 회로 상태를 의미한다.　　② 개방 회로 상태를 의미한다.
③ 아무 상태도 아니다.　　④ 전류가 많이 흐르는 상태를 의미한다.

해설 구동점 임피던스 $Z(s)=\infty$가 되는 경우이며 이때는 회로를 개방한 상태가 되어 전류는 흐르지 못한다. 【답】 ②

10 · 4

그림에서 회로가 주파수에 관계없이 일정한 임
피던스를 갖도록 C의 값[μF]을 결정하면?

① 20   ② 10

③ 2.454   ④ 0.24

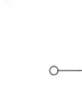

해설 정저항 조건에서 저항값을 구하면

$$R = \sqrt{\frac{L}{C}} \text{ 에서 } C = \frac{L}{R^2} = \frac{2 \times 10^{-3}}{10^2} = 20 \, [\mu\text{F}]$$

【답】①

10 · 5

다음 회로의 임피던스가 R이 되기 위한 조건은?

① $Z_1 Z_2 = R$ ② $\dfrac{Z_2}{Z_1} = R$

③ $Z_1 Z_2 = R^2$ ④ $\dfrac{Z_1}{Z_2} = R^2$

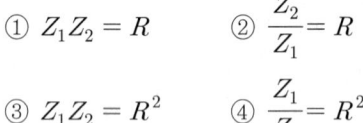

해설 그림에서 구동점 임피던스를 구하면

$$Z_0 = \frac{(R + Z_1)(R + Z_2)}{R + Z_1 + R + Z_2}$$

$$Z_0 = \frac{R\left(1 + \dfrac{Z_1}{R}\right)(R + Z_2)}{2R + Z_1 + Z_2}$$

정저항 조건이 되려면 $\left(1 + \dfrac{Z_1}{R}\right)(R + Z_2) = 2R + Z_1 + Z_2$

$$R + Z_1 + Z_2 + \frac{Z_1 \cdot Z_2}{R} = 2R + Z_1 + Z_2$$

$$\therefore R^2 = Z_1 Z_2 = j\omega L \times \frac{1}{j\omega C} = \frac{L}{C}$$

【답】③

10 · 6

그림 (a)와 그림 (b)가 역회로 관계에 있으려면 L의 값[mH]은? 단, $R^2 = 2000$
이다.

① 1.5×10^9

② 2×10^6

③ 3

④ 2

3[mH]

1[μF]

(a)

L[mH]   1.5[μF]

(b)

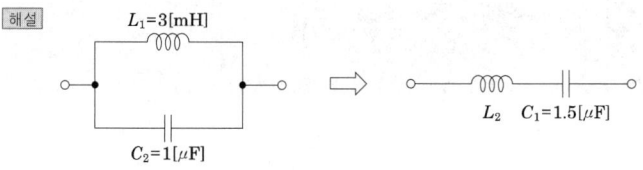

해설

역회로의 경우 $\dfrac{L_1}{C_1} = \dfrac{L_2}{C_2} = R^2$ 의 관계에서

$$L_2 = R^2 C_2 = 2000 \times 1 \times 10^{-6} = 2 \times 10^{-3} = 2 \ [\text{mH}]$$

【답】④

10 · 7

그림과 같은 (a), (b)의 회로가 서로 역회로의 관계가 있으려면 L의 값[mH]은?

① 0.001

② 0.01

③ 0.1

④ 1

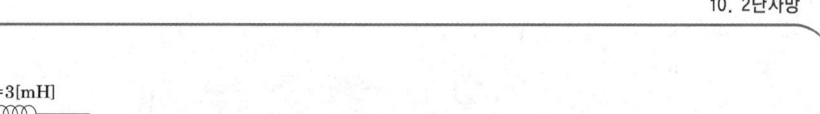

(a)   (b)

해설 역회로의 관계식에서 $R^2 = \dfrac{L_1}{C_1} = \dfrac{1 \times 10^{-3}}{1 \times 10^{-6}} = 10^3$ 이므로

$$\therefore L_2 = R^2 C_2 = 10^3 \times 0.1 \times 10^{-6} = 0.1 \times 10^{-3} \ [\text{H}] = 0.1 \ [\text{mH}]$$

【답】③

10 · 8

2단자 임피던스의 허수부가 어떤 주파수에 관해서도 언제나 0이 되고 실수부도 주파수에 무관하게 항상 일정하게 되는 회로는?

① 정 인덕턴스 회로   ② 정 임피던스 회로

③ 정 리액턴스 회로   ④ 정 저항 회로

해설 주파수와 무관하게 항상 일정한 회로를 정저항 회로라 한다.

【답】④

10 · 9

임피던스 함수 $Z(s) = \dfrac{s+50}{s^2 + 3s + 2} \ [\Omega]$으로 주어지는 2단자 회로망에 직류 100 [V]의 전압을 가했다면 회로의 전류는 몇 [A]인가?

① 4   ② 6   ③ 8   ④ 10

해설 전원의 전압이 직류이므로 $s = 0$이 된다.

$$\therefore I = \dfrac{V}{Z(s)} = \dfrac{100}{25} = 4 \ [\text{A}]$$

【답】①

심화학습문제

01 그림과 같은 유한 영역에서 극, 영점 분포를 가진 2단자 회로망의 구동점 임피던스는? 단, 환산 계수는 H라 한다.

① $\dfrac{Hs(s+b)}{(s+a)}$

② $\dfrac{H(s+a)}{s(s+b)}$

③ $\dfrac{s(s+b)}{H(s+a)}$

④ $\dfrac{s+a}{Hs(s+b)}$

해설

영점이 $s=-b$, $s=0$이므로 분자는 $s\cdot(s+b)$가 되며, 극점이 $s=-a$이므로 분모는 $s+a$가 된다.

따라서, $Z(s)=\dfrac{Hs(s+b)}{s+a}$

【답】 ①

02 리액턴스 함수 $Z(\lambda)=\dfrac{6\lambda^2+1}{\lambda(\lambda^2+1)}$로 표시되는 리액턴스 2단자 회로망은?

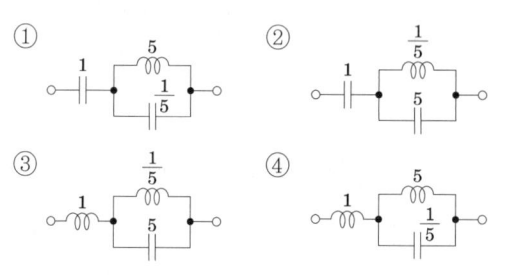

해설

$Z(\lambda)$를 부분 분수로 전개하여 정리하면 구한다.

$$Z(\lambda)=\frac{6\lambda^2+1}{\lambda(\lambda^2+1)}=\frac{1}{\lambda}+\frac{5\lambda}{\lambda^2+1}=\frac{1}{\lambda}+\cfrac{1}{\frac{1}{5}\lambda+\frac{1}{5\lambda}}$$

【답】 ①

03 유리 함수 $Z(s)$가 리액턴스 2단자 회로의 구동점 임피던스가 되기 위한 조건 중 잘못된 것은?

① $Z(s)$가 극과 0점이 단일하며 모두 허수축상에 서로 분리되어 존재하여야 한다.

② $Z(s)$의 극은 단일하며 허수축상에만 있고, 그 극의 유수는 양의 실수이어야 한다.

③ 2단자 회로망에 있어서 2단자 임피던스의 실수부가 어떠한 주파수에 있어서도 언제나 1이된다.

④ $Z(s)$의 영점은 단일하며 허수축상에만 있고, 그 영점에서 $dZ(s)/ds$는 양의 실수이고 0이 아니어야 한다.

해설

유리 함수 $Z(s)$가 리액턴스 2단자 회로의 구동점 임피던스가 되기 위한 조건은?

① $Z(s)$의 극점과 영점은 단일하며, 모두 허수축상에 서로 분리되어 존재하여야 한다.

② $Z(s)$의 극점은 단일하며 허수축상에만 있고, 그 극점의 유수는 양의 실수이어야 한다.

③ $Z(s)$의 영점은 단일하며 허수축상에만 있고, 그 영점에서 $\dfrac{dZ(s)}{ds}$는 양의 실수이고 0이 아니어야 한다.

【답】 ③

04 리액턴스 함수가 $Z(\lambda)=\dfrac{4\lambda}{\lambda^2+9}$로 표시되는 리액턴스 2단자망은 다음 중 어느 것인가?

해설

임피던스 함수를 병렬회로의 합성임피던스 형태로 변환하면

$$Z(\lambda) = \frac{4\lambda}{\lambda^2 + 9} = \frac{1}{(\lambda^2 + 9)/4\lambda} = \frac{1}{\dfrac{\lambda}{4} + \dfrac{9}{4\lambda}}$$

$$= \frac{1}{\dfrac{\lambda}{4} + \dfrac{1}{\dfrac{4}{9}\lambda}} = \frac{1}{\dfrac{1}{Z_1} + \dfrac{1}{Z_2}}$$

여기서, Z_1과 Z_2를 비교하여 구하면 C와 L 병렬회로라는 것을 알 수 있다.

【답】 ①

05 임피던스 함수가 $Z(s) = \dfrac{4s + 2}{s}$ 로 표시되는 2단자 회로망은 다음 중 어느 것인가? 단, $s = j\omega$이다.

① 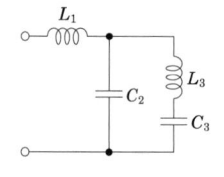　② 　

③ 　④

해설

임피던스 함수를 병렬회로의 합성임피던스 형태로 변환하면

$$Z(s) = \frac{4s + 2}{s} = 4 + \frac{2}{s} = 4 + \frac{1}{\dfrac{1}{2}s} = Z_1 + Z_2$$

따라서, 저항과 콘덴서의 직렬회로가 된다.

【답】 ②

06 그림은 리액턴스 2단자 회로의 성질이다. 잘못된 것은?

① 곡선의 기울기는 어디서나 정(+)이다.
② 주파수의 증가에 따라 극과 영점이 교대로 나타난다.

③ $\omega = 0$과 $\omega = \infty$에서 영점 또는 극이 존재한다.
④ $\omega \to \infty$에의 입력 리액턴스는 C_2의 크기에 좌우된다.

해설

임피던스함수에서 $\omega \to \infty$이면 극점을 의미하며, C_2는 영점과 관계된다.

【답】 ④

07 리액턴스 구동점 임피던스 $Z(s)$가 리액턴스 2단자망의 구동점 임피던스가 되기 위한 필요 충분 조건이 아닌 것은?

① $Z(s)$의 극은 항상 실수축상에 존재한다.
② $Z(s)$의 영점은 단순근이다.
③ $Z(s)$는 s의 정의 실수계 유리 함수이다.
④ $\dfrac{dZ(s)}{ds}$는 항상 실수이다.

해설

임피던스 함수 $Z(s)$의 극은 항상 허수축상에 존재한다.

【답】 ①

08 리액턴스 2단자 회로망의 임피던스 함수 $Z(j\omega)$를 $Z(j\omega) = jX(\omega)$라 놓을 때 $\dfrac{dX(\omega)}{d\omega}$는 어떻게 되는가?

① $\dfrac{dX(\omega)}{d\omega} = 0$　② $\dfrac{dX(\omega)}{d\omega} = \infty$

③ $\dfrac{dX(\omega)}{d\omega} < 0$　④ $\dfrac{dX(\omega)}{d\omega} > 0$

해설

일반적으로 한 개의 $L-C$ 직렬 리액턴스에서 $\dfrac{dX(\omega)}{d\omega} > 0$ 가 성립되면 두 리액턴스 $X_1(\omega)$와 $X_2(\omega)$의 직렬 회로에서는

$$X(\omega) = X_1(\omega) + X_2(\omega),$$

$$\frac{dX(\omega)}{d\omega} = \frac{dX_1(\omega)}{d\omega} + \frac{dX_2(\omega)}{d\omega} > 0$$

병렬 회로에서는

$$X(\omega) = \frac{X_1(\omega) \cdot X_2(\omega)}{X_1(\omega) + X_2(\omega)}$$

$$\frac{dX(\omega)}{d\omega} = \frac{\left\{ X_1(\omega)^2 \cdot \dfrac{dX_2(\omega)}{d\omega} + X_2(\omega)^2 \cdot \dfrac{dX_1(\omega)}{d\omega} \right\}}{\{X_1(\omega) + X_2(\omega)\}^2} > 0$$

따라서, 리액턴스 $X(\omega)$는 ω에 비해서 단조 증가 함수가 되며 반공진점을 제외한 모든 점에서 항상

$$\frac{dX(\omega)}{d\omega} > 0$$

가 성립한다. $Y(\omega)$의 경우는 $Z(\omega)$의 역수이므로 단조 감소 함수이다.

【답】 ④

09 다음 회로의 쌍대가 될 수 있는 회로는?

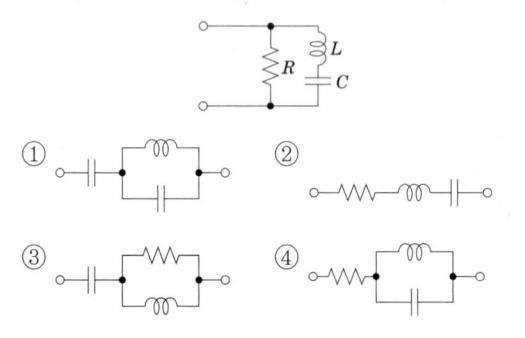

해설

각 소자를 역소자로(L은 C, C 는 L)그리고, 각 회로를 역회로(직렬은 병렬, 병렬은 직렬)로 구성한다.
【답】 ④

10 그림과 같은 회로가 정저항 회로가 되기 위하여는 ωL의 값은 대략 얼마인가?

① 약 1.6 [Ω]

② 약 1.2 [Ω]

③ 약 0.8 [Ω]

④ 약 0.38 [Ω]

해설

구동점 임피던스 함수를 구하면

$\dot{Z} = j\omega L + \dfrac{2 \times (-j10)}{2 - j10}$ 이므로 $\dot{Z}$를 실수부와 허수부로 구분하여, 허수부가 0이면 정저항 회로 조건이 성립된다. 그러므로 $\dot{Z} = j\omega L + \dfrac{(-j20)(2 + j10)}{104}$ 에서 허수부만 고려하면

$$j\left(\omega L - \frac{40}{104}\right) = 0 \qquad \therefore \omega L = 0.38$$

【답】 ④

4단자망

아무리 복잡한 회로망이라도 그림 1과 같이 입력과 출력을 각각 2개씩 가진 회로망으로 취급할 수 있다. 이것을 4단자망(four terminal network)이라 한다.

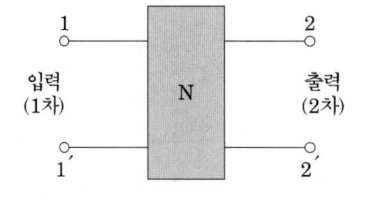
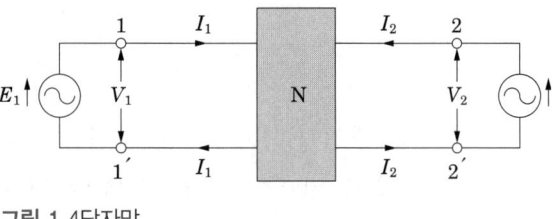

그림 1 4단자망

회로망의 내부에 능동소자(기전력)를 포함하고 있는 것을 능동 4단자망(active 4 - terminal network)이라 하고 수동소자로만 구성된 것을 수동 4단망(passive 4 - terminal network)이라 한다. 단자망의 내부 구조는 R, L, C 소자가 임의의 형태로 구성되지만 회로 해석에 필요한 것은 내부 구조가 아니고 입·출력측의 전압과 전류 관계이다. 따라서 2단자망에서는 전압과 전류 2개의 변수로써 회로를 해석할 수 있었으나 4단자망에서는 V_1, I_1, V_2, I_2 4개의 변수를 사용하여야 회로를 해석할 수 있다. 이들 4개의 변수를 조합하는 방법에 따라 다음 6가지의 관계식을 생각할 수 있다.

$$\begin{bmatrix} V_1 \\ V_2 \end{bmatrix} = \begin{bmatrix} Z_{11} & Z_{12} \\ Z_{21} & Z_{22} \end{bmatrix} \begin{bmatrix} I_1 \\ I_2 \end{bmatrix}$$

$$\begin{bmatrix} I_1 \\ I_2 \end{bmatrix} = \begin{bmatrix} Y_{11} & Y_{12} \\ Y_{21} & Y_{22} \end{bmatrix} \begin{bmatrix} V_1 \\ V_2 \end{bmatrix}$$

$$\begin{bmatrix} V_1 \\ I_2 \end{bmatrix} = \begin{bmatrix} H_{11} & H_{12} \\ H_{21} & H_{22} \end{bmatrix} \begin{bmatrix} I_1 \\ V_2 \end{bmatrix}$$

$$\begin{bmatrix} I_1 \\ V_2 \end{bmatrix} = \begin{bmatrix} G_{11} & G_{12} \\ G_{21} & G_{22} \end{bmatrix} \begin{bmatrix} V_1 \\ I_2 \end{bmatrix}$$

$$\begin{bmatrix} V_1 \\ I_1 \end{bmatrix} = \begin{bmatrix} A & B \\ C & D \end{bmatrix} \begin{bmatrix} V_2 \\ I_2 \end{bmatrix}$$

$$\begin{bmatrix} V_2 \\ I_2 \end{bmatrix} = \begin{bmatrix} D & -B \\ -C & A \end{bmatrix} \begin{bmatrix} V_1 \\ I_1 \end{bmatrix}$$

각각의 식에서 전압과 전류의 관계를 나타내는 4개의 매개 수가있으며 이를 파라미터 (parameter)라고 한다. 파라미터는 임피던스나 어드미턴스의 차원 또는 차원이 없는 전압비나 전류비가 된다.

1. 임피던스 파라미터(Z parameter)

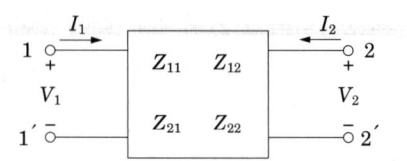

그림 2 임피던스 파라미터

그림 2에서 입력단자 1-1′의 전압 V_1, 전류 I_1이고 출력단자 2-2′의 전압 V_2, 전류 I_2일 때 키르히호프의 제2법칙(전압법칙)을 적용하여 V_1, V_2식으로 표시하면 다음과 같다.

$$V_1 = Z_{11}I_1 + Z_{12}I_2$$
$$V_2 = Z_{21}I_1 + Z_{22}I_2$$

행렬식으로 표시하면 다음과 같다.

$$\begin{bmatrix} V_1 \\ V_2 \end{bmatrix} = \begin{bmatrix} Z_{11} & Z_{12} \\ Z_{21} & Z_{22} \end{bmatrix} \begin{bmatrix} I_1 \\ I_2 \end{bmatrix}$$

여기서, 우변의 계수행렬을 임피던스 행렬(impedance matrix) 또는 Z행렬이라 한다.

$$[Z] = \begin{bmatrix} Z_{11} & Z_{12} \\ Z_{21} & Z_{22} \end{bmatrix}$$

여기서, Z_{11}, Z_{12}, Z_{21}, Z_{22}는 비례정수로서 임피던스의 차원을 가지므로 일명 임피던스 파라미터(impedance parameter)라 한다.

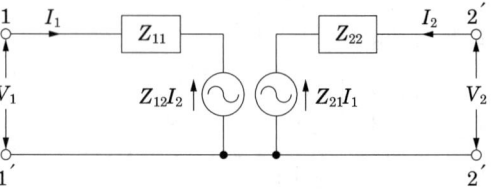

그림 3 임피던스 파라미터의 등가회로

임피던스 파라미터의 물리적인 의미는 다음과 같다. 임피던스 파라미터의 값은 I_1 또는

I_2를 개방하는 조건($I_1 = 0$, $I_2 = 0$)으로 구할 수 있다.

$$Z_{11} = \left.\frac{V_1}{I_1}\right|_{I_2=0} \quad \text{단자 } 1-1'\text{에서의 개방 구동점 임피던스}$$

$$Z_{21} = \left.\frac{V_2}{I_1}\right|_{I_2=0} \quad \text{개방 순방형 전달임피던스}$$

$$Z_{22} = \left.\frac{V_2}{I_2}\right|_{I_1=0} \quad \text{단자 } 2-2'\text{에서의 개방 구동점 임피던스}$$

$$Z_{12} = \left.\frac{V_1}{I_2}\right|_{I_1=0} \quad \text{개방 역방형 전달임피던스}$$

이러한 선형 회로망에서는 $Z_{12} = Z_{21}$의 관계가 있고, 대칭회로인 경우는 $Z_{11} = Z_{22}$의 관계가 있다.

예제문제 01

그림과 같은 $Z-$파라미터로 표시되는 4단자망의 $1-1'$ 단자간에 4 [A], $2-2'$ 단자간에 1 [A]의 정전류원을 연결하였을 때의 $1-1'$ 단자간의 전압 V_1과 $2-2'$ 단자간의 전압 V_2가 바르게 구하여진 것은? 단, $Z-$파라미터는 [Ω] 단위이다.

① 18 [V], 12 [V]

② 36 [V], -24 [V]

③ 36 [V], 24 [V]

④ 24 [V], 36 [V]

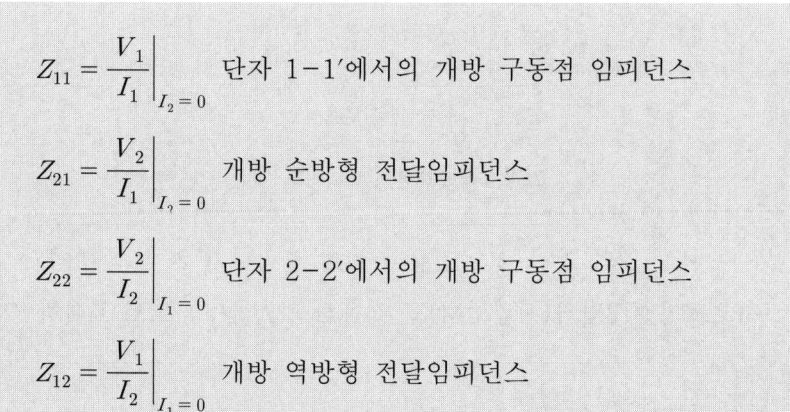

해설

임피던스 행렬에 의해 구하면 $\begin{bmatrix} V_1 \\ V_2 \end{bmatrix} = \begin{bmatrix} Z_{11} & Z_{12} \\ Z_{21} & Z_{22} \end{bmatrix} \begin{bmatrix} I_1 \\ I_2 \end{bmatrix} = \begin{bmatrix} 8 & 4 \\ 4 & 8 \end{bmatrix} \begin{bmatrix} 4 \\ 1 \end{bmatrix} = \begin{bmatrix} 36 \\ 24 \end{bmatrix}$

답 : ③

예제문제 02

그림과 같은 T형 회로의 임피던스 파라미터 Z_{11}을 구하면?

① Z_3

② $Z_1 + Z_2$

③ $Z_2 + Z_3$

④ $Z_1 + Z_3$

해설

임피던스 행렬에 의해 $\begin{bmatrix} V_1 \\ V_2 \end{bmatrix} = \begin{bmatrix} Z_{11} & Z_{12} \\ Z_{21} & Z_{22} \end{bmatrix} \begin{bmatrix} I_1 \\ I_2 \end{bmatrix}$ 구하면 다음과 같다.

$Z_{11} = \left.\frac{V_1}{I_1}\right|_{I_2=0} = Z_1 + Z_3$ $\quad$ $Z_{12} = \left.\frac{V_1}{I_2}\right|_{I_1=0} = Z_3$ $\quad$ $Z_{21} = \left.\frac{V_2}{I_1}\right|_{I_2=0} = Z_3$ $\quad$ $Z_{22} = \left.\frac{V_2}{I_2}\right|_{I_1=0} = Z_2 + Z_3$

답 : ④

2. 어드미턴스 파라미터(Y parameter)

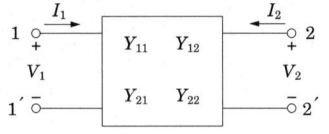

그림 4 어드미턴스 파라미터

그림 4의 입력단자 1-1′의 전압 V_1, 전류 I_1이고 출력단자 2-2′의 전압 V_2, 전류 I_2일 때 키르히호프의 제2법칙(전압법칙)을 적용하여 I_1, I_2 식으로 표시하면 다음과 같다.

$$I_1 = Y_{11}V_1 + Y_{12}V_2$$
$$I_2 = Y_{21}V_1 + Y_{22}V_2$$

또한 행렬식으로 표시하면 다음과 같다.

$$\begin{bmatrix} I_1 \\ I_2 \end{bmatrix} = \begin{bmatrix} Y_{11} & Y_{12} \\ Y_{21} & Y_{22} \end{bmatrix} \begin{bmatrix} V_1 \\ V_2 \end{bmatrix}$$

우변의 계수행렬을 어드미턴스 행렬(admittance matrix) 또는 Y 행렬이라 한다.

$$[Y] = \begin{bmatrix} Y_{11} & Y_{12} \\ Y_{21} & Y_{22} \end{bmatrix}$$

여기서, Y_{11}, Y_{12}, Y_{21}, Y_{22}는 비례정수로서 어드미턴스의 차원을 가지므로 이를 어드미턴스 파라미터(admittance parameter)라 한다.

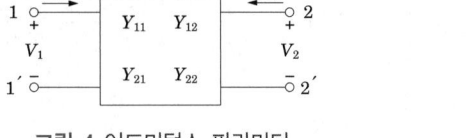

그림 5 어드미턴스 파라미터의 등가회로

어드미턴스 파라미터의 물리적인 의미는 다음과 같다.
어드미턴스 파라미터의 값은 V_1 또는 V_2를 단락하는 조건($V_1 = 0$, $V_2 = 0$)으로 구할 수 있다.

$$Y_{11} = \frac{I_1}{V_1}\bigg|_{V_2 = 0} \quad \text{단자 1-1′에서의 단락 구동점 어드미턴스}$$

$$Y_{21} = \frac{I_2}{V_1}\bigg|_{V_2 = 0} \quad \text{단락 순방형 전달 어드미턴스}$$

$$Y_{22} = \frac{I_2}{V_2}\bigg|_{V_1 = 0} \quad \text{단자 2-2′에서의 단락 구동점 어드미턴스}$$

$$Y_{12} = \frac{I_1}{V_2}\bigg|_{V_1 = 0} \quad \text{단락 역방형 전달 어드미턴스}$$

일반적인 수동 선형 4단자망에서는 $Y_{12} = Y_{21}$의 관계가 있으며, 대칭회로라면 $Y_{11} = Y_{22}$의 관계가 있다.

예제문제 03

어떤 2단자 쌍회로망의 Y-파라미터가 그림과 같다. aa′ 단자간에 $V_1 = 36$ [V], bb′ 단자간에 $V_2 = 24$ [V]의 정전압원을 연결하였을 때 I_1, I_2의 값은 각각 몇 [A]인가? 단, Y-파라미터는 [℧] 단위임

① $I_1 = 4$, $I_2 = 5$

② $I_1 = 5$, $I_2 = 4$

③ $I_1 = 1$, $I_2 = 4$

④ $I_1 = 4$, $I_2 = 1$

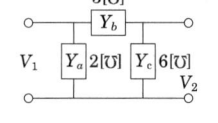

해설

어드미턴스 행렬에 의해 구하면 $\begin{bmatrix} I_1 \\ I_2 \end{bmatrix} = \begin{bmatrix} Y_{11} & Y_{12} \\ Y_{21} & Y_{22} \end{bmatrix}\begin{bmatrix} V_1 \\ V_2 \end{bmatrix} = \begin{bmatrix} \dfrac{1}{6} & -\dfrac{1}{12} \\ -\dfrac{1}{12} & \dfrac{1}{6} \end{bmatrix}\begin{bmatrix} 36 \\ 24 \end{bmatrix} = \begin{bmatrix} 4 \\ 1 \end{bmatrix}$

답 : ④

예제문제 04

그림과 같은 π형 4단자 회로의 어드미턴스 상수 중 Y_{22}는?

① 5 [℧]   ② 6 [℧]

③ 9 [℧]   ④ 11 [℧]

해설

어드미턴스 행렬에 의해 구하면 $\begin{bmatrix} I_1 \\ I_2 \end{bmatrix} = \begin{bmatrix} Y_{11} & Y_{12} \\ Y_{21} & Y_{22} \end{bmatrix}\begin{bmatrix} V_1 \\ V_2 \end{bmatrix}$ 다음과 같다.

$$Y_{11} = \frac{I_1}{V_1}\bigg|_{V_2 = 0} = Y_a + Y_b \qquad\qquad Y_{12} = \frac{I_1}{V_2}\bigg|_{V_1 = 0} = \frac{-Y_b V_2}{V_2} = -Y_b$$

$$Y_{21} = \frac{I_2}{V_1}\bigg|_{V_2 = 0} = \frac{-Y_b V_1}{V_1} = -Y_b \qquad Y_{22} = \frac{I_2}{V_2}\bigg|_{V_1 = 0} = Y_b + Y_c$$

$$\therefore Y_{22} = 3 + 6 = 9$$

답 : ③

3. 임피던스 파라미터와 어드미턴스 파라미터의 관계

임피던스 파라미터는 다음과 같다.

$$\begin{bmatrix} V_1 \\ V_2 \end{bmatrix} = \begin{bmatrix} Z_{11} & Z_{12} \\ Z_{21} & Z_{22} \end{bmatrix} \begin{bmatrix} I_1 \\ I_2 \end{bmatrix}$$

어디미턴스 파라미터는 다음과 같다.

$$\begin{bmatrix} I_1 \\ I_2 \end{bmatrix} = \begin{bmatrix} Y_{11} & Y_{12} \\ Y_{21} & Y_{22} \end{bmatrix} \begin{bmatrix} V_1 \\ V_2 \end{bmatrix}$$

임피던스와 어드미턴스는 역수의 관계가 있으므로 임피던스 파라미터를 다음과 같이 나타낼 수 있다.

$$\begin{bmatrix} V_1 \\ V_2 \end{bmatrix} = \begin{bmatrix} Y_{11} & Y_{12} \\ Y_{21} & Y_{22} \end{bmatrix}^{-1} \begin{bmatrix} I_1 \\ I_2 \end{bmatrix} = \begin{bmatrix} \dfrac{Y_{22}}{\Delta} & \dfrac{-Y_{12}}{\Delta} \\ \dfrac{-Y_{21}}{\Delta} & \dfrac{Y_{11}}{\Delta} \end{bmatrix} \begin{bmatrix} I_1 \\ I_2 \end{bmatrix} = \begin{bmatrix} Z_{11} & Z_{12} \\ Z_{21} & Z_{22} \end{bmatrix} \begin{bmatrix} I_1 \\ I_2 \end{bmatrix}$$

여기서, $\Delta = Y_{11}Y_{22} - Y_{12}Y_{21} \neq 0$ 이며,

$$Z_{11} = \frac{Y_{22}}{\Delta}, Z_{12} = \frac{-Y_{12}}{\Delta}, Z_{21} = \frac{-Y_{21}}{\Delta}, Z_{22} = \frac{Y_{11}}{\Delta}$$

의 관계가 있다.

4. 4단자망의 직렬접속

N_1과 N_2의 4단자 회로망을 그림 6과 같이 직렬로 접속한 경우 임피던스 파라미터를 이용하면 쉽게 구할 수 있다.

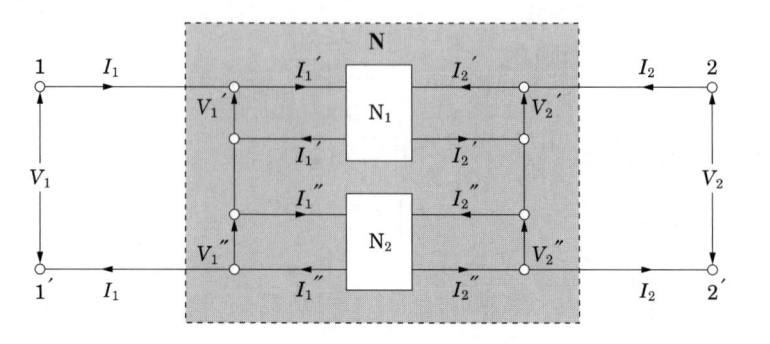

그림 6 4단자망의 직렬접속

N_1 회로망의 임피던스 파라미터는 다음과 같다.

$$\begin{bmatrix} V_1' \\ V_2' \end{bmatrix} = \begin{bmatrix} Z_{11}' & Z_{12}' \\ Z_{21}' & Z_{22}' \end{bmatrix} \begin{bmatrix} I_1' \\ I_2' \end{bmatrix}$$

N_2 회로망의 임피던스 파라미터는 다음과 같다.

$$\begin{bmatrix} V_1'' \\ V_2'' \end{bmatrix} = \begin{bmatrix} Z_{11}'' & Z_{12}'' \\ Z_{21}'' & Z_{22}'' \end{bmatrix} \begin{bmatrix} I_1'' \\ I_2'' \end{bmatrix}$$

N_1과 N_2의 회로가 직렬연결되어 있으므로 다음과 같은 관계가 있다.

$$V_1 = V_1' + V_1'', V_2 = V_2' + V_2'', I_1 = I_1' = I_1'', I_2 = I_2' = I_2''$$

$$\begin{bmatrix} V_1 \\ V_2 \end{bmatrix} = \begin{bmatrix} V_1' \\ V_2' \end{bmatrix} + \begin{bmatrix} V_1'' \\ V_2'' \end{bmatrix} = \begin{bmatrix} Z_{11}' & Z_{12}' \\ Z_{21}' & Z_{22}' \end{bmatrix} \begin{bmatrix} I_1' \\ I_2' \end{bmatrix} + \begin{bmatrix} Z_{11}'' & Z_{12}'' \\ Z_{21}'' & Z_{22}'' \end{bmatrix} \begin{bmatrix} I_1'' \\ I_2'' \end{bmatrix}$$

$$= \begin{bmatrix} Z_{11}' + Z_{11}'' & Z_{12}' + Z_{12}'' \\ Z_{21}' + Z_{21}'' & Z_{22}' + Z_{22}'' \end{bmatrix} \begin{bmatrix} I_1 \\ I_2 \end{bmatrix} = \begin{bmatrix} Z_{11} & Z_{12} \\ Z_{21} & Z_{22} \end{bmatrix} \begin{bmatrix} I_1 \\ I_2 \end{bmatrix}$$

정리하면 다음과 같이 된다.

$$Z_{11} = Z_{11}' + Z_{11}'', \quad Z_{12} = Z_{12}' + Z_{12}''$$
$$Z_{21} = Z_{21}' + Z_{21}'', \quad Z_{22} = Z_{22}' + Z_{22}''$$

5. 4단자망의 병렬접속

N_1과 N_2의 4단자 회로망을 그림 7과 같이 직렬로 접속한 경우 어드미턴스 파라미터를 이용하면 쉽게 구할 수 있다.

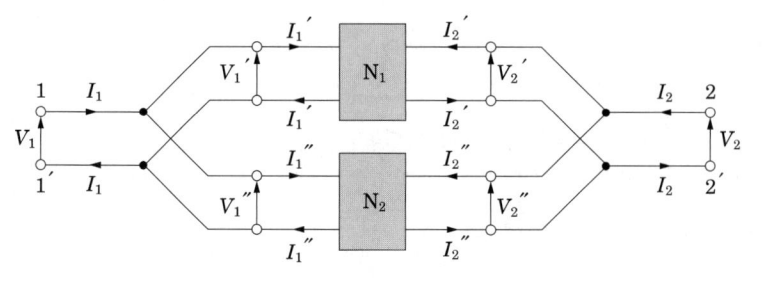

그림 7 4단자망의 병렬접속

N_1 회로망의 어드미턴스 파라미터는 다음과 같다.

$$\begin{bmatrix} I_1' \\ I_2' \end{bmatrix} = \begin{bmatrix} Y_{11}' & Y_{12}' \\ Y_{21}' & Y_{22}' \end{bmatrix} \begin{bmatrix} V_1' \\ V_2' \end{bmatrix}$$

N_2 회로망의 어드미턴스 파라미터는 다음과 같다.

$$\begin{bmatrix} I_1'' \\ I_2'' \end{bmatrix} = \begin{bmatrix} Y_{11}'' & Y_{12}'' \\ Y_{21}'' & Y_{22}'' \end{bmatrix} \begin{bmatrix} V_1'' \\ V_2'' \end{bmatrix}$$

N_1과 N_2의 회로가 병렬연결되어 있으므로 다음과 같은 관계가 있다.

$$I_1 = I_1' + I_1'', I_2 = I_2' + I_2'', V_1 = V_1' = V_1'', V_2 = V_2' = V_2''$$

$$\begin{bmatrix} I_1 \\ I_2 \end{bmatrix} = \begin{bmatrix} I_1' \\ I_2' \end{bmatrix} + \begin{bmatrix} I_1'' \\ I_2'' \end{bmatrix} = \begin{bmatrix} Y_{11}' & Y_{12}' \\ Y_{21}' & Y_{22}' \end{bmatrix} \begin{bmatrix} V_1' \\ V_2' \end{bmatrix} + \begin{bmatrix} Y_{11}'' & Y_{12}'' \\ Y_{21}'' & Y_{22}'' \end{bmatrix} \begin{bmatrix} V_1'' \\ V_2'' \end{bmatrix}$$

$$= \begin{bmatrix} Y_{11}' + Y_{11}'' & Y_{12}' + Y_{12}'' \\ Y_{21}' + Y_{21}'' & Y_{22}' + Y_{22}'' \end{bmatrix} \begin{bmatrix} V_1 \\ V_2 \end{bmatrix} = \begin{bmatrix} Y_{11} & Y_{12} \\ Y_{21} & Y_{22} \end{bmatrix} \begin{bmatrix} V_1 \\ V_2 \end{bmatrix}$$

정리하면 다음과 같다.

$$Y_{11} = Y_{11}' + Y_{11}'', Y_{12} = Y_{12}' + Y_{12}''$$
$$Y_{21} = Y_{21}' + Y_{21}'', Y_{22} = Y_{22}' + Y_{22}''$$

6. 하이브리드 G 파라미터

어드미턴스 파라미터는 다음과 같다.

$$\begin{bmatrix} I_1 \\ I_2 \end{bmatrix} = \begin{bmatrix} Y_{11} & Y_{12} \\ Y_{21} & Y_{22} \end{bmatrix} \begin{bmatrix} V_1 \\ V_2 \end{bmatrix}$$

이식을 변형하면

$$I_1 = \frac{Y_{11} Y_{22} - Y_{12} Y_{21}}{Y_{22}} V_1 + \frac{Y_{12}}{Y_{22}} I_2 = G_{11} V_1 + G_{12} I_2$$

$$V_2 = -\frac{Y_{21}}{Y_{22}} V_1 + \frac{1}{Y_{22}} I_2 = G_{21} V_1 + G_{22} I_2$$

행렬로 표시하면 다음과 같이 된다.

$$\begin{bmatrix} I_1 \\ V_2 \end{bmatrix} = \begin{bmatrix} G_{11} & G_{12} \\ G_{21} & G_{22} \end{bmatrix} \begin{bmatrix} V_1 \\ I_2 \end{bmatrix} = [\,G\,] \begin{bmatrix} V_1 \\ I_2 \end{bmatrix}$$

$[\,G\,]$를 4단자망의 하이브리드(hybrid) G행렬이라고 하며 그의 요소를 4단자망의 하이브리드 G파라미터라고 한다.

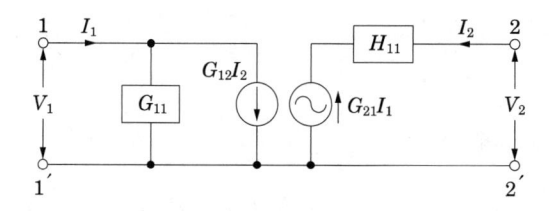

그림 8 G파라미터의 등가회로

하이브리드 G파라미터는 입력 단자를 단락하여 $V_1 = 0$ 또는 출력 단자를 개방하여 $I_2 = 0$으로 생각하면 구할 수 있다.

$$G_{11} = \left(\frac{I_1}{V_1}\right)_{I_2 = 0} \qquad 입력측에서 \ 본 \ 개방 \ 구동점 \ 어드미턴스$$

$$G_{21} = \left(\frac{V_2}{V_1}\right)_{I_2 = 0} \qquad 개방 \ 순방향(forward) \ 전압비(전압 \ 이득)$$

$$G_{12} = \left(\frac{I_1}{I_2}\right)_{V_1 = 0} \qquad 단락 \ 역방향(backward) \ 전류비(전류 \ 이득)$$

$$G_{22} = \left(\frac{V_2}{I_2}\right)_{V_1 = 0} \qquad 출력측에서 \ 본 \ 단락 \ 구동점 \ 임피던스$$

선형 회로망에서는 $G_{12} = - G_{21}$의 관계가 있고, 대칭회로라면 $\Delta G(G_{11}G_{22} - G_{12}G_{21}) = 1$의 관계가 있다.

7. 4단자 정수(F파라미터)

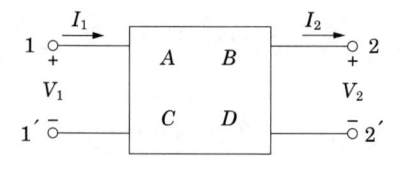

그림 9 전송 파라미터

F 파라미터에서는 I_2는 상부의 단자에서 유출하는 방향을 (+)로 하는 것이 취급하기 편리하므로 I_2의 (+)방향을 정하여 구한다. 이것은 종속접속에서 유리하기 때문이다. 어드미턴스 파라미터의 식으로부터 I_2를 $- I_2$로 하면 다음과 같이 된다.

$$\begin{bmatrix} I_1 \\ - I_2 \end{bmatrix} = \begin{bmatrix} Y_{11} & Y_{12} \\ Y_{21} & Y_{22} \end{bmatrix} \begin{bmatrix} V_1 \\ V_2 \end{bmatrix}$$

따라서,

$$I_1 = Y_{11} V_1 + Y_{12} V_2$$

$$- I_2 = Y_{21} V_1 + Y_{22} V_2$$

이므로 이 식을 변형하면 다음과 같다.

$$V_1 = -\frac{Y_{22}}{Y_{21}} V_2 - \frac{1}{Y_{21}} I_2, I_1 = -\frac{Y_{11} Y_{22} - Y_{12} Y_{21}}{Y_{21}} V_2 - \frac{Y_{11}}{Y_{21}} I_2$$

$$A = -\frac{Y_{22}}{Y_{21}}, B = -\frac{1}{Y_{21}}, C = -\frac{Y_{11} Y_{22} - Y_{12} Y_{21}}{Y_{21}}, D = -\frac{Y_{11}}{Y_{21}}$$

정리하면

$$V_1 = A V_2 + B I_2$$

$$I_1 = C V_2 + D I_2$$

가 된다. 이를 행렬로 표현하면 다음과 같다.

$$\begin{bmatrix} V_1 \\ I_1 \end{bmatrix} = \begin{bmatrix} A & B \\ C & D \end{bmatrix} \begin{bmatrix} V_2 \\ I_2 \end{bmatrix} = [F] \begin{bmatrix} V_2 \\ I_2 \end{bmatrix}$$

$[F]$를 4단자망의 기본 행렬 또는 F행렬이라 하고 그의 요소 A, B, C, D를 4단자 정수 (four terminal constants) 또는 F파라미터라 한다.
F파라미터의 물리적 의미는 다음과 같다.

$$A = \frac{V_1}{V_2}\bigg|_{I_2 = 0} \quad \text{개방 역방향 전압 이득 (전압비)}$$

$$B = \frac{V_1}{I_2}\bigg|_{V_2 = 0} \quad \text{단락 역방향 전달 임피던스 (임피던스 차원)}$$

$$C = \frac{I_1}{V_2}\bigg|_{I_2 = 0} \quad \text{개방 역방형 전달 어드미턴스 (어드미턴스 차원)}$$

$$D = \frac{I_1}{I_2}\bigg|_{V_2 = 0} \quad \text{단락 역방형 전류 이득 (전류비)}$$

선형 회로망에서는 $Y_{12} = - Y_{21}$의 관계가 있으므로, $AD - BC = 1$이 되고, 대칭회로라면 $Y_{11} = Y_{22}$이므로 $A = D$의 관계가 있다.

$$\begin{vmatrix} A & B \\ C & D \end{vmatrix} = AD - BC = 1$$

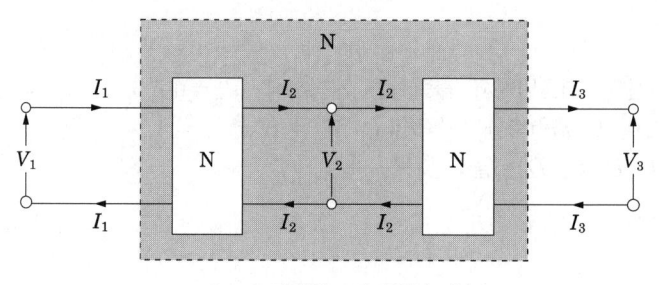

그림 10 4단자회로망의 종속접속

그림 10과 같이 N_1, N_2 2개의 4단자망을 종속으로 접속하여 새로운 4단자망의 4단자 정수는 다음과 같이 구한다.

먼저 N_1의 4단자정수는 $\begin{bmatrix} A_1 & B_1 \\ C_1 & D_1 \end{bmatrix}$ 이고 N_2의 4단자정수는 $\begin{bmatrix} A_2 & B_2 \\ C_2 & D_2 \end{bmatrix}$ 이라면

$$\begin{bmatrix} V_1 \\ I_1 \end{bmatrix} = \begin{bmatrix} A_1 & B_1 \\ C_1 & D_1 \end{bmatrix} \begin{bmatrix} V_2 \\ I_2 \end{bmatrix} 에 \begin{bmatrix} V_2 \\ I_2 \end{bmatrix} = \begin{bmatrix} A_2 & B_2 \\ C_2 & D_2 \end{bmatrix} \begin{bmatrix} V_3 \\ I_3 \end{bmatrix}$$

를 대입한다.

$$\begin{bmatrix} V_1 \\ I_1 \end{bmatrix} = \begin{bmatrix} A_1 & B_1 \\ C_1 & D_1 \end{bmatrix} \begin{bmatrix} A_2 & B_2 \\ C_2 & D_2 \end{bmatrix} \begin{bmatrix} V_3 \\ I_3 \end{bmatrix}$$

$$= \begin{bmatrix} A_1A_2 + B_1C_2 & A_1B_2 + B_1D_2 \\ C_1A_2 + D_1C_2 & C_1B_2 + D_1D_2 \end{bmatrix} \begin{bmatrix} V_3 \\ I_3 \end{bmatrix}$$

예제문제 **05**

4단자 정수 A, B, C, D 중에서 어드미턴스의 차원을 가진 정수는 어느 것인가?

① A ② B ③ C ④ D

해설

A, B, C, D로 표시되는 4단자 기초 방정식은 전송행렬은 $\begin{bmatrix} V_1 \\ I_1 \end{bmatrix} = \begin{bmatrix} A & B \\ C & D \end{bmatrix} \begin{bmatrix} V_2 \\ I_2 \end{bmatrix}$ 이며,

각 파라미터의 물리적 의미는 다음과 같다.

$A = \dfrac{V_1}{V_2}\bigg|_{I_2 = 0}$: 출력을 개방했을 때 전압 이득

$B = \dfrac{V_1}{I_2}\bigg|_{V_2 = 0}$: 출력을 단락했을 때 전달 임피던스

$C = \dfrac{I_1}{V_2}\bigg|_{I_2 = 0}$: 출력을 개방했을 때 전달 어드미턴스

$D = \dfrac{I_1}{I_2}\bigg|_{V_2 = 0}$: 출력을 단락했을 때 전류 이득

답 : ③

예제문제 06

그림과 같은 4단자 회로망에서 출력측을 개방하니 $V_1 = 12$, $I_1 = 2$, $V_2 = 4$이고 출력측을 단락하니 $V_1 = 16$, $I_1 = 4$, $I_2 = 2$였다. A, B, C, D는 얼마인가?

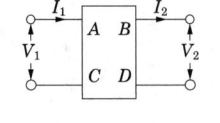

① 3, 8, 0.5, 2   ② 8, 0.5, 2, 3   ③ 0.5, 2, 3, 8   ④ 2, 3, 8, 0.5

해설

전송행렬에 의해 $\begin{bmatrix} V_1 \\ I_1 \end{bmatrix} = \begin{bmatrix} A & B \\ C & D \end{bmatrix} \begin{bmatrix} V_2 \\ I_2 \end{bmatrix}$ 4단자 정수를 구하면 다음과 같다.

$A = \dfrac{V_1}{V_2} \bigg|_{I_2=0} = \dfrac{12}{4} = 3$ $\qquad\qquad B = \dfrac{V_1}{I_2} \bigg|_{V_2=0} = \dfrac{16}{2} = 8$

$C = \dfrac{I_1}{V_2} \bigg|_{I_2=0} = \dfrac{2}{4} = 0.5$ $\qquad\qquad D = \dfrac{I_1}{I_2} \bigg|_{V_2=0} = \dfrac{4}{2} = 2$

답 : ①

예제문제 07

그림에서 4단자 회로 정수 A, B, C, D 중 출력 단자 3, 4가 개방되었을 때의 $\dfrac{V_1}{V_2}$인 A의 값은?

① $1 + \dfrac{Z_2}{Z_1}$ $\qquad$ ② $\dfrac{Z_1 + Z_2 + Z_3}{Z_1 Z_3}$

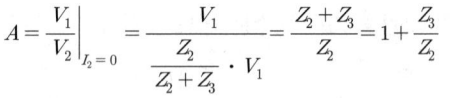

③ $1 + \dfrac{Z_2}{Z_3}$ $\qquad$ ④ $1 + \dfrac{Z_3}{Z_2}$

해설

전송행렬에 의해 $\begin{bmatrix} V_1 \\ I_1 \end{bmatrix} = \begin{bmatrix} A & B \\ C & D \end{bmatrix} \begin{bmatrix} V_2 \\ I_2 \end{bmatrix}$ A정수를 구하면 다음과 같다.

$A = \dfrac{V_1}{V_2} \bigg|_{I_2=0} = \dfrac{V_1}{\dfrac{Z_2}{Z_2 + Z_3} \cdot V_1} = \dfrac{Z_2 + Z_3}{Z_2} = 1 + \dfrac{Z_3}{Z_2}$

답 : ④

예제문제 08

다음 회로에 4단자 상수 중 잘못 구해진 것은 어느 것인가?

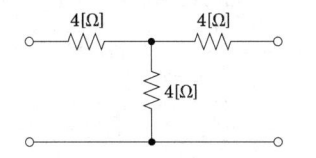

① $A = 2$ $\qquad$ ② $B = 12$

③ $C = \dfrac{1}{2}$ $\qquad$ ④ $D = 2$

해설

전송행렬에 의해 $\begin{bmatrix} V_1 \\ I_1 \end{bmatrix} = \begin{bmatrix} A & B \\ C & D \end{bmatrix} \begin{bmatrix} V_2 \\ I_2 \end{bmatrix}$ 4단자 정수를 구하면 다음과 같다.

$A = \dfrac{4+4}{4} = 2$ $\qquad B = \dfrac{4 \times 4 + 4 \times 4 + 4 \times 4}{4} = 12$ $\qquad C = \dfrac{1}{4}$ $\qquad D = \dfrac{4+4}{4} = 2$

답 : ③

8. 영상 파라미터

8.1 영상 임피던스

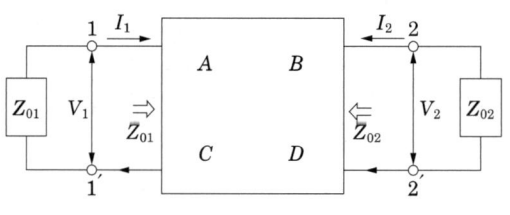

그림 11 영상 파라미터

그림 11과 같이 외부 단자에 임피던스가 연결된 경우 영상 파라미터를 도입하여 해석할 수 있다. 입력단자 1-1′에 Z_{01}을 접속하고 출력단자 2-2′에 임피던스 Z_{02}를 연결한 경우, 입력단자 1-1′에서 좌측이나 우측으로 본 임피던스가 다같이 Z_{01}이 되고 또한 출력단자 2-2′에서 좌, 우측으로 본 임피던스가 Z_{02}가 된다면 각 단자는 거울의 영상과 같은 임피던스를 갖게 되므로 이 두 임피던스를 4단자망의 영상임피던스 (image impedance)라 한다. 그리고 이러한 상태를 입·출력에 대해 임피던스가 정합 (impedance matching)되었다고 한다.

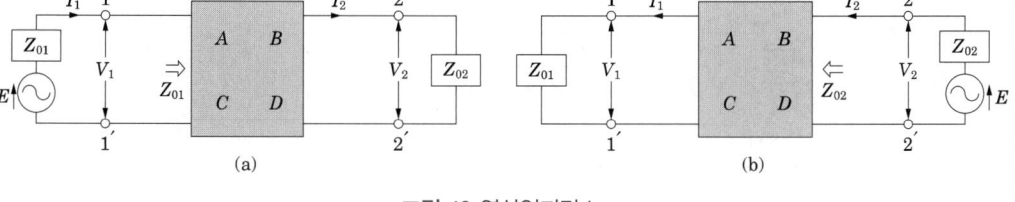

그림 12 영상임피던스

영상 임피던스는 다음과 같다.

$$Z_{01} = \sqrt{\frac{AB}{CD}} \qquad Z_{02} = \sqrt{\frac{DB}{CA}}$$

대칭회로망의 경우, $A = D$이므로

$$Z_{01} = Z_{02} = \sqrt{\frac{B}{C}}$$

가 된다.

8.2 영상 전달정수

$$\theta = \ln\left(\sqrt{AD} + \sqrt{BC}\right)$$

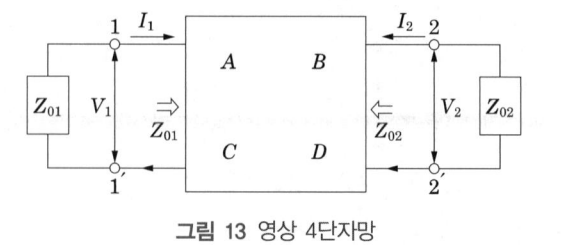

그림 13 영상 4단자망

8.3 영상파라미터

4단자망의 특성을 Z_{01}, Z_{02} 및 θ로 표시할 수 있으므로 영상 임피던스 Z_{01}, Z_{02}와 전달함수 θ의 3개를 영상 파라미터(image parameter)라고 한다.

$$Z_{01}Z_{02} = \frac{B}{C}, \frac{Z_{01}}{Z_{02}} = \frac{A}{D}, \cosh\theta = \sqrt{AD}, \sinh\theta = \sqrt{BC}$$

$$A = \sqrt{\frac{A}{D}} \times \sqrt{AD} = \sqrt{\frac{Z_{01}}{Z_{02}}}\cosh\theta$$

$$B = \sqrt{\frac{B}{C}} \times \sqrt{BC} = \sqrt{Z_{01}Z_{02}}\sinh\theta$$

$$C = \sqrt{\frac{C}{B}} \times \sqrt{BC} = \frac{1}{\sqrt{Z_{01}Z_{02}}}\sinh\theta$$

$$D = \sqrt{\frac{D}{A}} \times \sqrt{AD} = \sqrt{\frac{Z_{02}}{Z_{01}}}\cosh\theta$$

따라서 4단자 회로망의 기초방정식을 영상파라미터로 나타내면 다음과 같다.

$$V_1 = \sqrt{\frac{Z_{01}}{Z_{02}}}\cosh\theta\, V_2 + \sqrt{Z_{01}Z_{02}}\sinh\theta I_2$$

$$I_1 = \frac{1}{\sqrt{Z_{01}Z_{02}}}\sinh\theta\, V_2 + \sqrt{\frac{Z_{02}}{Z_{01}}}\cosh\theta I_2$$

만약 대칭 회로라면 $Z_{01} = Z_{02} = Z_0$이므로

$$V_1 = V_2\cosh\theta + Z_0 I_2\sinh\theta\, I_1 = \frac{V_2}{Z_0}\sinh\theta + I_2\cosh\theta$$

이 경우 F 파라미터는 다음과 같다.

$$A = \cosh\theta, B = Z_0\sinh\theta, C = \frac{1}{Z_0}\sinh\theta, D = \cosh\theta$$

예제문제 09

어떤 4단자망의 입력 단자 1, 1′ 사이의 영상 임피던스 Z_{01}과 출력 단자 2, 2′ 사이의 영상 임피던스 Z_{02}가 같게 되려면 4단자 정수 사이에 어떠한 관계가 있어야 하는가?

① $AD = BC$ ② $AB = CD$ ③ $A = D$ ④ $B = C$

해설

대칭회로의 경우 $Z_{01} = Z_{02}$ 이므로 $Z_{01} = \sqrt{\dfrac{AB}{CD}}$, $Z_{02} = \sqrt{\dfrac{BD}{AC}}$ 에서 $A = D$

답 : ③

예제문제 10

회로의 영상 임피던스 Z_{01}과 Z_{02}는 각각 몇 $[\Omega]$인가?

① 6, 5   ② 4, 5

③ 6, 3.33   ④ 4, 3.33

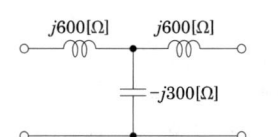

해설

전송행렬에 의해 $\begin{bmatrix} V_1 \\ I_1 \end{bmatrix} = \begin{bmatrix} A & B \\ C & D \end{bmatrix} \begin{bmatrix} V_2 \\ I_2 \end{bmatrix}$ 4단자 정수를 구하면 다음과 같다.

$A = 1 + \dfrac{4}{5} = \dfrac{9}{5}$, $B = 4$, $C = \dfrac{1}{5}$, $D = 1$

따라서 영상임피던스는

$Z_{01} = \sqrt{\dfrac{\dfrac{9}{5} \times 4}{\dfrac{1}{5} \times 1}} = 6[\Omega]$, $Z_{02} = \sqrt{\dfrac{4 \times 1}{\dfrac{9}{5} \times \dfrac{1}{5}}} = 3.33[\Omega]$

답 : ③

예제문제 11

그림과 같은 T형 회로의 영상 파라미터 θ는?

① 0   ② +1

③ −3   ④ −1

해설

4단자 정수를 구하면

$$\begin{bmatrix} A & B \\ C & D \end{bmatrix} = \begin{bmatrix} 1 & j600 \\ 0 & 1 \end{bmatrix} \begin{bmatrix} 1 & 0 \\ \dfrac{1}{-j300} & 1 \end{bmatrix} \begin{bmatrix} 1 & j600 \\ 0 & 1 \end{bmatrix} = \begin{bmatrix} -1 & 0 \\ j\dfrac{1}{300} & -1 \end{bmatrix}$$

가 된다. 따라서 전달정수는 $\theta = \cosh^{-1}\sqrt{AD} = \cosh^{-1}1 = 0$

답 : ①

핵심과년도문제

11 · 1

4단자망의 기술에서 옳지 않은 것은?

① 2단자 쌍망이라고도 한다.　　② 4개의 단자를 갖는다.
③ 각 단자쌍의 출입 전류는 같다.　④ 관심의 대상은 4단자망 자체의 회로 구성이다.

[해설] 4단자망의 목적은 회로망 자체 구성이 아닌 회로망의 응답을 구하는 것이다.　　【답】④

11 · 2

4단자 정수 A, B, C, D로 출력측을 개방시켰을 때 입력측에서 본 구동점 임피던스 $Z_{11}\left(= \dfrac{V_1}{I_1}\bigg|_{I_2 = 0}\right)$을 표시한 것 중 옳은 것은?

① $\dfrac{A}{C}$　　　　② $\dfrac{B}{D}$　　　　③ $\dfrac{A}{B}$　　　　④ $\dfrac{B}{C}$

[해설] 4단자 정수와 임피던스행렬의 관계에서 $\dfrac{1}{C}\begin{bmatrix} A & AD-BC \\ 1 & D \end{bmatrix} = \begin{bmatrix} Z_{11} & Z_{12} \\ Z_{21} & Z_{22} \end{bmatrix}$　　【답】①

11 · 3

그림의 1-1'에서 본 구동점 임피던스 Z_{11}의 값[Ω]은?

① 5　　　　② 8
③ 10　　　④ 4.4

[해설] 임피던스 행렬에 의해 구하면 $Z_{11} = \dfrac{V_1}{\dfrac{V_1}{3+5}} = 3+5 = 8\,[\Omega]$　　【답】②

11 · 4

그림과 같은 4단자망에서 존재하지 않는 파라미터는?

① Z 행렬　　② Y 행렬
③ F 행렬　　④ H 행렬

[해설] 폐로가 없어 개방되어 있으므로 전류가 흐르지 않는다. 따라서 임피던스 파라미터는 존재하지 않는다.　　【답】①

11 · 5

그림과 같은 4단자망을 어드미턴스 파라미터로 나타내면 어떻게 되는가?

① $Y_{11} = 10$, $Y_{21} = 10$, $Y_{22} = 10$

② $Y_{11} = \dfrac{1}{10}$, $Y_{21} = \dfrac{1}{10}$, $Y_{22} = \dfrac{1}{10}$

③ $Y_{11} = 10$, $Y_{21} = \dfrac{1}{10}$, $Y_{22} = 10$

④ $Y_{11} = \dfrac{1}{10}$, $Y_{21} = 10$, $Y_{22} = \dfrac{1}{10}$

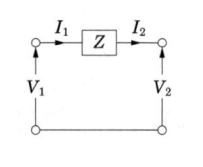

해설 어드미턴스 행렬에 의해 구하면 $\begin{bmatrix} I_1 \\ I_2 \end{bmatrix} = \begin{bmatrix} Y_{11} & Y_{12} \\ Y_{21} & Y_{22} \end{bmatrix}\begin{bmatrix} V_1 \\ V_2 \end{bmatrix}$ 다음과 같다.

$$Y_{11} = \dfrac{I_1}{V_1}\bigg|_{V_2 = 0} = \dfrac{1}{10} = Y_{22} , \qquad Y_{21} = \dfrac{I_2}{V_1}\bigg|_{V_2 = 0} = \dfrac{1}{10} = Y_{12}$$

【답】②

11 · 6

그림과 같은 4단자 회로망에서 정수 $A = \dfrac{V_1}{V_2}\bigg|_{I_2 = 0}$ 의 값은?

① 0   ② 1

③ Z ④ −1

해설 직렬 임피던스의 4단자 정수의 기본은 $\begin{bmatrix} A & B \\ C & D \end{bmatrix} = \begin{bmatrix} 1 & Z \\ 0 & 1 \end{bmatrix}$

【답】②

11 · 7

그림과 같은 L형 회로에서 4단자 정수는 어떻게 되는가?

① $A = Z_1$, $B = 1 + \dfrac{Z_1}{Z_2}$, $C = \dfrac{1}{Z_2}$, $D = 1$

② $A = 1$, $B = \dfrac{1}{Z_2}$, $C = 1 + \dfrac{1}{Z_2}$, $D = Z_1$

③ $A = 1 + \dfrac{Z_1}{Z_2}$, $B = Z_1$, $C = \dfrac{1}{Z_2}$, $D = 1$

④ $A = \dfrac{1}{Z_2}$, $B = 1$, $C = Z_1$, $D = 1 + \dfrac{Z_1}{Z_2}$

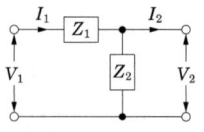

해설 전송행렬에 의해 $\begin{bmatrix} V_1 \\ I_1 \end{bmatrix} = \begin{bmatrix} A & B \\ C & D \end{bmatrix}\begin{bmatrix} V_2 \\ I_2 \end{bmatrix}$ 4단자 정수를 구하면 다음과 같다.

$$A = \left(\dfrac{E_1}{E_2}\right)_{I_2 = 0} = \dfrac{I_1(Z_1 + Z_2)}{I_1 Z_2} = 1 + \dfrac{Z_1}{Z_2} \qquad B = \left(\dfrac{E_1}{I_2}\right)_{E_2 = 0} = \dfrac{I_1 Z_1}{I_1} = Z_1$$

$$C = \left(\dfrac{I_1}{E_1}\right)_{I_2 = 0} = \dfrac{I_1}{I_1 Z_2} = \dfrac{1}{Z_2} \qquad D = \left(\dfrac{I_1}{I_2}\right)_{E_2 = 0} = \dfrac{I_1}{I_1} = 1$$

【답】③

11 · 8

그림과 같은 4단자망에서 정수 행렬은?

① $\begin{bmatrix} 1 & 0 \\ Y & 1 \end{bmatrix}$　　② $\begin{bmatrix} 1 & Y \\ 0 & 1 \end{bmatrix}$

③ $\begin{bmatrix} Y & 1 \\ 1 & 0 \end{bmatrix}$　　④ $\begin{bmatrix} 1 & 0 \\ \dfrac{1}{Y} & 1 \end{bmatrix}$

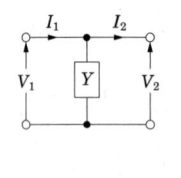

해설 병렬 어드미턴스의 4단자 정수의 기본은 $\begin{bmatrix} A & B \\ C & D \end{bmatrix} = \begin{bmatrix} 1 & 0 \\ Y & 1 \end{bmatrix}$　　【답】 ①

11 · 9

그림과 같은 L형 회로의 4단자 정수 중 A는?

① $1 - \dfrac{1}{\omega^2 LC}$　　② $1 + \dfrac{1}{\omega^2 LC}$

③ $\dfrac{1}{2\sqrt{LC}}$　　④ $1 + \dfrac{C}{j\omega C}$

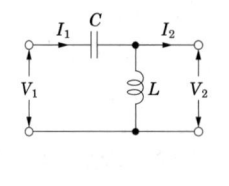

해설 직렬 임피던스와 병렬 어드미턴스의 종속접속이므로 행렬에 의해 계산하면

$$\begin{bmatrix} A & B \\ C & D \end{bmatrix} = \begin{bmatrix} 1 & \dfrac{1}{j\omega C} \\ 0 & 1 \end{bmatrix} \begin{bmatrix} 1 & 0 \\ \dfrac{1}{j\omega L} & 1 \end{bmatrix} = \begin{bmatrix} 1 - \dfrac{1}{\omega^2 LC} & \dfrac{1}{j\omega C} \\ \dfrac{1}{j\omega L} & 1 \end{bmatrix}$$

【답】 ①

11 · 10

그림과 같은 4단자 회로의 4단자 정수 중 D의 값은?

① $1 - \omega^2 LC$　　② $j\omega L(2 - \omega^2 LC)$

③ $j\omega C$　　④ $j\omega L$

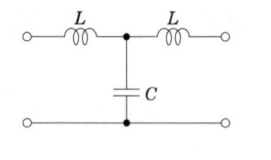

해설 직렬 임피던스와 병렬 어드미턴스의 종속접속이므로 행렬에 의해 계산하면

$$\begin{bmatrix} 1 & j\omega L \\ 0 & 1 \end{bmatrix} \begin{bmatrix} 1 & 0 \\ j\omega C & 1 \end{bmatrix} \begin{bmatrix} 1 & j\omega L \\ 0 & 1 \end{bmatrix} = \begin{bmatrix} 1 - \omega^2 LC & j\omega L(2 - \omega^2 LC) \\ j\omega C & 1 - \omega^2 LC \end{bmatrix}$$

【답】 ①

11 · 11

그림과 같은 4단자 회로망의 4단자 정수 중 C는 어떻게 나타내어지는가?

① $1 - \dfrac{1}{\omega^2 LC}$　　② $\dfrac{1}{j\omega C}\left(2 - \dfrac{1}{\omega^2 LC}\right)$

③ $\dfrac{1}{j\omega L}$　　④ $1 - \dfrac{1}{j\omega C}$

[해설] 직렬 임피던스와 병렬 어드미턴스의 종속접속이므로 행렬에 의해 계산하면

$$\begin{bmatrix} 1 & \dfrac{1}{j\omega C} \\ 0 & 1 \end{bmatrix}\begin{bmatrix} 1 & 0 \\ \dfrac{1}{j\omega L} & 1 \end{bmatrix}\begin{bmatrix} 1 & \dfrac{1}{j\omega C} \\ 0 & 1 \end{bmatrix} = \begin{bmatrix} 1-\dfrac{1}{\omega^2 LC} & \dfrac{1}{j\omega C}\left(2-\dfrac{1}{\omega^2 LC}\right) \\ \dfrac{1}{j\omega L} & 1-\dfrac{1}{\omega^2 LC} \end{bmatrix}$$

【답】③

11·12

회로망의 4단자 상수 A는 얼마인가? 단,
$\omega = 10^4\,[\text{rad/s}]$라 한다.

① 1 ② $-j2$
③ 3 ④ $-j4$

[해설] 인덕턴스를 리액턴스로 환산하면 $10\,[\text{mH}] \rightarrow jX = j\omega L = j10^4 \times 10 \times 10^{-3} = j100\,[\Omega]$

정전용량을 리액턴스로 환산하면 $2\,[\mu\text{F}] \rightarrow -jX = \dfrac{1}{j\omega C} = \dfrac{1}{j10^4 \times 2 \times 10^{-6}} = -j50\,[\Omega]$

직렬 임피던스 부분의 병렬회로의 합성 임피던스를 구하면

$$Z_1 = \dfrac{1}{\dfrac{1}{j100} + \dfrac{1}{-j50}} = -j100, \quad Z_2 = -j50$$

따라서 4단자 정수의 기본식에 의해 A정수를 구한다.

$$\therefore A = 1 + \dfrac{Z_1}{Z_2} = 1 + \dfrac{-j100}{-j50} = 1 + 2 = 3$$

【답】③

11·13

어떤 회로망의 4단자 정수가 $A = 8$, $B = j2$, $D = 3 + j2$이면 이 회로망의 C는 얼마인가?

① $24 + j14$ ② $3 - j4$ ③ $8 - j11.5$ ④ $4 + j6$

[해설] 4단자 정수는 $AD - BC = 1$이므로 C정수는

$$C = \dfrac{AD - 1}{B} = \dfrac{8(3 + j2) - 1}{j2} = 8 - j11.5$$

【답】③

11·14

$ABCD$ 4단자 정수를 올바르게 쓴 것은?

① $AB - CD = 1$ ② $AD - BC = 1$
③ $AB + CD = 1$ ④ $AD + BD = 1$

[해설] $AD - BC = 1$ $(\sinh^2\theta + \cosh^2\theta = 1)$

【답】②

11 · 15

그림과 같은 회로망에서 Z_1을 4단자 정수에 의해 표시하면 어떻게 되는가?

① $\dfrac{1}{C}$　　　　② $\dfrac{D-1}{C}$

③ $\dfrac{B-1}{C}$　　　　④ $\dfrac{A-1}{C}$

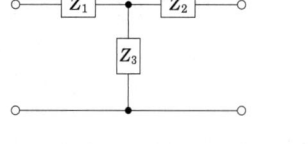

해설 4단자 정수의 기본식에 의해 A와 C 정수는

$$A = 1 + \frac{Z_1}{Z_3}, \qquad C = \frac{1}{Z_3}$$

따라서 임피던스 Z_1을 구하면

$$\therefore Z_1 = (A-1)Z_3 = \frac{A-1}{C}$$

【답】 ④

11 · 16

그림과 같은 4단자망의 4단자 정수 B는?

① $\dfrac{20}{3}$　　　　② $\dfrac{2}{3}$

③ 1　　　　④ 30

10[Ω]

20[Ω]

해설 4단자 정수의 기본식에 의해 $B = \dfrac{V_1}{I_2}\bigg|_{V_2=0}$, $V_1 = 30I_2$, $\dfrac{V_1}{I_2} = 30$가 된다.

【답】 ④

11 · 17

그림과 같은 종속 접속으로 된 4단자 회로망의 합성 4단자망의 4단자 정수의 표시 중 틀린 것은 어느 것인가?

① $A = 1 + 4Z$　　　② $B = Z$

③ $C = 4$　　　　④ $D = 1 + Z$

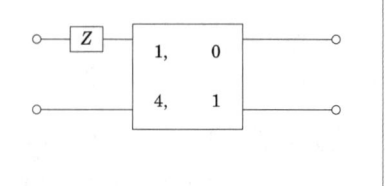

해설 종속 결합이므로 행렬로 계산하면

$$\begin{bmatrix} A, & B \\ C, & D \end{bmatrix} = \begin{bmatrix} 1, & Z \\ 0, & 1 \end{bmatrix}\begin{bmatrix} 1, & 0 \\ 4, & 1 \end{bmatrix} = \begin{bmatrix} 1+4Z & Z \\ 4 & 1 \end{bmatrix}$$

그러므로 $D = 1$이 된다.

【답】 ④

11 · 18

4단자 정수 A_1, B_1, C_1, D_1 및 A_2, B_2, C_2, D_2를 갖는 2개의 4단자망을 그림과 같이 종속 접속(cascade connection) 하였을 경우 합성 회로의 4단자 정수 중 A와 B만 열거하였다. 옳은 것은?

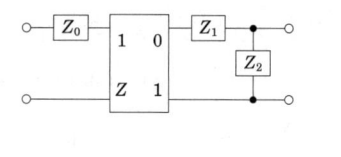

① $A = A_1 + A_2$, $B = B_1 + B_2$

② $A = A_1 A_2$, $B = B_1 B_2$

③ $A = A_1 A_2 + B_2 C_1$, $B = B_1 B_2 + A_2 D_1$

④ $A = A_1 A_2 + B_1 C_2$, $B = A_1 B_2 + B_1 D_2$

해설 종속 결합이므로 행렬로 계산하면

$$\begin{bmatrix} A_1 & B_1 \\ C_1 & D_1 \end{bmatrix}\begin{bmatrix} A_2 & B_2 \\ C_2 & D_2 \end{bmatrix} = \begin{bmatrix} A_1 A_2 + B_1 C_2 & A_1 B_2 + B_1 D_2 \\ C_1 A_2 + D_1 C_2 & C_1 B_2 + D_1 D_2 \end{bmatrix}$$

【답】 ④

11 · 19

그림과 같이 종속 접속된 4단자 회로의 합성 4단자 정수 중 D의 값은?

① $ZZ_1 + 1$

② $Z_1 + Z_0 ZZ_1 + Z_0$

③ $Z + \dfrac{ZZ_1}{Z_1} + \dfrac{1}{Z_2}$

④ $Z_1 + Z_0 ZZ_1$

해설 종속 결합이므로 행렬로 계산하면

$$\begin{bmatrix} 1 & Z_0 \\ 0 & 1 \end{bmatrix}\begin{bmatrix} 1 & 0 \\ Z & 1 \end{bmatrix}\begin{bmatrix} 1+\dfrac{Z_1}{Z_2} & Z_1 \\ \dfrac{1}{Z_2} & 1 \end{bmatrix} = \begin{bmatrix} 1+ZZ_0 & Z_0 \\ Z & 1 \end{bmatrix}\begin{bmatrix} 1+\dfrac{Z_1}{Z_2} & Z_1 \\ \dfrac{1}{Z_2} & 1 \end{bmatrix}$$

$$= \begin{bmatrix} (1+ZZ_0)\left(1+\dfrac{Z_1}{Z_2}\right)+\dfrac{Z_0}{Z_2} & (1+ZZ_0)Z_1 + Z_0 \\ Z\left(1+\dfrac{Z_1}{Z_2}\right)+\dfrac{1}{Z_2} & ZZ_1 + 1 \end{bmatrix}$$

【답】 ①

11 · 20

그림과 같은 H형 회로의 4단자 정수 중 A의 값은 얼마인가?

① Z_5

② $\dfrac{Z_5}{Z_2 + Z_4 + Z_5}$

③ $\dfrac{1}{Z_5}$

④ $\dfrac{Z_1 + Z_3 + Z_5}{Z_5}$

해설 Z_1과 Z_3, Z_2와 Z_4는 직렬이므로 하나의 회로로 등가하고 종속연결이므로 행렬로 계산하면

$$\begin{bmatrix} A & B \\ C & D \end{bmatrix} = \begin{bmatrix} 1 & Z_1+Z_3 \\ 0 & 1 \end{bmatrix} \begin{bmatrix} 1 & 0 \\ \dfrac{1}{Z_5} & 1 \end{bmatrix} \begin{bmatrix} 1 & Z_2+Z_4 \\ 0 & 1 \end{bmatrix}$$

$$= \begin{bmatrix} \dfrac{Z_1+Z_3+Z_5}{Z_5} & Z_1+Z_3+\dfrac{(Z_2+Z_4)(Z_1+Z_3+Z_5)}{Z_5} \\ \dfrac{1}{Z_5} & \dfrac{Z_2+Z_4+Z_5}{Z_5} \end{bmatrix}$$

【답】 ④

11·21

그림의 대칭 T회로의 일반 4단자 정수가 다음과 같았다. $A = D = 1.2$, $B = 44$ [Ω], $C = 0.01$ [℧], 임피던스 Z [Ω]의 값을 구하면?

① 1.2

② 12

③ 20

④ 44

해설 4단자 정수 중 C의 값은 Y [℧]이므로 임피던스로 환산하면

$Z_p = \dfrac{1}{C} = 100$ [Ω]이 되고, $A = D = 1 + \dfrac{Z}{Z_p}$의 식에 대입하면 임피던스 Z 는

$Z = Z_p(A-1) = 100(1.2-1) = 20$ [Ω]

【답】 ③

11·22

그림에서 $\dfrac{V_2}{V_1}$는 얼마인가? 단, 저항은 모두 1 [Ω]이다.

① $\dfrac{1}{13}$ ② $\dfrac{1}{10}$

③ $\dfrac{1}{7}$ ④ $\dfrac{1}{4}$

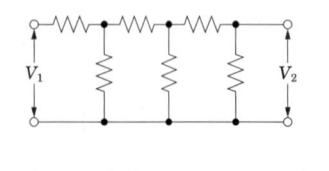

해설 4단자 정수 중 A정수의 정의는 $A = \dfrac{V_1}{V_2}\Big|_{I_2=0}$ 이며, 문제에서 요구하는 값은 $\dfrac{V_2}{V_1} = \dfrac{1}{A}$ 이 된다.

문제의 회로에 대한 4단자 정수는 행렬의 방법에 의해 구하면

$$\begin{bmatrix} A & B \\ C & D \end{bmatrix} = \begin{bmatrix} 1 & 1 \\ 0 & 1 \end{bmatrix} \begin{bmatrix} 1 & 0 \\ 1 & 1 \end{bmatrix} \begin{bmatrix} 1 & 1 \\ 0 & 1 \end{bmatrix} \begin{bmatrix} 1 & 0 \\ 1 & 1 \end{bmatrix} \begin{bmatrix} 1 & 1 \\ 0 & 1 \end{bmatrix} \begin{bmatrix} 1 & 0 \\ 1 & 1 \end{bmatrix} = \begin{bmatrix} 13 & 8 \\ 8 & 5 \end{bmatrix}$$

$$\therefore \ \dfrac{V_2}{V_1} = \dfrac{1}{A} = \dfrac{1}{13}$$

【답】 ①

11·23

대칭 4단자 회로에서 특성 임피던스는?

① $\sqrt{\dfrac{AB}{CD}}$　　② $\sqrt{\dfrac{DB}{CA}}$　　③ $\sqrt{\dfrac{B}{C}}$　　④ $\sqrt{\dfrac{A}{D}}$

해설 영상파라미터 $Z_{01}=\sqrt{\dfrac{AB}{CD}}$ 에서 대칭 T형에는 $A=D$이므로 $Z_{01}=\sqrt{\dfrac{B}{C}}$　　【답】③

11·24

4단자 회로에서 4단자 정수를 $A,\ B,\ C,\ D$라 하면 영상 임피던스 $Z_{01},\ Z_{02}$는?

① $Z_{01}=\sqrt{\dfrac{AB}{CD}},\ Z_{02}=\sqrt{\dfrac{BD}{AC}}$　　② $Z_{01}=\sqrt{AB},\ Z_{02}=\sqrt{CD}$

③ $Z_{01}=\sqrt{\dfrac{CD}{AB}},\ Z_{02}=\sqrt{\dfrac{BD}{AC}}$　　④ $Z_{01}=\sqrt{\dfrac{BD}{AC}},\ Z_{02}=\sqrt{ABCD}$

해설 영상 파라미터 $Z_{01}=\sqrt{\dfrac{AB}{CD}}$, $Z_{02}=\sqrt{\dfrac{BD}{AC}}$　　【답】①

11·25

L형 4단자 회로에서 4단자 정수가 $A=\dfrac{15}{4}$, $D=1$이고 영상 임피던스 $Z_{02}=\dfrac{12}{5}[\Omega]$일 때 영상 임피던스 $Z_{01}[\Omega]$의 값은 얼마인가?

① 12　　② 9　　③ 8　　④ 6

해설 1차 영상 임피던스와 2차 영상 임피던스를 곱하면 $Z_{01}\cdot Z_{02}=\dfrac{B}{C}$

1차 영상 임피던스를 2차 영상 임피던스로 나누면 $\dfrac{Z_{01}}{Z_{02}}=\dfrac{A}{D}$

그러므로 $Z_{01}=\dfrac{A}{D}Z_{02}=\dfrac{\frac{15}{4}}{1}\times\dfrac{12}{5}=\dfrac{180}{20}=9[\Omega]$　　【답】②

11·26

4단자 회로에서 4단자 정수를 $\dot{A},\ \dot{B},\ \dot{C},\ \dot{D}$라 할 때 전달 정수 θ는 어떻게 되는가?

① $\log_e(\sqrt{\dot{A}\dot{B}}+\sqrt{\dot{B}\dot{C}})$　　② $\log_e(\sqrt{\dot{A}\dot{B}}-\sqrt{\dot{C}\dot{D}})$

③ $\log_e(\sqrt{\dot{A}\dot{D}}+\sqrt{\dot{B}\dot{C}})$　　④ $\log_e(\sqrt{\dot{A}\dot{D}}-\sqrt{\dot{B}\dot{C}})$

해설 전압 전송비 및 전류 전송비를 구하여 양변을 ln를 취하여 전달 정수를 구하면 다음과 같다.

$\theta=\log_e(\sqrt{\dot{A}\dot{D}}+\sqrt{\dot{B}\dot{C}})=\cosh^{-1}\sqrt{\dot{A}\dot{D}}=\sinh^{-1}\sqrt{\dot{B}\dot{C}}$　　【답】③

11 · 27

전달 정수 θ 가 4단자 정수 A, B, C, D로 표시할 때 올바르게 표시된 것은?

① $\cosh\theta = \sqrt{BD}$
② $\sinh\theta = \sqrt{BC}$

③ $\cosh\theta = \sqrt{\dfrac{AD}{BC}}$
④ $\sinh\theta = \sqrt{AD}$

해설 $\cosh\theta = \dfrac{1}{2}(\epsilon^{\theta} + \epsilon^{-\theta}) = \sqrt{AD}$, $\theta = \cosh^{-1}\sqrt{AD}$

$\sinh\theta = \dfrac{1}{2}(\epsilon^{\theta} - \epsilon^{-\theta}) = \sqrt{BC}$, $\theta = \sinh^{-1}\sqrt{BC}$

$\tanh\theta = \sqrt{\dfrac{BC}{AD}}$

【답】 ②

11 · 28

T형 4단자 회로망에서 영상 임피던스가 $Z_{01} = 50\,[\Omega]$, $Z_{02} = 2\,[\Omega]$이고, 전달 정수가 0일 때 이 회로의 4단자 정수 D의 값은?

① 10
② 5
③ $\dfrac{1}{5}$
④ 0

해설 $D = \sqrt{\dfrac{D}{A}} \times \sqrt{AD} = \sqrt{\dfrac{Z_{02}}{Z_{01}}}\cosh\theta$에서 $D = \sqrt{\dfrac{Z_{02}}{Z_{01}}}\cosh\theta = \sqrt{\dfrac{2}{50}}\cosh 0 = \dfrac{1}{5}$

【답】 ③

심화학습문제

01 4단자망의 파라미터 정수에 관한 서술 중 잘못된 것은?

① A, B, C, D 파라미터 중 A 및 D는 차원(dimension)이 없다.

② h 파라미터 중 h_{12} 및 h_{21}은 차원이 없다.

③ A, B, C, D 파라미터 중 B는 어드미턴스, C는 임피던스 차원을 갖는다.

④ h 파라미터 중 h_{11}은 임피던스, h_{22}는 어드미턴스의 차원을 갖는다.

해설

전송행렬에서 4단자 정수는 A=전압비, B=임피던스 차원, C=어드미턴스 차원, D=전류비의 의미를 갖는다.

【답】③

02 그림과 같이 π형 회로에서 Z_3를 4단자 정수로 표시한 것은?

① $\dfrac{B}{1-A}$

② $\dfrac{A}{1-B}$

③ $\dfrac{B}{A-1}$

④ $\dfrac{A}{B-1}$

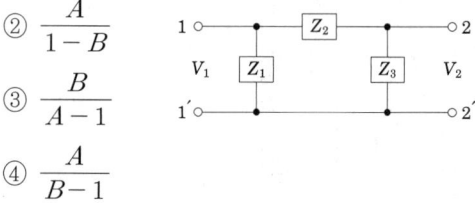

해설

A정수와 B정수를 구하여 두 식을 정리하면

$\begin{bmatrix} A=1+\dfrac{Z_2}{Z_3} \\ B=Z_2 \end{bmatrix}$ 이므로 $Z_3 = \dfrac{Z_2}{A-1} = \dfrac{B}{A-1}$

【답】③

03 그림과 같은 4단자 회로망에서 어드미턴스 파라미터 중 Y_{11}, Y_{12}의 값은 얼마인가?

① 10, 18

② 22, −12

③ $\dfrac{1}{8}$, $\dfrac{1}{24}$

④ $\dfrac{5}{12}$, $\dfrac{1}{4}$

해설

임피던스 파라미터와 어드미턴스 파라미터의 관계에 의해 구하면

$$Y_{11} = \frac{R_2 + R_3}{R_1 R_2 + R_2 R_3 + R_3 R_1}$$
$$= \frac{6+12}{4 \times 6 + 6 \times 12 + 12 \times 4} = \frac{1}{8}$$

$$Y_{12} = \frac{R_2}{R_1 R_2 + R_2 R_3 + R_3 R_1}$$
$$= \frac{6}{4 \times 6 + 6 \times 12 + 12 \times 4} = \frac{1}{24}$$

【답】③

04 그림과 같은 T형 회로에서 4단자 회로의 어드미턴스 파라미터중 Y_{11} [℧]을 구하여라.

① $-j\dfrac{1}{35}$

② $+j\dfrac{2}{35}$

③ $-j\dfrac{1}{31}$

④ $+j\dfrac{2}{33}$

임피던스 파라미터와 어드미턴스 파라미터의 관계에 의해 구하면

$$Y_{11} = \frac{Z_2 + Z_3}{Z_1 Z_2 + Z_2 Z_3 + Z_3 Z_1}$$

$$= \frac{-j6 + j5}{j5 \times (-j6) + (-j6) \times j5 + j5 \times j5} = -j\frac{1}{35}$$

【답】 ①

05 그림과 같은 상호 인덕턴스 M인 4단자 회로에서 4단자 회로 중 D의 값은?

① $+\dfrac{L_2}{M}$

② $\dfrac{1}{\omega M}$

③ $-\dfrac{L_2}{M}$

④ $+\dfrac{L_1 L_2 - M^2}{M}$

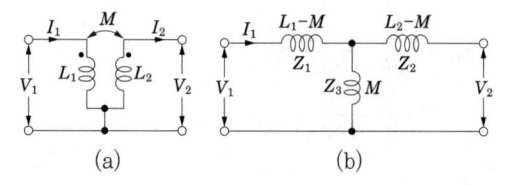

(a)　　　　(b)

그림 (a), (b)와 같은 등가 회로에서, D정수를 구하면

$$D = 1 + \frac{Z_2}{Z_3} = 1 + \frac{j\omega(L_2 - M)}{j\omega M}$$

$$= 1 + \frac{L_2 - M}{M} = \frac{L_2}{M}$$

【답】 ①

06 그림의 4단자 회로망에서 $\dfrac{n_1}{n_2} = a$ 일 때, 4단자 정수 파라미터 행렬은?

① $\begin{bmatrix} a & 0 \\ 0 & \dfrac{1}{a} \end{bmatrix}$　　② $\begin{bmatrix} \dfrac{1}{a} & 0 \\ 0 & a \end{bmatrix}$

③ $\begin{bmatrix} 0 & \dfrac{1}{a} \\ a & 0 \end{bmatrix}$　　④ $\begin{bmatrix} 0 & a \\ \dfrac{1}{a} & 0 \end{bmatrix}$

이상적인 변압기의 경우 누설 임피던스가 여자 어드미턴스가 존재하지 않는 것으로 보면

$$\frac{V_1}{V_2} = \frac{I_2}{I_1} = \frac{n_1}{n_2} = a \text{에서} \begin{bmatrix} A & B \\ C & D \end{bmatrix} = \begin{bmatrix} a & 0 \\ 0 & \dfrac{1}{a} \end{bmatrix}$$

【답】 ①

07 결합 회로의 4단자 정수 A, B, C, D 파라미터 행렬은?

① $\begin{bmatrix} A & B \\ C & D \end{bmatrix} = \begin{bmatrix} n & 0 \\ 0 & \dfrac{1}{n} \end{bmatrix}$

② $\begin{bmatrix} A & B \\ C & D \end{bmatrix} = \begin{bmatrix} 1 & n \\ \dfrac{1}{n} & 0 \end{bmatrix}$

③ $\begin{bmatrix} A & B \\ C & D \end{bmatrix} = \begin{bmatrix} 0 & n \\ \dfrac{1}{n} & 0 \end{bmatrix}$

④ $\begin{bmatrix} A & B \\ C & D \end{bmatrix} = \begin{bmatrix} \dfrac{1}{n} & 0 \\ 0 & n \end{bmatrix}$

권수비가 n인 경우 변압기의 4단자 정수는 $\begin{bmatrix} a & 0 \\ 0 & \dfrac{1}{a} \end{bmatrix}$

이므로 $\begin{bmatrix} A & B \\ C & D \end{bmatrix} = \begin{bmatrix} \dfrac{n_1}{n_2} & 0 \\ 0 & \dfrac{n_2}{n_1} \end{bmatrix}$ 가 된다.

【답】 ①

08 그림과 같이 10 [Ω]의 저항에 감은 비가 10 : 1의 결합 회로를 연결했을 때 4단자 정수 A, B, C, D는?

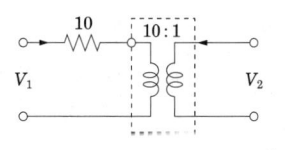

① $A = 10$, $B = 1$, $C = 0$, $D = \dfrac{1}{10}$

② $A = 1$, $B = 10$, $C = 0$, $D = 10$

③ $A = 10$, $B = 1$, $C = 0$, $D = 10$

④ $A = 10$, $B = 0$, $C = 1$, $D = \dfrac{1}{10}$

해설

이상적인 변압기와 임피던스의 종속결합이므로 행렬로 구하면

$$\begin{bmatrix} A & B \\ C & D \end{bmatrix} = \begin{bmatrix} 1 & 10 \\ 0 & 1 \end{bmatrix} \begin{bmatrix} 10 & 0 \\ 0 & \dfrac{1}{10} \end{bmatrix} = \begin{bmatrix} 10 & 1 \\ 0 & \dfrac{1}{10} \end{bmatrix}$$

【답】 ①

09 그림과 같은 이상 gyrator의 한편에 저항 R_2를 접속할 때 다른 편에서 측정한 저항 R_1을 구하면?

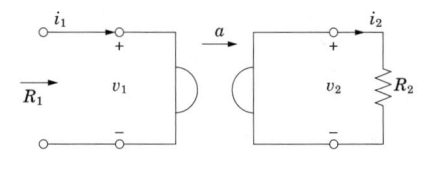

① $R_1 = \dfrac{a^2}{R_2}$

② $R_1 = a^2 R_2$

③ $R_1 = \dfrac{a}{R_2}$

④ $R_1 = a R_2$

해설

자이레이터는 수동성과 비가역성이 있는 4단자망 회로이며, 종속행렬은 $\begin{bmatrix} A & B \\ C & D \end{bmatrix} = \begin{bmatrix} 0 & r \\ \dfrac{1}{r} & 0 \end{bmatrix}$가 된다.

$v_1 = a i_2$, $v_2 = a i_1$의 관계가 있으므로

$$R_1 = \frac{v_1}{i_1} = \frac{a i_2}{\dfrac{v_2}{a}} = a^2 \cdot \frac{i_2}{v_2} = a^2 \cdot \frac{1}{R_2}$$

자이레이터는 임피던스 반전작용이 있으며, 초고주파 회로 중 비가역 회로의 일종으로 진행 방향에 대한 반대 방향의 파는 진행파에 대하여 위상이 항상 180° 다른 회로가 된다.

【답】 ①

10 다음 그림은 이상적인 gyrator로서 4단자 정수 A, B, C, D 파라미터 행렬은? 단, 저항은 r 이다.

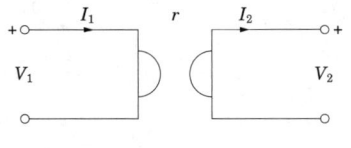

① $\begin{bmatrix} 0 & r \\ -r & 1 \end{bmatrix}$

② $\begin{bmatrix} 0 & r \\ -\dfrac{1}{r} & 0 \end{bmatrix}$

③ $\begin{bmatrix} 0 & r \\ \dfrac{1}{r} & 0 \end{bmatrix}$

④ $\begin{bmatrix} 1 & r \\ -r & 0 \end{bmatrix}$

해설

자이레이터는 수동성과 비가역성이 있는 4단자망 회로이며, 종속행렬은 $\begin{bmatrix} A & B \\ C & D \end{bmatrix} = \begin{bmatrix} 0 & r \\ \dfrac{1}{r} & 0 \end{bmatrix}$가 된다.

$v_1 = a i_2$, $v_2 = a i_1$의 관계가 있으므로

$$R_1 = \frac{v_1}{i_1} = \frac{a i_2}{\dfrac{v_2}{a}} = a^2 \cdot \frac{i_2}{v_2} = a^2 \cdot \frac{1}{R_2}$$

자이레이터는 임피던스 반전작용이 있으며, 초고주파 회로 중 비가역 회로의 일종으로 진행 방향에 대한 반대 방향의 파는 진행파에 대하여 위상이 항상 180° 다른 회로가 된다.

【답】 ③

11 그림과 같은 회로에서 전압 전달비 $\dfrac{V_2}{V_1}$는 얼마인가?

① 0.125
② 0.25
③ 0.33
④ 0.5

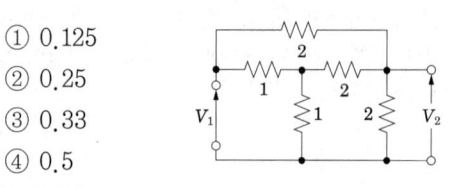

해설

문제 그림의 △부분을 Y로 등가 변환하여 4단자망 회로를 적용한다.
문제는 전압비의 역수를 요구하므로 4단자 정수의 A 정수를 구하여 역수를 취한다.

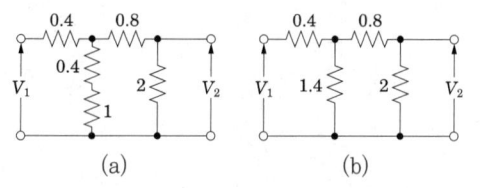

(a)   (b)

△부분을 Y로 등가하면 그림 (a), (b)와 같다.
(b)회로의 4단자 정수는 행렬로 구한다.

$$\begin{bmatrix} A & B \\ C & D \end{bmatrix} = \begin{bmatrix} 1 & 0.4 \\ 0 & 1 \end{bmatrix}\begin{bmatrix} 1 & 0 \\ 1.4 & 1 \end{bmatrix}\begin{bmatrix} 1 & 0.8 \\ 0 & 1 \end{bmatrix}\begin{bmatrix} 1 & 0 \\ 2 & 1 \end{bmatrix}$$

이기서 A=2 이므로

$$\therefore \frac{V_2}{V_1} = \frac{1}{A} = \frac{1}{2} = 0.5$$

【답】④

12 피동 4단자 회로망(또는 2단자 쌍회로망)이 가역적이기 위한 조건으로 옳지 않은 것은?

① $AB - CD = 1$
② $Z_{12} = Z_{21}$
③ $Y_{12} = Y_{21}$
④ $H_{12} = -H_{21}$

해설

4단자 회로망이 가역성을 가질 때 각 파라미터의 조건은 다음과 같다.
$Z_{12} = Z_{21}$, $Y_{12} = Y_{21}$, $H_{12} = -H_{21}$, $AD - BC = 1$
또한 좌우 대칭인 경우는 아래와 같아야 한다.
$Z_{11} = Z_{22}$, $Y_{11} = Y_{22}$, $H_{11}H_{22} - H_{12}H_{21} = 1$, $A = D$

【답】①

13 그림과 같은 4단자 회로망에서 하이브리드 파라미터 H_{11}은?

① $\dfrac{Z_1 Z_2}{Z_1 + Z_2}$

② $\dfrac{Z_1}{Z_1 + Z_2}$

③ $\dfrac{Z_3}{Z_1 + Z_3}$

④ $\dfrac{2Z_1}{Z_1 + Z_2}$

해설

하이브리드 파라미터의 기본식은 다음과 같다.
$$V_1 = H_{11}I_1 + H_{12}V_2$$
$$I_2 = H_{21}I_1 + H_{22}V_2$$
여기서 H_{11}을 구하면(2차 단락상태에서 V_1을 구하여 대입함)

$$H_{11} = \frac{V_1}{I_1}\bigg|_{V_2=0} = \frac{\dfrac{Z_1 Z_2}{Z_1 + Z_2} \cdot I_1}{I_1} = \frac{Z_1 Z_2}{Z_1 + Z_2}$$

【답】①

14 그림과 같은 L형 회로의 영상 임피던스 Z_{02}를 구하면 다음 어느 것이 되겠는가?

① $\sqrt{1 + \dfrac{Z_1}{4Z_2}}$

② $\sqrt{\dfrac{Z_1}{4Z_2}}$

③ $\sqrt{Z_1 Z_2\left(1 + \dfrac{Z_1}{4Z_2}\right)}$

④ $\sqrt{\dfrac{Z_1 Z_2}{1 + \dfrac{Z_1}{4Z_2}}}$

해설

4단자 정수를 행렬의 방법으로 구하면 다음과 같다.

$$\begin{bmatrix} A & B \\ C & D \end{bmatrix} = \begin{bmatrix} 1 & \dfrac{1}{2}Z_1 \\ 0 & 1 \end{bmatrix}\begin{bmatrix} 1 & 0 \\ \dfrac{1}{2Z_2} & 1 \end{bmatrix} = \begin{bmatrix} 1+\dfrac{Z_1}{4Z_2} & \dfrac{1}{2}Z_1 \\ \dfrac{1}{2Z_2} & 1 \end{bmatrix}$$

따라서 2차 영상 임피던스의 식에 대입하여 구한다.

$$\therefore Z_{02} = \sqrt{\frac{BD}{AC}} = \sqrt{\frac{\dfrac{1}{2}Z_1}{\left(1+\dfrac{Z_1}{4Z_2}\right)\cdot\dfrac{1}{2Z_2}}} = \sqrt{\frac{Z_1 Z_2}{1+\dfrac{Z_1}{4Z_2}}}$$

【답】 ④

15 다음과 같은 4단자망에서 영상 임피던스는 몇 $[\Omega]$인가?

① 600
② 450
③ 300
④ 200

해설

문제의 그림에서 4단자 정수를 구하여야 한다. 그러나 그림은 좌우 대칭이므로 대칭조건 $A=D$의 식을 영상임피던스 식에 대입한다.

$Z_{01} = \sqrt{\dfrac{AB}{CD}}$ 에서 $Z_{01} = \sqrt{\dfrac{B}{C}}$ 이므로 C 정수와 B 정수를 구하여 대입한다.

$$C = \frac{1}{450}$$

$$B = \frac{300\times450 + 300\times300 + 300\times450}{450}$$

$$\therefore Z_{01} = \sqrt{(300\times450)+(300\times300)+(300\times450)}$$
$$= 600[\Omega]$$

【답】 ①

16 길이 l 인 유한장 선로의 4단자 정수 중 틀린 것은?

① $A = \cosh rl$
② $B = \dot{Z_0}\cosh rl$
③ $C = \dfrac{1}{\dot{Z_0}}\sinh rl$
④ $D = \cosh rl$

해설

$B = \dot{Z_0}\sinh rl$

【답】 ②

17 그림과 같은 회로의 영상 전달 정수 θ를 $\cosh^{-1}$로 표시하면?

① $\cosh^{-1}\sqrt{1-\dfrac{Z_1}{4Z_2}}$

② $\cosh^{-1}\sqrt{1+\dfrac{Z_1}{4Z_2}}$

③ $\cosh^{-1}\sqrt{\dfrac{Z_1}{4Z_2}-1}$

④ $\cosh^{-1}\sqrt{\dfrac{Z_1}{Z_2}+1}$

해설

전달정수를 $\cosh^{-1}$로 표시하면 A, D 정수가 필요하므로 문제의 그림에서 구하면

$$A = 1 + \frac{\dfrac{Z_1}{2}}{2Z_2} = 1 + \frac{Z_1}{4Z_2}$$

$$D = 1$$

이므로 전달정수의 식에 대입하면

$$\theta = \cosh^{-1}\sqrt{AD} = \cosh^{-1}\sqrt{1+\frac{Z_1}{4Z_2}} \text{ 가 된다.}$$

【답】 ②

18 다음 그림과 같은 T형 회로에 대한 서술에서 잘못된 것은?

① 영상 임피던스 $Z_{01} = 60\,[\Omega]$이다.
② 개방 구동점 임피던스 $Z_{11} = 45\,[\Omega]$이다.
③ 단락 전달 어드미턴스 $Y_{12} = \dfrac{1}{80}\,[\mho]$이다.
④ 전달 정수 $\theta = \cosh^{-1}\dfrac{5}{3}$이다.

해설

문제의 그림에서 임피던스 파라미터 및 어드미턴스 파라미터, 4단자 정수 등을 구해야 답을 찾을 수 있다.

그러나, 가장 쉽게 구할 수 있는 임피던스 파라미터를 구해보면 간단히 해결된다.

$Z_{11} = 75 \, [\Omega]$

【답】②

19 영상 임피던스 및 전달 정수 Z_{01}, Z_{02}, θ와 4단자 회로망의 정수 A, B, C, D와의 관계식 중 옳지 않은 것은?

① $A = \sqrt{\dfrac{Z_{01}}{Z_{02}}} \cosh\theta$

② $B = \sqrt{Z_{01}Z_{02}} \sinh\theta$

③ $C = \dfrac{1}{\sqrt{Z_{01}Z_{02\cosh\theta}}}$

④ $D = \sqrt{\dfrac{Z_{02}}{Z_{01}}} \cosh\theta$

해설

$C = \dfrac{1}{\sqrt{Z_{01}Z_{02}}} = \sinh\theta$

【답】③

12 분포정수회로

송전선의 길이가 $100[\mathrm{km}]$ 정도 이상으로 되면 송전 선로는 집중 정수 회로로 취급할 수 없게 된다. 장거리 송전 선로에서는 선로 정수가 선로에 따라서 균일하게 분포되어 있기 때문에 이것을 집중 정수로 취급한다면 실제의 전압, 전류 분포를 정확하게 표현할 수 없기 때문이다. 여기서는 선로 정수가 균일하게 분포하고 있는 분포 정수 회로에 대해서 설명하고 이를 기초로 해서 장거리 송전선의 전압, 전류 특성을 이해하기 위해 분포정수회로를 이용한다.

1. 일반적인 전송선로 방정식

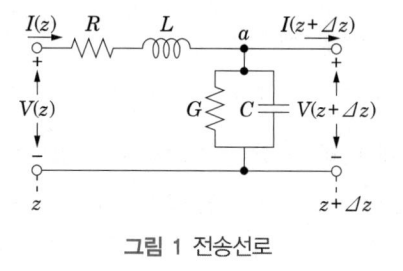

그림 1 전송선로

그림 1의 전송선로에서 키르히호프의 전압법칙을 적용하여 페이저 표현법을 적용하면 다음과 같다.

$$(R + i\omega L)I(z)\Delta z + V(z + \Delta z) = V(z)$$

미소 전송선로 양단에서 전압의 차와 미소간에 대한 극한을 취하면

$$\lim_{\Delta z \to 0}\left(-\frac{V(z + \Delta z) - V(z)}{\Delta z}\right) = -\frac{dV(z)}{dz} = (R + j\omega L)I(z)$$

그림 1의 점 a에서 키르히호프의 전류법칙을 적용하면

$$I(z) - V(z + \Delta z)(G + j\omega C)\Delta z = I(z + \Delta z)$$

미분식으로 변환하면 다음과 같다.

$$\lim_{\Delta z \to 0} \left(\frac{I(z+\Delta z) - I(z)}{\Delta z} \right) = -\frac{dI(z)}{dz} = (G+j\omega C)\, V(z)$$

이와 같이 변화한 식을 1계 미분방정식이라 한다. 이식의 양변을 공간적으로 미분하고 정리하면 2계 미분방정식이 된다.

$$\frac{d^2 V(z)}{dz^2} - k^2 V(z) = 0$$

여기서 k는 복소 전파정수를 의미한다.

$$k = \alpha + j\beta = \sqrt{(R+j\omega L)(G+j\omega C)}$$

이 값은 전송선로의 형태에 따라 달라지며, 전류에 대한 미분방정식도 동일한 결과로 얻어진다.

$$\frac{d^2 I(z)}{dz^2} - k^2 I(z) = 0$$

이와 같은 미분방정식의 해는 지수함수로 표현된다.

$$V(z) = V^+ e^{-Az} + V^- e^{+Az}$$
$$I(z) = I^+ e^{-Az} + I^- e^{+Az}$$

위 도식은 z축에 따라 결정된 전송선로의 일반해를 의미한다. 수식에서 첫 번째 항은 $+z$방향으로 진행하는 진행파를 의미하며, 두 번째 항은 $-z$방향으로 진행하는 진행파를 의미한다. 전압과 전류식에 의해 특성임피던스(characteristic line impedance)는 다음과 같이 정의된다.

$$Z_0 = \frac{(R+j\omega L)}{k} = \frac{(R+j\omega L)}{\sqrt{(R+j\omega L)(G+j\omega C)}} = \sqrt{\frac{R+j\omega L}{G+j\omega C}}\ [\Omega]$$

2. 특성임피던스와 전파정수

송전 선로의 단위 길이당의 직렬 임피던스 $\dot{z}$ 및 병렬 어드미턴스 $\dot{y}$ 를

$$\dot{z} = r + j\omega L = r + jx\ [\Omega/\text{km}]$$
$$\dot{y} = g + j\omega C = g + jb\ [\mho/\text{km}]$$

라고 하면, 이 $\dot{z}$와 $\dot{y}$는 선로의 전체 길이 l [km]에 걸쳐서 균등하게 분포하고 있어서 가령 선로의 어느 미소 부분을 떼어내어 보더라도 회로의 연속이 된다.

따라서 장거리 송전 선로는 분포정수회로를 이용하면 선로의 길이와 관계없는 임피던스인 파동임피던스와 전파정수를 이용해서 해설할 수 있다.

$$\dot{Z}_w = \sqrt{\dot{z}/\dot{y}} \quad \dot{\gamma} = \sqrt{\dot{z}\dot{y}}$$

특성임피던스는

$$\dot{Z}_w = \sqrt{\frac{\dot{z}}{\dot{y}}} = \sqrt{\frac{r+jx}{g+jb}} \doteqdot \sqrt{\frac{j\omega L}{j\omega C}} = \sqrt{\frac{L}{C}} \ [\Omega]$$

가 된다. 이 $\dot{Z}_w$는 송전선을 이동하는 진행파에 대한 전압과 전류의 비로서 그 송전선 특유의 것이다. 또, 이것은 $[\Omega]$의 차원을 가지는 것으로서 저항 및 누설 콘덕턴스를 무시하면 $\sqrt{L/C}$로 두어지는데, 이것은 순저항으로서 가공 송전선에서는 $300 \sim 500$ $[\Omega]$의 값을 갖는다.

전파정수는

$$\dot{\gamma} = \sqrt{\dot{z}\dot{y}} = \sqrt{(r+jx)(g+jb)} \doteqdot \sqrt{j\omega L \cdot j\omega C} = j\omega \sqrt{LC} \ [\text{rad}]$$

가 된다. 이것은 전압, 전류가 선로의 시작단인 송전단에서부터 멀어져감에 따라서 그 진폭이라든지 위상이 변해가는 특성과 관계가 있는 것이다.

지금 $\dot{\gamma} = \alpha + j\beta$로 두면 $\varepsilon^{-\dot{\gamma}x} = \varepsilon^{-\alpha x} \cdot \varepsilon^{-j\beta x}$로 되며 이 중 $\varepsilon^{-\alpha x}$는 송전단으로부터 멀어져감에 따라서 진폭이 저하해가는 특성을, $\varepsilon^{-j\beta x}$는 위상이 늦어져가는 특성을 나타내게 되어 이로부터 α를 감쇠 정수, β를 위상 정수라고 부르기도 한다.

예제문제 01

선로의 단위 길이의 분포 인덕턴스, 저항, 정전 용량, 누설 컨덕턴스를 각각 L, r, C 및 g로 할 때 특성 임피던스는?

① $(r+j\omega L)(g+j\omega C)$

② $\sqrt{(r+j\omega L)(g+j\omega C)}$

③ $\sqrt{\dfrac{r+j\omega L}{g+j\omega C}}$

④ $\sqrt{\dfrac{g+j\omega C}{r+j\omega L}}$

해설

특성 임피던스 기본식 : $Z_0 = \sqrt{\dfrac{Z}{Y}} \ [\Omega] = \sqrt{\dfrac{r+j\omega L}{g+j\omega C}}$

답 : ③

예제문제 **02**

단위 길이당 인덕턴스 L [H] 커패시턴스 $C\,[\mu\mathrm{F}]$의 가공전선의 특성 임피던스$[\Omega]$는?

① $\sqrt{\dfrac{C}{L}}\times 10^2$　　② $\sqrt{\dfrac{C}{L}}\times 10^3$　　③ $\sqrt{\dfrac{L}{C}}\times 10^3$　　④ $\sqrt{\dfrac{1}{LC}}\times 10^2$

해설
특성임피던스의 기본식에 의해 구한다. 여기서 주의할 점은 C의 단위가 $[\mu\mathrm{F}]$라는 것이다.

$$Z_0 = \sqrt{\frac{Z}{Y}} = \sqrt{\frac{j\omega L}{j\omega C \times 10^{-6}}} = \sqrt{\frac{L}{C}} \times 10^3 \,[\Omega]$$

답 : ③

예제문제 **03**

단위 길이당 임피던스 및 어드미턴스가 각각 Z 및 Y인 전송 선로의 전파 정수 γ는?

① $\sqrt{\dfrac{Z}{Y}}$　　　　② $\sqrt{\dfrac{Y}{Z}}$　　　　③ $\sqrt{YZ}$　　　　④ YZ

해설
직렬 임피던스 $Z= R+j\omega L\,[\Omega/\mathrm{m}]$
병렬 어드미턴스 $Y= G+j\omega C\,[\mho/\mathrm{m}]$일 경우
선로의 전파 정수 γ는　$\gamma = \sqrt{ZY} = \sqrt{(R+j\omega L)(G+j\omega C)}$ 가 된다.

답 : ③

3. 무손실 선로와 무왜선로

손실이 존재하는 성분인 $R= G= 0$인 선로를 무손실 선로라 한다.
전파정수는 다음과 같다.

$$\gamma = \alpha + j\beta = \sqrt{ZY} = \sqrt{(R+j\omega L)(G+j\omega C)} = j\omega\sqrt{LC} \,[\mathrm{rad}]$$

따라서, $\alpha = 0$, $\beta = \omega\sqrt{LC}$ 가 된다.
특성임피던스는

$$Z_0 = \sqrt{\frac{Z}{Y}} = \sqrt{\frac{R+j\omega L}{G+j\omega C}} = \sqrt{\frac{L}{C}}$$

가 된다.

임의 파형의 파가 전파할 때 수전단의 파형은 송전단의 파형과는 다르게 된다. 이와
같은 파의 일그러짐(distortion)에 있어 임의 파형의 파는 주파수가 다른 많은 정현파
의 집합으로 되며, 이들의 합성파가 전파 도중에 주파수에 의해 파형의 모양이 다르게
되고 위상속도도 변한다. 이것을 파형의 왜형이라 한다. 주파수에 의해서 감쇠정수가
다르게 되는 파형을 감쇠왜형, 위상속도가 다르게 되는 것을 위상왜형이라 한다. 이들
의 왜형이 발생하지 않게 하기 위해서는 감쇠정수는 주파수에 무관해야 하며, 위상정

수가 주파수에 비례 하여야 한다.

$$\frac{R}{L} = \frac{G}{C}$$

이와 같은 조건을 무왜형(distortionless)의 조건이라 한다.

따라서 전파정수는 $\dot{r} = \sqrt{RG} + jw\sqrt{LC}$ 가 된다.

$$\alpha = \sqrt{RG}, \quad \beta = w\sqrt{LC}$$

예제문제 04

선로의 저항 R와 컨덕턴스 G가 동시에 0이 되었을 때 전파 정수 γ와 관계 있는 것은?

① $\gamma = j\omega\beta\sqrt{LC}$　　② $L = j\omega L\sqrt{\dfrac{C}{\gamma}}$　　③ $C = \dfrac{\gamma^2}{(j\omega)^2 L}$　　④ $\beta = j\omega\gamma\sqrt{LC}$

해설

전파정수의 기본식에서 $R = G = 0$을 적용하면 $\gamma = j\omega\sqrt{LC}$

양변을 제곱하면 $\gamma^2 = (j\omega)^2 LC$

따라서 $C = \dfrac{\gamma^2}{(j\omega)^2 L}$ [F]가 된다.

답 : ③

예제문제 05

무손실 선로의 분포 정수 회로에서 감쇠 정수 α와 위상 정수 β의 값은?

① $\alpha = \sqrt{RG}, \ \beta = \omega\sqrt{LC}$　　　　② $\alpha = 0, \ \beta = \omega\sqrt{LC}$

③ $\alpha = \sqrt{RG}, \ \beta = 0$　　　　　　　　④ $\alpha = 0, \ \beta = \dfrac{1}{\sqrt{LC}}$

해설

$\dot{\gamma}$(전파정수)$= \alpha + j\beta$ 여기서, α는 감쇠정수 β는 위상 정수이다. 따라서

$\gamma = \sqrt{Z \cdot Y}$에 무손실 조건 $R = 0$, $G = 0$을 대입하면

$\gamma = \sqrt{(R + j\omega L)(G + j\omega C)} = j\omega\sqrt{LC}$　　　　$\alpha = 0$, $\beta = \omega\sqrt{LC}$

답 : ②

예제문제 06

분포 정수 회로에 있어서 선로의 단위 길이당 저항을 10 [Ω], 인덕턴스 0.5 [H], 누설 컨덕턴스 0.2 [℧]라 할 때 일그러짐이 없는 조건을 만족하기 위한 정전 용량은 몇 [F]인가?

① 0.01　　　　　② 0.04　　　　　③ 0.1　　　　　④ 0.25

해설

무왜조건은 $RC = LG$이므로 $C = \dfrac{LG}{R} = \dfrac{0.5 \times 0.2}{10} = 0.01$ [F]

답 : ①

핵심과년도문제

12·1

유한장의 송전 선로가 있다. 수전단을 단락시키고 송전단에서 측정한 임피던스는 $j250\,[\Omega]$, 또 수전단을 개방시키고 송전단에서 측정한 어드미턴스는 $j1.5\times10^{-3}\,[\mho]$이다. 이 송전 선로의 특성 임피던스$[\Omega]$는 약 얼마인가?

① 2.45×10^{-3}　　② 408.25　　③ $j0.612$　　④ 6×10^{-6}

해설 Z_{ss} : 수전단을 단락하고 송전단에서 측정한 임피던스

　　Z_{s0} : 수전단을 개방하고 송전단에서 측정한 임피던스

　　따라서 특성임피던스의 기본식에 의해 $Z_0=\sqrt{Z_{ss}\cdot Z_{s0}}=\sqrt{j250\times\dfrac{1}{j1.5\times10^{-3}}}=408.25\,[\Omega]$

【답】②

12·2

분포 정수 회로에서 선로의 특성 임피던스를 Z_0, 전파 정수를 γ라 할 때 선로의 직렬 임피던스는?

① $\dfrac{Z_0}{\gamma}$　　　　② $\dfrac{\gamma}{Z_0}$　　　　③ $\sqrt{\gamma Z_0}$　　　　④ γZ_0

해설 특성임피던스와 전파정수를 곱하면

　　$\gamma Z_0=\sqrt{ZY}\,\sqrt{\dfrac{Z}{Y}}=Z$가 된다.

【답】④

12·3

전송 선로에서 무손실일 때, $L=96\,[\text{mH}]$, $C=0.6\,[\mu\text{F}]$이면 특성 임피던스$[\Omega]$는?

① 500　　　　② 400　　　　③ 300　　　　④ 200

해설 특성임피던스의 기본식 : $Z_0=\sqrt{\dfrac{Z}{Y}}=\sqrt{\dfrac{j\omega L}{j\omega C}}$

　　$Z_0=\sqrt{\dfrac{L}{C}}=\sqrt{\dfrac{96\times10^{-3}}{0.6\times10^{-6}}}=400\,[\Omega]$

【답】②

12·4

무손실 선로가 되기 위한 조건 중 옳지 않은 것은?

① $Z_0 = \sqrt{\dfrac{L}{C}}$ 　　　　　　② $\gamma = \sqrt{ZY}$

③ $\alpha = \omega\sqrt{LC}$ 　　　　　　④ $v = \dfrac{1}{\sqrt{LC}}$

해설 $\dot\gamma$(전파정수)$=\alpha+j\beta$ 여기서, α는 감쇠정수 β는 위상 정수이다. 따라서
$\gamma = \sqrt{Z\cdot Y}$ 에 무손실 조건 $R=0,\ G=0$을 대입하면
$\gamma = \sqrt{(R+j\omega L)(G+j\omega C)} = j\omega\sqrt{LC}$
$\alpha=0,\ \beta=\omega\sqrt{LC}$

【답】③

12·5

분포 정수 회로가 무왜 선로로 되는 조건은? 단, 선로의 단위 길이당 저항을 R, 인덕턴스를 L, 정전 용량을 C, 누설 컨덕턴스를 G라 한다.

① $RC=LG$ 　　② $RL=CG$ 　　③ $R=\sqrt{\dfrac{L}{C}}$ 　　④ $R=\sqrt{LC}$

해설 선로의 분포 정수 $R,\ L,\ G,\ C$가 0이 아닌 경우 무왜 조건(전송 파형의 변함이 없는 조건)은
$\dfrac{R}{L}=\dfrac{G}{C},\ RC=LG$인 경우이다. 【답】①

12·6

무손실 분포 정수 선로에 대한 설명 중 옳지 않은 것은?

① 전파 정수 γ는 $j\omega\sqrt{LC}$이다. 　② 진행파의 전파 속도는 $\sqrt{LC}$이다.

③ 특성 임피던스는 $\sqrt{\dfrac{L}{C}}$이다. 　④ 파장은 $\dfrac{1}{f\sqrt{LC}}$이다.

해설 분포 정수 회로가 무손실 선로일 때 $R=0,\ G=0$
그러므로 특성임피던스는 $Z_0=\sqrt{\dfrac{Z}{Y}}=\sqrt{\dfrac{R+j\omega L}{G+j\omega C}}=\sqrt{\dfrac{L}{C}}$
전파정수는 $\gamma=\alpha+j\beta=\sqrt{ZY}=\sqrt{(R+j\omega L)(G+j\omega C)}=j\omega\sqrt{LC}$
파장은 $\lambda=\dfrac{2\pi}{\beta}=\dfrac{2\pi}{\omega\sqrt{LC}}=\dfrac{1}{f\sqrt{LC}}$
전파속도는 $v=f\lambda=\dfrac{2\pi f}{\beta}=\dfrac{\omega}{\beta}=\dfrac{1}{\sqrt{LC}}$ 【답】②

12·7

다음 분포 정수 전송 회로에 대한 서술에서 옳지 않은 것은?

① $\dfrac{R}{L} = \dfrac{G}{C}$ 인 회로를 무왜 회로라 한다.

② $R = G = 0$ 인 회로를 무손실 회로라 한다.

③ 무손실 회로, 무왜 회로의 감쇠 정수는 $\sqrt{RG}$ 이다.

④ 무손실 회로, 무왜 회로에서의 위상 속도는 $\dfrac{1}{\sqrt{CL}}$ 이다.

[해설] 무손실 회로 감쇠 정수 $\alpha = 0$ 이며, 무왜 회로 감쇠 정수 $\alpha = \sqrt{RG}$ 이다. 【답】 ③

12·8

단위 길이의 인덕턴스 L [H], 정전 용량 C [F]의 선로에서의 진행파 속도는?

① $\sqrt{\dfrac{L}{C}}$　　　② $\sqrt{\dfrac{C}{L}}$　　　③ $\dfrac{1}{\sqrt{LC}}$　　　④ $\sqrt{LC}$

[해설] 분포 정수 회로가 무손실 선로일 때 $R = 0,\ G = 0$

그러므로 특성임피던스는 $Z_0 = \sqrt{\dfrac{Z}{Y}} = \sqrt{\dfrac{R + j\omega L}{G + j\omega C}} = \sqrt{\dfrac{L}{C}}$

전파정수는 $\gamma = \alpha + j\beta = \sqrt{ZY} = \sqrt{(R + j\omega L)(G + j\omega C)} = j\omega\sqrt{LC}$

파장은 $\lambda = \dfrac{2\pi}{\beta} = \dfrac{2\pi}{\omega\sqrt{LC}} = \dfrac{1}{f\sqrt{LC}}$

전파속도는 $v = f\lambda = \dfrac{2\pi f}{\beta} = \dfrac{\omega}{\beta} = \dfrac{1}{\sqrt{LC}}$ 　　　【답】 ③

심화학습문제

01 그림과 같은 분포 정수 회로의 송전단에서 x [m] 떨어진 점에서의 전압을 V, 선로에 흐르는 전류를 I, 또 $x+dx$ [m] 떨어진 점에서의 전압을 $V+dV$, 전류를 $I+dI$라 하고 선로 방향으로 단위 길이당 $Z=R+j\omega L$의 임피던스를 가지며, 선로간에는 단위 길이당 $Y=G+j\omega C$의 어드미턴스를 갖는다고 한다. 이때 전압 V와 전류 I의 관계를 나타내는 식은?

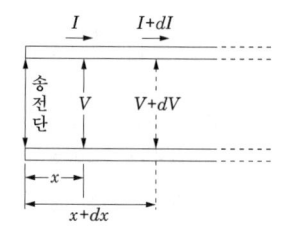

① $\dfrac{d^2V}{dx^2}=ZYV$ 및 $\dfrac{d^2I}{dx^2}=ZYI$

② $\dfrac{d^2V}{dx^2}=ZYI$ 및 $\dfrac{d^2I}{dx^2}=ZYV$

③ $\dfrac{dV}{dx}=ZV$ 및 $\dfrac{dI}{dx}=YI$

④ $\dfrac{dV}{dx}=ZYV$ 및 $\dfrac{dI}{dx}=ZYI$

> **해설**
>
> $\dfrac{d^2V}{dx^2}=-Z\left(\dfrac{dI}{dx}\right)=ZYV$, $\dfrac{d^2I}{dx^2}=-Y\left(\dfrac{dV}{dx}\right)=ZYI$
>
> 【답】 ①

02 선로 정수가 $R=0.09$ [Ω/km], $L=0.66$ [mH/km], $C=0.0044$ [μF/km], $G=0$일 때 주파수 $f=100$ [Hz]에 있어서 특성 임피던스 Z_0 [Ω]을 구하면?

① $392\angle 6°$
② $392\angle 13°$
③ $392\angle -6°$
④ $392\angle -13°$

> **해설**
>
> 특성임피던스
>
> $Z_0=\sqrt{\dfrac{Z}{Y}}=\sqrt{\dfrac{R+j\omega L}{G+j\omega C}}$
>
> $=\sqrt{\dfrac{0.09+j2\pi\times 100\times 0.66\times 10^{-3}}{j2\pi\times 100\times 0.0044\times 10^{-6}}}$
>
> $=\sqrt{150000-j32554.42}=(153492\angle -12.24°)^{\frac{1}{2}}$
>
> $=392\angle -6.12°$ [Ω]
>
> Z_0는 $392\angle -6.12°$ [Ω], $392\angle -186.12°$ [Ω]의 2개가 된다.
>
> 【답】 ③

03 그림과 같은 회로에서 특성 임피던스 Z_0 [Ω]는?

① 1
② 2
③ 3
④ 4

> **해설**
>
> Z_0부분을 단락하면 $Z=2+\dfrac{3\times 2}{3+2}=3.2$ [Ω], 개방하면 $Z=5$ 따라서 $Y=\dfrac{1}{5}$ 이므로 특성임피던스의 식에 대입한다.
>
> $\therefore$ 특성 임피던스 $Z=\sqrt{\dfrac{Z}{Y}}=\sqrt{\dfrac{3.2}{\frac{1}{5}}}=4$ [Ω]
>
> 【답】 ④

04 수전단 개방의 무손실 선로에 있어서 입력 임피던스의 절대값을 특성 임피던스와 같게 하려면 선로의 길이를 파장의 몇 배로 하면 되는가?

① $\frac{1}{2}\lambda$ 　　　　　　② $\frac{1}{4}\lambda$

③ $\frac{1}{6}\lambda$ 　　　　　　④ $\frac{1}{8}\lambda$

해설

수전단 개방시 입력 임피던스 $Z_{s0} = Z_0 \coth \gamma l$ 가 된다.
여기서 무손실 선로이므로 $R = G = 0$

$\therefore Z_0 = \sqrt{\dfrac{L}{C}}, \qquad \gamma = j\beta = j\dfrac{2\pi}{\lambda}$ 이므로

$Z_{s0} = Z_0 \coth \gamma l$ 에 대입한다.

$\therefore Z_{s0} = \sqrt{\dfrac{L}{C}} \coth j\beta l = -j\sqrt{\dfrac{L}{C}} \cot \beta l$

$\therefore Z_{s0} = \sqrt{\dfrac{L}{C}} \cot \beta l = Z_0 = \sqrt{\dfrac{L}{C}}$

$\therefore \cot \beta l = 1, \quad \beta l = \dfrac{\pi}{4}$

$\therefore l = \dfrac{\pi}{4\beta} = \dfrac{\pi}{4 \times \frac{2\pi}{\lambda}} = \dfrac{\lambda}{8}$

【답】 ④

05 무한장 무손실 전송 선로상의 어떤 점에서 전압이 100 [V]였다. 이 선로의 인덕턴스가 7.5 [μH/m]이고, 커패시턴스가 0.003 [μF/m]일 때 이 점에서 전류는 몇 [A]인가?

① 2 　　　　　② 4
③ 6 　　　　　④ 8

해설

무한장 선로의 경우 송전단에서 x만큼 떨어진 점의 전압 V와 전류 I는 다음 식과 같다.

$V = V_s e^{-\gamma x}, \quad I = I_s e^{-\gamma x} = \dfrac{V_s}{Z_0} e^{-\gamma x}$ 이므로

$\dfrac{V}{I} = \dfrac{V_s}{\frac{V_s}{Z_0}} = Z_0$

또, 무손실 선로이므로 $R = G = 0$의 조건으로 특성 임피던스는 $Z_0 = \sqrt{\dfrac{L}{C}}$ [Ω]

$\therefore I = \dfrac{V}{Z_0} = \sqrt{\dfrac{C}{L}} \cdot V = \sqrt{\dfrac{0.003}{7.5}} \times 100 = 2$ [A]

【답】 ①

06 분포 정수 회로에서 위상 정수가 β라 할 때 파장 λ는?

① $2\pi\beta$ 　　　　　　② $\dfrac{2\pi}{\beta}$

③ $4\pi\beta$ 　　　　　　④ $\dfrac{4\pi}{\beta}$

해설

위상 정수 β와 파장 λ 사이의 관계는 $\lambda\beta = 2\pi$ 이므로 $\lambda = \dfrac{2\pi}{\beta}$ 가 된다.

【답】 ②

07 분포 정수 회로에서 무왜형 조건이 성립하면 어떻게 되는가?

① 감쇠량이 최소로 된다.
② 감쇠량은 주파수에 비례한다.
③ 전파 속도가 최대로 된다.
④ 위상 정수는 주파수에 무관하여 일정하다.

해설

감쇠량 $\alpha = \sqrt{RG}$ 이므로 　무왜형 조건인 $RC = LG$ 일 때 최소가 된다.

【답】 ①

08 분포 정수 회로에서 위치각(position angle)에 관한 정확한 표현은?

① 일반적으로 위치각은 실수로 주어진다.
② 위치각은 선로의 전파 정수에는 관계없다.
③ 위치각은 복소수로 주어진다.
④ 위치각은 집중 회로에서도 그 개념이 적용될 수 있다.

해설

특성 임피던스 Z_0인 선로에 임피던스 Z인 부하를 접속할 때 위치각 δ는 $\delta = \tanh^{-1}\dfrac{Z}{Z_0}$ 이다.

수전단 위치각을 δ_R이라 하면 x점의 위치각 $\delta_x = \delta_R + \gamma_x$로 표시된다. 이때 δ_x를 알면 임의의 점에서 전압, 전류, 임피던스를 간단히 구할 수 있다. 위치각은 일반적으로 복소수로 표시된다.

【답】③

09 특성 임피던스 50 [Ω], 감쇠 정수 0, 위상 정수 $\dfrac{\pi}{3}$ [rad/m], 선로의 길이 2 [m]인 분포 정수 회로의 4단자 정수 A를 구하면?

① $1 - j\dfrac{1}{2}$　　　　② $\dfrac{\sqrt{3}}{2}$

③ $-\dfrac{1}{2}$　　　　　④ $-\dfrac{\sqrt{3}}{2}$

해설

특성임피던스가 $Z_0 = 50$, 위상정수에 의해
$\gamma l = (\alpha + j\beta)l = j\dfrac{2\pi}{3}$ 이므로

$$\therefore A = \cosh \gamma l = \cosh j\dfrac{2\pi}{3} = \cos \dfrac{2\pi}{3} = -\dfrac{1}{2}$$

【답】③

10 분포 정수 회로에서 4단자 정수 중 B값은?

① $\cosh \gamma l$　　　　② $\dfrac{1}{Z_0}\sinh \gamma l$

③ $Z_0 \sinh \gamma l$　　　④ $\sinh \gamma l$

해설

분포 정수 회로의 4단자 정수는 다음과 같다.
$$A = D = \cosh \gamma l, \quad B = Z_0 \sinh \gamma l, \quad C = \dfrac{1}{Z_0}\sinh \gamma l$$
그러므로 B 정수는 $B = Z_0 \sinh \gamma l$가 된다.

【답】③

11 특성 임피던스 400 [Ω]의 회로 말단에 1200 [Ω]의 부하가 연결되어 있다. 전원측에 10 [kV]의 전압을 인가할 때 반사파의 크기[kV]는? 단, 선로에서의 전압 감쇠는 없는 것으로 간주한다.

① 3.3　　　　　② 5

③ 10　　　　　④ 33

해설

반사파 전압의 크기를 계산하기 위한 반사계수는
$$\rho = \dfrac{Z_R - Z_0}{Z_R + Z_0} = \dfrac{1200 - 400}{1200 + 400} = 0.5$$이므로
반사파 전압은 전원측 전압의 0.5배가 된다.
따라서 $10 \times 5 = 5$ [kV]

【답】②

12 전송 선로의 특성 임피던스가 50 [Ω]이고 부하 저항이 150 [Ω]이면 부하에서의 반사 계수는?

① 0　　　　　② 0.5

③ 0.7　　　　④ 1

해설

반사계수 $\rho = \dfrac{Z_L - Z_0}{Z_L + Z_0} = \dfrac{150 - 50}{150 + 50} = 0.5$

【답】②

13 어떤 무손실 전송 선로의 인덕턴스가 1 [μH/m] 이고 커패시턴스가 400 [pF/m]일 때 250 [Ω] 인 부하를 수전단에 연결하면 이곳에서의 반사 계수는?

① $\dfrac{2}{3}$　　　　　② $\dfrac{1}{3}$

③ $\dfrac{1}{2}$　　　　　④ 1

특성임피던스 $Z_0 = \sqrt{\dfrac{L}{C}} = \sqrt{\dfrac{10^{-6}}{400 \times 10^{-12}}} = 50\,[\Omega]$

그러므로 반사계수는 $\rho = \dfrac{Z_R - Z_0}{Z_R + Z_0} = \dfrac{250 - 50}{250 + 50} = \dfrac{2}{3}$

【답】①

14 무한장이라고 생각할 수 있는 평행 2회선 선로에 주파수 4 [MHz]의 전압을 가하면 전압 위상은 1 [m]에 대하여 얼마나 늦는가? 단, 여기서 위상 속도는 3×10^8 [m/s]로 한다.

① 약 0.0734
② 약 0.0834
③ 약 0.0934
④ 약 0.0634

전파속도 $v = \dfrac{\omega}{\beta}$에서

$\beta = \dfrac{\omega}{v} = \dfrac{2\pi f}{v} = \dfrac{2\pi \times 4 \times 10^6}{3 \times 10^8} = 0.0838$

【답】②

15 송전 선로에서 전압이 3×10^8 [m/s]인 광속으로 전파할 때 200 [MHz]인 주파수에 대한 위상 정수는 몇 [rad/m]인가?

① $\dfrac{4}{3}\pi$
② $\dfrac{2}{3}\pi$
③ $\dfrac{\pi}{3}$
④ π

송전선로에서 파장 λ는 $\lambda = \dfrac{C_0}{f} = \dfrac{3 \times 10^8}{200 \times 10^6} = 1.5\,[\text{m}]$

그런데, 1파장 λ [m]의 거리를 갖는 위상은 2π [rad] 회전이므로 선로 길이 1 [m]당의 상차, 즉 위상 정수 β는 $\beta = \dfrac{2\pi}{\lambda} = \dfrac{2\pi \times 2}{3} = \dfrac{4\pi}{3}\,[\text{rad/m}]$

【답】①

16 위상 정수 $\beta = 6.28$ [rad/km]일 때 파장 [km]은?

① 1
② 2
③ 3
④ 4

위상 정수에 의한 파장 $\lambda = \dfrac{2\pi}{\beta} = \dfrac{2 \times 3.14}{6.28} = 1\,[\text{km}]$

【답】①

17 위상 정수가 $\dfrac{\pi}{8}$ [rad/m]인 선로의 1 [MHz]에 대한 전파 속도[m/s]는?

① 1.6×10^7
② 9×10^7
③ 10×10^7
④ 11×10^7

전파 속도를 v [m/s]라 하면 $\beta\lambda = 2\pi$ 이므로

$v = f\lambda = \dfrac{2\pi f}{\beta} = \dfrac{2\pi \times 10^6}{\dfrac{\pi}{8}} = 16 \times 10^6 = 1.6 \times 10^7\,[\text{m/s}]$

【답】①

13 과도현상

전기회로에서 어느 정상상태(steady state)로부터 다른 정상상태로 이행할 경우 그 이행이 순간적으로 이루어지는 것이 아니고 일정시간이 경과한 후에 이루어진다. 이와 같이 어느 정상상태에서 다른 정상상태로 이행하는 동안에 일어나는 현상을 과도현상(transient phenomena)이라 한다.

과도현상의 해석은 키르히호프 법칙에 의하여 회로의 전압전류가 만족하는 미분방정식을 회로가 변화한 후의 상태의 회로에 대해서 세우고, 미분방정식을 해를 구한 다음 그 풀이 안에 포함되어 있는 적분상수를 초기조건에 의해 구하면 된다.

미분방정식을 해를 구하는 방법은 라플라스변환을 이용하여 구하면 쉽게 구할 수 있으므로 이를 이용하여 해석하면 쉽게 해석할 수 있다.

1. $R-L$ 직렬 회로

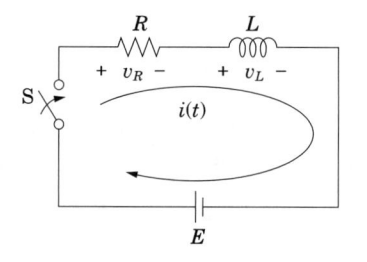

그림 1 $R-L$ 직렬 회로

그림 1의 $R-L$ 직렬 회로에 스위치 S를 $t=0$인 순간에 ON하면 전류 $i(t)$가 흐르게 된다. 이때 전압의 방정식을 세우면 다음과 같다.

$$E = Ri(t) + L\frac{di(t)}{dt}$$

이 미분 방정식의 $i(t)$를 구하여 해석한다. 이 전류가 t인 시간에 흐르는 전류의 값이 된다.

위 식을 라플라스 변환하면

$$\frac{E}{s} = L[s\dot{I}(s) - i(0^+)] + R\dot{I}(s)$$

$i(0^+)$는 초기조건으로 $t = 0$의 값이다.

$$\dot{I}(s) = \frac{E}{L}\frac{1}{s(s + R/L)}$$

s에 관하여 정리한다.

$$\frac{E/L}{s(s + R/L)} = \frac{K_0}{s} + \frac{K_1}{s + R/L}$$

여기서, K_0, K_1은 미지의 계수이며 이를 구하기 위하여 윗식의 양변에 공통인수를 곱하여 정리하면 다음과 같다.

$$\frac{E}{L} = K_0\frac{R}{L} + s(K_0 + K_1)$$

$$\frac{R}{L}K_0 = \frac{E}{L}, \quad (K_0 + K_1)s = 0$$

그러므로 K_0, K_L는

$$K_0 = \frac{E}{R}, \quad K_1 = -K_0 = -\frac{E}{R}$$

가 된다. 따라서 전류 $I(s)$는

$$\dot{I}(s) = \frac{E}{L} \cdot \frac{1}{s(s + R/L)} = \frac{E}{R}\left(\frac{1}{s} - \frac{1}{s + R/L}\right)$$

이 식을 역라플라스 변환하면

$$i(t) = \frac{E}{R}(1 - e^{-Rt/L})\,[\mathrm{A}]$$

가 된다. 이를 그래프로 그리면 그림 2와 같다.

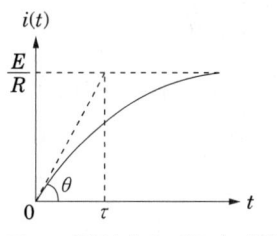

그림 2 전원인가시 전류의 파형

그림 2의 파형에서 전류값이 정상전류의 63.2 [%]에 도달할 때까지의 시간을 시정수라 하며, e^{-1}으로 되는 시간을 의미한다.

이시간은 다음과 같다.

$$\tau = \frac{L}{R} \text{ [sec]}$$

이 시정수가 크면 과도현상이 오래 지속되고 작으면 과도현상이 빨리 소멸된다.

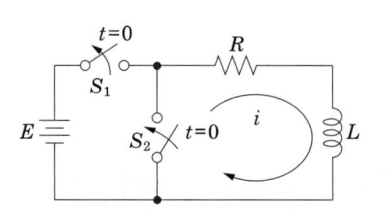

그림 3 전원을 제거할 경우 과도현상

그림 3에서 S_2를 ON하여 전원을 제거한 경우 전압의 방정식을 세우면

$$Ri(t) + L\frac{di(t)}{dt} = 0$$

이 되며, 여기서 $i(t)$를 구하면 다음과 같다.

$$i(t) = \frac{E}{R}e^{-\frac{R}{L}t} \text{ [A]}$$

이 식의 파형을 그리면 그림 4와 같다.

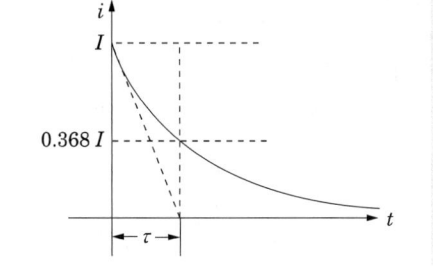

그림 4 전원 제거시 전류의 파형

예제문제 01

그림과 같은 회로에서 정상 전류값 i_s [A]는? 단, $t=0$에서 스위치 S를 닫았다.

① 0   ② 7

③ 35   ④ −35

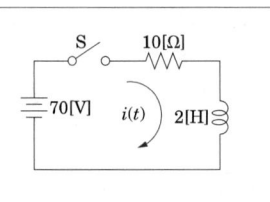

해설

$$i_s = \frac{E}{R}\left(1 - e^{-\frac{R}{L}t}\right) = \frac{70}{10}\left(1 - e^{-\frac{10}{2} \times \infty}\right) = 7 \text{ [A]}$$

답 : ②

예제문제 02

그림과 같은 파형에서 전류 $I = 4$ [mA], 위상각 $\theta = 45°$일 때 시정수 τ [s]는?

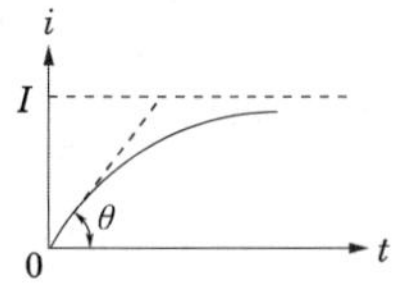

① 0.001 ② 0.002

③ 0.003 ④ 0.004

해설

그림에서 $\tan\theta = \dfrac{I}{\tau}$ 에서 $\tau = \dfrac{I}{\tan\theta} = \dfrac{4 \times 10^{-3}}{\tan 45°} = 0.004$ [s]

답 : ④

예제문제 03

그림에서 스위치 S를 닫을 때의 전류 $i(t)$ [A]는 얼마인가?

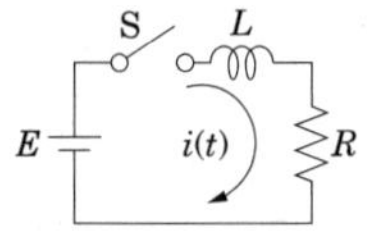

① $\dfrac{E}{R}e^{-\frac{R}{L}t}$ ② $\dfrac{E}{R}\left(1 - e^{-\frac{R}{L}t}\right)$

③ $\dfrac{E}{R}e^{-\frac{L}{R}t}$ ④ $\dfrac{E}{R}\left(1 - e^{-\frac{L}{R}t}\right)$

해설

스위치를 닫았을 때의 평형 방정식은 $L\dfrac{di(t)}{dt} + Ri(t) = E$ 이므로

라플라스변화과 역변환에 의해 정리하면

$\therefore\ i(t) = \dfrac{E}{R}\left(1 - e^{-\frac{R}{L}t}\right)$ [A]

답 : ②

예제문제 04

그림과 같은 회로에서 $t = 0$에서 스위치를 갑자기 닫은 후 전류 $i(t)$가 0에서 정상 전류의 63.2 [%]에 달하는 시간[s]을 구하면?

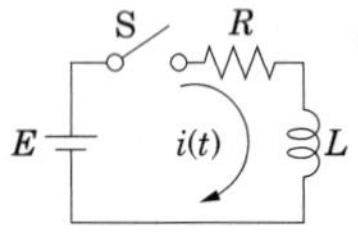

① LR ② $\dfrac{1}{LR}$

③ $\dfrac{L}{R}$ ④ $\dfrac{R}{L}$

해설

$R - L$ 직렬 회로에서 정상값에 63.2 [%]에 도달하는 시간은 시정수를 의미한다.

$\tau = \dfrac{L}{R}$ [sec]

답 : ③

2. $R-C$ 직렬 회로

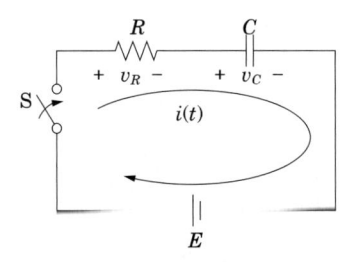

그림 5 $R-C$ 직렬 회로

그림 5의 $R-C$ 회로에 $t=0$에서 스위치 S가 닫혀서 직류전압 E가 인가되었을 때 순간적으로 회로에 흐르는 전류를 $i(t)$라 하면 키르히호프의 전압방정식은 다음과 같다.

$$E = Ri(t) + \frac{1}{C}\int i(t)\,dt$$

또, C의 회로의 경우 $i(t)=\frac{dq(t)}{dt}$ 에서 $q(t)=\int i(t)\,dt$를 대입하면

$$E = R\frac{dq(t)}{dt} + \frac{q(t)}{C}$$

위 식을 라플라스 변화하여 $q(t)$를 구하면 다음과 같다.

$$q(t) = CE\left(1 - e^{-\frac{1}{RC}t}\right)$$

이때 전류는 $i(t)=\frac{dq(t)}{dt}$ 에 의해 위 식을 미분하여 구한다.

$$i(t) = \frac{dq(t)}{dt} = \frac{E}{R}e^{-\frac{1}{RC}t}\ [\text{A}]$$

이 전류의 식의 파형을 그리면 그림 6과 같다.

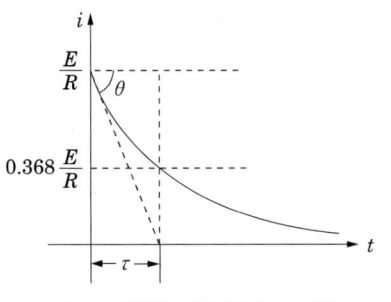

그림 6 전원인가시 전류의 파형

그림 6의 파형에서 전류값이 정상전류의 36.8 [%]에 도달할 때까지의 시간을 시정수라 하며, e^{-1}으로 되는 시간을 의미한다.

이시간은 다음과 같다.

$$\tau = RC \; [\text{sec}]$$

시정수가 크면 클수록 과도 현상은 오래 지속된다. $R-C$ 회로의 시정수는 $R \cdot C$이므로 $R \cdot C$ 값이 클수록 과도 전류의 값이 천천히 사라진다. 저항 R과 커패시턴스 C의 단자전압 v_R, v_C는 다음과 같다.

$$v_R = Ri = E \, e^{-\frac{1}{RC}t}$$

$$v_C = \frac{q}{C} = E \left(1 - e^{-\frac{1}{RC}t} \right)$$

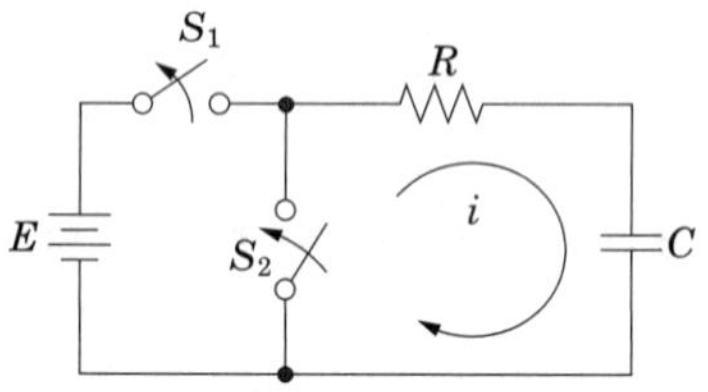

그림 7 전원제거 할 경우 과도현상

그림 7과 같이 $t=0$에서 S_2를 ON하여 전원을 제거하여 전압의 방정식을 세우면

$$R \frac{dq(t)}{dt} + \frac{q(t)}{C} = 0$$

가 되며, 여기서 $q(t)$를 구하면 다음과 같다.

$$q(t) = CE \, e^{-\frac{1}{RC}t}$$

따라서, 전류는

$$i(t) = \frac{dq(t)}{dt} = -\frac{E}{R} e^{-\frac{1}{RC}t}$$

가 된다.

예제문제 05

그림의 회로에서 스위치 S를 닫을 때 콘덴서의 초기 전하를 무시하고 회로에 흐르는 전류를 구하면?

① $\dfrac{E}{R}e^{\frac{C}{R}t}$　　　　② $\dfrac{E}{R}e^{\frac{R}{C}t}$

③ $\dfrac{E}{R}e^{-\frac{1}{CR}t}$　　　　④ $\dfrac{E}{R}e^{\frac{1}{CR}t}$

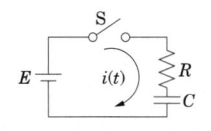

해설

스위치를 닫았을 때 회로의 평형 방정식은　　$Ri(t)+\dfrac{1}{C}\displaystyle\int i(t)dt=E$

C의 전하를 $q(t)$, C의 양단 전압을 v_0 라 하면　　$q(t)=\displaystyle\int i(t)dt=Cv_0,\ i(t)=\dfrac{dq(t)}{dt}$

평형 미분방정식에 대입하면 $R\dfrac{dq(t)}{dt}+\dfrac{1}{C}q(t)=E$가 된다.

따라서 라플라스 변환과 역변환 과정에서 전하량의 식은 초기 전하를 0라 하면

$\therefore q(t)=CE\left(1-e^{-\frac{1}{RC}t}\right)$ 이며, 이때 흐르는 전류는 전하량의 식을 미분하여 구하면 다음과 같다 .

$i(t)=\dfrac{dq(t)}{dt}=\dfrac{d}{dt}CE\left(1-e^{-\frac{1}{RC}t}\right)=\dfrac{E}{R}e^{-\frac{1}{RC}t}$

답 : ③

예제문제 06

그림과 같은 회로에서 저항 $R\,[\Omega]$과 정전 용량 $C\,[\mathrm{F}]$의 직렬 회로에서 잘못 표현된 것은?

① 회로의 시정수는 $\tau=RC\,[\mathrm{s}]$이다.

② $t=0$에서 직류 전압 $E\,[\mathrm{V}]$를 가했을 때 $t\,[\mathrm{s}]$ 후의 전류 $i=\dfrac{E}{R}e^{-\frac{1}{RC}t}$ $[\mathrm{A}]$이다.

③ $t=0$에서 직류 전압 $E\,[\mathrm{V}]$를 가했을 때 $t\,[\mathrm{s}]$ 후의 전류 $i=\dfrac{E}{R}\left(1-e^{-\frac{1}{RC}t}\right)$ $[\mathrm{A}]$이다.

④ $R-C$ 직렬 회로의 직류 전압 $E\,[\mathrm{V}]$를 충전하는 경우 회로의 전압 방정식은

$Ri+\dfrac{1}{C}\displaystyle\int idt=E$이다.

해설

그림에서 $t=0$에서 직류 전압 E를 인가할 때 전류 i는

$i(t)=\dfrac{E}{R}\epsilon^{-\frac{1}{RC}t}$ $[\mathrm{A}]$

답 : ③

예제문제 07

$R-C$ 직렬 회로에 $t=0$일 때 직류 전압 10 [V]를 인가하면, $t=0.1$초 때 전류[mA]의 크기는? 단, $R=1000$ [Ω], $C=50$ [μF]이고, 처음부터 정전 용량의 전하는 없었다고 한다.

① 약 2.25　　　　② 약 1.8　　　　③ 약 1.35　　　　④ 약 2.4

해설

$i=\dfrac{E}{R}e^{-\frac{1}{RC}t}$ 에서 $t=0.1$을 대입하면

$i=\dfrac{10}{1000}e^{-\frac{0.1}{1000\times50\times10^{-6}}}=\dfrac{1}{100}e^{-2}≒1.35$ [mA]

답 : ③

3. $R-L-C$ 직렬 회로

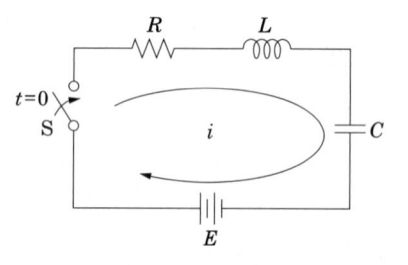

그림 8 $R-L-C$ 직렬 회로

그림 8의 $R-L-C$ 직렬 회로에 $t=0$에서 스위치 S를 닫아 직류전압 E를 인가하는 경우 전압의 방정식은 다음과 같다.

$$E=Ri(t)+L\frac{di(t)}{dt}+\frac{1}{C}q(t)$$

$$i(t)=\frac{dq(t)}{dt} \text{ 이므로}$$

$$E=L\frac{d^2q(t)}{dt^2}+R\frac{dq(t)}{dt}+\frac{1}{C}q(t)$$

가 된다. $q(t)=q_s+q_t$에서 $q_s=CE$이고

$$L\frac{d^2q(t)}{dt^2}+R\frac{dq(t)}{dt}+\frac{1}{C}q(t)=0 \text{ 이므로}$$

$$LK^2+RK+\frac{1}{C}=0$$

라 하고 K의 값을 구하면

$$K = -\frac{R}{2L} \pm \sqrt{\left(\frac{R}{2L}\right)^2 - \frac{1}{LC}}$$

가 된다.

여기서, $\left(\frac{R}{2L}\right)^2 - \frac{1}{LC} > 0$ 이면 비진동적이며,

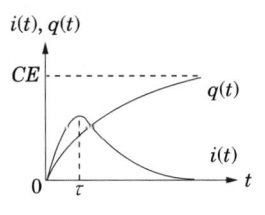

그림 9 비진동

$\left(\frac{R}{2L}\right)^2 - \frac{1}{LC} < 0$ 이면 진동적이고,

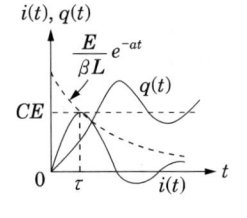

그림 10 진동

$\left(\frac{R}{2L}\right)^2 - \frac{1}{LC} = 0$ 이면 임계적이 된다.

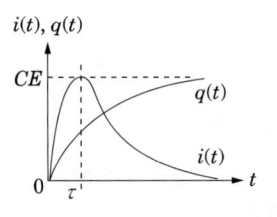

그림 11 임계상태

예제문제 08

그림과 같은 $R - L - C$ 직렬 회로에서 발생하는 과도 현상이 진동이 되지 않는 조건은 어느 것인가?

① $\left(\frac{R}{2L}\right)^2 - \frac{1}{LC} < 0$ ② $\left(\frac{R}{2L}\right)^2 - \frac{1}{LC} > 0$

③ $\left(\frac{R}{2L}\right)^2 = \frac{1}{LC}$ ④ $\frac{R}{2L} = \frac{1}{LC}$

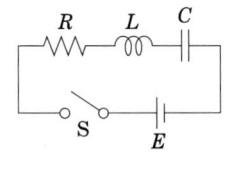

해설

회로 방정식을 $i(t) = \frac{dq(t)}{dt}$ 를 이용하여 표시하여 미분방정식을 세우면

$$L\frac{di(t)}{dt} + Ri(t) + \frac{1}{C}\int i(t)dt = E, \quad L\frac{d^2q(t)}{dt^2} + R\frac{dq(t)}{dt} + \frac{1}{C}q(t) = E$$

그림에서 $q(t) = q_s + q_t$ 에서 $q_s = CE$ 이고

$$L\frac{d^2q_t}{dt^2} + R\frac{dq_t}{dt} + \frac{1}{C}q_t = 0, \quad LK^2 + RK + \frac{1}{C} = 0$$ 의 2차 방정식의 해를 구하면 $\therefore K = -\frac{R}{2L} \pm \sqrt{\left(\frac{R}{2L}\right)^2 - \frac{1}{LC}}$

여기서

$\left(\frac{R}{2L}\right)^2 - \frac{1}{LC} > 0$ 이면 비진동적, $\left(\frac{R}{2L}\right)^2 - \frac{1}{LC} < 0$ 이면 진동적, $\left(\frac{R}{2L}\right)^2 - \frac{1}{LC} = 0$ 이면 임계적

답 : ②

예제문제 09

그림과 같은 $R-L-C$ 직렬 회로에서 $R=100$ [Ω], $L=0.1$ [mH], $C=0.1$ [μF]일 때 이 회로의 전류 $i(t)$가 그림 중 가장 적당한 파형은?

①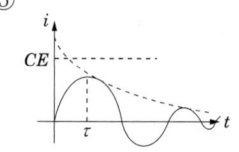

②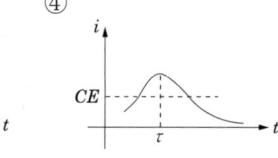

③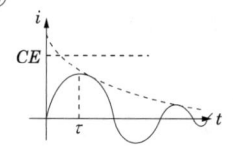

④

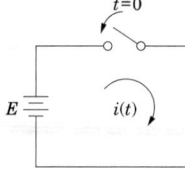

해설

문제의 조건에서 $R^2=100^2=10^4$이며, $4\dfrac{L}{C}=4\dfrac{0.1\times10^{-3}}{0.1\times10^{-6}}=4000$ 이므로 비교하면

$\therefore R^2>4\dfrac{L}{C}$ 이므로 비진동이다.

답 : ①

예제문제 10

$R-L-C$ 직렬 회로에서 $R=100$ [Ω], $L=0.1\times10^{-3}$ [H], $C=0.1\times10^{-6}$ [F]일 때 이 회로는?

① 진동적이다.　　　　　　　　　② 비진동이다.

③ 정현파 진동이다.　　　　　　　④ 진동일 수도 있고 비진동일 수도 있다.

해설

$\left(\dfrac{R}{2L}\right)^2-\dfrac{1}{LC}=R^2-4\dfrac{L}{C}=10^4-4\times\dfrac{0.1\times10^{-3}}{0.1\times10^{-6}}=10^4-4\times10^3>0$ 이므로 비진동적이다.

답 : ②

핵심과년도문제

13·1

$Ri(t) + L\dfrac{di(t)}{dt} = E$의 계통 방정식에서 정상 전류는?

① 0   ② $\dfrac{E}{RL}$ ③ $\dfrac{E}{R}$ ④ E

해설 $R-L$ 직렬 회로의 과도상태에 흐르는 전류는 $i(t) = \dfrac{E}{R}\left(1 - e^{-\frac{R}{L}t}\right)$ [A]이며 정상 전류는 $t = \infty$ 인 경우를 말한다. 따라서 $t = \infty$를 대입하면 $i(t) = \dfrac{E}{R}$[A]가 정상 전류가 된다. 【답】③

13·2

시정수 τ인 $L-R$ 직렬 회로에 직류 전압을 인가할 때 $t = \tau$의 시각에 회로에 흐르는 전류는 최종값의 약 몇 [%]인가?

① 37   ② 63   ③ 73   ④ 86

해설 $t = \tau$의 조건은 시정수를 의미 한다. $R-L$ 직렬 회로의 과도상태에 흐르는 전류는 $i(t) = \dfrac{E}{R}\left(1 - e^{-\frac{R}{L}t}\right)$ 이므로 $t = \tau$를 대입하면 $i_\tau = \dfrac{E}{R}\left(1 - e^{-\frac{1}{\tau}\tau}\right) = I(1 - e^{-1}) \fallingdotseq 0.63I$가 된다.

【답】②

13·3

전기 회로에서 일어나는 과도 현상은 그 회로의 시정수와 관계가 있다. 이 사이의 관계를 옳게 표현한 것은?

① 회로의 시정수가 클수록 과도 현상은 오랫동안 지속된다.
② 시정수는 과도 현상의 지속 시간에는 상관되지 않는다.
③ 시정수의 역이 클수록 과도 현상은 천천히 사라진다.
④ 시정수가 클수록 과도 현상은 빨리 사라진다.

해설 전기 회로의 과도 현상에서 시정수가 클수록 과도 현상은 오래 지속된다. 【답】①

13·4

$R = 5\ [\Omega]$, $L = 1\ [\mathrm{H}]$의 직렬 회로에 직류 10 [V]를 가할 때 순시 전류식은?

① $5(1 - \epsilon^{-5t})$ ② $2\epsilon^{-5t}$ ③ $5\epsilon^{-5t}$ ④ $2(1 - \epsilon^{-5t})$

해설 $I = \dfrac{E}{R}\left(1 - \epsilon^{-\frac{R}{L}t}\right) = \dfrac{10}{5}\left(1 - \epsilon^{-\frac{5}{1}t}\right) = 2(1 - \epsilon^{-5t})$ 　　　　【답】④

13·5

회로 방정식의 특성근과 회로의 시정수에 대하여 옳게 서술된 것은?

① 특성근과 시정수는 같다.
② 특성근의 역과 회로의 시정수는 같다.
③ 특성근의 절대값의 역과 회로의 시정수는 같다.
④ 특성근과 회로의 시정수는 서로 상관되지 않는다.

해설 τ는 시정수, α는 특성근 또는 감쇠 정수라 하면, 안정된 회로에 있어서는 $\tau = \dfrac{1}{\alpha}$의 관계가 있다. 　　　　【답】③

13·6

$R - L$ 직렬 회로에 각주파수 ω_0인 교류 전압을 가했을 때 전류는 다음 중 어떤 것이 클수록 빨리 정상 상태에 도달하는가?

① L ② ω_0 ③ R/L ④ L/R

해설 전기 회로의 과도 현상에서 시정수가 클수록 과도 현상은 오래 지속된다. 따라서 시정수가 작으면 정상값에 빨리 도달한다. 그러므로 $\dfrac{L}{R}$은 작아야 하며 $\dfrac{R}{L}$은 커야 한다. 　　　　【답】③

13·7

$R - L$ 직렬 회로에서 $L = 5\ [\mathrm{mH}]$, $R = 10\ [\Omega]$일 때 회로의 시정수[s]는?

① 500 ② 5×10^{-4} ③ $\dfrac{1}{5} \times 10^2$ ④ $\dfrac{1}{5}$

해설 시정수 $\tau = \dfrac{L}{R} = \dfrac{5 \times 10^{-3}}{10} = 5 \times 10^{-4}\ [\mathrm{s}]$ 　　　　【답】②

13·8

그림과 같은 회로에서 스위치 S를 닫았을 때 시
정수의 값[s]은? 단, $L = 10$ [mH], $R = 20$ [Ω]
이다.

① 2000   ② 5×10^{-4}

③ 200   ④ 5×10^{-3}

[해설] 시정수 $\tau = \dfrac{L}{R}$[s] $\therefore \tau = \dfrac{10 \times 10^{-3}}{20} = 5 \times 10^{-4}$ [s]   【답】②

13·9

$R-L$ 직렬 회로에 V인 직류 전압원을 갑자기 연결하였을 때 $t = 0$인 순간 이
회로에 흐르는 회로 전류에 대하여 바르게 표현된 것은?

① 이 회로에는 전류가 흐르지 않는다.
② 이 회로에는 V/R 크기의 전류가 흐른다.
③ 이 회로에는 무한대의 전류가 흐른다.
④ 이 회로에는 $V/(R+j\omega L)$의 전류가 흐른다.

[해설] $R-L$ 직렬 회로에서 과도 상태에 흐르는 전류는 $i(t) = \dfrac{E}{R}\left(1 - e^{-\frac{R}{L}t}\right)$에서 $t = 0$인 경우
$i(t) = 0$이다.   【답】①

13·10

직류 과도 현상의 저항 R [Ω]과 인덕턴스 L [H]의 직렬 회로에서 옳지 않은 것은?

① 회로의 시정수는 $\tau = \dfrac{L}{R}$ [s]이다.

② $t = 0$에서 직류 저항 E [V]를 가했을 때 t [s] 후의 전류는 $i(t) = \dfrac{E}{R}\left(1 - e^{-\frac{R}{L}t}\right)$ [A]
이다.

③ 과도 기간에 있어서의 인덕턴스 L의 단자 전압은 $v_L(t) = Ee^{-\frac{L}{R}t}$이다.

④ 과도 기간에 있어서의 저항 R의 단자 전압 $v_R(t) = E\left(1 - e^{-\frac{R}{L}t}\right)$이다.

[해설] 과도 기간에 인덕턴스 L의 단자 전압 $v_L(t)$는 다음과 같다.

$$v_L(t) = L\frac{di(t)}{dt} = L \cdot \frac{d}{dt}\frac{E}{R}\left(1 - e^{-\frac{R}{L}t}\right) = L \cdot \frac{E}{R} \cdot \frac{R}{L}e^{-\frac{R}{L}t} = Ee^{-\frac{R}{L}t}$$

【답】③

13 · 11

그림의 회로에서 S를 닫은 후 $t = 2$ [s]일 때 회로
에 흐르는 전류[A]는?

① 약 3.2　　　　② 약 4.6
③ 약 5.2　　　　④ 약 6.3

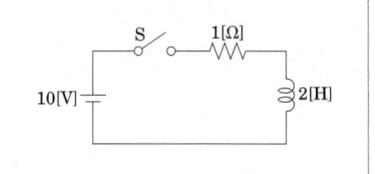

해설 $R-L$ 직렬 회로에서 과도 상태에 흐르는 전류는 $i(t) = \dfrac{E}{R}\left(1 - e^{-\frac{R}{L}t}\right)$ 이고, $t = 2$ [s]이므로

$$i(2) = \frac{E}{R}\left(1 - e^{-\frac{R}{L}\cdot 2}\right) = \frac{10}{1}\left(1 - e^{-\frac{1}{2}\cdot 2}\right) = 10(1 - e^{-1}) = 6.32 \text{ [A]}$$

【답】④

13 · 12

그림에서 스위치 S를 열 때 흐르는 전류 $i(t)$ [A]는 얼마인가?

① $\dfrac{E}{R}e^{-\frac{R}{L}t}$　　　　② $\dfrac{E}{R}e^{\frac{R}{L}t}$

③ $\dfrac{E}{R}\left(1 - e^{\frac{R}{L}t}\right)$　　④ $\dfrac{E}{R}\left(1 - e^{-\frac{R}{L}t}\right)$

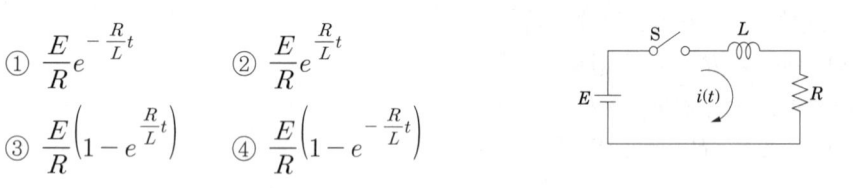

해설 스위치가 열려 있는 상태에서 평형 방정식은 $L\dfrac{di(t)}{dt} + Ri(t) = 0$을 라플라스 변환하고, $I(s)$

를 구하여 역라플라스 변환 하면 초기 조건은 $t = 0$에서 $i = \dfrac{E}{R}$라 하면 $i(t) = \dfrac{E}{R}e^{-\frac{R}{L}t}$ [A]

가 된다.

【답】①

13 · 13

그림과 같은 회로에서 $t = 0$인 순간에 전압 E를 인가한 경우 인덕턴스 L에 걸리
는 전압은?

① 0　　　　　　② E

③ $\dfrac{LE}{R}$　　　　④ $\dfrac{E}{R}$

해설 L 양단의 전압의 식에 $t = 0$을 대입하면 $E_L = Ee^{-\frac{R}{L}t} = Ee^{-\frac{R}{L}\times 0} = E$ [V]

∵ $e^0 = 1$

【답】②

13 · 14

그림과 같은 회로에서 스위치 S를 $t=0$에서 닫

았을 때 $(V_L)_{t=0}=60$ [V], $\left(\dfrac{di}{dt}\right)_{t=0}=30$ [A/s]

이다. L의 값은 몇 [H]인가?

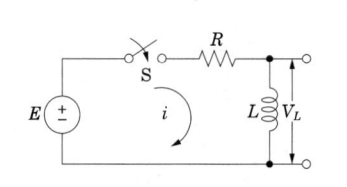

① 0.5   ② 1.0

③ 1.25   ④ 2.0

해설 L 양단의 전압의 식 $V_L=L\dfrac{di}{dt}$ [V]에서 주어진 조건을 대입하면 $60=L\cdot 30$

     $\therefore L=2$ [H]   【답】 ④

13 · 15

$R-L$ 직렬 회로에서 그의 양단에 직류 전압 E를 연결 후 스위치 S를 개방하면

$\dfrac{L}{R}$ [s] 후의 전류값[A]은?

① $\dfrac{E}{R}$ ② $0.5\dfrac{E}{R}$ ③ $0.368\dfrac{E}{R}$ ④ $0.632\dfrac{E}{R}$

해설 스위치 개방시 전류 $i(t)=\dfrac{E}{R}e^{-\frac{R}{L}t}$ 이고 $t=\dfrac{L}{R}$ 은 시정수이므로 전류의 식에 대입하면

     $i_\tau=\dfrac{E}{R}\cdot e^{-\frac{R}{L}\frac{L}{R}}=\dfrac{E}{R}e^{-1}=0.368\dfrac{E}{R}$ [A]   【답】 ③

13 · 16

함수 $f(t)=Ae^{-\frac{1}{T}t}$ 에서 시정수는 A의 몇 [%]가 되기까지의 시간인가?

① 37   ② 63   ③ 85   ④ 92

해설 $\tau=T$를 대입하면 $f(t)=Ae^{-1}=0.368\,A$ 【답】 ①

13 · 17

코일의 권수 $N=1000$, 저항 $R=20$ [Ω]이다. 전류 $I=10$ [A]를 흘릴 때 자속

$\phi=3\times 10^{-2}$ [Wb]이다. 이 회로의 시정수[s]는?

① 0.15   ② 3   ③ 0.4   ④ 4

해설 코일의 인덕턴스 L은 $L=\dfrac{N\phi}{I}=\dfrac{1000\times 3\times 10^{-2}}{10}=3$ [H] 이므로

     시정수 $\tau=\dfrac{L}{R}=\dfrac{3}{20}=0.15$ [s]   【답】 ①

13 · 18

R_1, R_2 저항 및 인덕턴스 L의 직렬 회로가 있다. 이 회로의 시정수는?

① $-\dfrac{R_1 + R_2}{L}$　　② $\dfrac{R_1 + R_2}{L}$　　③ $\dfrac{-L}{R_1 + R_2}$　　④ $\dfrac{L}{R_1 + R_2}$

해설 직렬회로 이므로 $R_1 + R_2 = R$ 이므로 $R-L$ 직렬 회로와 같이 해석한다.

$$\therefore \ \tau = \frac{L}{R} = \frac{L}{R_1 + R_2}$$

【답】 ④

13 · 19

그림과 같이 저항 R_1, R_2 및 인덕턴스 L의 직렬 회로가 있다. 이 회로에 대한 서술에서 올바른 것은?

① 이 회로의 시정수는 $\dfrac{L}{R_1 + R_2}$ [s]이다.

② 이 회로의 특성근은 $\dfrac{R_1 + R_2}{L}$이다.

③ 정상 전류값은 $\dfrac{E}{R_2}$이다.

④ 이 회로의 전류값은 $i(t) = \dfrac{E}{R_1 + R_2}\left(1 - e^{-\frac{L}{R_1 + R_2}t}\right)$이다.

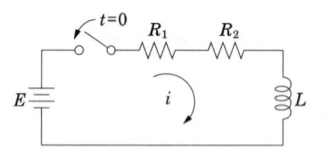

해설 특성근은 항상 (-)의 값을 갖는다. 정상 전류는 직렬회로 이므로 $R_1 + R_2 = R$ 이므로 $R-L$ 직렬 회로와 같이 해석한다.

$$I = \frac{E}{R_1 + R_2} \text{[A]}$$

【답】 ①

13 · 20

그림과 같은 회로에 대한 설명으로 잘못된 것은?

① 이 회로에 시정수는 0.2 [s]이다.
② 이 회로의 정상전류는 6 [A]이다.
③ 이 회로의 특성근은 −5이다.
④ $t = 0$에서 직류전압 60 [V]를 제거할 때 $t = 0.4$[s] 시각의 회로의 전류는 5.26 [A]이다.

해설 $R-L$ 직렬 회로에서 전원을 제거할 때 흐르는 전류는 $i(t) = \dfrac{E}{R}e^{-\frac{R}{L}t} = \dfrac{60}{10}e^{-\frac{10}{2} \times 0.4} = 4.912$ [A]

【답】 ④

13·21

그림과 같은 회로에 대한 서술에서 잘못된 것은?

① 이 회로의 시정수는 0.1 [s]이다.
② 이 회로의 특성근은 −10이다.
③ 이 회로의 특성근은 +10이다.
④ 정상 전류값은 3.5 [A]이다.

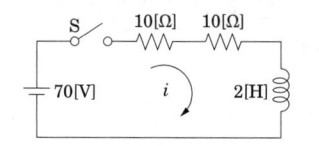

해설 시정수 $\tau = \dfrac{L}{R} = \dfrac{2}{20} = 0.1$ [초]

특성근 $-\dfrac{R}{L} = \dfrac{-20}{2} = -10$

정상전류 $I = \dfrac{E}{R} = \dfrac{70}{20} = 3.5$ [A]

【답】③

13·22

다음 회로에서 $t = 0$인 기준 시간에 K를 닫았다고 한다. $t > 0$에서 이 회로에 흐르는 전류는 $i(t) = (1 - e^{-t})$ [A]로 변화하며 어떤 시간에 이 회로 전류가 0.63 [A]임을 알았다. 이때 전류의 시간 변화율은?

① 약 0.587　　　② 약 0.63　　　③ 약 0.37　　　④ 약 1

해설 $i(t) = (1 - e^{-t})$ 에서 $t = t_1$이고 전류가 0.63 [A] 이므로 $i(t_1) = 1 - e^{-t_1} = 0.63$

$\dfrac{di(t)}{at} = e^{-t}$ 이므로 $t = t_1$일 때 $\dfrac{di(t_1)}{at} = e^{-t_1} = 1 - 0.63 = 0.37$

【답】③

13·23

다음 그림의 회로에서 스위치 S를 닫을 때 t초 후의 R에 걸리는 전압은 얼마인가?

① $Ee^{-\frac{C}{R}t}$　　　② $E\left(1 - e^{-\frac{C}{R}t}\right)$

③ $Ee^{-\frac{1}{CR}t}$　　　④ $E\left(1 - e^{\frac{1}{CR}t}\right)$

해설 $R - C$ 직렬 회로의 과도 상태에 흐르는 전류 $i = \dfrac{E}{R} e^{-\frac{1}{RC}t}$ [A]

$\therefore v_R = iR = Ee^{-\frac{1}{RC}t}$ [V]

【답】③

13 · 24

그림과 같은 $R-C$ 직렬 회로에 $t=0$에서 스위치 S를 닫아 직류 전압 100 [V]를 회로의 양단에 급격히 인가하면 그때의 충전 전하는? 단, $R=10$ [Ω], $C=0.1$ [F]이다.

① $10(1-e^{-t})$ ② $-10(1-e^{t})$

③ $10e^{-t}$ ④ $-10e^{t}$

해설 $t=0$에서 스위치를 투입하면 흐르는 전기량은 $q=CE\left(1-e^{-\frac{1}{RC}t}\right)=10(1-e^{-t})$ [C]

【답】 ①

13 · 25

다음 회로에서 정전 용량 C는 초기 전하가 없었다. 지금 $t=0$에서 스위치 K를 닫았을 때 $t=0^+$에서의 i값은?

① 0.1 [A]   ② 0.2 [A]

③ 0.4 [A]   ④ 1 [A]

해설 $t=0$에서 스위치를 투입하면 흐르는 전기량은 $q=CE\left(1-e^{-\frac{1}{RC}t}\right)$를 $i(t)=\dfrac{dq(t)}{dt}$에 대입하면

$$i(t)=\frac{E}{R}\epsilon^{-\frac{1}{RC}t} \text{ [A]}$$

여기서, $t=0$이면 $i(t)=\dfrac{E}{R}=\dfrac{100}{1\times10^3}=0.1$ [A]

【답】 ①

13 · 26

$R-C$ 직렬 회로의 시정수는 RC이다. 시정수의 단위는?

① [$\Omega\cdot$F]   ② [$\Omega\cdot\mu$F]   ③ [sec]   ④ [Ω/F]

해설 $\tau=RC$ [sec]

【답】 ③

13 · 27

저항 $R=5000$ [Ω], 정전 용량 $C=20$ [μF]이 직렬로 접속된 회로에 일정 전압 $E=100$ [V]를 가하고, $t=0$에서 스위치를 넣을 때 콘덴서 단자 전압[V]을 구하면? 단, 처음에 콘덴서는 충전되지 않았다.

① $100(1-e^{10t})$ ② $100e^{-10t}$

③ $100(1-e^{-10t})$ ④ $100e^{10t}$

해설 직류 전압 인가시 전류 $i(t) = \dfrac{E}{R} e^{-\frac{1}{RC}t}$ [A]

콘덴서 양단의 전압 $v_c(t)$는 적분 구간을 $0 \sim t$로 하여 구하면

$$v_c(t) = \frac{1}{C} \int_0^t i(t) dt = \frac{1}{C} \int_0^t \frac{E}{R} \cdot e^{-\frac{1}{RC}t} dt = E\left(1 - e^{-\frac{1}{RC}t}\right) \text{ [V]}$$

$$\therefore v_c(t) = 100\left(1 - e^{-\frac{1}{5000 \times 20 \times 10^{-6}}t}\right) = 100\left(1 - e^{-10t}\right)$$

【답】 ③

13 · 28

$R-C$ 직렬 회로의 과도 현상에 대하여 옳게 설명된 것은?

① $R-C$ 값이 클수록 과도 전류값은 천천히 사라진다.

② $R-C$ 값이 클수록 과도 전류값은 빨리 사라진다.

③ 과도 전류는 $R-C$ 값에 관계가 없다.

④ $\dfrac{1}{RC}$ 의 값이 클수록 과도 전류값은 천천히 사라진다.

해설 시정수가 크면 클수록 과도 현상은 오래 지속 되므로 $R-C$ 회로의 시정수 $R \cdot C$ 값이 클수록 과도 전류의 값이 천천히 사라진다.

【답】 ①

13 · 29

그림과 같은 회로에서 스위치 S를 닫을 때 방전 전류 $i(t)$는?

① $-\dfrac{Q}{RC} e^{-\frac{1}{RC}t}$

② $\dfrac{Q}{RC} e^{-\frac{1}{RC}t}$

③ $-\dfrac{Q}{RC}\left(1 - e^{-\frac{1}{RC}t}\right)$

④ $\dfrac{Q}{RC}\left(1 + e^{-\frac{1}{RC}t}\right)$

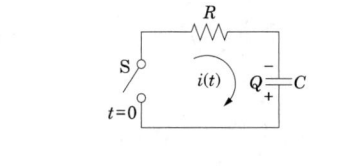

해설 스위치를 닫은 상태에서 회로의 평형 방정식은 $R\dfrac{dq(t)}{dt} + \dfrac{1}{C}q(t) = 0$이므로 라플라스 변환하여 $Q(s)$를 구하고 역라플라스 변환하면 $q(t) = Q e^{-\frac{1}{RC}t}$

$$\therefore i(t) = \frac{dq(t)}{dt} = \frac{d}{dt} Q e^{-\frac{1}{RC}t} = -\frac{Q}{RC} e^{-\frac{1}{RC}t}$$

그런데, 문제의 그림에서는 전류 방향이 일치하므로 부호는 +이다.

【답】 ②

13·30

그림과 같은 R, C 회로의 입력 단자에 계단 전압을 인가하면 출력 전압은 어떻게 되는가?

① 0부터 지수적으로 증가한다.
② 처음에는 입력과 같이 변했다가 지수적으로 감쇠한다.
③ 같은 모양의 계단 전압이 나타난다.
④ 아무것도 나타나지 않는다.

해설 $V_0 = Ve^{-\frac{1}{RC}t}$ 이므로 $t = 0 \sim \infty$ 를 대입하면 처음에는 입력과 같이 변했다가 지수적으로 감쇠한다.

【답】②

13·31

$R = 1\,[\mathrm{M\Omega}]$, $C = 1\,[\mu\mathrm{F}]$의 직렬 회로에 직류 100 [V]를 가했다. 시정수 T, 전류의 초기값 I를 구하면?

① 5 [sec], 10−4 [A]
② 4 [sec], 10−3 [A]
③ 1 [sec], 10−4 [A]
④ 2 [sec], 10−3 [A]

해설 초기 값이므로 $t = 0$ 을 대입하면 $i = \frac{E}{R}e^{-\frac{1}{RC}t} = \frac{100}{1 \times 10^6}e^{-0} = 10^{-4}\,[\mathrm{A}]$

【답】③

13·32

$R - L - C$ 직렬 회로에서 진동 조건은 어느 것인가?

① $R < 2\sqrt{\dfrac{C}{L}}$
② $R < 2\sqrt{\dfrac{L}{C}}$
③ $R < 2\sqrt{LC}$
④ $R < \dfrac{1}{2\sqrt{LC}}$

해설 $\left(\dfrac{R}{2L}\right)^2 - \dfrac{1}{LC} < 0$ 에서 $R < 2\sqrt{\dfrac{L}{C}}$ 이면 진동적이다.

【답】②

13·33

그림의 회로에서 $t = 0$일 때 스위치 S를 닫았다. $i_1(0_+)$, $i_2(0_+)$의 값은? 단, $t < 0$에서 C 전압, L 전압은 0이다.

① $\dfrac{E}{R_1}$, 0
② $0, \dfrac{E}{R_2}$
③ $0, 0$
④ $-\dfrac{E}{R_1}, 0$

해설 $t = 0_+$ 에서 C는 단락 상태, L은 개방 상태 이므로 이를 적용하면 $i_1 = \dfrac{E}{R_1}$, $i_2 = 0$

【답】 ①

13·34

다음 중 초[s]의 차원을 갖지 않는 것은 어느 것인가? 단, R은 저항, L은 인덕턴스, C는 커패시턴스이다.

① RC ② RL ③ $\dfrac{L}{R}$ ④ $\sqrt{LC}$

해설 시정수는 시간 [s]의 차원을 갖는다. 따라서, $[\sec]^2 = \dfrac{L}{R} \times RC = LC$

$\therefore \sec = \sqrt{LC}$

【답】 ②

13·35

그림의 정전 용량 C[F]를 충전한 후 스위치 S를 닫아 이것을 방전하는 경우의 과도 전류는? 단, 회로에는 저항이 없다.

① 불변의 진동 전류
② 감쇠하는 전류
③ 감쇠하는 진동 전류
④ 일정값까지는 증가하여 그 후 감쇠하는 전류

해설 저항 성분이 없으므로 전력 소모가 없고 L, C 내의 보유 에너지는 불변하므로 크기, 주파수가 변함없는 감쇠하지 않는 불변의 진동 전류가 흐른다.

【답】 ①

심화학습문제

01 $R-L$ 직렬 회로가 있어서 직류 전압 5 [V]를 $t = 0$에서 인가하였더니 $i(t) = 50(1 - e^{-20 \times 10^{-3}t})$ [mA]$(t \geq 0)$ 이었다. 이 회로의 저항을 처음 값의 2배로 하면 시정수는 얼마가 되겠는가?

① 10 [msec] ② 40 [msec]
③ 5 [sec] ④ 25 [sec]

해설

특성근 : $-\dfrac{R}{L} = -20 \times 10^{-3}$

시정수 : $\tau = \dfrac{L}{R} = \dfrac{1000}{20} = 50$ [sec]

τ는 R에 반비례하므로 처음 값에 저항이 2배이면 시정수(τ)는 $\dfrac{1}{2}$로 감소된다.

$\therefore \dfrac{50}{2} = 25$ [sec] 【답】④

02 저항 R [Ω]이고 인덕턴스 L [H]인 직렬 회로의 교류 과도 현상에서 올바르게 표현된 것은?

① $i = 0$에서 $a = E_m \sin(\omega t - \phi)$ 전압을 가했을 때 회로 방정식은
$Ri + \dfrac{1}{L} \int i\, dt = E_m \sin(\omega t - \phi)$이다.

② 과도 현상이 생기지 않을 조건은
$\theta = \phi = \tan^{-1} \dfrac{R}{\omega L}$이다.

③ $t = 0$에서 $e = E_m \sin(\omega t + \theta)$ 전압을 가했을 때 t초 후의 전류는
$i = \dfrac{E_m}{Z} \sin(\omega t + \theta - \phi) - e^{-\frac{R}{L}t} \sin(\theta - \phi)$
이다.

④ $\phi - \theta = (1 + 3n)\dfrac{\pi}{2}$일 때 과도항의 절대값이 최대로 된다.

해설

① 회로 방정식 : $Ri + L\dfrac{di}{dt} = E_m \sin(\omega t - \phi)$

② 교류 회로에서 과도현상이 생기지 않는 위상각
: $\theta = \tan^{-1} \dfrac{\omega L}{R}$

④ $\phi - \theta = \dfrac{\pi}{2}$일 경우 과도항의 절대값이 최대로 된다.

【답】③

03 그림의 회로에서 릴레이의 동작 전류는 10 [mA], 코일의 저항은 1200 [Ω], 인덕턴스 L [H]이다. S가 닫히고 0.015 [s] 이내로 이 릴레이가 작동하려면 L [H]은 다음 중 어떤 값이어야 하는가?

① 26
② 30
③ 50
④ 68

해설

$R - L$ 직렬 회로이며 스위치가 투입되면 과도 상태가 되며 흐르는 전류는 $i(t) = \dfrac{E}{R}\left(1 - e^{-\frac{R}{L}t}\right)$[A]이고, 문제의 조건에서 전류가 0.01[A] 이며, 저항은 1200[Ω], 시간은 0.015[s] 이므로 이를 대입하면

$0.01 = \dfrac{24}{1200}\left(1 - e^{-\frac{1200}{L} \times 0.015}\right)$

$10 = 20\left(1 - e^{-\frac{18}{L}}\right)$

$10 = 20 e^{-\frac{18}{L}}$

양변에 $\log_{10}$을 취하여 L에 관해 정리하면

$$\log_{10}10 = \log_{10}20 - \frac{18}{L}\log_{10}e$$

$$1 = 1.301 - \frac{18 \times 0.43}{L}$$

$$\therefore L = \frac{18 \times 0.43}{0.301} \fallingdotseq 26 \, [\mathrm{H}]$$

【답】①

---

04 그림과 같은 회로에서 스위치 S를 닫았을 때 R에 흐르는 전류는?

① $I_0\left(1 - e^{-\frac{R}{L}t}\right)$

② $I_0\left(1 + e^{-\frac{R}{L}t}\right)$

③ $I_0 e^{-\frac{R}{L}t}$

④ I_0

해설

R에 흐르는 전류이므로 $i(t) = I_0 e^{-\frac{R}{L}t}$ [A]

【답】③

---

06 그림의 회로가 정상 상태로 있을 때 S를 닫은 후 인덕턴스 L의 전위차 $v(t)$는 몇 [V]인가?

① $\dfrac{(R+r)E}{R}e^{-\frac{R}{L}t}$

② $\dfrac{RE}{R+r}e^{-\frac{R}{L}t}$

③ $-\dfrac{(R+r)E}{R}e^{-\frac{R}{L}t}$

④ $-\dfrac{RE}{R+r}e^{-\frac{R}{L}t}$

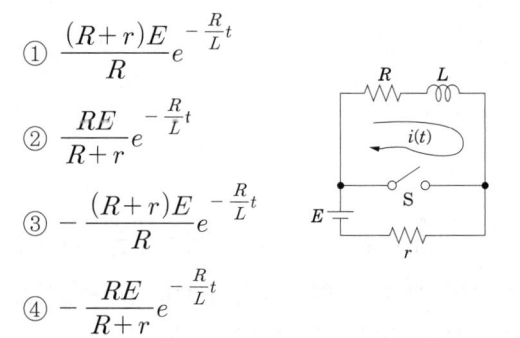

해설

S를 닫았을 때 미분 방정식은

$$L\frac{di(t)}{dt} + Ri(t) = 0 \text{ 에서 } \therefore i(t) = Ae^{-\frac{R}{L}t} \, [\mathrm{A}]$$

스위치를 닫기 전 $I = \dfrac{E}{R+r}$ 이므로

$$\therefore i(t) = \frac{E}{R+r}e^{-\frac{R}{L}t} \, [\mathrm{A}]$$

$$\therefore v_L(t) = L\frac{di(t)}{dt} = L\frac{d}{dt}\frac{E}{R+r}e^{-\frac{R}{L}t} = -\frac{RE}{R+r}e^{-\frac{R}{L}t}$$

【답】④

---

05 정상 상태일 때 $t = 0$에서 스위치 S를 열때 흐르는 전류는?

① $\dfrac{E}{R}e^{-\frac{R+r}{L}t}$

② $\dfrac{E}{r}e^{-\frac{R+r}{L}t}$

③ $\dfrac{E}{r}e^{-\frac{L}{R+r}t}$

④ $\dfrac{E}{R}e^{-\frac{L}{R+r}t}$

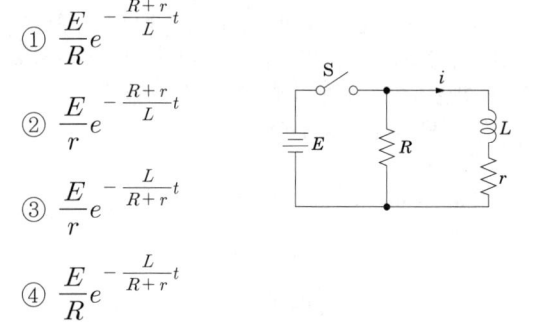

해설

전원 제거시 $i(t) = Ie^{-\frac{R}{L}t}$ 에서 $i(t) = \dfrac{E}{r}e^{-\frac{R+r}{L}t}$ [A]

【답】②

---

07 그림과 같은 회로에서 $t = 0$인 순간 S를 열었을 때 L의 양단에 발생하는 역기전력은 인가 전압의 몇 배가 발생하는가?

① $\dfrac{r}{r+r_1}$

② $\dfrac{r_1 r}{r+r_1}$

③ $\dfrac{r+r_1}{r_1 r}$

④ $\dfrac{r+r_1}{r}$

해설

스위치를 열었을 경우 $i = \dfrac{E}{r}e^{-\frac{r+r_1}{L}t}$ 이므로

$$e_L = -L\frac{di}{dt} = -\frac{LE}{r}\left(-\frac{r+r_1}{L}\right)e^{-\frac{r+r_1}{L}t}$$

여기서 $t=0$이면 L양단의 전압은 $E_L = \frac{r+r_1}{r}E$ 가 된다.

$$\therefore \frac{E_L}{E} = \frac{r+r_1}{r}$$

【답】④

---

08 그림과 같은 회로에서 스위치 S를 $t=0$에서 닫을 때 $t=0$에서의 전류 $i(0)$ [A]는? (단, $V_C(0)$는 C의 초기전압이며 20 [V]이다.)

① 0
② 4
③ 5
④ 10

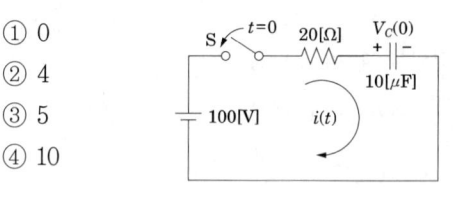

해설

$i(t) = \frac{E}{R}e^{-\frac{1}{RC}t}$에서 $t=0$이고, 초기 전압이 20[V]

이므로 $i(t) = \frac{100-20}{20} = 4[\text{A}]$

【답】②

---

09 그림에 있어서 1차 회로의 저항 $R[\Omega]$, 자기 인덕턴스 $L[\text{H}]$이다. 여기에 불변 전압 $E[\text{V}]$를 가한 경우 개방된 2차 회로에 유기되는 최대 전압[V]은? 단, 상호 인덕턴스는 $M[\text{H}]$이다.

① $\frac{L}{M}E$

② $\frac{M}{L}E$

③ LME

④ $\frac{E}{LM}$

해설

1차 회로의 $R-L$ 직렬회로의 전류는

$$i(t) = \frac{E}{R}\left(1 - e^{-\frac{R}{L}t}\right) [\text{A}]$$

2차 회로에 유기되는 기전력 $e_2(t)$는

$$e_2(t) = -M\frac{di(t)}{dt} = -M\frac{d}{dt}\frac{E}{R}\left(1 - e^{-\frac{R}{L}t}\right) [\text{V}]$$

$$= -\frac{M}{L}Ee^{-\frac{R}{L}t} [\text{V}]$$

$$\therefore e_2(t) \text{ 의 최대값은 } -\frac{M}{L}E[\text{V}]$$

【답】②

---

10 다음 회로는 스위치 S가 열린 상태에서 정상 상태에 있었다. $t=0$에서 스위치를 갑자기 닫았을 때 $V(0^+)$ [V] 및 $i(0^+)$ [mA]는?

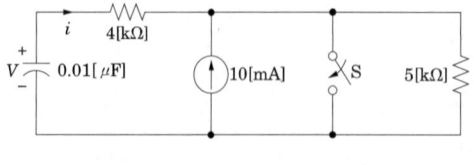

① 50, -12.5
② 50, 0
③ 50, 12.5
④ 0, 12.5

해설

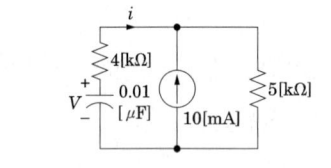

그림은 스위치를 off 한 경우로 4 [kΩ] 지로에는 전류가 흐르지 않으면 4 [kΩ] 지로와 5 [kΩ] 지로는 병렬이므로 콘덴서에 충전되는 전압은 5 [kΩ] 저항 양단의 전압과 같다.

$$\therefore i(0^-) = 0,$$
$$V(0^-) = RI = 5 \times 10^3 \times 10 \times 10^{-3} = 50 [\text{V}]$$

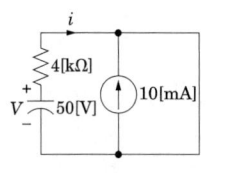

그림은 스위치를 on 한 경우로 $V(0^+) = 50 [\text{V}]$,

$$i(0^+) = \frac{V}{R} = \frac{50}{4 \times 10^3} = 12.5 [\text{mA}]$$

【답】③

11 그림과 같은 회로를 사용하여 입력 파형을 미분할 때는 입력 파형의 주기 T와 회로의 시정수 RC 사이에 어떤 조건이 만족되어야 하는가?

① $T \gg RC$
② $T \ll RC$
③ $T = RC$
④ $T \leq RC$

해설

회로에서 미분 방정식을 세우면

$$v_i(t) = \frac{1}{C}\int_0^t i(t)dt + Ri(t)$$

시정수를 충분히 작게 하면 $\frac{1}{C}\int_0^t i(t)dt \gg Ri(t)$ 가 되므로 $v_i(t) \doteqdot \frac{1}{C}\int_0^t i(t)dt$ 가 된다고 볼 수 있다.

$i(t) \doteqdot C\frac{dv_i(t)}{dt}$ 이므로

$v_0(t) \doteqdot Ri(t) = RC\frac{dv_i(t)}{dt} \doteqdot \frac{dv_i(t)}{dt}$ 가 되어 근사적인 입력 전압의 미분 파형이 얻어진다.

【답】①

12 다음 회로에서 $E = 10$ [V], $R = 10$ [Ω], $L = 1$ [H], $C = 10$ [μF] 그리고 $V_C(0) = 0$ 일 때 스위치 S를 닫는 직후 전류의 변화율 $\frac{di(0^+)}{dt}$ 의 값[A/s]은?

① 0
② 5
③ 10
④ 1

해설

진동 여부 판별식으로부터 위와 같은 회로는 진동인 경우이므로,

$$i = \frac{E}{\beta L}e^{-\alpha t}\sin\beta t$$

$$\therefore \frac{di}{dt}\bigg|_{t=0} = \frac{E}{\beta L}[-\alpha e^{-\alpha t}\sin\beta t + \beta e^{-\alpha t}\cos\beta t]_{t=0}$$

$$= \frac{E}{\beta L}\cdot\beta = \frac{E}{L} = \frac{10}{1} = 10 \text{ [A/s]}$$

【답】③

13 서항 $R = 6$ [kΩ], 인덕턴스 $L = 90$ [mH], 커패시턴스 $C = 0.01$ [μF]인 직렬 회로에 $t = 0$에서 직류 전압 $E = 100$ [V]를 가했다. 흐르는 전류가 최대인 시간 T를 구하면?

① 30 [s]
② 15 [s]
③ 30 [μs]
④ 15 [μs]

해설

진동 여부 판별식으로부터 위와 같은 회로는 임계적임을 알 수 있고 이 경우 회로의 전류는

$$i(t) = \frac{E}{L}t\cdot e^{-\frac{R}{2L}t}$$ 이다.

따라서, 전류가 최대로 되는 시간은

$$\frac{di(t)}{dt} = \frac{E}{L}\cdot e^{-\frac{R}{2L}t} - \frac{R}{2L}\cdot\frac{E}{L}te^{-\frac{R}{2L}t} = 0$$

$$1 = \frac{R}{2L}t$$

$$\therefore t = \frac{2L}{R} = \frac{2\times90\times10^{-3}}{6000} = 30 \text{ [μs]}$$

【답】③

14 그림과 같은 직류 LC 직렬 회로에 대한 설명 중 맞는 것은?

① e_L는 진동 함수이나 e_C는 진동하지 않는다.
② e_L의 최대치는 $2E$까지 될 수 있다.
③ e_C의 최대치가 $2E$까지 될 수 있다.
④ C의 충전 전하 q는 시간 t에 무관계이다.

해설

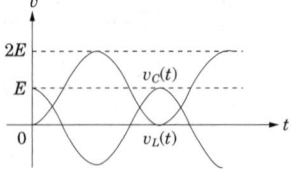

$$i(t) = \sqrt{\frac{C}{L}} E \sin \frac{1}{\sqrt{LC}} t$$

$$q(t) = CE\left(1 - \cos \frac{1}{\sqrt{LC}} t\right) \text{ 이므로}$$

$$v_L(t) = L\frac{di(t)}{dt} = L\frac{d}{dt}\left(\sqrt{\frac{C}{L}} E \sin \frac{1}{\sqrt{LC}} t\right)$$

$$= E \cos \frac{1}{\sqrt{LC}} t$$

$$v_C(t) = \frac{1}{C} q = E\left(1 - \cos \frac{1}{\sqrt{LC}} t\right)$$

【답】③

15 그림의 회로에서 스위치를 닫을 때, 즉

$t = 0_+$ 일 때 $\dfrac{di_2}{dt}$ 의 값은 얼마인가?

① 1

② 10

③ 100

④ 126

해설

저항 $1 [\text{k}\Omega]$을 R_1, $500 [\Omega]$을 R_2라 하면 회로 방정식은

$$\frac{1}{C}\int i_1 dt + R_1(i_1 - i_2) = E \qquad \cdots\cdots ①$$

$$R_2 i_2 + L\frac{di_2}{dt} + R_1(i_2 - i_1) = 0 \qquad \cdots\cdots ②$$

다음, 그림과 같이 S를 닫을 때 C는 단락, L은 개방 상태이므로, $t = 0$에서

$$i_2(0_+) = 0, \quad i_1(0_+) = \frac{10}{1000} = 10 \,[\text{mA}]$$

식 ②에서

$$\frac{di_2(0_+)}{dt} = \frac{R_1}{L}\{i_1(0_+) - i_2(0_+)\} - \frac{R_2}{L} i_2(0_+) = \frac{R_1}{L} i_1(0_+)$$

$$= \frac{1000}{0.1} \times 0.01 = 100 \,[\text{A/s}]$$

【답】③

16 인덕턴스 $L = 50 \,[\text{mH}]$의 코일에 $I_0 = 200$ $[\text{A}]$의 직류를 흘려 급히 그림과 같이 용량 $C = 20 \,[\mu\text{F}]$의 콘덴서에 연결할 때 회로에 생기는 최대 전압[kV]은?

① 10

② $10\sqrt{2}$

③ 20

④ $20\sqrt{2}$

해설

L, C의 직렬 회로에 전류 i가 흐르면

$$L\frac{di(t)}{dt} + \frac{1}{C}\int i(t)dt = 0$$

$$\therefore L\frac{d^2 i(t)}{dt^2} + \frac{1}{C} i(t) = 0$$

$$\therefore i(t) = (A\cos\omega_r t + B\sin\omega_r t), \quad \omega_r = \frac{1}{\sqrt{LC}}$$

$t = 0$일 때 $i = 200$이므로 $A = 200$, $B = 0$

$$e_L = L\frac{di}{dt} = -\sqrt{\frac{L}{C}} \cdot 200 \cdot \sin\frac{t}{\sqrt{LC}}$$

$$e_c = \frac{1}{C}\int i(t)dt = \sqrt{\frac{L}{C}} \cdot 200 \cdot \sin\frac{t}{\sqrt{LC}}$$

$$e_{L_{max}} = e_{C_{max}} = \sqrt{\frac{L}{C}} \cdot 200 = \sqrt{\frac{50 \times 10^{-3}}{20 \times 10^{-6}}} \cdot 200 = 10 \,[\text{kV}]$$

【답】①

17 $R = 30 \,[\Omega]$, $L = 79.6 \,[\text{mH}]$의 $R-L$ 직렬 회로에 $60 \,[\text{Hz}]$, 교류를 가할 때 과도 현상이 일어나지 않으려면 전압은 어느 위상에서 가해야 하는가?

① $30°$　　　　② $45°$

③ $60°$　　　　④ $75°$

해설

$R-L$ 직렬 회로에 $e = E_m \sin(\omega t + \theta)$의 교류 전압을 인가하는 경우 회로에 흐르는 전류는,

$$i = \frac{E_m}{Z}\left\{\sin(\omega t + \theta - \phi) - e^{-\frac{R}{L}t}\sin(\theta - \phi)\right\} \text{ 가 된다.}$$

이때, 과도 전류가 생기지 않으려면, $\sin(\theta - \phi)$가 0 이어야 한다. 즉, $\theta = \varphi$이므로,

$$\phi = \tan^{-1}\frac{\omega L}{R} = \tan^{-1}\frac{2\times\pi\times79.6\times10^{-3}\times60}{30} = \tan^{-1}1$$

$$\phi = 45°$$

【답】②

18 그림과 같은 회로에서 스위치 S를 닫았을 때 과도분을 포함하지 않기 위한 R의 값[Ω]은?

① 100
② 200
③ 300
④ 400

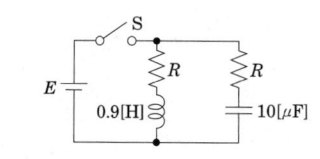

과도 현상이 발생되지 않기 위해서는 저항만의 회로가 되어야 하며 회로는 정저항 회로 이므로

$$R^2 = \frac{L}{C} \text{ 에서 } R = \sqrt{\frac{L}{C}} = \sqrt{\frac{0.9}{10\times10^{-6}}} = 300\,[\Omega]$$

【답】③

라플라스 변환(Laplace Transform)

시간의 함수 $f(t)$에 e^{-st}를 곱하여 이를 $t=0$ 에서부터 $t=\infty$ 까지 t에 대하여 적분하면, 이 적분이 존재하는 경우, s에 관한 새로운 함수가 나오게 된다. 이 s에 대한 새로운 함수를 함수 $f(t)$의 라플라스 변환(Laplace)이라고 한다.

라플라스 변환은 미분방정식의 해를 구하는 경우 이를 대수방정식으로 변환하여 쉽게 구하는 방법을 제시한다. 이 변환 관계식은 단순한 대수식으로 표현하게 되므로 간단히 해를 구할 수 있고, 원래의 변수로 된 해를 구하려면 다시 구하는 시간 함수를 결정하는데 필요한 역라플라스 변환을 구하면 된다.

$t \geqq 0$ 에서 시간함수 $f(t)$에 관한 적분하면

$$F(s) = \mathcal{L}\left[f(t)\right] = \int_0^\infty f(t)e^{-st}dt$$

여기서, s는 $\alpha \pm j\omega$ 뜻하는 복소함수이다.

예제문제 01

함수 $f(t)$의 라플라스 변환은 어떤 식으로 정의되는가?

① $\displaystyle\int_{-\infty}^\infty f(t)e^{-st}dt$ 　　　　② $\displaystyle\int_0^\infty f(-t)e^{st}\,dt$

③ $\displaystyle\int_0^\infty f(t)e^{-st}\,dt$ 　　　　④ $\displaystyle\int_0^\infty f(t)e^{st}\,dt$

해설
시간의 함수 $f(t)$에 e^{-st}를 곱하여 이를 $t=0$에서부터 $t=\infty$까지 t에 대하여 적분하면, 이 적분이 존재하는 경우, s에 관한 새로운 함수가 나오게 된다. 이 s에 대한 새로운 함수를 함수 $f(t)$의 라플라스 변환(Laplace)이라고 한다.
$\mathcal{L}\left[f(t)\right] = F(s) = \displaystyle\int_0^\infty f(t)e^{-st}dt$ 여기서, $s=\sigma+j\omega$를 뜻하는 복소량이다.

답 : ③

1. 라플라스변환

1.1 단위 임펄스 함수(unit impulse function)의 라플라스 변환

폭이 ϵ, 높이 $\dfrac{1}{\epsilon}$ 이고, 면적이 1인 파형에 대해서 $\epsilon \to 0$으로 한 극한 파형을 단위 임펄스 함수라 한다. 단위 임펄스 함수는 단위 계단함수의 미분으로 얻어지며 $\delta(t)$로 표시한다.

$$f(t)$$

그림 1 단위 임펄스함수

단위임펄스함수를 수식으로 표현하면 다음과 같다.

$$f(t) = \delta(t) = \begin{cases} 0, & t \neq 0 \\ \infty, & t = 0 \end{cases}$$

라플라스 변환하면

$$F(s) = \mathcal{L}\left[f(t)\right] = \mathcal{L}\left[\lim_{\epsilon \to 0}\delta(t)\right] = \lim_{\epsilon \to 0}\int_0^\infty \delta(t)e^{-st}dt$$

$$= \lim_{\epsilon \to 0}\frac{1}{\epsilon}\int_0^\infty \{u(t) - u(t-\epsilon)\}e^{-st}dt$$

$$= \lim_{\epsilon \to 0}\left\{\frac{1}{\epsilon} \cdot \frac{1-e^{-st}}{s}\right\}$$

이 식을 정리하기 위해 테일러 정리를 적용한다. 테일러의 정리는

$$e^x = 1 + x + \frac{x^2}{2!} + \frac{x^3}{3!} + \frac{x^4}{4!} + \cdots$$

가 되며 이를 적용하면 다음과 같이 라플라스 변환된다.

$$F(s) = \lim_{\epsilon \to 0}\frac{1}{\epsilon}\left(\frac{1}{s} - \frac{1}{s}(1-\epsilon s) + \frac{(\epsilon s)^2}{2!} - \frac{(\epsilon s)^3}{3!} + \cdots\right)$$

$$F(s) = \lim_{\epsilon \to 0}\frac{1}{\epsilon}\left(\epsilon + \frac{(\epsilon s)^2}{2!} - \frac{(\epsilon s)^3}{3!} + \cdots\right)$$

$$= \lim_{\epsilon \to 0}\left(1 - \frac{\epsilon s^2}{2!} + \frac{\epsilon s^3}{3!} + \cdots\right) = 1$$

예제문제 02

단위 임펄스 함수 $\delta(t)$의 라플라스 변환은?

① 0 ② 1 ③ $\dfrac{1}{s}$ ④ $\dfrac{1}{s+a}$

해설

$\mathcal{L}[\delta(t)] = 1$

답 · ②

1.2 계단 함수(step function)의 라플라스 변환

계단함수는 상수(constant)이므로 a라 하면 시간함수는 $f(t) = a$ 가 된다. 이를 라플라스변환하면 다음과 같다.

$$\mathcal{L}[a] = \int_0^\infty a\, e^{-st}\, dt = a\left[-\frac{e^{-st}}{s}\right]_0^\infty = \frac{a}{s}$$

$$\therefore \mathcal{L}[a] = \frac{a}{s}$$

(1) 단위 계단함수(unit step function)

단위 계단 함수(unit step function)는 0보다 작은 실수에 대해서 0, 0보다 큰 실수에 대해서 1의 값을 갖는 함수이다.

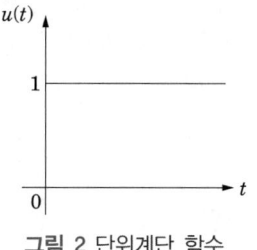

그림 2 단위계단 함수

단위계단함수를 수식으로 표현하면 다음과 같다.

$$f(t) = u(t-a)$$

$$u(t) = \begin{cases} 0, & t < 0 \\ 1, & t > 0 \end{cases}$$

$s > 0$ 범위에서 $u(t)$를 라플라스 변환하면

$$\mathcal{L}\left[u(t)\right] = \int_0^\infty u(t)e^{-st}dt = \int_0^\infty 1\,e^{-st}dt$$

$$= \left[-\frac{1}{s}e^{-st}\right]_0^\infty = \frac{1}{s}$$

가 된다. 또 단위계단함수가 시간 이동하는 경우는 그림 3과 같다.

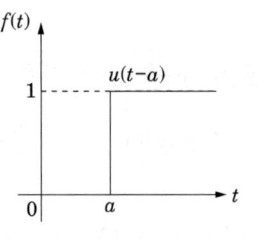

그림 3 단위계단함수의 시간이동

$$u(t-a) = \begin{cases} 0, & t < a \\ 1, & t \geq a \end{cases}$$

$u(t-a)$를 라플라스 변환하면 다음과 같이 된다.

$$\mathcal{L}\left[u(t-a)\right] = \int_0^\infty u(t-a)e^{-st}dt$$

$$= \int_0^a 0\,e^{-st}dt + \int_a^\infty 1\,e^{-st}dt$$

$$= \left[-\frac{1}{s}e^{-st}\right]_a^\infty = -\frac{1}{s}(e^{-\infty} - e^{-as}) = \frac{1}{s}e^{-as}$$

(2) 펄스파의 라플라스 변환

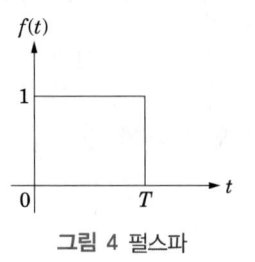

그림 4 펄스파

단위계단함수의 변형형태인 펄스파의 경우 라플라스 변환 할 경우 다음과 같이 생각할 수 있다.

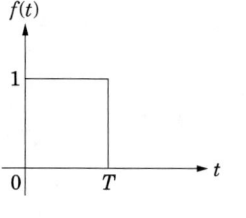
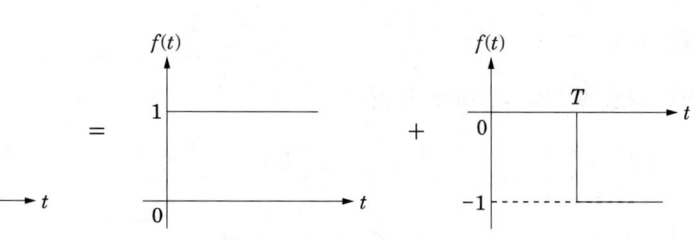
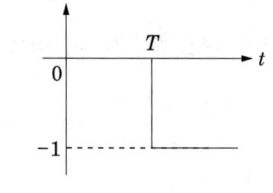

그림 5 펄스파의 라플라스변환

이 파형의 형태는 즉, $f(t) = f_1(t) + f_2(t)$ 이므로

$$\begin{cases} f_1(t) = u(t) \\ f_2(t) = - u(t - T) \end{cases}$$

시간의 함수는 $f(t) = u(t) - u(t - T)$가 되면, 이를 라플라스 변환하면

$$F(s) = \frac{1}{s} - \frac{1}{s}e^{-Ts} = \frac{1}{s}\left(1 - e^{-Ts}\right)$$

가 된다.

예제문제 03

단위 계단 함수 $u(t)$의 라플라스 변환은?

① e^{-st}　　　　② $\dfrac{1}{s}e^{-st}$　　　　③ $\dfrac{1}{e^{-st}}$　　　　④ $\dfrac{1}{s}$

해설

단위 계단함수 : $f(t) = 1$

$$\mathcal{L}[u(t)] = \int_0^\infty f(t)e^{-st}dt = \int_0^\infty 1 \cdot e^{-st}dt = \left[\frac{e^{-st}}{-s}\right]_0^\infty = \frac{1}{s}$$

답 : ④

예제문제 04

단위 계단 함수 $u(t)$에 상수 5를 곱해서 라플라스 변환식을 구하면?

① $\dfrac{s}{5}$　　　　② $\dfrac{5}{s^2}$　　　　③ $\dfrac{5}{s-1}$　　　　④ $\dfrac{5}{s}$

해설

계단함수 : $f(t) = 5$

$$\mathcal{L}[u(t)] = \int_0^\infty f(t)e^{-st}dt = \int_0^\infty 5 \cdot e^{-st}dt = \left[\frac{e^{-st}}{-s}\right]_0^\infty = \frac{5}{s}$$

답 : ④

예제문제 05

그림과 같은 펄스의 라플라스 변환은?

① $\dfrac{1}{T}\left(\dfrac{1-e^{Ts}}{s}\right)^2$　　　② $\dfrac{1}{T}\left(\dfrac{1+e^{Ts}}{s}\right)^2$

③ $\dfrac{1}{s}\left(1-e^{-Ts}\right)$　　　④ $\dfrac{1}{s}\left(1+e^{Ts}\right)$

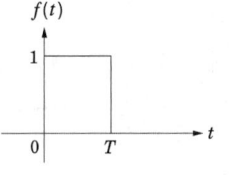

해설

펄스파의 파형합성 $\begin{cases} f_1(t)=u(t) \\ f_2(t)=-u(t-T) \end{cases}$

$\therefore f(t)=f_1(t)+f_2(t)$

$\therefore f(t)=u(t)-u(t-T)$

라플라스 변환하면

$\therefore \mathcal{L}[f(t)]=\mathcal{L}[u(t)]-\mathcal{L}[u(t-T)]=\dfrac{1}{s}-\dfrac{1}{s}e^{-Ts}=\dfrac{1}{s}\left(1-e^{-Ts}\right)$

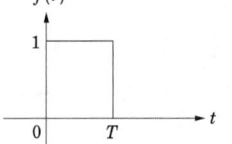

답 : ③

예제문제 06

다음과 같은 펄스의 라플라스 변환은 어느 것인가?

① $\dfrac{1}{s}\cdot e^{bt}$　　　② $\dfrac{1}{s}\cdot e^{-bt}$

③ $\dfrac{1}{s}\left(1-e^{-bs}\right)$　　　④ $\dfrac{1}{s}\left(1+e^{bs}\right)$

해설

펄스파의 파형합성 $\begin{cases} f_1(t)=u(t) \\ f_2(t)=-u(t-b) \end{cases}$

$\therefore f(t)=f_1(t)+f_2(t)$

$\therefore f(t)=u(t)-u(t-b)$

라플라스 변환하면

$\therefore \mathcal{L}[f(t)]=\mathcal{L}[u(t)]-\mathcal{L}[u(t-b)]=\dfrac{1}{s}-\dfrac{1}{s}e^{-bs}=\dfrac{1}{s}\left(1-e^{-bs}\right)$

답 : ③

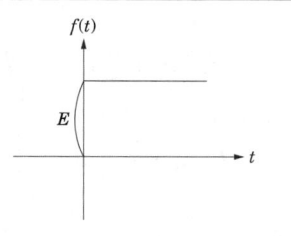

예제문제 07

그림과 같은 직류 전압의 라플라스 변환을 구하면?

① $\dfrac{E}{s-1}$ 　　　② $\dfrac{E}{s+1}$

③ $\dfrac{E}{s}$ 　　　④ $\dfrac{E}{s^2}$

해설

계단함수 : $f(t) = E$

$$\mathcal{L}[u(t)] = \int_0^\infty f(t)\,e^{-st}dt = \int_0^\infty E \cdot e^{-st}dt = \left[\dfrac{e^{-st}}{-s}\right]_0^\infty = \dfrac{E}{s}$$

답 : ③

예제문제 08

그림과 같이 표시된 단위 계단 함수는?

① $u(t)$ 　　　② $u(t-a)$

③ $u(t+a)$ 　　　④ $-u(t-a)$

해설

$f(t) = 1 \cdot u(t)$ 함수가 시간 t의 양(+)의 방향으로 a만큼 이동한 함수 $f(t) = 1 \cdot u(t-a)$

답 : ②

1.3 램프함수(ramp function) t의 라플라스 변환

(1) 단위 램프함수(unit ramp function)

흔히 $y = x(t)$의 식을 램프 함수라고 하며 기울기가 1이 되는 함수를 단위램프함수라 한다.

그림 6 단위램프함수

$$f(t) = u(t)$$

$$f(t) = t\,u(t) = \begin{cases} 0, & t < 0 \\ t, & t > 0 \end{cases}$$

단위 램프함수를 라플라스 변환하면 다음과 같다.

$$F(s) = \mathcal{L}\left[f(t)\right] = \int_0^\infty t\, u(t)\, e^{-st}\, dt$$

$$\int_0^\infty t \cdot e^{-st} dx = \left[t\left(-\frac{1}{s}e^{-st}\right)\right]_0^\infty - \int_0^\infty 1 \cdot \left(-\frac{1}{s}e^{-st}\right) dx$$

$$= \left[t\left(-\frac{1}{s}e^{-st}\right)\right]_0^\infty - \left[\frac{1}{s^2}e^{-st}\right]_0^\infty$$

$$= \left[-\frac{1}{s^2}e^{-st}\right]_0^\infty = \frac{1}{s^2}$$

$$\therefore \ \mathcal{L}\left[t\,u(t)\right] = \frac{1}{s^2}$$

여기서, 함수와 함수의 곱의 형태이므로 부분적분 공식을 적용하여야 한다.

$$\int f(x)g(x)'dx = f(x)g(x) - \int f'(x)g(x)dx$$

부분적분의 공식을 적용하면 다음과 같다.

$$f(x) = t,\ g'(x) = e^{-st}\, dt,\ f'(x) = 1,\ g(x) = -\frac{1}{s}e^{-st}$$

(2) 램프함수(unit ramp function)

기울기가 a인 경우의 램프함수의 라플라스 변환은 단위 램프함수의 라플라스 변환에 a배 한 것과 같으며 다음과 같다.

$$\mathcal{L}\left[a\,t\right] = \frac{a}{s^2}$$

예제문제 09

그림과 같은 램프(ramp) 함수의 라플라스 변환을 구하면?

① $\dfrac{1}{s}$ 　　　② $\dfrac{K}{s}$

③ $\dfrac{e^t}{s}$ 　　　④ $\dfrac{1}{s^2}$

램프함수 : $f(t) = t$

$\therefore \mathcal{L}[f(t)] = \mathcal{L}[t] = \int_0^\infty t e^{-st} dt$

부분 적분의 식 $\int f'(t)g(t) = f(t)g(t) - \int f(t)g'(t)dt$ 에서

$\begin{pmatrix} f'(t) = e^{-st}, & g(t) = t \\ f(t) = -\dfrac{1}{s}e^{-st}, & g'(t) = 1 \end{pmatrix}$ 이므로

$\therefore \int_0^\infty t e^{-st} dt = \left[t \cdot \dfrac{e^{-st}}{-s} \right]_0^\infty - \int_0^\infty \dfrac{e^{-st}}{-s} dt = \dfrac{1}{s^2}$

답 : ④

1.4 지수감쇠함수

$f(t) = e^{-at}$ 의 함수를 지수감쇠함수라 한다. 지수감쇠함수의 라플라스 변환은 다음과 같다.

$$F(s) = \mathcal{L}[f(t)] = \int_0^\infty e^{-at} e^{-st} dt = \int_0^\infty e^{-(s+a)t} dt$$

$$= \left[-\frac{1}{s+a} e^{-(s+a)t} \right]_0^\infty = \frac{1}{s+a}$$

따라서 지수함수는 다음과 같이 라플라스변환의 결과를 표현할 수 있다.

$$\mathcal{L}[e^{\mp at}] = \frac{1}{s \pm a}$$

$f(t) = 1 - e^{-at}$ 의 라플라스 변환은? 단, a는 상수이다.

① $u(s) - e^{-as}$ ② $\dfrac{2s+a}{s(s+a)}$ ③ $\dfrac{a}{s(s+a)}$ ④ $\dfrac{a}{s(s-a)}$

$\mathcal{L}[f(t)] = \mathcal{L}[1 - e^{-at}] = \dfrac{1}{s} - \dfrac{1}{s+a} = \dfrac{a}{s(s+a)}$

답 : ③

1.5 삼각 함수의 라플라스 변환

삼각함수(三角函數, trigonometric function)는 직각삼각형의 각을 직각삼각형의 변들의 길이의 비로 나타내는 함수를 말한다. $\theta = \omega t$ 의 관계에서 삼각함수

$$\sin \omega t, \ \cos \omega t$$

를 지수함수로 변환5)하여 라플라스변환 한다.

$$\sin \omega t = \frac{1}{2j} \left\{ e^{j\omega t} - e^{-j\omega t} \right\}$$

따라서 라플라스 변환식은

$$\mathcal{L}\left[\sin \omega t\right] = \frac{1}{2j} \mathcal{L}\left\{ e^{j\omega t} - e^{-j\omega t} \right\}$$

$$= \frac{1}{2j} \left\{ \frac{1}{s-j\omega} - \frac{1}{s+j\omega} \right\} = \frac{1}{2j} \frac{(s+j\omega)-(s-j\omega)}{s^2+\omega^2}$$

$$= \frac{1}{2j} \frac{2j\omega}{s^2+\omega^2} = \frac{\omega}{s^2+\omega^2}$$

또한 $\cos \omega t = \frac{1}{2} \left\{ e^{j\omega t} + e^{-j\omega t} \right\}$ 이므로

$$\mathcal{L}\left[\cos \omega t\right] = \frac{1}{2} \mathcal{L}\left\{ e^{j\omega t} + e^{-j\omega t} \right\}$$

$$= \frac{1}{2} \left\{ \frac{1}{s+j\omega} + \frac{1}{s-j\omega} \right\} = \frac{1}{2} \frac{(s-j\omega)+(s+j\omega)}{s^2+\omega^2}$$

$$= \frac{1}{2} \frac{2s}{s^2+\omega^2} = \frac{s}{s^2+\omega^2}$$

가 된다.

---

5) 삼각함수의 공식

$$e^{j\theta} = \cos\theta + j\sin\theta$$
$$e^{-j\theta} = \cos\theta - j\sin\theta$$

두식의 차를 구하면

$$e^{j\theta} - e^{-j\theta} = \cos\theta + j\sin\theta - \cos\theta + j\sin\theta = 2j\sin\theta$$

따라서, $\sin\theta = \frac{1}{2j}(e^{j\theta} - e^{-j\theta})$ 가 된다.

예제문제 11

$f(t) = \sin t + 2\cos t$ 를 라플라스 변환하면?

① $\dfrac{2s}{s^2+1}$ ② $\dfrac{2s+1}{(s+1)^2}$ ③ $\dfrac{2s+1}{s^2+1}$ ④ $\dfrac{2s}{(s+1)^2}$

해설

정현파 함수 : $\mathcal{L}[\sin\omega t] = \dfrac{\omega}{s^2+\omega^2}$ 이므로 $\mathcal{L}[\sin t] = \dfrac{1}{s^2+1^2}$ 가 된다.

$\therefore F(s) = \mathcal{L}[f(t)] = \mathcal{L}[\sin t] + \mathcal{L}[2\cos t] = \dfrac{1}{s^2+1} + 2\cdot\dfrac{s}{s^2+1} = \dfrac{2s+1}{s^2+1}$

답 : ③

예제문제 12

$e^{-2t}\cos 3t$ 의 라플라스 변환은?

① $\dfrac{s+2}{(s+2)^2+3^2}$ ② $\dfrac{s-2}{(s-2)^2+3^2}$ ③ $\dfrac{s}{(s+2)^2+3^2}$ ④ $\dfrac{s}{(s-2)^2+3^2}$

해설

지수 여현파 함수 : $\mathcal{L}[e^{-at}f(t)] = F(s+a)$

$\mathcal{L}[e^{-at}\cos\omega t] = \dfrac{s+a}{(s+a)^2+\omega^2}$ 이므로 $\mathcal{L}[e^{-2t}\cos 3t] = \dfrac{s+2}{(s+2)^2+3^2}$

답 : ①

예제문제 13

$f(t) = \sin(\omega t + \theta)$ 의 라플라스 변환은?

① $\dfrac{\omega\sin\theta}{s^2+\omega^2}$ ② $\dfrac{\omega\cos\theta}{s^2+\omega^2}$ ③ $\dfrac{\cos\theta+\sin\theta}{s^2+\omega^2}$ ④ $\dfrac{\omega\cos\theta+s\sin\theta}{s^2+\omega^2}$

해설

$f(t) = \sin(\omega t + \theta) = \sin\omega t \cdot \cos\theta + \cos\omega t \cdot \sin\theta$

$\therefore \mathcal{L}[\sin(\omega t+\theta)] = \cos\theta\,\mathcal{L}[\sin\omega t] + \sin\theta\,\mathcal{L}[\cos\omega t]$

$\qquad = \cos\theta\cdot\dfrac{\omega}{s^2+\omega^2} + \sin\theta\cdot\dfrac{s}{s^2+\omega^2} = \dfrac{\omega\cos\theta+s\sin\theta}{s^2+\omega^2}$

답 : ④

1.6 쌍곡선 함수의 라플라스 변환

쌍곡선함수(双曲線函數)는 일반적인 삼각함수와 유사한 성질을 갖는 함수로 삼각함수가 단위원 그래프를 매개변수로 표시하는 것처럼, 표준쌍곡선을 매개변수로 표시할 때의 함수를 말한다.

$$\sinh\omega t, \ \cosh\omega t$$

를 지수함수로 변환하여 라플라스변환 한다.

$$\sinh\omega t = \frac{1}{2}\left\{e^{\omega t} - e^{-\omega t}\right\}$$

$$\mathcal{L}\left[\sinh\omega t\right] = \frac{1}{2}\mathcal{L}\left\{e^{\omega t} - e^{-\omega t}\right\} = \frac{\omega}{s^2 - \omega^2}$$

$$\cosh\omega t = \frac{1}{2}\left\{e^{\omega t} + e^{-\omega t}\right\}$$

$$\mathcal{L}\left[\cos\omega t\right] = \frac{1}{2}\mathcal{L}\left\{e^{j\omega t} + e^{-j\omega t}\right\} = \frac{s}{s^2 - \omega^2}$$

라플라스변환을 문제 하나하나를 해결할 때 상기와 같이 수학적으로 해석하는 것 보다는 다음 정리한 라플라스변환 표에 의한 결과를 가지고 문제를 해결하는 것이 보통이다.

표 1 라플라스변환

함수의 종류	시간함수	라플라스변환함수
단위 계단함수	$u(t)$	$\dfrac{1}{s}$
	a	$\dfrac{a}{s}$
단위 램프함수	t	$\dfrac{1}{s^2}$
	t^n	$\dfrac{n!}{s^{n+1}}$
임펄스 함수	$\delta(t)$	1
도함수	$\dfrac{d}{dt}f(t)$	$sF(s) - f(0)$
	$\dfrac{d^2}{dt^2}f(t)$	$s^2F(s) - sf_{(0)} - f'_{(0)}$
적분함수	$\displaystyle\int f(t)\,dt$	$\dfrac{1}{s}F(s) + \dfrac{1}{s}f_{(0)}^{(-1)}$
정현파함수	$\sin\omega t$	$\dfrac{\omega}{s^2 + \omega^2}$
	$\cos\omega t$	$\dfrac{s}{s^2 + \omega^2}$
지수함수	$e^{-\alpha t}$	$\dfrac{1}{s+\alpha}$
	$e^{\alpha t}$	$\dfrac{1}{s-\alpha}$
지수 램프함수	$t^n e^{\alpha t}$	$\dfrac{n!}{(s-\alpha)^{n+1}}$

함수의 종류	시간함수	라플라스변환함수
지수 정현파함수	$e^{-\alpha t}\sin\omega t$	$\dfrac{\omega}{(s+\alpha)^2+\omega^2}$
	$e^{\alpha t}\cos\omega t$	$\dfrac{(s-\alpha)}{(s-\alpha)^2+\omega^2}$
정현파 램프함수	$t\sin\omega t$	$\dfrac{2\omega s}{(s^2+\omega^2)^2}$
	$t\cos\omega t$	$\dfrac{s^2-\omega^2}{(s^2+\omega^2)^2}$
쌍곡선 함수	$\sin h\,at$	$\dfrac{a}{s^2-a^2}$
	$\cos h\,at$	$\dfrac{s}{s^2-a^2}$

2. 라플라스변환의 성질

2.1 선형성

임의의 상수 a, b에 대해서 다음 관계가 성립한다. 이를 선형성이라 한다.

$$\mathcal{L}\{a\,f(t)\pm b\,g(t)\}=aF(s)\pm bF(s)$$

2.2 상사(相似)[6]정리

시간함수 $f\left(\dfrac{t}{a}\right)$로 된 함수를 라플라스 변환하면

$$\mathcal{L}\left[f\left(\dfrac{t}{a}\right)\right]=\int_0^\infty f\left(\dfrac{t}{a}\right)e^{-st}dt$$

에서 $\dfrac{t}{a}=\tau$라 하면 $t=a\tau,\ at=ad\tau$이므로 이를 대입하면

$$\mathcal{L}\left[f\left(\dfrac{t}{a}\right)\right]=\int_0^\infty f(\tau)e^{-as\tau}ad\tau=aF(as)$$

가 된다. 그러므로

---

6) 상사(相似) : 모양이 서로 비슷함

$$\mathcal{L}\left[f\left(\frac{t}{a}\right)\right] = a F(as)$$

여기서, a : 상수

가 된다. 이를 상사 정리라 한다.

2.3 시간추이(推移)[7]정리

그림 7과 같이 $t < a$에서 0인 함수 $f(t-a)$에 대하여 라플라스 변환하면 다음과 같다.

$$\mathcal{L}\left[f(t-a)\right] = \int_0^\infty f(t-a)e^{-st}dt$$

여기서, $t - a = \tau$라 놓으면 $dt = d\tau$, $t = \tau + a$ 이므로 이를 정리하면

$$\mathcal{L}\left[f(t-a)\right] = \int_0^\infty f(\tau)e^{-s(\tau+a)}d\tau$$

$$= \int_0^\infty f(\tau)e^{-s\tau}e^{-as}d\tau = e^{-as}F(s)$$

가 된다. 이것은 $\mathcal{L}[f(t)] = F(s)$ 이고 $f(t)$를 시간 t 의 양의 방향으로 a 만큼 이동한 함수 $f(t-a)$ 에 대하여 $\mathcal{L}[f(t-a)] = e^{-as}F(s)$ 가 관계가 있음을 알 수 있다.

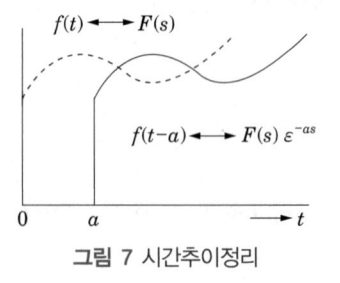

그림 7 시간추이정리

---

7) 추이(推移) : 시간이 지나감에 따라 변해감.

예제문제 14

$F(s) = \dfrac{\pi}{s^2 + \pi^2} \cdot e^{-2s}$ 함수를 역변환할 때의 그림은?

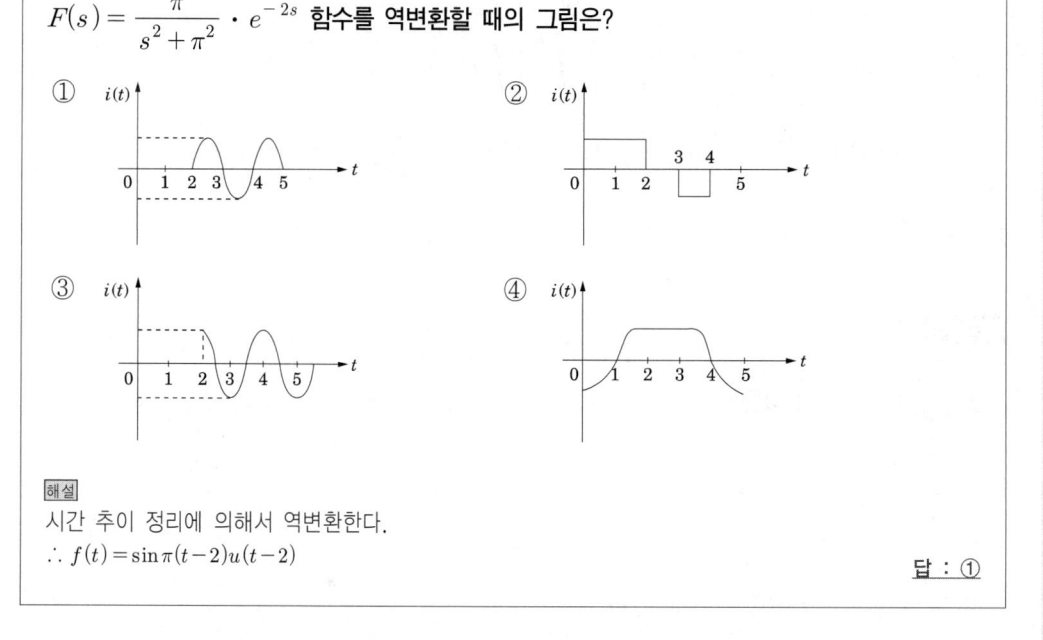

해설
시간 추이 정리에 의해서 역변환한다.
$\therefore f(t) = \sin \pi(t-2)u(t-2)$

답 : ①

2.4 복소추이정리

$s > a$일 때 $\mathcal{L}[f(t)] = F(s)$ 이면 함수$e^{\pm at}f(t)$ 의 라플라스 변환을 하면 다음과 같다.

$$\mathcal{L}[e^{\pm at}f(t)] = \int_0^\infty e^{\pm at}e^{-st}dt = \int_0^\infty f(t)e^{-(s \mp a)t}dt = F(s \mp a)$$

$$\mathcal{L}[e^{\pm at}f(t)] = F(s \mp a)$$

성립하며 라플라스 변환식$F(s)$에서 s대신 $s \mp a$ 를 대입한 것을 말한다.

2.5 실미분정리

$f(t)$도함수의 라플라스 변환은 다음식과 같다.

$$\mathcal{L}[\frac{d}{dt}f(t)] = sF(s) - f(0)$$

여기서, $f(0)$는 함수 $f(t)$의 $t = 0$의 값
이식은 부분적분을 적용하여 Laplace 변환식을 적분하면

$$\int_0^\infty f(t)\,e^{-st}\,dt = f(t)\,\frac{e^{-st}}{-s}\bigg|_0^\infty - \int_0^\infty \left[\frac{d}{dt}f(t)\right]\frac{e^{-st}}{-s}\,dt$$

$$= \frac{f(0)}{s} + \frac{1}{s}\int_0^\infty \left[\frac{d}{dt}f(t)\right]e^{-st}\,dt$$

$$F(s) = \frac{f(0)}{s} + \frac{1}{s}\,\pounds\left[\frac{d}{dt}f(t)\right] \quad \text{따라서,} \quad \pounds\left[\frac{d}{dt}f(t)\right] = sF(s) - f(0)$$

가 된다.

예제문제 15

$\pounds\left[\dfrac{d}{dt}\cos\omega t\right]$ 의 값은?

① $\dfrac{s^2}{s^2+\omega^2}$ ② $\dfrac{-s^2}{s^2+\omega^2}$ ③ $\dfrac{\omega^2}{s^2+\omega^2}$ ④ $\dfrac{-\omega^2}{s^2+\omega^2}$

해설

실미분의 정리 : $\pounds[f'(t)] = sF(s) - f(0)$

$f(0) = \cos 0 = 1$ 이므로 $\pounds\left[\dfrac{d}{dt}\cos\omega t\right] = s\cdot\dfrac{s}{s^2+\omega^2} - 1 = \dfrac{-\omega^2}{s^2+\omega^2}$

답 : ④

2.6 실적분정리

적분요소의 라플라스 변환도 도함수의 라플라스 변화과 같은 방법으로 적용한다.

$$\pounds\left[\int f(t)dt\right] = \int_0^\infty \left[\int f(t)dt\right]e^{-st}dt$$

$$= \left[\left(\int f(t)dt\right)\left(\frac{1}{-s}e^{-st}\right)\right]_0^\infty - \int_0^\infty f(t)\left(-\frac{1}{s}e^{-st}\right)dt$$

$$= \frac{1}{s}F(s) + \frac{1}{s}f^{(-1)}(0_+)$$

$f^{(-1)}(0_+)$는 양의 영역에서 $t=0$일 때 계산한 적분값을 의미 한다.

$$\pounds\left[\int f(t)dt\right] = \frac{1}{s}F(s) + \frac{1}{s}f^{(-1)}(0_+)$$

여기서, 초기값이 0 인 경우는

$$\pounds\left[\int f(t)dt\right] = \frac{1}{s}F(s)$$

가 된다.

2.7 복소미분정리

복소 미분정리는 다음과 같다.

$$\mathcal{L}\left[tf(t)\right]=-1\frac{d}{ds}F(s)$$

이 식은 부분적분을 적용하여 Laplace 변환식을 적분하면

$$\mathcal{L}\left[tf(t)\right]=\int_0^\infty tf(t)e^{-st}dt=-\int_0^\infty f(t)\frac{d}{ds}(e^{-st})dt$$

$$=-\frac{d}{ds}\int_0^\infty f(t)e^{-st}dt=-\frac{d}{ds}F(s)$$

$$\mathcal{L}\left[tf(t)\right]=-1\frac{d}{ds}F(s)$$

가 된다. 이를 복소미분정리라 한다.

$$\mathcal{L}\left[t^n f(t)\right]=(-1)^n\frac{d^n}{ds^n}F(s)$$

2.8 복소적분정리

s의 함수 $F(s)$를 적분하면 다음과 같이 된다.

$$\int_s^\infty F(s)ds=\int_s^\infty\left(\int_0^\infty f(t)e^{-st}dt\right)ds=\int_0^\infty f(t)\left(\int_s^\infty e^{-st}ds\right)dt$$

여기서

$$\int_s^\infty e^{-st}ds=\left[-\frac{1}{t}e^{-st}\right]_s^\infty=\frac{1}{t}e^{-st}$$

가 된다. 따라서 이식을 본식에 대입하면 다음과 같이 된다.

$$\int_s^\infty F(s)ds=\mathcal{L}\left[\frac{f(t)}{t}\right]$$

이를 복소적분정리라 한다.

2.9 초기값 정리

$\lim\limits_{t\to\infty}f(t)$가 존재하는 경우 라플라스 변환식으로부터 시스템의 초기값을 구하기 위하여

$$\mathcal{L}\left[\frac{d}{dt}f(t)\right]=sF(s)-f(0_+)$$

에 의하여

$$\lim_{s\to\infty}\left[\int_0^\infty\frac{d}{dt}f(t)e^{-st}dt\right]=\lim_{s\to\infty}[sF(s)-f(0_+)]$$

이 되고 $\lim\limits_{s\to\infty}e^{-st}=0$이므로 좌변은 0이 된다. 그러므로

$$0=\lim_{s\to\infty}[sF(s)-f(0_+)]$$
$$f(0_+)=\lim_{t\to0}f(t)=\lim_{s\to\infty}sF(s)$$

가 된다. 이것은 어떤 함수 $f(t)$에 대해서 시간 t가 0에 가까워지는 경우 $f(t)$의 극한 값을 초기값(initial value)이라 한다.

예제문제 16

다음과 같은 $I(s)$의 초기값 $I(0_+)$가 바르게 구해진 것은?

$$I(s)=\frac{2(s+1)}{s^2+2s+5}$$

① $\dfrac{2}{5}$ ② $\dfrac{1}{5}$ ③ 2 ④ -2

해설

초기값 정리 : $\lim\limits_{t\to0}i(t)=\lim\limits_{s\to\infty}s\cdot I(s)=\lim\limits_{s\to\infty}s\cdot\frac{2(s+1)}{s^2+2s+5}=\lim\limits_{s\to\infty}\frac{2+\frac{2}{s}}{1+\frac{2}{s}+\frac{5}{s^2}}=2$

답 : ③

2.10 최종값 정리

$\lim\limits_{t\to\infty}f(t)$가 존재하는 경우 라플라스 변환식으로부터 시스템의 정상상태인 최종값을 구하기 위하여

$$\mathcal{L}\left[\frac{d}{dt}f(t)\right] = sF(s) - f(0_+)$$

여기서, $f(0)$는 함수 $f(t)$의 $t=0$ 의 값

에 의하여 다음 식으로 증명한다.

$$\lim_{s \to 0}\left[\int_0^{\cdot \infty}\frac{d}{dt}f(t)e^{-st}dt\right] = \lim_{s \to 0}[sF(s) - f(0_+)]$$

이 되고 $\lim_{s \to 0}e^{-st} = 1$이고, 좌변은 극한과 적분은 순서를 바꾸어 계산해도 되므로

$$\lim_{s \to 0}\left[\int_0^{\infty}\frac{d}{dt}f(t)e^{-st}dt\right] = \lim_{t \to \infty}\int_0^t \frac{d}{dt}f(t)dt = \lim_{t \to \infty}[f(t) - f(0_+)]$$

가 된다. 그러므로

$$\lim_{t \to \infty}[f(t) - f(0_+)] = \lim_{s \to 0}[sF(s) - f(0_+)]$$

$$\lim_{t \to \infty}f(t) = \lim_{s \to 0}sF(s)$$

가 된다. 이것은 어떤 함수 $f(t)$에 대해서 시간 t가 ∞에 가까워지는 경우 $f(t)$의 극한값을 최종값(final value)이라 한다.

예제문제 17

임의의 함수 $f(t)$에 대한 라플라스 변환 $\mathcal{L}[f(t)] = F(s)$ 라고 할 때 최종값 정리는?

① $\lim_{s \to 0}F(s)$ ② $\lim_{s \to \infty}sF(s)$ ③ $\lim_{s \to \infty}F_2(s)$ ④ $\lim_{s \to 0}sF(s)$

해설
최종값의 정리 : $\lim_{t \to \infty}f(t) = \lim_{s \to 0}sF(s)$

답 : ④

예제문제 18

$F(s) = \dfrac{3s+10}{s^3 + 2s^2 + 5s}$ 일 때 $f(t)$의 최종값은?

① 0 ② 1 ③ 2 ④ 8

해설
최종값 정리 : $\lim_{t \to \infty}f(t) = \lim_{s \to 0}sF(s) = \lim_{s \to 0}s \cdot \dfrac{3s+10}{s(s^2 + 2s + 5)} = \dfrac{10}{5} = 2$

답 : ③

어떤 제어계의 출력이 $C(s) = \dfrac{s+0.5}{s(s^2+s+2)}$ 로 주어질 때 정상값은?

① 4　　　　　② 2　　　　　③ 0.5　　　　　④ 0.25

해설

최종값 정리 : $\lim\limits_{t\to\infty} c(t) = \lim\limits_{s\to 0} sC(s) = \lim\limits_{s\to 0} s \cdot \dfrac{s+0.5}{s(s^2+s+2)} = 0.25$

답 : ④

표 2 라스변환의 성질

가감산	$\mathcal{L}[f_1(t) \pm f_2(t)] = [F_1(s) \pm F_2(s)]$
상사정리	$\mathcal{L}\left[f\left(\dfrac{t}{a}\right)\right] = aF(as)$
미분정리	$\mathcal{L}\left[\dfrac{df(t)}{dt}\right] = sF(s) - f(0)$ $\mathcal{L}\left[\dfrac{d^n f(t)}{dt^n}\right] = s^n F(s) - s^{n-1}f(0) - s^{n-2}f^{(1)}(0) - \cdots - f^{(n-1)}(0)$
적분정리	$\mathcal{L}\left[\displaystyle\int_0^t f(\tau)\,d\tau\right] = \dfrac{F(s)}{s}$ $\mathcal{L}\left[\displaystyle\int_0^{t_1}\int_0^{t_2}\cdots\int_0^{t_n} f(\tau)\,d\tau^n\right] = \dfrac{F(s)}{s^n}$
시간추이정리	$\mathcal{L}[f(t-a)] = e^{-as}F(s)$
복소추이정리	$\mathcal{L}[e^{\mp at}f(t)] = F(s \pm a)$
복소미분정리	$\mathcal{L}[tf(t)] = (-1)^1 \dfrac{d}{ds}F(s)$
복소적분정리	$\mathcal{L}\left[\dfrac{f(t)}{t}\right] = \displaystyle\int_s^\infty F(s)ds$
초기값정리	$\lim\limits_{t\to 0} f(t) = \lim\limits_{s\to\infty} sF(s)$
최종값정리	$\lim\limits_{t\to\infty} f(t) = \lim\limits_{s\to 0} sF(s)$

3. 역라플라스변환

복수함수 $F(s)$의 시간영역 $f(t)$를 구하기 위해서는 역라플라스변환 $\mathcal{L}^{-1}F(s)$을 구하여야 한다. 이 과정을 통해 미분방정식의 해를 구하게 된다. 이것은 다음과 같은 부분분수 전개법을 사용하여 계산하면 편리하다.

$$F(s) = \frac{b_m s^m + b_{n-1} s^{m-1} + \cdots + b_1 s + b_0}{a_n s^n + a_{n-1} s^{n-1} + \cdots + a_1 s + a_0} = \frac{\displaystyle\sum_{i=0}^{m} b_i\, s^i}{\displaystyle\sum_{i=0}^{n} a_i\, s^i} = \frac{B(s)}{A(s)}$$

위 식을 인수분해 하면 다음과 같이 된다.

$$F(s) = \frac{(s - Z_1)(s - Z_2) \cdots (s - Z_n)}{(s - P_1)(s - P_2) \cdots (s - P_n)}$$

따라서, 부분분수 전개를 하면

$$F(s) = \frac{K_1}{s P_1} + \frac{K_2}{s - P_2} + \cdots + \frac{K_n}{s - P_n}$$

가 되며, 여기서 K_1, K_2, $\cdots$ K_n등을 구하여 각각 역라플라스 변환한다.

3.1 분모가 인수분해 되는 경우

$$F(s) = \frac{K_1}{s - P_1} + \frac{K_2}{s - P_2}$$

위 식에서 K_1, K_2를 다음과 같이 구한다.

$$K_1 = \lim_{s \to p_1} (s - P_1)\, F(s)$$

$$K_2 = \lim_{s \to p_2} (s - P_2) F(s)$$

3.2 중근이 되는 경우

$$F(s) = \frac{A(s)}{(s - P_1)^n (s - P_2)(s - P_3)}$$

위 식과 같이 극점 P_1은 n가 중복되어 있는 경우

$$F(s) = \frac{K_{11}}{(s - P_1)^n} + \frac{K_{21}}{(s - P_1)^{n-1}} + \cdots + \frac{K_{n1}}{(s - P_1)}$$

위 식에서 K_{11}, K_{12}, K_{n1}를 다음과 같이 구한다.

$$K_{11} = \lim_{s \to p_1} (s - P_1)^n F(s)$$

$$K_{21} = \lim_{s \to p_1} \left\{ \frac{d}{ds} (s - P_1)^n F(s) \right\}$$

$$K_{n1} = \lim_{s \to p_1} \left\{ \frac{1}{(n-1)} \frac{d^{n-1}}{ds^{n-1}} (s - P_1)^n F(s) \right\}$$

예제문제 20

라플라스 변환함수 $F(s) = \dfrac{s+2}{s^2+4s+13}$ 에 대한 역변환 함수 $f(t)$ 는?

① $e^{-2t}\cos 3t$ ② $e^{-3t}\sin 2t$

③ $e^{3t}\cos 2t$ ④ $e^{2t}\sin 3t$

해설

$F(s) = \dfrac{s+2}{s^2+4s+13} = \dfrac{s+2}{s^2+4s+4+9} = \dfrac{s+2}{(s+2)^2+3^2}$ 이므로 지수 여현파함수가 된다.

$\therefore f(t) = e^{-2t}\cos 3t$ 가 된다.

답 : ①

예제문제 21

$F(s) = \dfrac{2s+3}{s^2+3s+2}$ 의 시간 함수 $f(t)$ 는?

① $f(t) = e^{-t} - e^{-2t}$ ② $f(t) = e^{-t} + e^{-2t}$

③ $f(t) = e^{-t} + 2e^{-2t}$ ④ $f(t) = e^{-t} - 2e^{-2t}$

해설

$F(s) = \dfrac{2s+3}{s^2+3s+2} = \dfrac{2s+3}{(s+1)(s+2)} = \dfrac{K_1}{s+1} + \dfrac{K_2}{s+2}$

$K_1 = \lim_{s \to -1}(s+1)F(s) = \left[\dfrac{2s+3}{s+2}\right]_{s=-1} = 1$

$K_2 = \lim_{s \to -2}(s+2)F(s) = \left[\dfrac{2s+3}{s+1}\right]_{s=-2} = 1$

$\therefore F(s) = \dfrac{1}{s+1} + \dfrac{1}{s+2}$

$\therefore f(t) = \mathcal{L}^{-1}[F(s)] = \mathcal{L}^{-1}\left[\dfrac{1}{s+1} + \dfrac{1}{s+2}\right] = e^{-t} + e^{-2t}$

답 : ②

예제문제 22

$f(t) = \dfrac{s+2}{(s+1)^2}$ 의 라플라스 역변환은?

① $e^{-t} - te^{-t}$　　　② $e^{-t} + te^{-t}$　　　③ $1 - te^{-t}$　　　④ $1 + te^{-t}$

해설

$F(s) = \dfrac{s+2}{(s+1)^2} = \dfrac{K_1}{(s+1)^2} + \dfrac{K_2}{s+1}$

$K_1 = \lim_{s \to -1}(s+1)^2 F(s) = [s+2]_{s=-1} = 1$

$K_2 = \lim_{s \to -1}\dfrac{d}{ds}(s+2) = [1]_{s=-1} = 1$

$\therefore F(s) = \dfrac{1}{(s+1)^2} + \dfrac{1}{s+1}$

$\therefore f(t) = \mathcal{L}^{-1}[F(s)] = te^{-t} + e^{-t}$

[별해] $f(t) = \mathcal{L}^{-1}\left[\dfrac{s+2}{(s+1)^2}\right] = \mathcal{L}^{-1}\left[\dfrac{s+1}{(s+1)^2} + \dfrac{1}{(s+1)^2}\right] = \mathcal{L}^{-1}\left[\dfrac{1}{s+1} + \dfrac{1}{(s+1)^2}\right] = e^{-t} + te^{-t}$

답 : ②

예제문제 23

$\mathcal{L}^{-1}\left[\dfrac{s}{(s+1)^2}\right]$ 는?

① $e^{-t} - te^{-t}$　　　② $e^{-t} + 2te^{-t}$　　　③ $e^{t} - te^{-t}$　　　④ $e^{-t} + te^{-t}$

해설

$F(s) = \dfrac{s}{(s+1)^2} = \dfrac{K_1}{(s+1)^2} + \dfrac{K_2}{s+1}$

$K_1 = \lim_{s \to -1}(s+1)^2 F(s) = [s]_{s=-1} = -1$

$K_2 = \lim_{s \to -1}\dfrac{d}{ds}s = [1]_{s=-1} = 1$

$F(s) = \dfrac{-1}{(s+1)^2} + \dfrac{1}{s+1} = \dfrac{1}{s+1} - \dfrac{1}{(s+1)^2}$

$\therefore f(t) = \mathcal{L}^{-1}[F(s)] = e^{-t} - te^{-t}$

[별해] $f(t) = \mathcal{L}^{-1}\left[\dfrac{s}{(s+1)^2}\right] = \mathcal{L}^{-1}\left[\dfrac{s+1}{(s+1)^2} + \dfrac{-1}{(s+1)^2}\right] = \mathcal{L}^{-1}\left[\dfrac{1}{s+1} - \dfrac{1}{(s+1)^2}\right] = e^{-t} - te^{-t}$

답 : ①

핵심과년도문제

14 · 1

$\cos \omega t$의 라플라스 변환은?

① $\dfrac{s}{s^2 - \omega^2}$ ② $\dfrac{s}{s^2 + \omega^2}$ ③ $\dfrac{\omega}{s^2 - \omega^2}$ ④ $\dfrac{\omega}{s^2 + \omega^2}$

【해설】 $f(t) = \cos \omega t$

$$\mathcal{L}[f(t)] = \mathcal{L}[\cos \omega t] = \int_0^\infty \cos \omega t \ e^{-st} dt$$

$\cos \omega t = \dfrac{e^{j\omega t} + e^{-j\omega t}}{2}$ 이므로 $\mathcal{L}[\cos \omega t] = \displaystyle\int_0^\infty \cos \omega t e^{-st} dt = \dfrac{1}{2} \int_0^\infty (e^{j\omega t} + e^{-j\omega t}) e^{-st} dt$

$$= \dfrac{1}{2} \int_0^\infty (e^{-(s-j\omega)t} + e^{-(s+j\omega)t}) dt$$

$$= \dfrac{1}{2} \left(\dfrac{1}{s - j\omega} + \dfrac{1}{s + j\omega} \right) = \dfrac{s}{s^2 + \omega^2}$$ 【답】②

14 · 2

$u(t - T)$를 라플라스 변환하면?

① $\dfrac{1}{s} e^{-Ts}$ ② $\dfrac{1}{s^2} e^{-Ts}$ ③ $\dfrac{1}{s^2} e^{Ts}$ ④ $\dfrac{1}{s} e^{Ts}$

【해설】 단위 계단함수의 시간추이 : $\mathcal{L}\{u(t)\} = \dfrac{1}{s} \ \rightarrow \ \mathcal{L}\{u(t-T)\} = \dfrac{1}{s} e^{-Ts}$ 【답】①

14 · 3

$f(t) = \delta(t) - be^{-bt}$ 의 라플라스 변환은? 단, $\delta(t)$는 임펄스 함수이다.

① $\dfrac{b}{s + b}$ ② $\dfrac{s(1-b)+5}{s(s+b)}$

③ $\dfrac{1}{s(s+b)}$ ④ $\dfrac{s}{s+b}$

【해설】 시간함수의 합과 차는 각각 라플라스 변환하여 합과 차를 구한다.

$$F(s) = \mathcal{L}[f(t)] = \mathcal{L}[\delta(t) - be^{-bt}] = 1 - b\dfrac{1}{s+b} = \dfrac{s}{s+b}$$ 【답】④

14 · 4

$\mathcal{L}[\sin t] = \dfrac{1}{s^2+1}$ 을 이용하여 ⓐ $\mathcal{L}[\cos \omega t]$, ⓑ $\mathcal{L}[\sin at]$를 구하면?

① ⓐ $\dfrac{1}{s^2-a^2}$, ⓑ $\dfrac{1}{s^2-\omega^2}$　　② ⓐ $\dfrac{1}{s+a}$, ⓑ $\dfrac{s}{s+\omega}$

③ ⓐ $\dfrac{s}{s^2+\omega^2}$, ⓑ $\dfrac{a}{s^2+a^2}$　　④ ⓐ $\dfrac{1}{s+a}$, ⓑ $\dfrac{1}{s-\omega}$

해설 여현파 함수 : $\mathcal{L}[\cos \omega t] = \dfrac{s}{s^2+\omega^2}$

정현파 함수 : $\mathcal{L}[\sin at] = \dfrac{a}{s^2+a^2}$　　【답】③

14 · 5

함수 $f(t)=te^{at}$ 를 옳게 라플라스 변환시킨 것은?

① $F(s)=\dfrac{1}{(s-a)^2}$　　② $F(s)=\dfrac{1}{s-a}$

③ $F(s)=\dfrac{1}{s(s-a)}$　　④ $F(s)=\dfrac{1}{s(s-a)^2}$

해설 지수 램프함수 : $f(t)=te^{at}$

$\mathcal{L}[t]=\dfrac{1}{s^2}$　$\mathcal{L}[e^{at}f(t)]=F(s-a)$ 이므로 $\mathcal{L}[te^{at}]=\dfrac{1}{(s-a)^2}$　　【답】①

14 · 6

$f(t)=\dfrac{e^{at}+e^{-at}}{2}$ 의 라플라스 변환은?

① $\dfrac{s}{s^2+a^2}$　　② $\dfrac{s}{s^2-a^2}$　　③ $\dfrac{a}{s^2+a^2}$　　④ $\dfrac{a}{s^2-a^2}$

해설 $\mathcal{L}\left[\dfrac{1}{2}(e^{at}+e^{-at})\right]=\dfrac{1}{2}\mathcal{L}[e^{at}+e^{-at}]=\dfrac{1}{2}\left(\dfrac{1}{s-a}+\dfrac{1}{s+a}\right)=\dfrac{s}{s^2-a^2}$　　【답】②

14 · 7

$f(t)=\sin t\cos t$ 를 라플라스 변환하면?

① $\dfrac{1}{s^2+4}$　　② $\dfrac{1}{s^2+2}$　　③ $\dfrac{1}{(s+2)^2}$　　④ $\dfrac{1}{(s+4)^2}$

해설 삼각 함수의 가법 정리 : $\sin 2t = \sin(t+t) = 2\sin t \cos t$

$$\therefore \sin t \cos t = \frac{1}{2}\sin 2t$$

$$\therefore F(s) = \mathcal{L}[\sin t \cos t] = \mathcal{L}\left[\frac{1}{2}\sin 2t\right] = \frac{1}{2}\cdot\frac{2}{s^2+2^2} = \frac{1}{s^2+4}$$

【답】 ①

14·8

다음과 같은 2개의 전류의 초기값 $i_1(0_+)$, $i_2(0_+)$가 옳게 구해진 것은?

$$I_1(s) = \frac{12(s+8)}{4s(s+6)} \quad , \qquad I_2(s) = \frac{12}{s(s+6)}$$

① 3, 0   ② 4, 0   ③ 4, 2   ④ 3, 4

해설 초기값 정리

$$\lim_{s\to\infty} s\cdot I_1(s) = \lim_{s\to\infty} s\cdot\frac{12(s+8)}{4s(s+6)} = 3$$

$$\lim_{s\to\infty} s\cdot I_2(s) = \lim_{s\to\infty} s\cdot\frac{12}{s(s+6)} = 0$$

【답】 ①

14·9

다음과 같은 전류의 초기값 $I(0_+)$를 구하면?

$$I(s) = \frac{12}{2s(s+6)}$$

① 6   ② 2   ③ 1   ④ 0

해설 초기값 정리 : $\lim\limits_{s\to\infty} sI(s) = \lim\limits_{s\to\infty} s\frac{12}{2s(s+6)} = \lim\limits_{s\to\infty}\frac{12}{2(s+6)} = 0$

【답】 ④

14·10

그림과 같은 구형파의 라플라스 변환은?

① $\dfrac{2}{s}(1-e^{4s})$ ② $\dfrac{4}{s}(1-e^{2s})$

③ $\dfrac{2}{s}(1-e^{-4s})$ ④ $\dfrac{4}{s}(1-e^{-2s})$

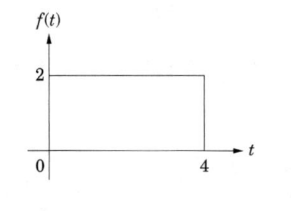

해설 계단함수의 합성이므로 $f(t) = 2u(t) - 2u(t-4)$

$$\therefore F(s) = \mathcal{L}[f(t)] = \mathcal{L}[2u(t)-2u(t-4)] = 2\left(\frac{1}{s}-\frac{1}{s}e^{-4s}\right) = \frac{2}{s}(1-e^{-4s})$$

【답】 ③

14·11

그림의 파형을 단위 함수(unit step function) $v(t)$로 표시하면?

① $v(t) = u(t) - u(t-T) + u(t-2T) - u(t-3T)$
② $v(t) = u(t) - 2u(t-T) + 2u(t-2T) - u(t-3T)$
③ $v(t) = u(t-T) - u(t-2T) + u(t-3T)$
④ $v(t) = u(t-T) - 2u(t-2T) + 2u(t-3T)$

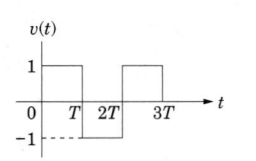

해설

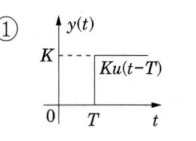 $-$ 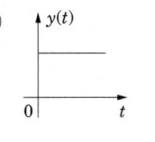 $+$ 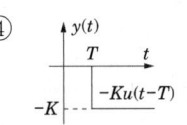 $-$

계단함수의 합성이므로 $v(t) = u(t) - 2u(t-T) + 2u(t-2T) - u(t-3T)$ 【답】②

14·12

제어계의 입력 신호 $x(t)$와 출력 신호 $y(t)$와의 관계가 $y(t) = Kx(t-T)$로 표시되는 추이 요소에서 입력을 단위 계단 함수로 주어질 때 출력 파형으로 알맞은 것은?

① $y(t)$ K $Ku(t-T)$ 0 T t
② $y(t)$ 0 t
③ $y(t)$ $Ku(t+T)$ $-T$ 0 t
④ $y(t)$ T t $-K$ $-Ku(t-T)$

해설 시간추이정리에 의해
② $y(t) = x(t)$, ③ $y(t) = Kx(t+T)$, ④ $y(t) = -Kx(t-T)$가 된다. 【답】①

14·13

$F(s) = \dfrac{A}{\alpha + s}$라 하면 이의 역변환은?

① αe^{At}　　② $Ae^{\alpha t}$　　③ αe^{-At}　　④ $Ae^{-\alpha t}$

해설 $F(s)$는 지수함수의 형태이므로
$$f(t) = \mathcal{L}^{-1}\left[\frac{A}{s+\alpha}\right] = A\mathcal{L}^{-1}\left[\frac{1}{s+\alpha}\right] = Ae^{-\alpha t}$$ 【답】④

14 · 14

$\dfrac{1}{s(s+1)}$ 의 라플라스 역변환을 구하면?

① $e^{-t}\sin t$ 　　② $1+e^{-t}$ 　　③ $1-e^{-t}$ 　　④ $e^{-t}\cos t$

해설　$F(s)=\dfrac{1}{s(s+1)}=\dfrac{K_1}{s}+\dfrac{K_2}{s+1}$

$K_1=\lim\limits_{s\to 0}s\cdot F(s)=\left[\dfrac{1}{s+1}\right]_{s=0}=1$

$K_2=\lim\limits_{s\to -1}(s+1)F(s)=\left[\dfrac{1}{s}\right]_{s=-1}=-1$

$\therefore F(s)=\dfrac{1}{s}-\dfrac{1}{s+1}$

$\therefore f(t)=\mathcal{L}^{-1}\left[\dfrac{1}{s}-\dfrac{1}{s+1}\right]=1-e^{-t}$

【답】③

14 · 15

$F(s)=\dfrac{s+1}{s^2+2s}$ 로 주어졌을 때 $F(s)$의 역변환을 한 것은?

① $\dfrac{1}{2}(1+e^{t})$ 　　② $\dfrac{1}{2}(1-e^{-t})$ 　　③ $\dfrac{1}{2}(1+e^{-2t})$ 　　④ $\dfrac{1}{2}(1-e^{-2t})$

해설　$F(s)=\dfrac{s+1}{s^2+2s}=\dfrac{s+1}{s(s+2)}=\dfrac{K_1}{s}+\dfrac{K_2}{s+2}$

$K_1=\lim\limits_{s\to 0}sF(s)=\left[\dfrac{s+1}{s+2}\right]_{s=0}=\dfrac{1}{2}$

$K_2=\lim\limits_{s\to -2}(s+2)F(s)=\left[\dfrac{s+1}{s}\right]_{s=-2}=\dfrac{1}{2}$

$\therefore F(s)=\dfrac{1}{2}\left(\dfrac{1}{s}+\dfrac{1}{s+2}\right)$

$\therefore f(t)=\mathcal{L}^{-1}[F(s)]=\dfrac{1}{2}(1+e^{-2t})$

【답】③

14 · 16

$\mathcal{L}^{-1}\left[\dfrac{1}{s^2+a^2}\right]$ 은 어느 것인가?

① $\sin at$ 　　② $\dfrac{1}{a}\sin at$ 　　③ $\cos at$ 　　④ $\dfrac{1}{a}\cos at$

해설　정현파 함수 역 라플라스변환 $\mathcal{L}^{-1}\left[\dfrac{a}{s^2+a^2}\right]=\sin at$ 이므로 $\mathcal{L}^{-1}\left[\dfrac{1}{s^2+a^2}\right]=\dfrac{1}{a}\sin at$

【답】②

14·17

$e_i(t) = Ri(t) + L\dfrac{di(t)}{dt} + \dfrac{1}{C}\displaystyle\int i(t)dt$ 에서 모든 초기 조건을 0으로 하고 라플라스 변환하면 어떻게 되는가?

① $I(s) = \dfrac{Cs}{LCs^2 + RCs + 1}E_i(s)$ ② $I(s) = \dfrac{1}{LCs^2 + RCs + 1}E_i(s)$

③ $I(s) = \dfrac{LCs}{LCs^2 + RCs + 1}E_i(s)$ ④ $I(s) = \dfrac{C}{LCs^2 + RCs + 1}E_i(s)$

해설 $E_i(s) = RI(s) + LsI(s) + \dfrac{1}{Cs}I(s)$

$\therefore I(s) = \dfrac{1}{R + Ls + \dfrac{1}{Cs}}E_i(s) = \dfrac{Cs}{LCs^2 + RCs + 1}E_i(s)$ 【답】①

14·18

$\dfrac{di(t)}{dt} + 4i(t) + 4\displaystyle\int i(t)dt = 50u(t)$ 를 라플라스 변환하여 풀면 전류는? 단, t=0 에서 $i(0) = 0$, $\displaystyle\int_{-\infty}^{0} i(t) = 0$이다.

① $50e^{2t}(1+t)$ ② $e^t(1+5t)$ ③ $\dfrac{1}{4}(1-e^t)$ ④ $50te^{-2t}$

해설 $sI(s) + 4I(s) + \dfrac{4}{s}I(s) = \dfrac{50}{s}$

$\therefore I(s)\left(s + 4 + \dfrac{4}{s}\right) = \dfrac{50}{s}$

$I(s) = \dfrac{\dfrac{50}{s}}{s + 4 + \dfrac{4}{s}} = \dfrac{50}{s^2 + 4s + 4} = \dfrac{50}{(s+2)^2}$ 를 역 라플라스변환 하면

$\therefore i(t) = \mathcal{L}^{-1}[I(s)] = 50te^{-2t}$ 【답】④

심화학습문제

01 $f(t) = \cos^2 t$ 인 함수의 라플라스 변환을 구하면?

① $\dfrac{s}{2(s^2+4)} - \dfrac{1}{2s}$ ② $\dfrac{1}{s^2} + \dfrac{4}{s}$

③ $e^{-2t}\cos t$ ④ $\dfrac{1}{2s} + \dfrac{s}{2(s^2+4)} 8$

해설

반각공식 : $\cos^2 t = \dfrac{1+\cos 2t}{2}$

$\mathcal{L}[\cos 2t] = \mathcal{L}\left[\dfrac{1+\cos 2t}{2}\right] = \dfrac{1}{2}\{\mathcal{L}[1] + \mathcal{L}(\cos 2t)\}$

$\qquad\qquad = \dfrac{1}{2}\left(\dfrac{1}{s} + \dfrac{s}{s^2+4}\right)$

【답】④

02 두 함수 $f_1(t) = 1$, $f_2(t) = e^{-t}$ 일 때 합성 적분(convolution 적분)값은?

① $1 - e^{-t}$ ② $1 + e^{-t}$

③ $\dfrac{1}{1-e^{-t}}$ ④ $\dfrac{1}{1+e^{-t}}$

해설

합성 적분(convolution 적분, 합성곱)

$\quad : f(t) * g(t) = \displaystyle\int_0^\infty f(\tau)g(t-\tau)d\tau$

$\therefore f_1(t)$와 $f_2(t)$의 합성 적분은

$f_v = \displaystyle\int_0^t f_1(t-z)f_2(z)dz$이다. 라플라스 변환하면

$\mathcal{L}(f_v) = F_1(s)F_2(s) = \dfrac{1}{s} - \dfrac{1}{s+1} = F(s)$

$\therefore \mathcal{L}^{-1}[F(s)] = 1 - e^{-t}$

【답】①

03 어떤 제어계의 출력 $C(s)$가 다음과 같이 주어질 때 출력의 시간 함수 $C(t)$의 정상값은?

$$C(s) = \dfrac{2}{s(s^2+s+3)}$$

① 2   ② 3

③ $\dfrac{3}{2}$ ④ $\dfrac{2}{3}$

해설

최종값 정리

$\displaystyle\lim_{t\to\infty} C(t) = \lim_{s\to 0} sC(s) = \lim_{s\to 0}\dfrac{2}{s^2+s+3} = \dfrac{2}{3}$

【답】④

04 그림과 같은 높이가 1인 펄스의 라플라스 변환은?

① $\dfrac{1}{s}\left(e^{-as} + e^{-bs}\right)$

② $\dfrac{1}{s}\left(e^{-as} - e^{-bs}\right)$

③ $\dfrac{1}{a-b}\left(\dfrac{e^{-as} + e^{-bs}}{s}\right)$

④ $\dfrac{1}{a-b}\left(\dfrac{e^{as} - e^{-bs}}{s}\right)$

해설

계단함수의 합성이므로 $f(t) = u(t-a) - u(t-b)$

$\therefore F(s) = \mathcal{L}[f(t)] = \mathcal{L}[u(t-a)] - \mathcal{L}[u(t-b)]$

$\qquad = \dfrac{e^{-as}}{s} - \dfrac{e^{-bs}}{s} = \dfrac{1}{s}\left(e^{-as} - e^{-bs}\right)$

【답】②

05 그림과 같은 구형파의 라플라스 변환을 구하면?

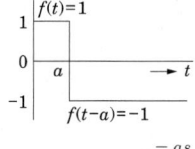

① $\dfrac{1}{s}$ ② $\dfrac{e^{-as}}{s}$

③ $\dfrac{1+e^{-as}}{s}$ ④ $\dfrac{1-2e^{-as}}{s}$

해설

계단함수의 합성이므로 $f(t) = u(t) - 2u(t-a)$

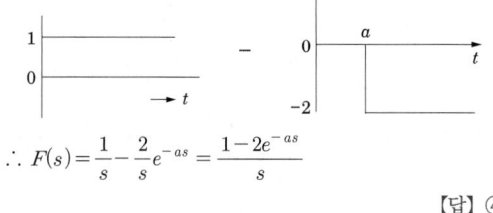

$\therefore F(s) = \dfrac{1}{s} - \dfrac{2}{s}e^{-as} = \dfrac{1-2e^{-as}}{s}$

【답】④

06 $f(t) = u(t-a) - u(t-b)$ 식으로 표시되는 4각파의 라플라스는?

① $\dfrac{1}{s}(e^{-as} - e^{-bs})$

② $\dfrac{1}{s}(e^{as} + e^{bs})$

③ $\dfrac{1}{s^2}(e^{-as} - e^{-bs})$

④ $\dfrac{1}{s^2}(e^{as} + e^{bs})$

해설

$F(s) = \mathcal{L}[f(t)] = \mathcal{L}[u(t-a)] - \mathcal{L}[u(t-b)]$

$= \dfrac{e^{-as}}{s} - \dfrac{e^{-bs}}{s} = \dfrac{1}{s}(e^{-as} - e^{-bs})$

【답】①

07 다음과 같은 파형의 라플라스 변환은?

① $1 - 2e^{-s} + e^{-2s}$

② $s(1 - 2e^{-s} + e^{-2s})$

③ $\dfrac{1}{s}(1 - 2e^{-s} + e^{-2s})$

④ $\dfrac{1}{s^2}(1 - 2e^{-s} + e^{-2s})$

해설

$f(t) = 0 : \ t < 0$

$f(t) = t : \ 0 \le t < 1$

$f(t) = 2 - t : \ 1 \le t < 2$

$f(t) = 0 : \ t \ge 2$

$F(s) = \mathcal{L}[f(t)] = \displaystyle\int_0^1 te^{-st}dt + \int_1^2 (2-t) \cdot e^{-st}dt$

$= [t \cdot \dfrac{e^{-st}}{-s}]_0^1 + \dfrac{1}{s}\displaystyle\int_0^1 e^{-st}dt + [(2-t) \cdot \dfrac{e^{-st}}{-s}]_1^2 - \dfrac{1}{s}\displaystyle\int_1^2 e^{-st}dt$

$= -\dfrac{1}{s}e^{-s} - \dfrac{1}{s^2}e^{-s} + \dfrac{1}{s^2} + \dfrac{1}{s}e^{-s} + \dfrac{1}{s^2}e^{-2s} - \dfrac{1}{s^2}e^{-s}$

$= \dfrac{1}{s^2}(1 - 2e^{-s} + e^{-2s})$

【답】④

08 그림과 같은 게이트 함수의 라플라스 변환을 구하면?

① $\dfrac{E}{Ts^2}[1 - (Ts+1)e^{-Ts}]$

② $\dfrac{E}{Ts^2}[1 + (Ts+1)e^{-Ts}]$

③ $\dfrac{E}{Ts^2}(Ts+1)e^{-Ts}$

④ $\dfrac{E}{Ts^2}(Ts-1)e^{-Ts}$

해설

램프함수와 계단함수의 합성이므로

$$f(t) = \frac{E}{T}tu(t) - \frac{E}{T}(t-T)u(t-T) - Eu(t-T)$$

$$\therefore F(s) = \mathcal{L}[f(t)] = \frac{E}{T}\frac{1}{s^2} - \frac{E}{T}\frac{1}{s^2}e^{-Ts} - \frac{E}{s}e^{-Ts}$$

$$= \frac{E}{Ts^2}\left(1 - e^{-Ts} - Tse^{-Ts}\right)$$

$$= \frac{E}{Ts^2}\left[1 - (Ts+1)e^{-Ts}\right]$$

【답】①

09 그림에서 주어진 파형의 라플라스 변환은?

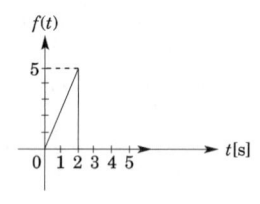

① $\dfrac{2.5}{s^2}\left(1 - e^{-2s} - 2se^{-2s}\right)$

② $\dfrac{2.5}{s^2}\left(1 - e^{-2s} - 5se^{-2s}\right)$

③ $\dfrac{2.5}{s^2}\left(1 - e^{-2s} - se^{-2s}\right)$

④ $\dfrac{2.5}{s^2}\left(1 - e^{-2s} - e^{-2s}\right)$

해설

램프함수와 계단함수의 합성이므로

$$f(t) = \frac{5}{2}tu(t) - 5u(t-2) - \frac{5}{2}(t-2)u(t-2)$$

$$F(s) = 2.5\frac{1}{s^2} - 5\frac{e^{-2s}}{s} - 2.5\frac{e^{-2s}}{s^2} = \frac{2.5}{s^2}\left(1 - e^{-2s} - 2se^{-2s}\right)$$

【답】①

10 그림과 같은 톱니파를 라플라스 변환하면?

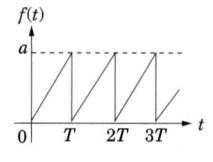

① $\dfrac{a}{s}\left(\dfrac{1}{Ts} - \dfrac{e^{-Ts}}{1 - e^{-Ts}}\right)$

② $\dfrac{a}{s}\left(\dfrac{1 - e^{-Ts}}{Ts}\right)$

③ $\dfrac{a}{s}\left(\dfrac{e^{-Ts}}{Ts} - \dfrac{1}{1 - e^{-Ts}}\right)$

④ $\dfrac{a}{s}\left(1 - \dfrac{a^{-Ts}}{1 - e^{-Ts}}\right)$

해설

$$f(t) = \frac{a}{T}t\, u(t) - au(t-T) - au(t-2T) - au(t-3T) - \cdots$$

$$= \frac{a}{T}t\, u(t) - a\{u(t-T) + u(t-2T) + u(t-3T) + \cdots\}$$

$$F(s) = \frac{a}{Ts^2} - e\left(\frac{1}{s}e^{-Ts} + \frac{1}{s}e^{-2Ts} + \frac{1}{s}e^{-3Ts} + \cdots\right)$$

$$= \frac{a}{Ts^2} - \frac{a}{s}a^{-Ts}\left(1 + e^{-Ts} + e^{-2Ts} + e^{-3Ts} + \cdots\right)$$

$$= \frac{a}{Ts^2} - \frac{a}{s}e^{-Ts}\left(\frac{1}{1 - e^{-Ts}}\right) = \frac{a}{s}\left(\frac{1}{Ts} - \frac{e^{-Ts}}{1 - e^{-Ts}}\right)$$

$$\because \sum_{n=0}^{\infty}x^n = 1 + x + x^2 + \cdots = \frac{1}{1-x} \text{ (등비 급수)}$$

【답】①

11 그림과 같은 반파 정현파의 라플라스 변환은?

① $\dfrac{E\omega}{s^2 + \omega^2}\left(1 - e^{-\frac{1}{2}Ts}\right)$

② $\dfrac{Es}{s^2 + \omega^2}\left(1 - e^{-\frac{1}{2}Ts}\right)$

③ $\dfrac{E\omega}{s^2 + \omega^2}\left(1 + e^{-\frac{1}{2}Ts}\right)$

④ $\dfrac{Ts}{s^2 + \omega^2}\left(1 + e^{-\frac{1}{2}Ts}\right)$

해설

정현파 함수의 합성이므로

$$f(t) = E\sin\omega t\, u(t) + E\sin\omega\left(t - \frac{1}{2}T\right)u\left(t - \frac{1}{2}T\right)$$

$$F(s) = \frac{E\omega}{s^2+\omega^2} + \frac{E\omega}{s^2+\omega^2}e^{-\frac{1}{2}Ts} = \frac{E\omega}{s^2+\omega^2}\left(1 + e^{-\frac{1}{2}Ts}\right)$$

【답】③

12 그림과 같은 계단 함수의 라플라스 변환은?

① $E(1 + e^{-Ts})$

② $\dfrac{E}{(1 - e^{-Ts})}$

③ $\dfrac{E}{s(1 - e^{-Ts})}$

④ $\dfrac{E}{s(1 - e^{-Ts/2})}$

해설

계단함수의 합성이므로

$f(t) = Eu(t) + Eu(t-T) + Eu(t-2T) + Eu(t-3T) + \cdots$

$F(s) = \mathcal{L}[f(t)] = \dfrac{E}{s} + \dfrac{E}{s}e^{-Ts} + \dfrac{E}{s}e^{-2Ts} + \dfrac{E}{s}e^{-3Ts} + \cdots$

$\qquad = \dfrac{E}{s}(1 + e^{-Ts} + e^{-2Ts} + e^{-3Ts} + \cdots)$

$\qquad = \dfrac{E}{s}\left(\dfrac{1}{1 - e^{-Ts}}\right) = \dfrac{E}{s(1 - e^{-Ts})}$

$\therefore \displaystyle\sum_{n=0}^{\infty} x^n = 1 + x + x^2 + \cdots = \dfrac{1}{1-x}$ (등비 급수)

【답】③

13 $F(s) = \dfrac{e^{-bs}}{s+a}$ 의 역라플라스 변환은?

① $e^{-a(t-b)}$ ② $e^{-a(t+b)}$

③ $e^{a(t-b)}$ ④ $e^{a(t+b)}$

해설

시간추이정리 : $\mathcal{L}^{-1}[e^{-bs}F(s)] = f(t-b)$

$\mathcal{L}^{-1}\left[\dfrac{1}{s+a}\right] = e^{-at}$ 이므로 $\mathcal{L}^{-1}\left[\dfrac{e^{-bs}}{s+a}\right] = e^{-a(t-b)}$

$\therefore e^{-bs}$ 는 시간 지연분 이므로 $e^{-at} \rightarrow e^{-a(t-b)}$ 가 된다.

【답】①

14 $f(t) = \mathcal{L}^{-1}\left[\dfrac{s^2 + 3s + 10}{s^2 + 2s + 5}\right]$ 는?

① $\delta(t) + e^{-t}(\cos 2t - \sin 2t)$

② $\delta(t) + e^{-t}(\cos 2t + 2\sin 2t)$

③ $\delta(t) + e^{-t}(\cos 2t - 2\sin 2t)$

④ $\delta(t) + e^{-t}(\cos 2t + \sin 2t)$

해설

$\mathcal{L}^{-1}\left[\dfrac{s^2 + 3s + 10}{s^2 + 2s + 5}\right] = \mathcal{L}^{-1}\left[1 + \dfrac{s+5}{s^2 + 2s + 5}\right]$

$\qquad = \mathcal{L}^{-1}\left[1 + \dfrac{s+5}{(s+1)^2 + 2^2}\right]$

$\qquad = \mathcal{L}^{-1}\left[1 + \dfrac{s+1}{(s+1)^2 + 2^2} + 2\dfrac{2}{(s+1)^2 + 2^2}\right]$

$\qquad = \delta(t) + e^{-t}\cos 2t + 2e^{-t}\sin 2t$

$\qquad = \delta(t) + e^{-t}(\cos 2t + 2\sin 2t)$

【답】②

15 출력 $Y(s) = \dfrac{K_1}{s^2} + \dfrac{K_2}{(s+3)^2}$ 일 때 $y(t)$는?

① $2K_1 + 2K_2 t$ ② $K_1 t - 3K_2 t$

③ $K_1 t + K_2 t e^{-3t}$ ④ $K_1 t - 3K_2 e^{-2t}$

해설

$y(t) = \mathcal{L}^{-1}[Y(s)] = \mathcal{L}^{-1}\left[\dfrac{K_1}{s^2} + \dfrac{K_2}{(s+3)^2}\right]$

$\qquad = K_1 t + K_2 t e^{-3t}$

【답】③

16 $f(t) = \mathcal{L}^{-1}\left[\dfrac{1}{s^2 + 6s + 10}\right]$ 의 값은 얼마 인가?

① $e^{-3t}\sin t$ ② $e^{-3t}\cos t$

③ $e^{-t}\sin 5t$ ④ $e^{-t}\sin 5\omega t$

해설

$F(s) = \dfrac{1}{s^2 + 6s + 10} = \dfrac{1}{(s+3)^2 + 1}$

$\therefore f(t) = e^{-3t}\sin t$

【답】①

17 다음 함수 $F(s) = \dfrac{5s+3}{s(s+1)}$ 의 역라플라스 변환은 어떻게 되는가?

① $2 + 3e^{-t}$　　② $3 + 2e^{-t}$

③ $3 - 2e^{-t}$　　④ $2 - 3e^{-t}$

해설

$$F(s) = \frac{5s+3}{s(s+1)} = \frac{K_1}{s} + \frac{K_2}{s+1}$$

$$K_1 = \lim_{s \to 0} s F(s) = \left[\frac{5s+3}{s+1} \right]_{s=0} = 3$$

$$K_2 = \lim_{s \to -1} (s+1) F(s) = \left[\frac{5s+3}{s} \right]_{s=-1} = 2$$

$$F(s) = \frac{3}{s} + \frac{2}{s+1}$$

$$\therefore f(t) = \mathcal{L}^{-1}[F(s)] = \mathcal{L}^{-1}\left[\frac{3}{s} + \frac{2}{s+1} \right] = 3 + 2e^{-t}$$

【답】②

18 다음 함수들의 라플라스 역변환에 관하여 옳지 않은 것은?

$$(1)\ \frac{s}{(2s+1)(s+1)}$$

$$(2)\ \frac{s+2}{(s+1)^2}$$

$$(3)\ \frac{s^2+3s+1}{s+1}$$

① (1)은 e^{-t}, $e^{-\frac{t}{2}}$ 항을 가질 것이다.

② (2)는 2중근을 가지므로 te^{-t} 항을 가진다.

③ (3)은 분자가 분모보다 차수가 높으므로 $\delta(t)$ 를 포함한다.

④ (3)은 $s \to \infty$ 일 때 ∞ 가 되므로 역변환 적분은 불가능하다.

해설

분자의 차수가 분모의 차수보다 높으므로 몫과 나머지를 이용하여 역변환을 할 수 있다.

【답】④

19 $F(s) = \dfrac{1}{(s+1)^2(s+2)}$ 의 역라플라스 변환을 구하여라.

① $e^{-t} + te^{-t} + e^{-2t}$

② $-e^{-t} + te^{-t} + e^{-2t}$

③ $e^{-t} - te^{-t} + e^{-2t}$

④ $e^{t} + te^{t} + e^{2t}$

해설

$$F(s) = \frac{1}{(s+1)^2(s+2)} = \frac{K_1}{(s+1)^2} + \frac{K_2}{(s+1)} + \frac{K_3}{(s+2)}$$

$$K_1 = \lim_{s \to -1} (s+1)^2 \cdot F(s) = \left[\frac{1}{s+2} \right]_{s=-1} = 1$$

$$K_2 = \lim_{s \to -1} \frac{d}{ds}\left(\frac{1}{s+2} \right) = \left[\frac{-1}{(s+2)^2} \right]_{s=-1} = -1$$

$$K_3 = \lim_{s \to -2} (s+2) \cdot F(s) = \left[\frac{1}{(s+1)^2} \right]_{s=-2} = 1$$

$$F(s) = \frac{1}{(s+1)^2} - \frac{1}{(s+1)} + \frac{1}{(s+2)}$$

$$\therefore f(t) = \mathcal{L}^{-1}[F(s)] = te^{-t} - e^{-t} + e^{-2t}$$

【답】②

20 $f(t) = \mathcal{L}^{-1}\left[\dfrac{s+2}{s^3(s-1)^2} \right]$ 는 어떻게 되는가?

① $(3t-8)e^{t} + (t^2+t+8)$

② $(3t-8)e^{-t} + (t^2+5t+8)$

③ $(3t-8)e^{t} + (t^2+5t+8)$

④ $(3t-8)e^{-t} + (t^2+t+8)$

해설

$$F(s) = \frac{s+2}{s^3(s-1)^2} = \frac{K_1}{s^3} + \frac{K_2}{s^2} + \frac{K_3}{s} + \frac{K_4}{(s-1)^2} + \frac{K_5}{s-1}$$

$$K_1 = \lim_{s \to 0} \frac{s+2}{(s-1)^2} = 2$$

$$K_2 = \lim_{s \to 0} \frac{d}{ds} \cdot \frac{s+2}{(s-1)^2} = 5$$

$$K_3 = \lim_{s \to 0} \frac{d^2}{ds^2} \cdot \frac{s+2}{(s-1)^2} = 8$$

$$K_4 = \lim_{s \to 1} \frac{s+2}{s^3} = 3$$

$$K_5 = \lim_{s \to 1} \frac{d}{ds} \cdot \frac{s+2}{s^3} = -8$$

$$F(s) = \frac{2}{s^3} + \frac{5}{s^2} + \frac{8}{s} + \frac{3}{(s-1)^2} - \frac{8}{s-1}$$

$$\therefore f(t) = t^2 + 5t + 8 + 3te^t - 8e^t = (3t-8)e^t + (t^2 + 5t + 8)$$

【답】③

21 $Ri(t) + L\dfrac{di(t)}{dt} = E$ 에서 모든 초기값을 0으로 하였을 때의 $i(t)$의 값은?

① $\dfrac{E}{R}\left(1 - e^{-\frac{R}{L}t}\right)$ ② $\dfrac{E}{R}\left(1 - e^{-\frac{L}{R}t}\right)$

③ $\dfrac{E}{R}e^{-\frac{L}{R}t}$ ④ $\dfrac{E}{R}e^{-\frac{R}{L}t}$

해설

$RI(s) + LsI(s) = \dfrac{E}{s}$ 에서 $I(s)$를 구하면 구하고 부분분수 전개를 한다.

$$I(s) = \frac{E}{s(R+Ls)} = \frac{\frac{E}{L}}{s\left(s + \frac{R}{L}\right)}$$

$$= \frac{\frac{E}{R}}{s} - \frac{\frac{E}{R}}{s + \frac{R}{L}} = \frac{E}{R}\left(\frac{1}{s} - \frac{1}{s + \frac{R}{L}}\right)$$

$$\therefore i(t) = \mathcal{L}^{-1}[I(s)] = \frac{E}{R}\left(1 - e^{-\frac{R}{L}t}\right)$$

【답】①

22 그림과 같은 회로에서 $t = 0$ 의 시각에 스위치 S를 닫을 때 전류 $i(t)$의 라플라스 변환 $I(s)$는? 단, $V_c(0) = 1$ [V]이다.

① $\dfrac{3s}{6s+1}$ ② $\dfrac{3}{6s+1}$

③ $\dfrac{6}{6s+1}$ ④ $\dfrac{-s}{6s+1}$

해설

미분방정식 : $Ri + \dfrac{1}{C}\displaystyle\int i\,dt = 2$

라플라스변환 하면 $2I(s) + \dfrac{1}{3s}\left\{I(s) + i^{-1}(0_+)\right\} = \dfrac{2}{s}$

여기서, $i^{-1}(0_+)$는 초기 충전 전하이므로

$$Q_0 = CV_c(0) = 3 \times 1 = 3$$

$$\therefore I(s) = \frac{\dfrac{2}{s} - \dfrac{1}{s}}{2 + \dfrac{1}{3s}} = \frac{3}{6s+1}$$

【답】②

23 RC 직렬 회로에서 전류 $i(t)$에 대한 시간 영역 방정식이 $v = Ri + \dfrac{1}{C}\displaystyle\int i\,dt$로 주어져 있을 때, 이 방정식의 s영역 방정식 $I(s)$는? 단, C에는 초기 전하가 없다.

① $I(s) = \dfrac{V}{R}\dfrac{1}{s - 1/RC}$

② $I(s) = \dfrac{C}{R}\dfrac{1}{s + 1/RC}$

③ $I(s) = \dfrac{V}{R}\dfrac{1}{s + 1/RC}$

④ $I(s) = \dfrac{R}{C}\dfrac{1}{s - 1/RC}$

해설

미분방정식을 라플라스 변환하면

$$RI(s) + \frac{1}{Cs}I(s) = \frac{V}{s}$$

$$\therefore I(s) = \frac{\dfrac{V}{s}}{R + \dfrac{1}{Cs}} = \frac{\dfrac{V}{R}}{s + \dfrac{1}{RC}} = \frac{V}{R}\frac{1}{s + 1/RC}$$

【답】③

24 라플라스 변환을 이용하여 미분 방정식을 풀면? $\dfrac{d^2y}{dt^2}+3y=0$ 단, $y(0)=3$, $y'(0)=4$

① $3\cos\sqrt{3}\,t+\dfrac{4\sqrt{3}}{3}\sin\sqrt{3}\,t$

② $3\cos\sqrt{3}\,t+\dfrac{4}{3}\sin\sqrt{3}\,t$

③ $3\cos\sqrt{3}\,t+4\sin\sqrt{3}\,t$

④ $3\cos 3t+\dfrac{4}{\sqrt{3}}\sin 3t$

해설

미분 방정식을 라플라스 변환하면
$s^2Y(s)-sy(0)-y'(0)+3Y(s)=0$
초기값을 대입하여 정리하면
$(s^2+3)Y(s)-3s-4=0$
$\therefore Y(s)=\dfrac{3s+4}{s^2+3}=\dfrac{3s}{s^2+3}+\dfrac{4}{s^2+3}$
$\qquad =\dfrac{3s}{s^2+3}+\dfrac{4\sqrt{3}}{3}\cdot\dfrac{\sqrt{3}}{s^2+3}$
$\therefore y(t)=3\cos\sqrt{3}\,t+\dfrac{4\sqrt{3}}{3}\cdot\sin\sqrt{3}\,t$

【답】 ①

25 $I(s)=\dfrac{6+60/s}{12+s/2}$에 대응되는 시간 함수 $i(t)$는?

① $5-7e^{-24t}$

② $5+7e^{-24t}$

③ $5-7e^{+24t}$

④ $7-5e^{-24t}$

해설

$I(s)=\dfrac{12s+120}{s^2+24s}=\dfrac{12s+120}{s(s+24)}=\dfrac{K_1}{s}+\dfrac{K_2}{s+24}$

$K_1=\lim\limits_{s\to 0}s\cdot I(s)=\left[\dfrac{12s+120}{s+24}\right]_{s=0}=5$

$K_1=\lim\limits_{s\to-24}(s+24)\cdot I(s)=\left[\dfrac{12s+120}{s}\right]_{s=-24}=7$

$I(s)=\dfrac{5}{s}+\dfrac{7}{s+24}$

$\therefore i(t)=\mathcal{L}^{-1}[I(s)]=5+7e^{-24t}$

【답】 ②

26 $\dfrac{d^2x(t)}{dt^2}+2\dfrac{dx(t)}{dt}+x(t)=1$에서 $x(t)$는 얼마인가? 단, $x(0)=x'(0)=0$이다.

① $te^{-t}-e^{-t}$ ② $te^{-t}+e^{-t}$

③ $1-te^{-t}-e^{-t}$ ④ $1+te^{-t}+e^{-t}$

해설

미분방정식을 라플라스 변환하면
$s^2X(s)+2sX(s)+X(s)=\dfrac{1}{s}$

$\therefore X(s)(s^2+2s+1)=\dfrac{1}{s}$

$\therefore X(s)=\dfrac{1}{s(s^2+2s+1)}=\dfrac{1}{s(s+1)^2}$

$\qquad =\dfrac{K_1}{s}+\dfrac{K_2}{(s+1)^2}+\dfrac{K_3}{(s+1)}$

$K_1=\lim\limits_{s\to 0}s\cdot F(s)=\left[\dfrac{1}{s^2+2s+1}\right]_{s=0}=1$

$K_2=\lim\limits_{s\to-1}(s+1)^2\cdot F(s)=\left[\dfrac{1}{s}\right]_{s=-1}=-1$

$K_3=\lim\limits_{s\to-1}\dfrac{d}{ds}\left(\dfrac{1}{s}\right)=\left[\dfrac{-1}{s^2}\right]_{s=-1}=-1$

$X(s)=\dfrac{1}{s}-\dfrac{1}{(s+1)^2}-\dfrac{1}{(s+1)}$

$\therefore x(t)=\mathcal{L}^{-1}[X(s)]=1-te^{-t}-e^{-t}$

【답】 ③

15 전달함수

전달함수는 "모든 초기값을 0으로 했을 때 출력 신호의 라플라스 변환과 입력신호의 라플라스 변환의 비"로 정의한다.

여기서 모든 초기값을 0으로 한다는 것을 제어계에 입력이 가하여 지기전, 즉 $T < 0$에서는 그 계가 휴지상태에 있다는 것을 말한다. 입력신호 $r(t)$에 대해 출력신호 $c(t)$가 그림 1과 같을 때

입력 $r(t)$　　　제어시스템　　　출력 $c(t)$

$$\boxed{G(s)}$$

$R(s)$　　　　　　　　　　　　$C(s)$

그림 1 개루프 시스템

전달함수 $G(s)$는

$$G(s) = \mathcal{L}\,\frac{c(t)}{r(t)} = \frac{C(s)}{R(s)}$$

$$G(s) = \frac{C(s)}{R(s)} = \frac{b_m s^m + b_{m-1} s^{m-1} + \cdots + b_1 s + b_0}{a_n s^n + a_{n-1} s^{n-1} + \cdots + a_1 s + a_0}$$

① 전달 함수는 선형 시불변 시스템에서만 정의되고, 비선형 시스템에서는 정의되지 않는다.
② 시스템의 입력변수와 출력변수 사이의 전달 함수는 임펄스 응답의 라플라스 변환으로 정의된다.
③ 시스템의 초기 조건은 0으로 한다.
④ 전달 함수는 시스템의 입력과는 무관하다.
⑤ 제어시스템의 전달 함수는 s 만의 함수로 표시된다.

예제문제 **01**

그림에서 전달 함수 $G(s)$는?

① $\dfrac{U(s)}{C(s)}$

② $\dfrac{C(s)}{U(s)}$

③ $U(s) \cdot C(s)$

④ $\dfrac{C^2(s)}{U(s)}$

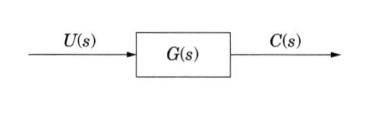

해설
전달 함수는 모든 초기값을 0으로 하였을 때 출력 신호의 라플라스 변환과 입력 신호의 라플라스 변환의 비를 말한다.

$\therefore G(s) = \dfrac{C(s)}{U(s)}$

답 : ②

---

1. 시스템의 출력 응답

1.1 임펄스 응답(impulse response)

전달함수

$$G(s) = \frac{C(s)}{R(s)}$$

의 식에서 출력을 구하면

$$C(s) = G(s) \cdot R(s)$$

가 된다. 따라서 시간영역의 출력신호는 위 식을 역 라플라스 변환하면

$$c(t) = \mathcal{L}^{-1}[G(s)R(s)]$$

와 같이 구한다. 여기서, 입력신호가 단위임펄스 함수인

$$r(t) = \delta(t)$$

일 때 이를 라플라스 변환하면

$$R(s) = \mathcal{L}[\delta(t)] = 1$$

이 된다. 그러므로 출력신호의 라플라스 변환은

$$C(s) = G(s)$$

가 된다. 즉, 전달함수는 단위 임펄스 함수를 입력했을 때 출력의 라플라스 변환이 된다. 이 출력응답은

$$c(t) = \mathcal{L}^{-1}[G(s)R(s)] = \mathcal{L}^{-1}[G(s)]$$

가 된다. 이것을 임펄스 응답(impulse response)이라 한다.

1.2 인디셜 응답(indicial response)

전달함수

$$G(s) = \frac{C(s)}{R(s)}$$

의 식에서 출력을 구하면

$$C(s) = G(s) \cdot R(s)$$

가 된다. 따라서 시간영역의 출력신호는 위 식을 역 라플라스 변환하면

$$c(t) = \mathcal{L}^{-1}[G(s)R(s)]$$

가 된다. 여기서, 입력신호가 단위 계단함수인

$$r(t) = u(t)$$

일 때 이를 라플라스변환하면

$$R(s) = \mathcal{L}[u(t)] = \frac{1}{s}$$

이므로

$$C(s) = \frac{G(s)}{s}$$

가 된다. 이때 출력응답은

$$c(t) = \mathcal{L}^{-1}[G(s)R(s)] = \mathcal{L}^{-1}\left[\frac{1}{s}G(s)\right]$$

가 된다. 이것을 인디셜 응답(indicial response) 또는 단위 계단 응답(unit step response)이라 한다.

예제문제 02

자동 제어계에서 중량 함수(weight function)라고 불려지는 것은?

① 인디셜 　　　　　② 임펄스 　　　　　③ 전달 함수 　　　　　④ 램프 함수

해설
① 인디셜 응답 : 단위 계단 응답
② 임펄스 응답 : 하중 함수
③ 전달 함수 : 임펄스 응답의 라플라스 변환

답 : ②

2. 제어요소의 전달함수

2.1 비례 요소

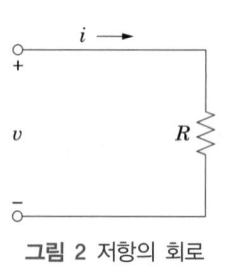

그림 2 저항의 회로

입력 신호 $x(t)$와 출력 신호 $y(t)$의 관계가,

$$y(t) = Kx(t)$$

로 표시되는 요소를 비례 요소라고 한다. 위 식을 라플라스 변환하면,

$$Y(s) = KX(s)$$

$$G(s) = \frac{Y(s)}{X(s)} = K$$

여기서, K를 이득 정수(gain constant)라 하며, 시간지연이 없다고 해서 비례요소, 0차 지연요소라 한다. 전위차계, 습동저항, 전자증폭관. 지렛대 등이 해당된다.

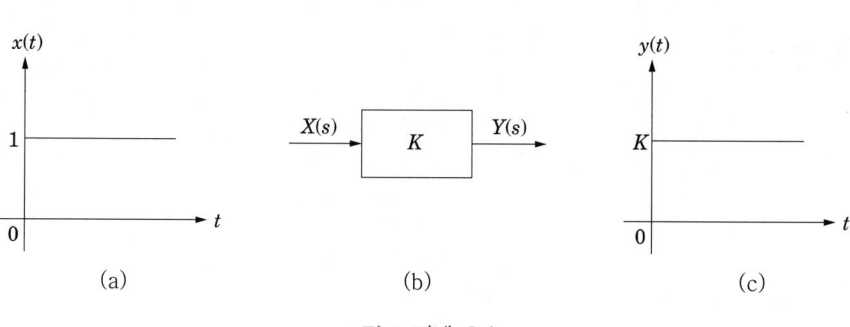

그림 3 비례 요소

2.2 미분 요소

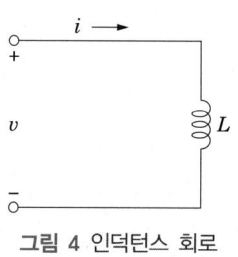

그림 4 인덕턴스 회로

입력 신호 $x(t)$와 출력 신호 $y(t)$의 관계가,

$$y(t) = K\frac{dx(t)}{dt}$$

와 같이 표시되는 요소를 미분 요소라 한다. 전달함수는

$$G(s) = \frac{Y(s)}{X(s)} = Ks$$

가 된다. 인덕턴스회로, 미분회로, 속도발전기(tacho Generator)가 여기에 해당한다.
미분요소의 인디셜 응답은 임펄스로 된다.

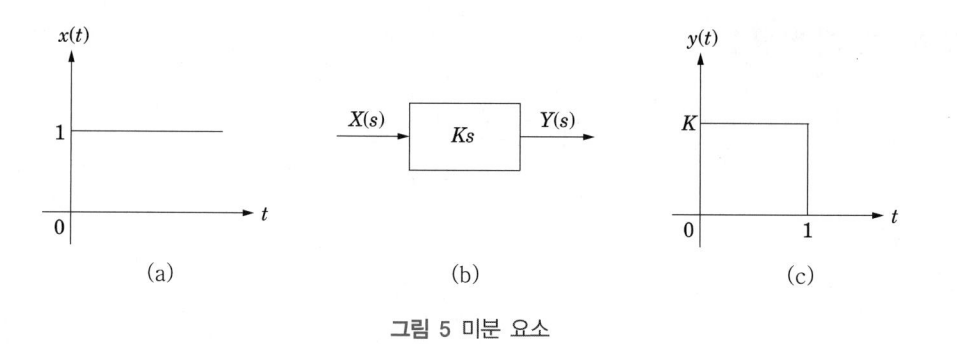

그림 5 미분 요소

2.3 적분 요소

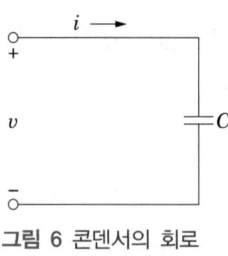

그림 6 콘덴서의 회로

입력 신호 $x(t)$와 출력 신호 $y(t)$와의 관계가,

$$y(t) = K \int x(t)dt$$

로 표시되는 요소를 적분 요소라 한다. 전달함수는

$$G(s) = \frac{Y(s)}{X(s)} = \frac{K}{s}$$

로 된다. 이와 같이 출력이 입력신호의 적분값에 비례하는 요소를 적분요소라 한다. 수위계, 적분회로, 가열기 등이 여기에 해당된다.

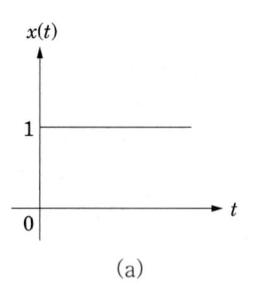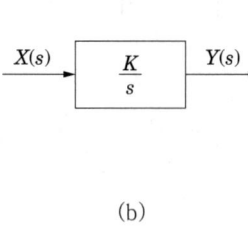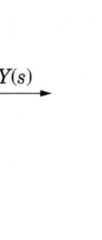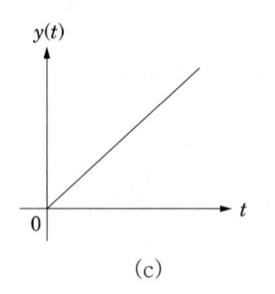

(a) (b) (c)

그림 7 적분 요소

2.4 1차 지연 요소

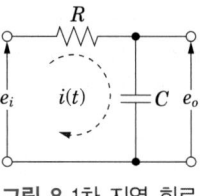

그림 8 1차 지연 회로

1차 지연 요소의 시간 함수로서는 입력 신호 $x(t)$와 출력 신호 $y(t)$와의 관계가,

$$b_1 \frac{dy(t)}{dt} + b_0 y(t) = a_0 x(t) \, (b_1, \, b_0 > 0)$$

로 표시되는 요소를 1차 지연 요소라 한다.

$$G(s) = \frac{Y(s)}{X(s)} = \frac{a_0}{b_1 s + b_0} = \frac{a_0/b_0}{(b_1/b_0)s + 1} = \frac{K}{Ts + 1}$$

단, $a_0/b_0 = K$, $b_1/b_0 = T$(시정수)

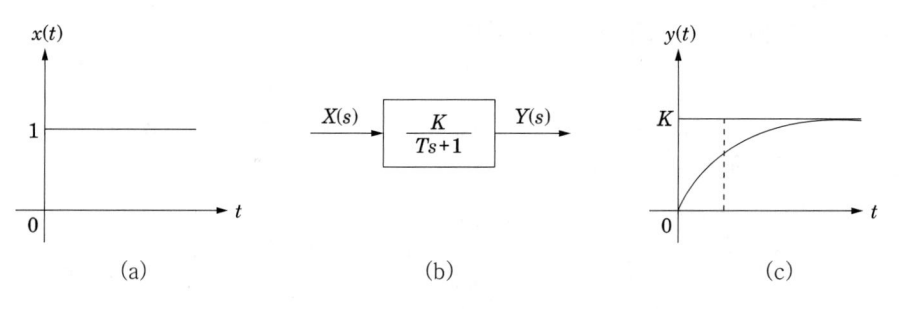

(a)   (b)   (c)

그림 9 1차 지연 요소

1차 지연요소의 전달함수는

$$G(s) = \frac{Y(s)}{X(s)} = \frac{C(s)}{R(s)} = \frac{a_0}{b_1 s + b_0} = \frac{a_0/b_0}{(b_1/b_0)s + 1} = \frac{K}{Ts + 1}$$

단, $a_0/b_0 = K$, $b_1/b_0 = T$(시정수)

1차 지연요소의 그림 8에서 미분방정식을 세우면

$$e_i(t) = Ri(t) + \frac{1}{C}\int i(t)\,dt$$

$$e_0(t) = \frac{1}{C}\int i(t)\,dt$$

가 되며 라플라스 변환하면

$$E_i(s) = RI(s) + \frac{1}{Cs}I(s) = \left(R + \frac{1}{Cs}\right)I(s)$$

$$E_0(s) = \frac{1}{Cs}I(s)$$

가 된다. 전달함수는

$$G(s) = \frac{C(s)}{R(s)} = \frac{\frac{1}{Cs}I(s)}{\left(R + \frac{1}{Cs}\right)I(s)} = \frac{\frac{1}{Cs}}{R + \frac{1}{Cs}} = \frac{1}{RCs + 1} = \frac{1}{Ts + 1}$$

이와 같은 1차 지연 요소의 블록선도는 그림9(b)와 같으며 인디셜 응답은 위 식을 라플라스 역변환한 것으로

$$y(t) = \mathcal{L}^{-1}\left[\frac{1}{s}G(s)\right] = \mathcal{L}^{-1}\left[\frac{K}{s(Ts+1)}\right] = K(1 - e^{-\frac{1}{T}t})$$

의 곡선으로 나타내며 그림 9(c)와 같다.

2.5 2차 지연 요소

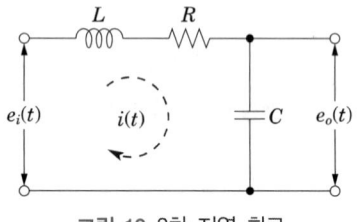

그림 10 2차 지연 회로

입력 신호 $x(t)$와 출력 신호 $y(t)$와의 관계가,

$$b_2 \frac{d^2 y(t)}{dt^2} + b_1 \frac{dy(t)}{dt} + b_0 y(t) = a_0 x(t) \,(b_2,\ b_1,\ b_0 > 0)$$

와 같이 표시되는 요소를 2차 지연 요소라 한다.

$$G(s) = \frac{Y(s)}{X(s)} = \frac{a_0}{b_2 s^2 + b_1 s + b_0}$$

$$= \frac{K}{1 + 2\delta Ts + T^2 s^2} = \frac{K\omega_n^2}{s^2 + 2\delta\omega_n s + \omega_n^2}$$

단, $a_0/b_0 = K,\ b_2/b_0 = T^2,\ b_1/b_0 = 2\delta T$ 또는 $1/T = \omega_n$

여기서, δ를 감쇠 계수(decaying coefficient) 또는 제동비(damping ratio), ω_n을 고유

주파수(natural angular frequency)라 한다.

2차 지연 요소의 블록선도는 그림11(b)와 같으며, 인디셜 응답은 그림11(c)와 같은 모양이 된다.

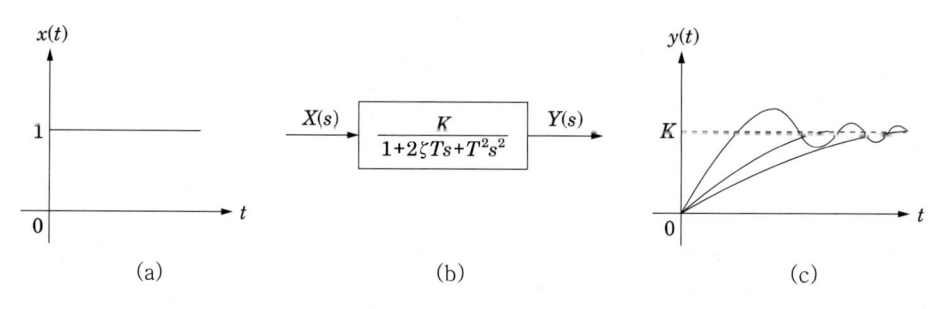

그림 11 2차 지연 요소

2차 지연요소의 그림 10에서 미분방정식을 세우면

$$e_i(t) = Ri(t) + L\frac{di(t)}{dt} + \frac{1}{C}\int i(t)\,dt$$

$$e_0(t) = \frac{1}{C}\int i(t)\,dt$$

가 된다. 이를 라플라스변환 하면

$$E_i(s) = RI(s) + Ls\,I(s) + \frac{1}{Cs}I(s)$$

$$E_0(s) = \frac{1}{Cs}I(s)$$

가 되며, 전달함수는

$$G(s) = \frac{C(s)}{R(s)} = \frac{E_0(s)}{E_i(s)} = \frac{\dfrac{1}{Cs}I(s)}{\left(R + Ls + \dfrac{1}{Cs}\right)I(s)} = \frac{\dfrac{1}{Cs}}{R + Ls + \dfrac{1}{Cs}}$$

$$= \frac{1}{LCs^2 + RCs + 1}$$

가 된다. 2차지연요소의 인디셜 응답은 그림 11(c)와 같은 모양이다.

2.6 부동작 시간 요소

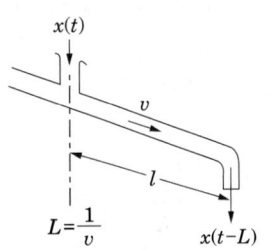

그림 12 부동작 시간 요소의 예

$t = 0$에서 입력의 변화가 생겨도 $t = L$까지 출력측에 어떠한 영향도 나타나지 않은 요소를 부동작 요소라 하며, 그 입력과 출력의 관계는,

$$y(t) = Kx(t - L)$$

로 표시된다. 이를 라플라스 변환하면

$$Y(s) = Ke^{-Ls}X(s)$$

$$\therefore \ G(s) = \frac{Y(s)}{X(s)} = Ke^{-Ls}$$

여기서, L을 부동작 시간이라 한다.

부동작 시간 요소의 블록선도는 그림 13(b)와 같으며 인디셜 응답은 그림 13(c)와 같이 된다.

(a) (b) (c)

그림 13 부동작 시간 요소

예제문제 **03**

적분 요소의 전달 함수는?

① K ② $\dfrac{K}{1+Ts}$ ③ $\dfrac{1}{Ts}$ ④ Ts

해설

비례요소 : K , 미분요소 : Ts , 적분요소 : $\dfrac{1}{Ts}$, 1차 지연요소 : $\dfrac{K}{Ts+1}$

2차 지연요소 : $\dfrac{\dfrac{1}{K}}{T^2 s^2 + 2\delta Ts + 1}$, 부동작 시간요소 : Ke^{-Ls}

답 : ③

예제문제 **04**

다음 사항 중 옳게 표현된 것은?

① 비례 요소의 전달 함수는 $\dfrac{1}{Ts}$ 이다.

② 미분 요소의 전달 함수는 K이다.

③ 적분 요소의 전달 함수는 Ts이다.

④ 1차 지연 요소의 전달 함수는 $\dfrac{K}{Ts+1}$ 이다.

해설

비례요소 : K , 미분요소 : Ts , 적분요소 : $\dfrac{1}{Ts}$, 1차 지연요소 : $\dfrac{K}{Ts+1}$

2차 지연요소 : $\dfrac{\dfrac{1}{K}}{T^2 s^2 + 2\delta Ts + 1}$, 부동작 시간요소 : Ke^{-Ls}

답 : ④

예제문제 **05**

단위 계단 함수를 어떤 제어 요소에 입력으로 넣었을 때 그 전달 함수가 그림과 같은 블록 선도로 표시될 수 있다면 이것은?

① 1차 지연 요소   ② 2차 지연 요소
③ 미분 요소   ④ 적분 요소

$$R(s) \rightarrow \boxed{\dfrac{\omega_n^2}{s^2 + 2\zeta\omega_n s + \omega_n^2}} \rightarrow C(s)$$

해설

비례요소 : K , 미분요소 : Ts , 적분요소 : $\dfrac{1}{Ts}$, 1차 지연요소 : $\dfrac{K}{Ts+1}$

2차 지연요소 : $\dfrac{\dfrac{1}{K}}{T^2 s^2 + 2\delta Ts + 1}$, 부동작 시간요소 : Ke^{-Ls}

답 : ②

다음 중 부동작 시간(dead time) 요소의 전달 함수는?

① Ks

② $1 + Ks^{-1}$

③ K/e^{Ls}

④ $T/1 + Ts$

해설

$y(t) = Kx(t-L)$를 라플라스 변환하면 $Y(s) = Ke^{-Ls}X(s)$

$\therefore G(s) = \dfrac{Y(s)}{X(s)} = Ke^{-Ls} = \dfrac{K}{e^{Ls}}$

답 : ③

3. 전기회로의 전달함수

3.1 R, C 직렬 회로의 전달함수

그림 8 회로의 미분방정식은

$$\begin{cases} e_i(t) = Ri(t) + \dfrac{1}{C}\int i(t)dt \\ e_o(t) = \dfrac{1}{C}\int i(t)dt \end{cases}$$

초기값을 0으로 하고 라플라스 변환하면

$$\begin{cases} E_i(s) = RI(s) + \dfrac{1}{Cs}I(s) = \left(R + \dfrac{1}{Cs}\right)I(s) \\ E_o(s) = \dfrac{1}{Cs}I(s) \end{cases}$$

위 식을 정리하면

$$\therefore G(s) = \frac{E_o(s)}{E_i(s)} = \frac{\dfrac{1}{Cs}}{R + \dfrac{1}{Cs}} = \frac{1}{RCs + 1} = \frac{1}{Ts + 1}$$

여기서, $T = RC$ 가 된다.

3.2 R, C 병렬 회로의 임피던스 전달함수

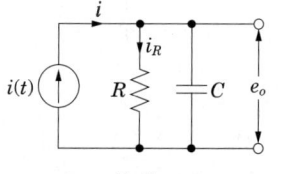

그림 14 RC 병렬회로

그림 14 회로의 미분방정식은

$$\begin{cases} e_o(t) = \dfrac{1}{C} \int \{i(t) - i_R(t)\} dt \\ i_R(t) = \dfrac{1}{R} e_o(t) \end{cases}$$

초기값을 0으로 하고 라플라스 변환하면

$$\begin{cases} E_o(s) = \dfrac{1}{Cs} \{I(s) - I_R(s)\} \\ I_R(s) = \dfrac{1}{R} E_o(s) \end{cases}$$

$$E_o(s) = \frac{1}{Cs} I(s) - \frac{1}{RCs} E_o(s)$$

$$E_o(s)\left(1 + \frac{1}{RCs}\right) = \frac{1}{Cs} I(s)$$

$$\therefore G(s) = \frac{E_o(s)}{I(s)} = \frac{\dfrac{1}{Cs}}{1 + \dfrac{1}{RCs}} = \frac{R}{RCs + 1}$$

3.3 R, C 직렬 회로의 어드미턴스 전달함수

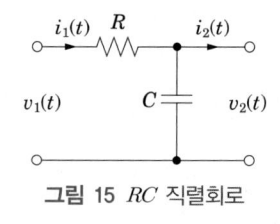

그림 15 RC 직렬회로

그림 15의 2차측을 개방하면 $I_2 = 0$이므로

$$v_1(t) = i_1(t)R + \frac{1}{C} \int i_1(t) dt$$

양변을 라플라스 변환하면

$$V_1(s) = I_1(s)R + \frac{I_1(s)}{Cs} = I_1(s)\left(R + \frac{1}{Cs}\right)$$

$$\therefore \ Y(s) = \frac{I_1(s)}{V_1(s)} = \frac{1}{R + \frac{1}{Cs}} = \frac{Cs}{RCs + 1}$$

예제문제 07

그림과 같은 회로의 전달 함수는? 단, $T = RC$이다.

① $\dfrac{1}{Ts^2 + 1}$ ② $\dfrac{1}{Ts + 1}$

③ $Ts^2 + 1$ ④ $Ts + 1$

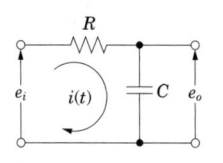

해설

회로에 대하여 미분방정식을 세우면

$$\begin{cases} e_i(t) = Ri(t) + \dfrac{1}{C}\displaystyle\int i(t)dt \\ e_o(t) = \dfrac{1}{C}\displaystyle\int i(t)dt \end{cases}$$

초기값을 0으로 하고 라플라스 변환하면

$$\begin{cases} E_i(s) = RI(s) + \dfrac{1}{Cs}I(s) = \left(R + \dfrac{1}{Cs}\right)I(s) \\ E_o(s) = \dfrac{1}{Cs}I(s) \end{cases}$$

$$\therefore \ G(s) = \frac{E_o(s)}{E_i(s)} = \frac{\dfrac{1}{Cs}}{R + \dfrac{1}{Cs}} = \frac{1}{RCs + 1} = \frac{1}{Ts + 1}$$

답 : ②

예제문제 08

그림과 같은 회로의 전달 함수는 어느 것인가?

① $C_1 + C_2$ ② $\dfrac{C_2}{C_1}$

③ $\dfrac{C_1}{C_1 + C_2}$ ④ $\dfrac{C_2}{C_1 + C_2}$

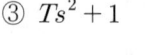

해설

회로에 대하여 미분방정식을 세우면

$$\begin{cases} e_1(t) = \dfrac{1}{C_1}\displaystyle\int i(t)dt + \dfrac{1}{C_2}\displaystyle\int i(t)dt \\ e_2(t) = \dfrac{1}{C_2}\displaystyle\int i(t)dt \end{cases}$$

초기값을 0으로 하고 라플라스 변환하면

$$\begin{cases} E_1(s) = \left(\dfrac{1}{C_1 s} + \dfrac{1}{C_2 s}\right)I(s) = \dfrac{C_1 + C_2}{C_1 C_2 s} \cdot I(s) \\ E_2(s) = \dfrac{I(s)}{C_2 s} \end{cases}$$

$$\therefore \ G(s) = \frac{E_2(s)}{E_1(s)} = \frac{\dfrac{1}{C_2 s} \cdot I(s)}{\dfrac{C_1 + C_2}{C_1 C_2 s} \cdot I(s)} = \frac{C_1}{C_1 + C_2}$$

답 : ③

예제문제 **09**

회로망의 전달 함수 $H(s) = \dfrac{V_2(s)}{V_1(s)}$ 를 구하면?

① $\dfrac{LC}{1 + LCs}$ ② $\dfrac{LC}{1 + LCs^2}$

③ $\dfrac{1}{1 + LCs}$ ④ $\dfrac{1}{1 + LCs^2}$

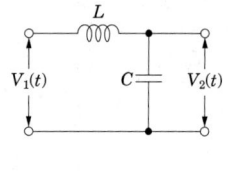

해설

회로에 대하여 미분방정식을 세우면

$$\begin{cases} v_1(t) = L\dfrac{di(t)}{dt} + \dfrac{1}{C}\displaystyle\int i(t)dt \\ v_2(t) = \dfrac{1}{C}\displaystyle\int i(t)dt \end{cases}$$

초기값을 0으로 하고 라플라스 변환하면

$$\begin{cases} V_1(s) = \left(Ls + \dfrac{1}{Cs}\right)I(s) \\ V_2(s) = \dfrac{I(s)}{Cs} \end{cases}$$

$$\therefore \ \frac{V_2(s)}{V_1(s)} = \frac{\dfrac{1}{Cs}}{Ls + \dfrac{1}{Cs}} = \frac{1}{1 + LCs^2}$$

답 : ④

예제문제 10

그림과 같은 $R-C$ 병렬 회로의 전달 함수 $\dfrac{E_o(s)}{I(s)}$ 는?

① $\dfrac{R}{RCs+1}$ 　　　② $\dfrac{C}{RCs+1}$

③ $\dfrac{RC}{RCs+1}$ 　　　④ $\dfrac{RCs}{RCs+1}$

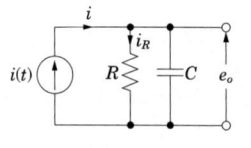

해설
회로에 대하여 미분방정식을 세우면

$$\begin{cases} e_o(t) = \dfrac{1}{C}\displaystyle\int \{i(t) - i_R(t)\}dt \\ i_R(t) = \dfrac{1}{R}e_o(t) \end{cases}$$

초기값을 0으로 하고 라플라스 변환하면

$$\begin{cases} E_o(s) = \dfrac{1}{Cs}\{I(s) - I_R(s)\} \\ I_R(s) = \dfrac{1}{R}E_o(s) \end{cases}$$

$$E_o(s) = \dfrac{1}{Cs}I(s) - \dfrac{1}{RCs}E_o(s)$$

$$\therefore\ E_o(s)\left(1 + \dfrac{1}{RCs}\right) = \dfrac{1}{Cs}I(s)$$

$$\therefore\ G(s) = \dfrac{E_o(s)}{I(s)} = \dfrac{\dfrac{1}{Cs}}{1 + \dfrac{1}{RCs}} = \dfrac{R}{RCs+1}$$

답 : ①

예제문제 11

그림과 같은 회로에서 2차측을 개방했을 때 $Y(s) = \dfrac{I_1(s)}{V_1(s)}$ 는 얼마인가?

① $\dfrac{Rs}{s+CR}$ 　　　② $\dfrac{Cs}{Cs+R}$

③ $\dfrac{Cs}{CRs+1}$ 　　　④ $\dfrac{s}{s+\dfrac{1}{CR}}$

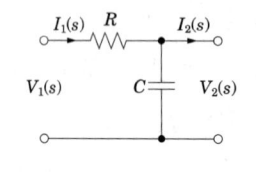

해설
2차측을 개방하면 $I_2 = 0$ 이므로 미분방정식을 세우면

$$v_1(t) = i_1(t)R + \dfrac{1}{C}\displaystyle\int i_1(t)dt$$

초기값을 0으로 하고 라플라스 변환하면

$$V_1(s) = I_1(s)R + \dfrac{I_1(s)}{Cs} = I_1(s)\left(R + \dfrac{1}{Cs}\right)$$

$$\therefore\ Y(s) = \dfrac{I_1(s)}{V_1(s)} = \dfrac{1}{R + \dfrac{1}{Cs}} = \dfrac{Cs}{RCs+1}$$

답 : ③

4. 보상기

4.1 진상 보상기(lead compensator), 미분기

진상 보상기는 C가 있어 출력이 앞선다. 진상 보상기의 목적은 위상특성이 빠른 요소, 즉 진상요소를 보상요소로 사용하며 안정도와 속응성의 개선을 목적으로 한다.
RC 회로망으로 구성된 진상 보상기는 그림 16과 같이 표시되며

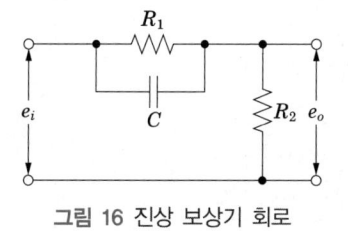

그림 16 진상 보상기 회로

$$e_i = \frac{R_1 i(t) \dfrac{1}{C} \int i(t)dt}{R_1 i(t) + \dfrac{1}{C} \int i(t)dt} + R_2 i(t)$$

$$e_o = R_2 i(t)$$

초기값을 0으로 하고, 위 식을 라플라스 변환하면

$$e_i = \left(\frac{R_1}{R_1 Cs + 1} + R_2 \right) I_s$$

$$e_o = R_2 I(s)$$

따라서 전달함수 $G(s)$ 는

$$G(s) = \frac{e_o}{e_i} = \frac{R_2}{\dfrac{R_1}{R_1 Cs + 1} + R_2} = \frac{R_2 + R_1 R_2 Cs}{R_1 + R_2 + R_1 R_2 Cs}$$

여기서, $s \rightarrow j\omega$ 을 대입하여 출력이 입력보다 앞서는 것을 벡터적으로 알아보자.

$$e_i = \frac{R_1}{i\omega R_1 C + 1} + R_2 = \frac{R_1 \underline{/0}}{\sqrt{(\omega R_1 C)^2 + 1} \, \underline{/\tan^{-1}\omega R_1 C}} + R_2$$

$$e_o = R_2 I(s)$$

그러므로 그림 17의 벡터도에서 나타낸 바와 같이 출력이 입력보다 각 θ만큼 앞선다.

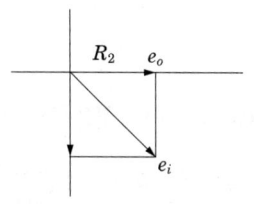

그림 17 전압의 위상

$$G(s) = \frac{e_o}{e_i} = \frac{R_2}{\dfrac{R_1}{R_1 Cs + 1} + R_2} = \frac{R_2 + R_1 R_2 Cs}{R_1 + R_2 + R_1 R_2 Cs} = \frac{s+a}{s+b}$$

$$G(s) = \frac{Cs + \dfrac{1}{R_1}}{Cs + \dfrac{1}{R_1} + \dfrac{1}{R_2}} = \frac{s+a}{s+b}$$

단, $a = \dfrac{1}{R_1 C}$, $b = \dfrac{1}{R_1 C} + \dfrac{1}{R_2 C}$

회로는 진상보상기이며, 이 회로는 $b > a$가 된다.

(1) 주파수 응답

① 공진 주파수 근처에서 위상이 정방향으로 증가한다.

② 동일한 안정성에 대하여 일반적으로 정속도 정수가 증가한다.

③ 주어진 이득정수 K에 대하여 보드 선도의 이득 교차점에서 크기 선도의 기울기가 감소한다. 그러므로 제어계의 안정성이 개선된다. 즉, 위상여유가 증가하고 공진정점 M_p가 감소한다.

④ 대폭은 일반적으로 증가한다.

(2) 시간응답

① 오버슈트가 감소한다.

② 상승시간이 빨라진다.

그림과 같은 회로망은 어떤 보상기로 사용할 수 있는가?
(단, $1 \ll R_1 C$인 경우로 한다.)

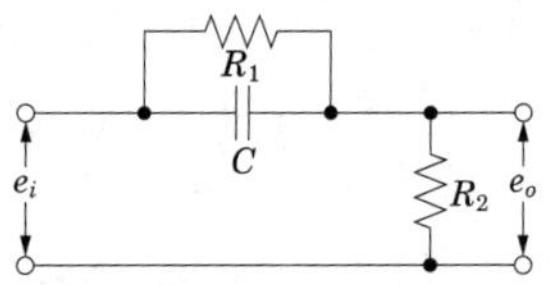

① 진상보상기   ② 지상보상기
③ 지·진상보상기   ④ 진·지상보상기

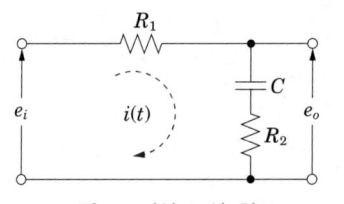

해설
미분방정식을 세우고 초기값을 0을 하여 라플라스 변환한 다음 전달함수를 구하면

$$G(s) = \frac{\dfrac{1}{R_1} + Cs}{\dfrac{1}{R_1} + \dfrac{1}{R_2} + Cs} = \frac{R_2 + R_1 R_2 Cs}{R_1 + R_2 + R_1 R_2 Cs} = \frac{R_2}{R_1 + R_2} \cdot \frac{1 + R_1 Cs}{1 + \dfrac{R_1 R_2}{R_1 + R_2} Cs}$$

$$\alpha = \frac{R_2}{R_1 + R_2} , \quad \alpha < 1$$

$T = R_1 C$라 놓으면

$$\therefore G(s) = \frac{\alpha(1 + Ts)}{1 + \alpha Ts}$$

여기서, $\alpha Ts \ll 1$ 이라고 하면 전달 함수는 근사적으로 $G(s) \fallingdotseq \alpha(1 + Ts)$ 로 되어 미분 요소(진상
회로)가 된다.

답 : ①

4.2 지상 보상기(lag compensator)

지상 보상기의 목적은 위상특성이 늦은 요소, 즉 지상요소를 보상요소로 사용하며 보
상요소를 삽입한 후 이득을 재조정하여 정상편차를 개선하는 것을 목적으로 한다.

그림 18 지상 보상 회로

입력 $e_i = R_1 i(t) + R_2 i(t) + \dfrac{1}{C} \displaystyle\int i(t) dt$

출력 $e_o = R_2 i(t) + \dfrac{1}{C} \displaystyle\int i(t) dt$

위 두 식에서 초기값을 0으로 하고, 라플라스 변환하면

$$E_1(s) = R_1 I(s) + R_2 I(s) + \frac{1}{Cs} I(s)$$

$$E_0(s) = R_2 I(s) + \frac{1}{Cs} I(s)$$

따라서, 전달함수 $G(s)$는

$$G(s) = \frac{R_2 + \dfrac{1}{Cs}}{R_1 + R_2 + \dfrac{1}{Cs}} = \frac{R_2 Cs + 1}{R_1 Cs + R_2 Cs + 1}$$

여기서, $s \to j\omega$을 대입하여 입력이 출력보다 앞서는 것을 벡터적으로 알아보자.

$$E_1 = R_1 I(s) + R_2 I(s) + \frac{1}{j\omega C} I(s) = \left(R_1 + R_2 + \frac{-j}{\omega c} \right) I(s)$$

$$E_0 = \left(R_2 + \frac{-j}{\omega c} \right) I(s)$$

그러므로 그림 19의 벡터도에서 나타낸 바와 같이 입력이 출력보다 각 θ만큼 앞선다.

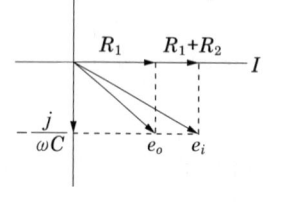

그림 19 전압의 위상

$$G(s) = \frac{R_2 + \dfrac{1}{Cs}}{R_1 + R_2 + \dfrac{1}{Cs}} = \frac{R_2 Cs + 1}{R_1 Cs + R_2 Cs + 1} = \frac{a(s+b)}{b(s+a)}$$

$$a = \frac{1}{(R_1 + R_2)C} \quad , \quad b = \frac{1}{R_2 C}$$

회로는 지상보상기이며, $b > a$가 된다.

(1) 주파수 응답

① 주어진 안정도에 대하여 속도정수 K_v가 증가한다.

② 이득 교차점 주파수가 낮아진다. 그러므로 대폭이 감소한다.

③ 주어진 이득 K에 대하여 $G_1(s)$의 크기 선도가 저주파 영역에서 감쇠되므로 이득여유와 공진정점 M_P가 개선된다.

④ 지상보상에 의하여 고유 주파수 ω_n과 대폭이 감소되므로 시간 응답이 일반적으로 늦어진다.

예제문제 13

그림과 같은 $R-C$ 회로망으로 구성된 지상 보상 회로(lag compensator)의 전달 함수를 구하면?

① $\dfrac{R_2 + \dfrac{1}{Cs}}{R_1 + R_2 + \dfrac{1}{Cs}}$

② $\dfrac{Cs}{Cs + R_1 + R_2}$

③ $\dfrac{\dfrac{1}{R_1}}{Cs + R_1 + R_2}$

④ $\dfrac{Cs + \dfrac{1}{R_1}}{Cs + \dfrac{1}{R_1} + \dfrac{1}{R_2}}$

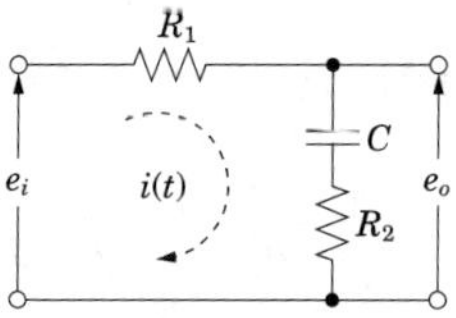

해설

회로에 대하여 미분방정식을 세우면

$$\begin{cases} R_1 i(t) + \dfrac{1}{C}\displaystyle\int i(t)dt + R_2 i(t) = e_i(t) \\ \dfrac{1}{C}\displaystyle\int i(t)dt + R_2 i(t) = e_o(t) \end{cases}$$

초기값을 0으로 하고 라플라스 변환하면,

$$\begin{cases} \left(R_1 + R_2 + \dfrac{1}{Cs}\right)I(s) = E_i(s) \\ \left(R_2 + \dfrac{1}{Cs}\right)I(s) = E_o(s) \end{cases}$$

$$\therefore\ G(s) = \frac{E_o(s)}{E_i(s)} = \frac{R_2 + \dfrac{1}{Cs}}{R_1 + R_2 + \dfrac{1}{Cs}} = \frac{a(s+b)}{b(s+a)}$$

여기서 $a = \dfrac{1}{(R_1 + R_2)C}$, $b = \dfrac{1}{R_2 C}$ 이고 $a < b$ 이다.

답 : ①

4.3 지상 진상 보상기(lag lead compensator)

진상 · 지상 보상기의 목적은 요소의 위상특성이 정 · 부로 변화하여 1개의 요소로서 보상을 행하고 속응성과 안정도 및 정상편차를 동시에 개선한다.

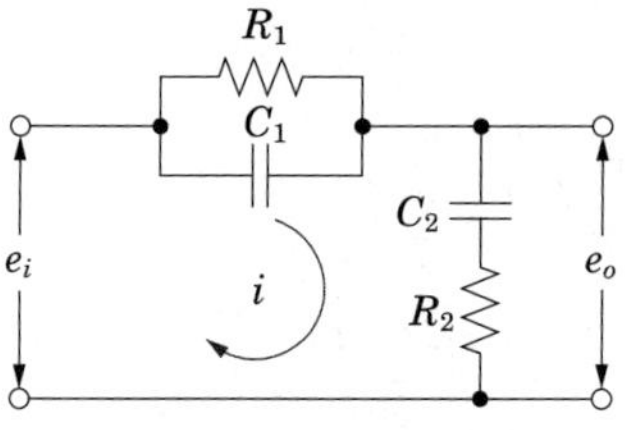

그림 20 지상 진상 보상기

절점(node) A에서의 전류 방정식은

$$\frac{1}{R_1}(e_i - e_o) + C_1 \frac{d}{dt}(e_i - e_o) = i$$

이 되며, 전류 I와 e_o 사이에는

$$\frac{1}{C_2}\int i\,dt + R_2\,i = e_o$$

의 관계가 있다. 먼저 이 두 방정식의 라플라스 변환식을 구하면

$$\frac{1}{R_1}[E_i(s) - E_o(s)] + C_1 s\,[E_i(s) - E_o(s)] = I(s)$$

$$\frac{1}{C_2 s}I(s) + R_2 I(s) = E_o(s)$$

$I(s)$를 위 식에 대입하여 정리하면

$$\left(\frac{1}{C_2 s} + R_2\right)\left\{\frac{1}{R_1}[E_i(s) - E_o(s)] + C_1 s\,[E_i(s) - E_o(s)]\right\} = E_o(s)$$

$$\left(\frac{1}{C_2 s} + R_2\right)\left(\frac{1}{R_1} + C_1 s\right)\{E_i(s) - E_o(s)\} = E_o(s)$$

$$\left(\frac{1}{C_2 s} + R_2\right)\left(\frac{1}{R_1} + C_1 s\right)E_i(s) = \left\{1 + \left(\frac{1}{C_2 s} + R_2\right)\left(\frac{1}{R_1} + C_1 s\right)\right\}E_o(s)$$

가 된다. 그러므로 전달함수는

$$G(s) = \frac{E_o(s)}{E_i(s)} = \frac{\left(\dfrac{1}{C_2 s} + R_2\right)\left(\dfrac{1}{R_1} + C_1 s\right)}{1 + \left(\dfrac{1}{C_2 s} + R_2\right)\left(\dfrac{1}{R_1} + C_1 s\right)}$$

분모, 분자에 $R_1 C_2 s$를 곱하면 정리하면

$$= \frac{(1 + R_2 C_2 s)(1 + R_1 C_1 s)}{R_1 C_2 s + (1 + R_2 C_2 s)(1 + R_1 C_1 s)}$$

분모, 분자를 $R_1 C_1 \cdot R_2 C_2$로 나누어 정리하면

$$= \frac{\left(s + \dfrac{1}{R_2 C_2}\right)\left(s + \dfrac{1}{R_1 C_1}\right)}{\dfrac{s}{R_2 C_1} + \left(s + \dfrac{1}{R_1 C_1}\right)\left(s + \dfrac{1}{R_2 C_2}\right)}$$

$$= \frac{\left(s + \dfrac{1}{R_1 C_1}\right)\left(s + \dfrac{1}{R_2 C_2}\right)}{s^2 + \left(\dfrac{1}{R_1 C_1} + \dfrac{1}{R_2 C_2} + \dfrac{1}{R_2 C_1}\right) + \dfrac{1}{R_1 C_1 R_2 C_2}} = \frac{(s + a_1)(s + b_2)}{(s + b_1)(s + a_2)}$$

여기서, $a_1 = \dfrac{1}{R_1 C_1}$, $b_1 a_2 = a_1 b_2$,

$b_1 + a_2 = a_1 + b_2 + \dfrac{1}{R_2 C_1}$, $b_2 = \dfrac{1}{R_2 C_2}$

이 보상기는 2개의 0점과 극점을 가진다. 진상·지상 보상기로 동작하기 위한 조건은 $b_1 > a_1$, $b_2 > a_2$ 이다.

5. 물리계의 전달함수

표 1 물리계의 전달함수

전기계	기계계		유체계		열 계
	직선운동계	회전운동계	액면계	유압계	
전압 E	힘 f	토크 τ	액위 h	압력 p	온도 θ
전류 I	속도 v	각속도 ω	유량 q	유량 q	열유량 q
전하 Q	변위 x	각변위 θ	액체량 V	액체량 V	열량 Q
인덕턴스 L	질량 m	관성모멘트 J			
저항 R	제동계수 μ	제동계수 μ	출구저항 R	유체저항 R	열저항 R
정전용량 C	스프링정수 k	스프링정수 k	액면면적 A		열용량 C

기계적 제어시스템 요소는 병진(선형) 운동요소와 회전 운동요소로 구분할 수 있다. 병진 운동요소의 경우는 힘과 이동거리가 사용되며, 회전 운동요소의 경우는 회전력과 각도가 사용된다. 이들의 전달함수는 다음과 같다.

5.1 병진운동의 시스템 요소

기계적인 병진운동 시스템의 기본요소는 질량, 스프링, 점성마찰 3가지로 볼 수 있다. 다음 그림 21은 스프링−질량 시스템에 마찰 장치가 부가된 실제적인 시스템을 나타낸 것이다.

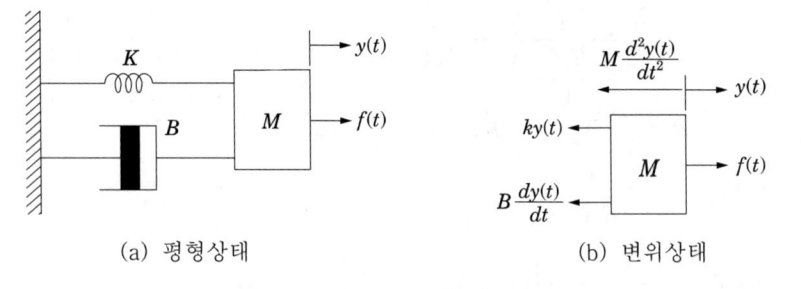

(a) 평형상태　　　　　　(b) 변위상태

그림 21 스프링-질량-마찰 시스템

평형상태에서 힘 $f(t)$ 로 $y(t)$ 만큼 변위 시킬 때 질량은

$$M\frac{d^2}{dt^2}y(t)$$

스프링 저항력은

$$Ky(t)$$

이고, 점성 마찰력은

$$B\frac{dy(t)}{dt}$$

가 된다. 뉴턴의 운동 제2법칙을 적용하면 이 시스템의 운동 방정식은 다음과 같다.

$$f(t) = M\frac{d^2y(t)}{dt^2} + B\frac{dy(t)}{dt} + Ky(t)$$

$$= M\frac{dv(t)}{dt} + Bv(t) + K\int v(t)dt$$

전기회로 방정식으로 변환하면

$$e(t) = L\frac{d^2q(t)}{dt^2} + R\frac{dq(t)}{dt} + \frac{1}{C}q(t)$$

$$= L\frac{di(t)}{dt} + Ri(t) + \frac{1}{C}\int i(t)dt$$

여기서, $e(t)$ 는 인가전압, $q(t)$ 전하량, $i(t)$ 는 인가 전류이다.

병진운동 시스템의 전달함수는 위 식을 라플라스 변환하면

$$(Ms^2 + Bs + K)Y(s) = F(s)$$

따라서 전달함수는

$$G(s) = \frac{Y(s)}{F(s)} = \frac{1}{Ms^2 + Bs + K}$$

가 된다.

예제문제 14

질량, 속도, 힘을 전기계로 유추(analogy)하는 경우 옳은 것은?

① 질량 = 임피던스, 속도 = 전류, 힘 = 전압
② 질량 = 인덕턴스, 속도 = 전류, 힘 = 전압
③ 질량 = 저항, 속도 = 전류, 힘 = 전압
④ 질량 = 용량, 속도 = 전류, 힘 = 전압

해설
병진형 운동계를 전기계로 유추하면 다음과 같다.
① 변위(각변위) → 전기량
② 힘(토크) → 전압
③ 속도(각속도) → 전류
④ 점성 저항(점성 마찰) → 전기 저항
⑤ 강도 → 정전 용량
⑥ 질량(관성모먼트) → 인덕턴스

답 : ②

예제문제 15

그림과 같은 질량-스프링-마찰계의 전달 함수 $G(s) = X(s)/F(s)$는 어느 것인가?

① $\dfrac{1}{Ms^2 + Bs + K}$ ② $\dfrac{1}{Ms^2 - Bs - K}$

③ $\dfrac{1}{Ms^2 - Bs + K}$ ④ $\dfrac{1}{Ms^2 + Bs - K}$

해설
병진형 운동계의 미분방정식은

$$M\frac{d^2}{dt^2}y(t) + B\frac{d}{dt}y(t) + Ky(t) = f(t)$$

초기값을 0으로 하여 라플라스 변환후 정리하면
$(Ms^2 + Bs + K)\,Y(s) = F(s)$

$$\therefore\ G(s) = \frac{Y(s)}{F(s)} = \frac{1}{Ms^2 + Bs + K}$$

이 경우를 전기 회로로 표시하면 그림과 같다.

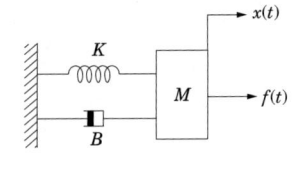

답 : ①

5.2 회전운동의 시스템

회전운동을 나타내기 위하여 사용되는 변수는 토크 $T(t)$, 각속도 $\omega(t)$, 각가속도 $a(t)$ 및 각 변위 $\theta(t)$등이 된다.

(1) 회전운동의 관성 시스템

그림 22와 같이 관성 J인 물체에 토크 $T(t)$가 가해질 때 방정식은 다음과 같다.

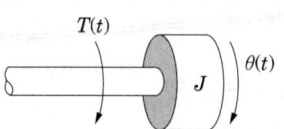

그림 22 관성 시스템

$$T(t) = Ja(t) = J\frac{d\omega(t)}{dt} = J\frac{d^2\theta(t)}{dt^2}$$

이 시스템의 전기적 시스템의 방정식의 변환은 다음과 같다.

$$e(t) = L\frac{di(t)}{dt} = L\frac{d^2q(t)}{dt^2}$$

여기서, $e(t)$는 인가전압, L은 인덕턴스, $i(t)$는 인가전류, $q(t)$는 전하량이다.

(2) 회전운동의 스프링 시스템

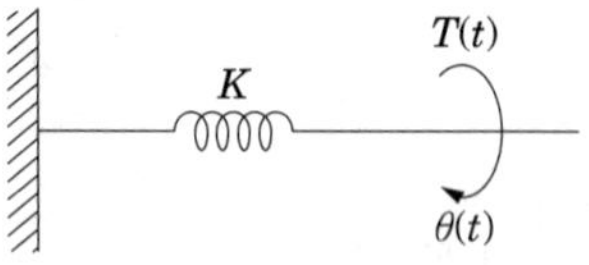

그림 23 스프링 시스템

그림 23과 같이 단위 각변위당 토크로 나타내는 비틀림 스프링 상수 K, 병진운동에 대한 선형 스프링 등과 같이 회전체 토크 $T(t)$를 가해지는 경우 시스템의 방정식은

$$T(t) = K\theta(t) = K\int \omega(t)dt$$

전기적 시스템의 방정식으로 변환하면

$$e(t) = \frac{1}{C}q(t) = \frac{1}{C}\int i(t)dt$$

여기서, C는 커패시터이다.

가 된다.

(3) 회전운동의 관성-마찰 시스템

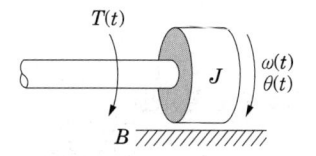

그림 24 관성-마찰 시스템

그림 24의 병진운동에서는 변위각 $\theta(t)$만큼 물체의 회전을 방해하려는 힘으로 회전점성-마찰 존재하며 시스템 방정식은

$$T(t) = B\omega(t) = B\frac{d\theta(t)}{dt}$$

가 된다. 관성 J인 물체에 토크 $T(t)$가 가해질 때 물체의 회전을 방해하는 회전 마찰이 부가된 시스템의 전기적인 방정식은 다음과 같다.

$$T(t) - B\frac{d\theta(t)}{dt} = J\frac{d^2\theta(t)}{dt^2}$$

$$T(t) = J\frac{d^2\theta(t)}{dt^2} + B\frac{d\theta(t)}{dt} = J\frac{d\omega(t)}{dt} + B\omega(t)$$

예제문제 16

그림과 같은 기계적인 회전 운동계에서 토크 $T(t)$를 입력으로, 변위 $\theta(t)$를 출력으로 하였을 때의 전달 함수는?

① $\dfrac{1}{Js^2 + Bs + K}$ ② $Js^2 + Bs + K$

③ $\dfrac{s}{Js^2 + Bs + K}$ ④ $\dfrac{Js^2 + Bs + K}{s}$

토크 $T(t)$와 변위 $\theta(t)$ 사이의 관계는 뉴턴의 법칙에 의하여 미분방정식을 세우면

$$J\frac{d^2}{dt^2}\theta(t) + B\frac{d}{dt}\theta(t) + K\theta(t) = T(t)$$

초기값을 0으로 하고 라플라스 변환하면

$$Js^2\theta(s) + Bs\theta(s) + K\theta(s) = T(s)$$

$$\therefore G(s) = \frac{\theta(s)}{T(s)} = \frac{1}{Js^2 + Bs + K}$$

답 : ①

예제문제 17

회전 운동계의 각속도를 전기적 요소로 변환하면?

① 전압　　　　　② 전류　　　　　③ 정전 용량　　　　　④ 인덕턴스

해설
회전 운동계의 전기적 요소 변환
① 각도 → 전하　　　　　　　　　② 토크 → 전압
③ 각속도(속도) → 전류　　　　　④ 회전마찰(제동계수) → 전기저항
⑤ 비틀림 강도(스프링정수) → 정전용량　　⑥ 관성 모먼트 → 인덕턴스

답 : ②

6. 미분 방정식의 전달함수

앞 절에서 제어계의 전달함수를 구할 경우 미분방정식을 세우고 이것을 라플라스 변환하여 전달함수를 구하였다. 이를 다시 정리하면, 미분방정식의 입력 신호가 v_i, 출력 신호가 v_o일 경우 미분방정식은

$$\frac{d^2y}{dt^2} + 3\frac{dy}{dt} + 2y = x + \frac{dx}{dt}$$

전달 함수를 구하기 라플라스 변환하면

$$\{s^2 Y(s) - sy(0) - y'(0)\} + 3\{s Y(s) - y(0)\} + 2 Y(s)$$
$$= X(s) + \{s X(s) - x(0)\}$$

가 된다. 모든 초기값을 0으로 보고 정리하면

$$(s^2 + 3s + 2) Y(s) = (s+1)X(s)$$

전달함수는

$$\frac{Y(s)}{X(s)} = \frac{s+1}{s^2+3s+2}$$

가 된다.

예제문제 18

미분 방정식 $\dfrac{d^2y}{dt^2} + 3\dfrac{dy}{dt} + 2y = x + \dfrac{dx}{dt}$ 로 나타낼 수 있는 선형계(linear system)의 전달함수는? 단, $y = y(t)$는 계의 출력, $x = x(t)$는 계의 입력이다.

① $\dfrac{s+2}{3s^2+s+1}$ ② $\dfrac{s+1}{2s^2+s+3}$ ③ $\dfrac{s+1}{s^2+3s+2}$ ④ $\dfrac{s+1}{s^2+s+3}$

해설
주어진 미분방정식을 라플라스 변환하면
$\{s^2 Y(s) - sy(0) - y'(0)\} + 3\{s Y(s) - y(0)\} + 2Y(s) = X(s) + \{sX(s) - x(0)\}$
모든 초기값을 0으로 보고 정리하면
$(s^2 + 3s + 2)Y(s) = (s+1)X(s)$
$\therefore \dfrac{Y(s)}{X(s)} = \dfrac{s+1}{s^2+3s+2}$

답 : ③

예제문제 19

어떤 계를 표시하는 미분 방정식이 $\dfrac{d^2y(t)}{dt^2} + 3\dfrac{dy(t)}{dt} + 2y(t) = \dfrac{dx(t)}{dt} + x(t)$ 라고 한다.
$x(t)$는 입력, $y(t)$는 출력이라고 한다면 이 계의 전달 함수는 어떻게 표시되는가?

① $G(s) = \dfrac{s^2+3s+2}{s+1}$ ② $G(s) = \dfrac{2s+1}{s^2+s+1}$

③ $G(s) = \dfrac{s+1}{s^2+3s+2}$ ④ $G(s) = \dfrac{s^2+s+1}{2s+1}$

해설
주어진 미분방정식을 라플라스 변환하면
$\{s^2 Y(s) - sy(0) - y'(0)\} + 3\{s Y(s) - y(0)\} + 2Y(s) = X(s) + \{sX(s) - x(0)\}$
모든 초기값을 0으로 보고 정리하면
$(s^2 + 3s + 2)Y(s) = (s+1)X(s)$
$\therefore \dfrac{Y(s)}{X(s)} = \dfrac{s+1}{s^2+3s+2}$

답 : ③

15 · 1

그림과 같은 회로의 전달 함수는? 단, 초기값은 0이다.

① $\dfrac{s}{R+Ls}$

② $\dfrac{1}{s+\dfrac{R}{L}}$

③ $\dfrac{1}{R+Ls}$

④ $\dfrac{s}{s+\dfrac{R}{L}}$

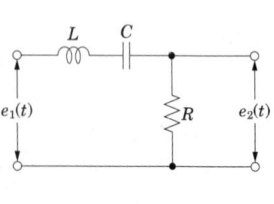

해설 전기회로의 미분방정식을 세우면

$$\begin{cases} e_i(t) = Ri(t) + L\dfrac{d}{dt}i(t) \\ e_o(t) = L\dfrac{d}{dt}i(t) \end{cases}$$

모든 초기값을 0으로 하고 라플라스 변환하면

$$\begin{cases} E_i(s) = (R+Ls)I(s) \\ E_o(s) = LsI(s) \end{cases}$$

$$\therefore \ G(s) = \frac{E_o(s)}{E_i(s)} = \frac{Ls}{R+Ls} = \frac{s}{s+\dfrac{R}{L}}$$

【답】 ④

15 · 2

그림의 전기회로에서 전달 함수는?

① $\dfrac{LRs}{LCs^2 + RCs + 1}$

② $\dfrac{Cs}{LCs^2 + RCs + 1}$

③ $\dfrac{RCs}{LCs^2 + RCs + 1}$

④ $\dfrac{LRCs}{LCs^2 + RCs + 1}$

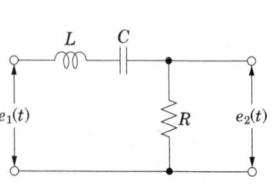

해설 전기회로의 미분방정식을 세우면

$$\begin{cases} e_2(t) = Ri(t) \\ e_1(t) = L\dfrac{d}{dt}i(t) + \dfrac{1}{C}\int i(t)dt + Ri(t) \end{cases}$$

초기값을 0으로 하고 라플라스 변환하면

$$\begin{cases} E_2(s) = RI(s) \\ E_1(s) = Ls\,I(s) + \dfrac{1}{Cs}I(s) + RI(s) = \left(Ls + \dfrac{1}{Cs} + R\right)I(s) \end{cases}$$

$$\therefore \; G(s) = \frac{E_2(s)}{E_1(s)} = \frac{R}{Ls + \dfrac{1}{Cs} + R} = \frac{RCs}{LCs^2 + RCs + 1}$$

【답】③

15·3

그림과 같은 회로에서 e_i를 입력, e_o를 출력으로 할 경우 전달 함수는?

① $\dfrac{s}{LCs^2 + RCs + 1}$

② $\dfrac{1}{LCs^2 + RCs + 1}$

③ $\dfrac{Ls}{LCs^2 + RCs + 1}$

④ $\dfrac{Cs}{LCs^2 + RCs + 1}$

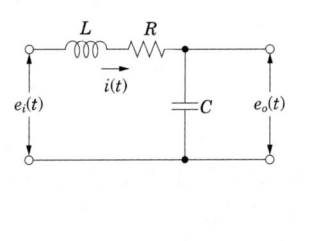

해설 전기회로의 미분방정식을 세우면

$$\begin{cases} e_i(t) = L\dfrac{d}{dt}i(t) + Ri(t) + \dfrac{1}{C}\displaystyle\int i(t)dt \\ e_o(t) = \dfrac{1}{C}\displaystyle\int i(t)dt \end{cases}$$

초기값을 0으로 하고 라플라스 변환하면

$$\begin{cases} E_i(s) = Ls\,I(s) + RI(s) + \dfrac{1}{Cs}I(s) = \left(Ls + R + \dfrac{1}{Cs}\right)I(s) \\ E_o(s) = \dfrac{1}{Cs}I(s) \end{cases}$$

$$\therefore \; G(s) = \frac{E_o(s)}{E_i(s)} = \frac{\dfrac{1}{Cs}}{R + Ls + \dfrac{1}{Cs}} = \frac{1}{LCs^2 + RCs + 1}$$

【답】②

15·4

다음 회로의 전달 함수 $G(s) = E_o(s)/E_i(s)$는 얼마인가?

① $\dfrac{(R_1 + R_2)C_2s + 1}{R_2C_2s + 1}$

② $\dfrac{R_2C_2s + 1}{(R_1 + R_2)C_2s + 1}$

③ $\dfrac{R_2C_2 + 1}{(R_1 + R_2)C_2s + 1}$

④ $\dfrac{(R_1 + R_2)C_2 + 1}{R_2C_2 + 1}$

해설 전기회로의 미분방정식을 세우면

$$\begin{cases} e_i(t) = R_1 i(t) + R_2 i(t) + \dfrac{1}{C_2} \displaystyle\int i(t)dt \\ e_o(t) = R_2 i(t) + \dfrac{1}{C_2} \displaystyle\int i(t)dt \end{cases}$$

초기값을 0으로 하고 라플라스 변환하면

$$\begin{cases} E_i(s) = R_1 I(s) + R_2 I(s) + \dfrac{1}{C_2 s} I(s) = \left(R_1 + R_2 + \dfrac{1}{C_2 s} \right) I(s) \\ E_o(s) = R_2 + \dfrac{1}{C_2 s} I(s) \end{cases}$$

$$\therefore \ G(s) = \frac{E_o(s)}{E_i(s)} = \frac{R_2 + \dfrac{1}{C_2 s}}{R_1 + R_2 + \dfrac{1}{C_2 s}} = \frac{R_2 C_2 s + 1}{(R_1 + R_2) C_2 s + 1}$$

【답】②

15·5

그림과 같은 회로의 전압비 전달 함수 $H(j\omega)$는 얼마인가? 단, 입력 $v(t)$는 정현파 교류 전압이며, 출력은 v_R이다.

① $\dfrac{j\omega}{(5 - \omega^2) + j\omega}$

② $\dfrac{j\omega}{(5 + \omega^2) + j\omega}$

③ $\dfrac{j\omega}{(5 - \omega)^2 + j\omega}$

④ $\dfrac{j\omega}{(5 + \omega)^2 + j\omega}$

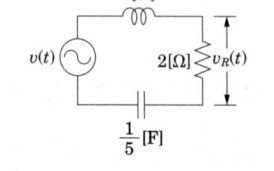

해설 전기회로의 미분방정식을 세우면

$$\begin{cases} v_R(t) = Ri(t) \\ v(t) = L\dfrac{d}{dt} i(t) + Ri(t) + \dfrac{1}{C} \displaystyle\int i(t)dt \end{cases}$$

초기값을 0으로 하고 라플라스 변환하면

$$\begin{cases} V_R(s) = RI(s) \\ V(s) = LsI(s) + RI(s) + \dfrac{1}{Cs} I(s) = \left(Ls + R + \dfrac{1}{Cs} \right) I(s) \end{cases}$$

$$H(s) = \frac{V_R(s)}{V(s)} = \frac{R}{Ls + R + \dfrac{1}{Cs}}$$

$H(s)$에 $s = j\omega$, $L = 1\,[\mathrm{H}]$, $R = 1\,[\Omega]$, $C = \dfrac{1}{5}\,[\mathrm{F}]$를 대입하면

$$\therefore \ H(j\omega) = \frac{V_R(j\omega)}{V(j\omega)} = \frac{1}{j\omega + 1 + \dfrac{1}{\dfrac{1}{5}j\omega}} = \frac{j\omega}{(j\omega)^2 + j\omega + 5} = \frac{j\omega}{(5 - \omega^2) + j\omega}$$

【답】①

15·6

그림과 같은 회로에서 전압비 전달 함수$\left(\dfrac{E_o(s)}{E_i(s)}\right)$는?

① $\dfrac{R_1}{R_1 Cs + 1}$

② $\dfrac{s+1}{s+(R_1+R_2)+R_1 R_2 C}$

③ $\dfrac{R_1 R_2 s + RCs}{R_1 Cs + R_1 R_2 s^2 + C}$

④ $\dfrac{R_2 + R_1 R_2 Cs}{R_2 + R_1 R_2 Cs + R_1}$

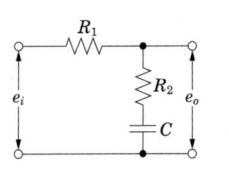

해설 R_1과 C의 합성 임피던스 등가 회로는 그림과 같다.

주어진 값이 라플라스 변환한 값이므로 전압의 방정식을 세우면

$$E_i(s) = \left\{\left(\frac{R_1}{1+CsR_1}\right)+R_2\right\}I(s)$$

$$E_o(s) = R_2 I(s)$$

$$\therefore G(s) = \frac{E_o(s)}{E_i(s)} = \frac{R_2}{\dfrac{R_1}{1+CsR_1}+R_2} = \frac{R_2 + R_1 R_2 Cs}{R_1 + R_2 + R_1 R_2 Cs}$$

【답】 ④

15·7

그림과 같은 $R-C$ 회로의 전달 함수는? 단, $T_1 = R_2 C$, $T_2 = (R_1 + R_2)C$ 이다.

① $\dfrac{T_1}{T_2 s + 1}$

② $\dfrac{T_2 s}{T_1 s + 1}$

③ $\dfrac{T_1 s + 1}{T_2 s + 1}$

④ $\dfrac{T_1(T_1 s + 1)}{T_2(T_2 s + 1)}$

해설 전기회로의 미분방정식을 세우면

$$\begin{cases} e_i(t) = R_1 i(t) + R_2 i(t) + \dfrac{1}{C}\int i(t)dt \\ e_o(t) = R_2 i(t) + \dfrac{1}{C}\int i(t)dt \end{cases}$$

초기값을 0으로 하고 라플라스 변환하면

$$\begin{cases} E_i(s) = R_1 I(s) + R_2 I(s) + \dfrac{1}{Cs}I(s) = \left(R_1 + R_2 + \dfrac{1}{C_s s}\right)I(s) \\ E_o(s) = R_2 + \dfrac{1}{Cs}I(s) \end{cases}$$

$$\therefore G(s) = \frac{E_o(s)}{E_i(s)} = \frac{R_2 + \dfrac{1}{Cs}}{R_1 + R_2 + \dfrac{1}{Cs}} = \frac{R_2 Cs + 1}{(R_1 + R_2)Cs + 1} = \frac{T_1 s + 1}{T_2 s + 1}$$

【답】 ③

15 · 8

그림과 같은 회로에서 전달 함수 $G(s) = \dfrac{I(s)}{V(s)}$를 구하면? 단, $R = 5\ [\Omega]$, $C_1 = \dfrac{1}{10}\ [F]$, $C_2 = \dfrac{1}{5}\ [F]$, $L = 1\ [H]$이다.

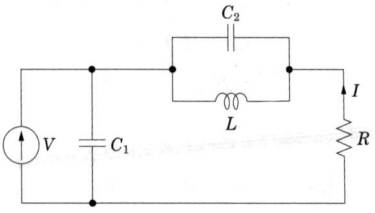

① $\dfrac{1}{5} \cdot \dfrac{s^2 + 5}{s^2 + s + 5}$

② $\dfrac{1}{10} \cdot \dfrac{2s + 5}{s^2 + 2s + 5}$

③ $\dfrac{1}{10} \cdot \dfrac{2s^2 + 15}{s^2 + 2s + 3}$

④ $\dfrac{1}{5} \cdot \dfrac{s^2 + 5}{s^2 + s + 1}$

해설 전달함수 : $G(s) = \dfrac{I(s)}{V(s)} = \dfrac{1}{R + \dfrac{\dfrac{Ls}{C_2 s}}{\dfrac{1}{C_2 s} + Ls}} = \dfrac{LC_2 s^2 + 1}{RLC_2 s^2 + Ls + R} = \dfrac{1}{5} \cdot \dfrac{s^2 + 5}{s^2 + s + 5}$ 【답】①

15 · 9

그림에서 전달 함수 $G(s) = \dfrac{V_2(s)}{V_1(s)}$를 구하시오. 단, $R = 10\ [\Omega]$, $L_1 = 0.4\ [H]$, $L_2 = 0.6\ [H]$, $M = 0.4\ [H]$이다.

① $\dfrac{s + 30}{s + 25}$

② $\dfrac{30}{s + 25}$

③ $\dfrac{s}{s + 25}$

④ $\dfrac{s}{3s + 50}$

해설 미분방정식을 세우면

$$v_1(t) = Ri_1(t) + L_1 \frac{di_1(t)}{dt}$$

$$v_2(t) = M \frac{di_1(t)}{d(t)}$$

초기값을 0으로 하여 라플라스 변환하면

$$V_1(s) = RI_1(s) + sL_1 I_1$$

$$V_2(s) = sMI_1$$

$$\therefore\ G(s) = \frac{V_2(s)}{V_1(s)} = \frac{sM}{R + sL_1} = \frac{s}{s + 25}$$ 【답】③

15 · 10

그림과 같은 회로에서 입력전압의 위상은 출력전압의 위상과 비교하여 어떠한가?

① 앞선다.
② 뒤진다.
③ 동상이다.
④ 앞설 수도 있고 뒤질 수도 있다.

해설 전압의 벡터도를 그리면 V_1보다 V_0가 앞선다.

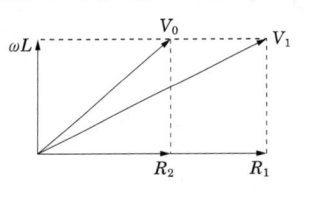

【답】 ②

15 · 11

다음의 전달 함수를 갖는 회로가 진상 보상 회로의 특성을 가지려면 그 조건은 어떠한가?

$$G(s) = \frac{s+b}{s+a}$$

① $a > b$ 　　　　② $a < b$ 　　　　③ $a > 1$ 　　　　④ $b > 1$

해설 지상 보상 조건 : $b > a$

　　진상 보상 조건 : $a > b$

【답】 ①

15 · 12

시간 지연 요인을 포함한 어떤 특정계가 다음 미분 방정식으로 표현된다. 이 계의 전달 함수를 구하면?

$$\frac{dy(t)}{dt} + y(t) = x(t - T)$$

① $P(s) = \dfrac{Y(s)}{X(s)} = \dfrac{e^{-sT}}{s+1}$
　　　　② $P(s) = \dfrac{X(s)}{Y(s)} = \dfrac{e^{sT}}{s-1}$

③ $P(s) = \dfrac{X(s)}{Y(s)} = \dfrac{s+1}{e^{sT}}$
　　　　④ $P(s) = \dfrac{Y(s)}{X(s)} = \dfrac{s^{-2sT}}{s+1}$

해설 미분방정식을 초기값을 0으로 하고 라플라스 변환하여 정리하면

$$(s+1)Y(s) = e^{-sT}X(s)$$

$$\therefore \frac{Y(s)}{X(s)} = \frac{e^{-sT}}{s+1}$$

【답】 ①

15 · 13

$R-L-C$ 회로와 역학계의 등가 회로에서 그림과 같이 스프링 달린 질량 M 의 물체가 바닥에 닿아 있을 때 힘 F 를 가하는 경우로 L 은 M 에, $\frac{1}{C}$ 은 K 에, R 은 f 에 해당한다. 이 역학계에 대한 운동 방정식은?

① $F = Mx + f\dfrac{dx}{dt} + K\dfrac{d^2x}{dt^2}$

② $F = M\dfrac{dx}{dt} + fx + K$

③ $F = M\dfrac{d^2x}{dt^2} + f\dfrac{dx}{dt} + Kx$

④ $F = M\dfrac{dx}{dt} + f\dfrac{d^2x}{dt^2} + K$

리액턴스 K 스프링 / M / F / x / 마찰계수 f

해설 스프링, 질량 마찰계의 운동 방정식 : $F = M\dfrac{d^2x}{dt^2} + f\dfrac{dx}{dt} + Kx$ 이다.

【답】 ③

15 · 14

어떤 계의 임펄스 응답(impulse response)이 정현파 신호 $\sin t$ 일 때, 이 계의 전달 함수와 미분 방정식을 구하면?

① $\dfrac{1}{s^2+1}$, $\dfrac{d^2y}{dt^2} + y = x$

② $\dfrac{1}{s^2-1}$, $\dfrac{d^2y}{dt^2} + 2y = 2x$

③ $\dfrac{1}{2s+1}$, $\dfrac{d^2y}{dt^2} - y = x$

④ $\dfrac{1}{2s^2-1}$, $\dfrac{d^2y}{dt^2} - 2y = 2x$

해설 정현파 신호 : $y(t) = \sin t$

라플라스변환 하면 $Y(s) = \mathcal{L}[y(t)] = \mathcal{L}[\sin t] = \dfrac{1}{s^2+1}$

전달함수 : $\dfrac{Y(s)}{X(s)} = \dfrac{1}{s^2+1}$

출력은 $X(s) = (s^2+1)Y(s)$

역라플라스 변환하면 $\therefore x(t) = \dfrac{d^2}{dt^2}y(t) + y(t)$

【답】 ①

15 · 15

어떤 제어계의 임펄스 응답이 $\sin 2t$ 일 때 계의 전달 함수는?

① $\dfrac{s}{s+2}$　　　② $\dfrac{s}{s^2+2}$　　　③ $\dfrac{2}{s^2+2}$　　　④ $\dfrac{2}{s^2+4}$

해설 전달 함수는 임펄스 응답의 라플라스 변환을 말한다. 계의 임펄스 응답이 $\sin 2t$ 일 때 전달 함수는

$$G(s) = \frac{2}{s^2+2^2} = \frac{2}{s^2+4}$$

【답】④

심화학습문제

01 다음의 브리지 회로에서 입력 전압 e_i에 대한 출력 전압 e_o의 전달 함수를 구하면?

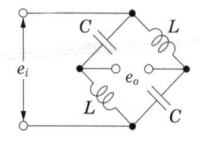

① $\dfrac{LCs^2+1}{LCs^2-1}$ ② $\dfrac{1}{LCs^2+1}$

③ $\dfrac{1}{LCs^2-1}$ ④ $\dfrac{LCs^2-1}{LCs^2+1}$

해설

하나의 회로를 기준으로 하여 전압의 방정식을 세우면

$$\begin{cases} e_i(t) = L\dfrac{d}{dt}i(t) + \dfrac{1}{C}\displaystyle\int i(t)dt \\ e_o(t) = L\dfrac{d}{dt}i(t) - \dfrac{1}{C}\displaystyle\int i(t)dt \end{cases}$$

초기값을 0으로 하고 라플라스 변환하면

$$\begin{cases} E_i(s) = LsI(s) + \dfrac{1}{Cs}I(s) = \left(Ls + \dfrac{1}{Cs}\right)I(s) \\ E_o(s) = LsI(s) - \dfrac{1}{Cs}I(s) = \left(Ls - \dfrac{1}{Cs}\right)I(s) \end{cases}$$

$$\therefore G(s) = \frac{E_o(s)}{E_i(s)} = \frac{Ls - \dfrac{1}{Cs}}{Ls + \dfrac{1}{Cs}} = \frac{LCs^2-1}{LCs^2+1}$$

【답】④

02 그림과 같은 RC 브리지 회로의 전달 함수 $\dfrac{E_o(s)}{E_i(s)}$는?

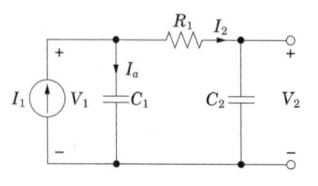

① $\dfrac{1}{1+RCs}$ ② $\dfrac{RCs}{1+RCs}$

③ $\dfrac{1+RCs}{1-RCs}$ ④ $\dfrac{1-RCs}{1+RCs}$

해설

하나의 회로를 기준으로 하여 전압의 방정식을 세우면

$$\begin{cases} e_i(t) = Ri(t) + \dfrac{1}{C}\displaystyle\int i(t)dt \\ e_o(t) = \dfrac{1}{C}\displaystyle\int i(t)dt - Ri(t) \end{cases}$$

초기값을 0으로 하고 라플라스 변환하면

$$\begin{cases} E_i(s) = \left(R + \dfrac{1}{Cs}\right)I(s) \\ E_o(s) = \left(\dfrac{1}{Cs} - R\right)I(s) \end{cases}$$

$$\therefore G(s) = \frac{E_o(s)}{E_i(s)} = \frac{\dfrac{1}{Cs} - R}{R + \dfrac{1}{Cs}} = \frac{1-RCs}{RCs+1}$$

【답】④

03 그림과 같은 회로에서 전류비 전달 함수를 라플라스 함수로 표시하면?

① $\dfrac{1}{s + (C_1 + C_2)/R_1 C_1 s}$

② $\dfrac{RC_1 C_2 s}{R_1 C_1 s + (C_1 + C_2)/R_1 C_1 C_2}$

③ $\dfrac{R_1(C_1 + C_2)s}{R_1 C_2 s + R_1 C_1 C_2 s^2}\left(\dfrac{1}{R_1 C_1 C_2}\right)$

④ $\dfrac{1}{s + (C_1 + C_2)/R_1 C_1 C_2}\left(\dfrac{1}{R_1 C_1}\right)$

회로의 미분방정식을 세우면

$$\frac{1}{C_1}\int (I_1 - I_2)dt = \frac{1}{C_2}\int I_2 dt + R_1 I_2$$

초기값을 0으로 하고 라플라스 변환하면

$$\frac{1}{sC_1}\{I_1(s) - I_2(s)\} = \frac{1}{sC_2}I_2(s) + R_1 I_2(s)$$

$$\therefore \frac{I_2(s)}{I_1(s)} = \frac{\dfrac{1}{sC_1}}{\dfrac{1}{sC_1} + \dfrac{1}{sC_2} + R_1} = \frac{1}{s + \dfrac{C_1 + C_2}{R_1 C_1 C_2}}\left(\dfrac{1}{R_1 C_1}\right)$$

【답】 ④

---

04 그림과 같은 회로의 전달 함수는?

① $\dfrac{1}{CRs + 1 + \dfrac{R}{R_L}}$

② $\dfrac{1}{CRs + \dfrac{R}{R_L}}$

③ $\dfrac{1}{\dfrac{s}{CR} + 1 + \dfrac{R}{R_L}}$

④ $\dfrac{1}{\dfrac{s}{CR} + \dfrac{R}{R_L}}$

회로 전류를 각각 i_1, i_2라 하면 계통 방정식은

$$\begin{cases} Ri_1 + \dfrac{1}{C}\int (i_1 - i_2)dt = E \\ R_L i_2 + \dfrac{1}{C}\int (i_2 - i_1)dt = 0 \\ R_L i_2 = V_o \end{cases}$$

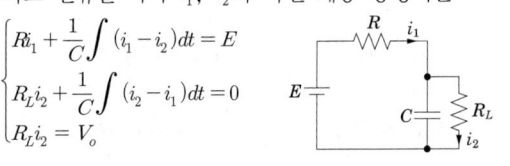

초기값을 0으로 하고 라플라스 변환하면

$$\begin{cases} \left(R + \dfrac{1}{Cs}\right)I_1(s) - \dfrac{1}{Cs}I_2(s) = E(s) \\ \left(R_L + \dfrac{1}{Cs}\right)I_2(s) = \dfrac{1}{Cs}I_1(s) \\ R_L I_2(s) = V_o(s) \end{cases}$$

위의 식들에서 $I_1(s)$, $I_2(s)$를 소거하고, $V_o(s)$, $E(s)$에 대해서 풀면

$$\therefore G(s) = \frac{V_o(s)}{E(s)} = \frac{1}{CRs + \left(1 + \dfrac{R}{R_L}\right)}$$

【답】 ①

---

05 그림과 같은 액면계에서 $q(t)$를 입력, $h(t)$를 출력으로 본 전달 함수는?

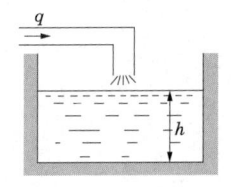

① $\dfrac{K}{s}$ ② Ks

③ $1 + Ks$ ④ $\dfrac{K}{1 + s}$

액면계의 단면적을 A라 하면 미분방정식은

$$h(t) = \frac{1}{A}\int q(t)dt$$

초기값을 0으로 하고 라플라스 변환하면

$$H(s) = \frac{1}{As}Q(s)$$

$$\therefore G(s) = \frac{H(s)}{Q(s)} = \frac{1}{As} = \frac{K}{s}\left(\because K = \frac{1}{A}\right)$$

【답】 ①

---

06 PD 제어기는 제어계의 과도 특성 개선을 위해 흔히 사용된다. 이것에 대응하는 보상기는?

① 지·진상 보상기   ② 지상 보상기
③ 진상 보상기   ④ 동상 보상기

PD(비례 미분 요소) : 진상 보상
PI(비례 적분 요소) : 지상 보상

【답】 ③

---

07 보상기의 전달 함수가 $G_c(s) = \dfrac{1 + \alpha Ts}{1 + Ts}$ 일 때 진상 보상기가 되기 위한 조건은?

① $\alpha > 1$ ② $\alpha < 1$
③ $\alpha = 1$ ④ $\alpha = 0$

해설

전달함수 $G_c(s) = \dfrac{\alpha\left(s + \dfrac{1}{\alpha T}\right)}{s + \dfrac{1}{T}}$ 에서 진상 보상기 조

건은 $\dfrac{1}{\alpha T} < \dfrac{1}{T}$ 이어야 한다.

$\therefore \alpha > 1$

【답】①

08 그림과 같은 기계계의 회로를 전기 회로로 옳게 표시한 것은? 단, K : 스프링 상수, B : 마찰 제동 계수, M : 질량이다.

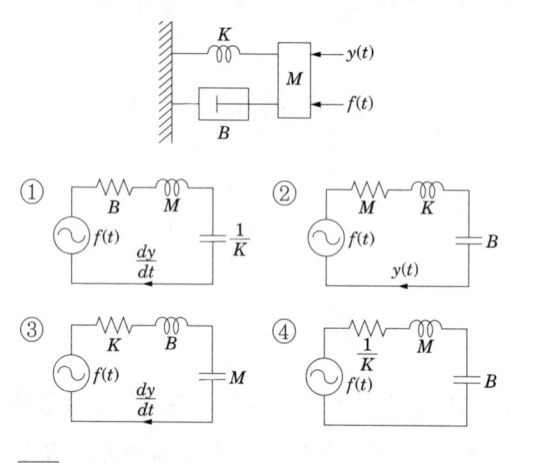

①
B M
$f(t)$ $\dfrac{dy}{dt}$ $\dfrac{1}{K}$

②
M K
$f(t)$ B
$y(t)$

③
K B
$f(t)$ $\dfrac{dy}{dt}$ M

④
$\dfrac{1}{K}$ M
$f(t)$ B

해설

미분방정식을 세우면

$M\dfrac{d^2}{dt^2}y(t) + B\dfrac{d}{dt}y(t) + Ky(t) = f(t)$

라플라스 변환하여 정리하면

$(Ms^2 + Bs + K)Y(s) = F(s)$

$\therefore G(s) = \dfrac{Y(s)}{F(s)} = \dfrac{1}{Ms^2 + Bs + K}$

이 경우를 전기 회로로 표시하면 그림과 같다.

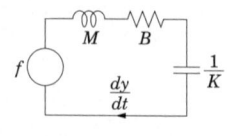

f M B $\dfrac{dy}{dt}$ $\dfrac{1}{K}$

【답】①

09 일정한 질량 M 을 가진 이동하는 물체의 위치 y 는 이 물체에 가해지는 외력이 f 일 때 운동계는 마찰 등의 반저항력을 무시하면 $M\dfrac{d^2y}{dt^2} = f$ 의 미분 방정식으로 표시된다. 위치에 관계되는 전달 함수를 구하면?

① $\dfrac{Y(s)}{F(s)} = \dfrac{1}{Ms^2}$ 　② $\dfrac{F(s)}{Y(s)} = \dfrac{s^2}{M}$

③ $\dfrac{F(s)}{Y(s)} = \dfrac{s}{M^2}$ 　④ $\dfrac{Y(s)}{F(s)} = \dfrac{-1}{Ms^2}$

해설

미분방정식 $f = M\dfrac{d^2y}{dt^2}$ 를 라플라스 변환하면

$F(s) = Ms^2 Y(s)$

$\therefore G(s) = \dfrac{Y(s)}{F(s)} = \dfrac{1}{Ms^2}$ 가 된다.

【답】①

10 관성이 J 이고 점성 마찰이 B 일 때 부하에 연결된 모터는 입력 전류 i 에 비례하는 토크를 발생시킨다. 모터와 부하에 대한 미분 방정식이 $J\dfrac{d^2\theta}{dt^2} + B\dfrac{d\theta}{dt} = Ki$ 일 때 입력 전류와 전동기 축 위치(각변위) θ 간의 전달 함수를 구하면?

① $KJs + B$ 　② $s^2B + KJs$

③ $\dfrac{s}{K(J+B)}$ 　④ $\dfrac{K}{s(Js+B)}$

해설

미분방정식 $J\dfrac{d^2\theta}{dt^2} + B\dfrac{d\theta}{dt} = Ki$ 를 초기값을 0으로 하고 라플라스 변환하여 정리하면

$\therefore (Js^2 + Bs)\theta(s) = KI(s)$

$\therefore G(s) = \dfrac{\theta(s)}{I(s)} = \dfrac{K}{s(Js+B)}$

【답】④

11 힘 f 에 의하여 움직이고 있는 질량 M 인 물체의 좌표를 y 축에 가한 힘에 의한 전달 함수는?

① Ms^2 ② Ms

③ $\dfrac{1}{Ms}$ ④ $\dfrac{1}{Ms^2}$

해설

미분방정식 $f(t) = M\dfrac{d^2y(t)}{dt^2}$ 를 초기값을 0으로 하고 라플라스 변환하면

$$F(s) = Ms^2 Y(s)$$

$$\therefore G(s) = \frac{Y(s)}{F(s)} = \frac{1}{Ms^2}$$

【답】④

12 직류 전동기의 각변위를 $\theta(t)$ 라 할 때, 전동기의 회전 관성 J_m 과 전동기의 토크 T_m 사이에는 어떠한 관계가 있는가?

① $T_m(t) = J_m \displaystyle\int_0^t \theta(\tau)d\tau$

② $T_m(t) = J_m \theta(t)$

③ $T_m(t) = J_m \dfrac{d}{dt}\theta(t)$

④ $T_m(t) = J_m \dfrac{d^2}{dt^2}\theta(t)$

해설

토크 $T_m(t)$ 와 변위 $\theta(t)$ 사이의 관계는 뉴턴의 법칙에 의해 $T_m(t) = J_m \dfrac{d^2}{dt^2}\theta(t)$ 의 관계가 있다.

【답】④

13 입력 신호가 v_i, 출력 신호가 v_o일 때, $a_1 v_o + a_2 \dfrac{dv_o}{dt} + a_3 \displaystyle\int v_o dt = v_i$의 전달 함수는?

① $\dfrac{s}{a_2 s^2 + a_1 s + a_3}$ ② $\dfrac{1}{a_2 s^2 + a_1 s + a_3}$

③ $\dfrac{s}{a_3 s^2 + a_2 s + a_1}$ ④ $\dfrac{1}{a_2 s^2 + a_2 s + a_1}$

해설

미분방정식을 초기값 0으로 하고 라플라스 변환하면

$$a_1 V_o(s) = a_2 s V_o(s) + \frac{1}{s}a_3 V_o(s) = V_i(s)$$

$$V_o(s)\left(a_1 + a_2 s + \frac{a_3}{s}\right) = V_i(s)$$

$$\therefore G(s) = \frac{V_o(s)}{V_i(s)} = \frac{1}{a_1 + a_2 s + \dfrac{a_3}{s}} = \frac{s}{a_2 s^2 + a_1 s + a_3}$$

【답】①

14 다음 방정식에서 $X_1(s)/X_3(s)$를 구하면?

$$\begin{cases} x_2(t) = 3\dfrac{d}{dt}x_1(t) \\ x_3(t) = x_2(t) + 2\dfrac{d}{dt}x_2(t) + 5\displaystyle\int x_3(t)dt - 2x_1(t) \end{cases}$$

단, 초기값은 모두 0이다.

① $\dfrac{s-5}{6s^2 + 3s - 2}$ ② $\dfrac{s+5}{6s^2 - 3s + 2}$

③ $\dfrac{s-5}{6s^3 + 3s^2 - 2s}$ ④ $\dfrac{s+5}{6s^3 + 3s^2 + 2s}$

해설

미분방정식을 초기값을 0으로 하여 라플라스 변환하면

$$\begin{cases} X_2(s) = 3s X_1(s) \\ X_3(s) = X_2(s) + 2s X_2(s) + \dfrac{5}{s}X_3(s) - 2X_1(s) \end{cases}$$

위 두 식에서 $X_2(s)$를 소거하면,

$$\begin{cases} X_3(s) = 3s X_1(s) + 6s^2 X_1(s) + \dfrac{5}{s}X_3(s) - 2X_1(s) \\ X_3(s)\left(1 - \dfrac{5}{s}\right) = (6s^2 + 3s - 2)X_1(s) \end{cases}$$

$$\therefore \frac{X_1(s)}{X_3(s)} = \frac{1 - \dfrac{5}{s}}{6s^2 + 3s - 2}$$

$$= \frac{s-5}{s(6s^2 + 3s - 2)} = \frac{s-5}{6s^3 + 3s^2 - 2s}$$

【답】③

---

15 입력 신호 $x(t)$와 출력 신호 $y(t)$의 관계가 다음과 같을 때 전달 함수는? 단,

$$\frac{d^2}{dt^2}y(t) + 5\frac{d}{dt}y(t) + 6y(t) = x(t)$$

① $\dfrac{1}{(S+2)(S+3)}$ ② $\dfrac{S+1}{(S+2)(S+3)}$

③ $\dfrac{S+4}{(S+2)(S+3)}$ ④ $\dfrac{S}{(S+2)(S+3)}$

> 해설
>
> 미분방정식을 라플라스 변환하면
> $\{s^2 Y(s) - sy(0) - y'(0)\} + 5\{sY(s) - y(0)\} + 6Y(s) = x(s)$
> 모든 초기치를 0으로 보고 정리하면
> $(s^2 + 5s + 6)Y(s) = X(s)$
> $\therefore \dfrac{Y(s)}{X(s)} = \dfrac{1}{s^2 + 5s + 6} = \dfrac{1}{(s+2)(s+3)}$

【답】①

---

16 $\dfrac{X(s)}{R(s)} = \dfrac{1}{s+4}$ 의 전달 함수를 미분 방정식으로 표시하면?

① $\dfrac{d}{dt}r(t) + 4r(t) = x(t)$

② $\displaystyle\int r(t)dt + 4r(t) = x(t)$

③ $\dfrac{d}{dt}x(t) + 4x(t) = r(t)$

④ $\displaystyle\int x(t)dt + 4x(t) = r(t)$

> 해설
>
> $X(s)(s+4) = R(s)$
> $\therefore sX(s) + 4X(s) = R(s)$
> $\therefore \dfrac{d}{dt}x(t) + 4x(t) = r(t)$

【답】③

---

17 $\dfrac{A(s)}{B(s)} = \dfrac{1}{2s+1}$ 의 전달 함수를 미분 방정식으로 표시하면?

① $\dfrac{da(t)}{dt} + 2a(t) = 2b(t)$

② $2\dfrac{da(t)}{dt} + a(t) = 2b(t)$

③ $\dfrac{da(t)}{dt} + 2a(t) = b(t)$

④ $2\dfrac{da(t)}{dt} + a(t) = b(t)$

> 해설
>
> $\dfrac{A(s)}{B(s)} = \dfrac{1}{2s+1}$ 는 $A(s)(2s+1) = B(s)$ 이므로
> $2sA(s) + A(s) = B(s)$ 가 된다.
> $\therefore 2\dfrac{d}{dt}a(t) + a(t) = b(t)$

【답】④

---

18 $\dfrac{X(s)}{Y(s)} = \dfrac{2}{(s+1)^2}$ 의 전달 함수를 미분 방정식으로 표시하면?

① $y(t) = \dfrac{1}{2}\dfrac{d^2 x(t)}{dt^2} + \dfrac{dx(t)}{dt} + \dfrac{1}{2}x(t)$

② $y(t) = 2\dfrac{dx(t)}{dt} + x(t) + \displaystyle\int x(t)dt$

③ $y(t) = \dfrac{dx(t)}{dt} + x(t) + 1$

④ $2x(t) = \dfrac{d^2 y(t)}{dt^2} + 2\dfrac{dy(t)}{dt} + y(t)$

> 해설
>
> $\dfrac{X(s)}{Y(s)} = \dfrac{2}{s^2 + 2s + 1}$
> $\therefore 2Y(s) = s^2 X(s) + 2sX(s) + X(s)$
> 역라플라스 변환하면
> $2y(t) = \dfrac{d^2}{dt^2}x(t) + 2\dfrac{d}{dt}x(t) + x(t)$ 가 된다.
> $\therefore y(t) = \dfrac{1}{2}\dfrac{d^2}{dt^2}x(t) + \dfrac{d}{dt}x(t) + \dfrac{1}{2}x(t)$

【답】①

19 $\dfrac{E_o(s)}{E_i(s)} = \dfrac{1}{s^2 + 3s + 1}$ 의 전달 함수를 미분

방정식으로 표시하면?

① $\dfrac{d^2}{dt^2} e_o(t) + 3\dfrac{d}{dt} e_o(t) + e_o(t) = e_i(t)$

② $\dfrac{d^2}{dt^2} e_i(t) + 3\dfrac{d}{dt} e_i(t) + e_i(t) = e_o(t)$

③ $\dfrac{d^2}{dt^2} e_i(t) + 3\dfrac{d}{dt} e_i(t) + \displaystyle\int e_i(t)dt = e_o(t)$

④ $\dfrac{d^2}{dt^2} e_o(t) + 3\dfrac{d}{dt} e_o(t) + \displaystyle\int e_o(t)dt = e_i(t)$

해설

$\dfrac{E_o(s)}{E_i(s)} = \dfrac{1}{s^2 + 3s + 1}$

$\therefore (s^2 + 3s + 1)E_o(s) = E_i(s)$

역라플라스 변환하면

$\dfrac{d^2}{dt^2} e_o(t) + 3\dfrac{d}{dt} e_o(t) + e_o(t) = e_i(t)$ 가 된다.

【답】①

20 전달 함수가 $G(s) = \dfrac{C(s)}{R(s)} = \dfrac{s+1}{s^2 + 3s + 1}$

인 함수의 미분 방정식은?

① $\dfrac{d^2 c(t)}{dt^2} + 3\dfrac{dc(t)}{dt} + c(t) = \dfrac{dr(t)}{dt} + r(t)$

② $\dfrac{d^2 c(t)}{dt^2} + \dfrac{dc(t)}{dt} + c(t) = \dfrac{dr(t)}{dt} + r(t)$

③ $3\dfrac{d^2 c(t)}{dt^2} + \dfrac{dc(t)}{dt} + c(t) = \dfrac{dr(t)}{dt} + r(t)$

④ $\dfrac{d^2 c(t)}{dt^2} + 3\dfrac{dc(t)}{dt} + 3c(t) = 2\dfrac{dr(t)}{dt} + r(t)$

해설

$\dfrac{C(s)}{R(s)} = \dfrac{s+1}{s^2 + 3s + 1}$

$\therefore C(s)(s^2 + 3s + 1) = (s+1)R(s)$

역라플라스 변환하면

$\dfrac{d^2 c(t)}{dt^2} + 3\dfrac{dc(t)}{dt} + c(t) = \dfrac{dr(t)}{dt} + r(t)$ 가 된다.

【답】①

21 전달 함수가

$G(s) = \dfrac{Y(s)}{X(s)} = \dfrac{10}{(s+1)(s+2)}$ 인 계를 미분

방정식의 형으로 나타낸 것은?

① $\dfrac{d^2}{dt^2} x(t) + 3\dfrac{d}{dt} x(t) + 2x(t) = 10y(t)$

② $\dfrac{d^2}{dt^2} x(t) + 3\dfrac{d}{dy} x(t) + 2x(t) = 10$

③ $\dfrac{d^2}{dt^2} y(t) + 3\dfrac{d}{dt} y(t) + 2y(t) = 10x(t)$

④ $\dfrac{d^2}{dt^2} y(t) + 3\dfrac{d}{dx} y(t) + 2y(t) = 10$

해설

$\dfrac{Y(s)}{X(s)} = \dfrac{10}{s^2 + 3s + 2}$

$\therefore s^2 Y(s) + 3s Y(s) + 2Y(s) = 10X(s)$

역라플라스 변환하면

$\dfrac{d^2}{dt^2} y(t) + 3\dfrac{d}{dt} y(t) + 2y(t) = 10x(t)$ 가 된다.

【답】③

전기(산업)기사 · 전기공사(산업)기사

회로이론 ④

定價 20,000원

저 자 김 대 호
발행인 이 종 권

2020年 7月 8日 초 판 발 행
2021年 1月 12日 2차개정발행
2022年 1月 20日 3차개정발행
2023年 1月 12日 4차개정발행

發行處 (주) 한솔아카데미

(우)06775 서울시 서초구 마방로10길 25 트윈타워 A동 2002호
TEL : (02)575-6144/5   FAX : (02)529-1130
〈1998. 2. 19 登錄 第16-1608號〉

ISBN 979-11-6654-219-0 13560

전기 5주완성 시리즈

전기기사 5주완성

전기기사수험연구회
1,680쪽 | 40,000원

전기산업기사 5주완성

전기산업기사수험연구회
1,556쪽 | 40,000원

전기공사기사 5주완성

전기공사기사수험연구회
1,608쪽 | 39,000원

전기공사산업기사 5주완성

전기공사산업기사수험연구회
1,606쪽 | 39,000원

전기(산업)기사 실기

대산전기수험연구회
766쪽 | 39,000원

전기기사실기 15개년 과년도

대산전기수험연구회
808쪽 | 34,000원

전기기사실기 16개년 과년도

김대호 저
1,446쪽 | 34,000원

전기기사 완벽대비 시리즈

정규시리즈①
전기자기학

전기기사수험연구회
4×6배판 | 반양장
404쪽 | 18,000원

정규시리즈②
전력공학

전기기사수험연구회
4×6배판 | 반양장
326쪽 | 18,000원

정규시리즈③
전기기기

전기기사수험연구회
4×6배판 | 반양장
432쪽 | 18,000원

정규시리즈④
회로이론

전기기사수험연구회
4×6배판 | 반양장
374쪽 | 18,000원

정규시리즈⑤
제어공학

전기기사수험연구회
4×6배판 | 반양장
246쪽 | 17,000원

정규시리즈⑥
전기설비기술기준

전기기사수험연구회
4×6배판 | 반양장
366쪽 | 18,000원

무료동영상 교재
전기시리즈①
전기자기학

김대호 저
4×6배판 ㅣ 반양장
20,000원

무료동영상 교재
전기시리즈②
전력공학

김대호 저
4×6배판 ㅣ 반양장
20,000원

무료동영상 교재
전기시리즈③
전기기기

김대호 저
4×6배판 ㅣ 반양장
20,000원

무료동영상 교재
전기시리즈④
회로이론

김대호 저
4×6배판 ㅣ 반양장
20,000원

무료동영상 교재
전기시리즈⑤
제어공학

김대호 저
4×6배판 ㅣ 반양장
19,000원

무료동영상 교재
전기시리즈⑥
전기설비기술기준

김대호 저
4×6배판 ㅣ 반양장
20,000원

전기/소방설비 기사·산업기사·기능사

전기(산업)기사 실기 모의고사 100선

김대호 저
4×6배판 | 반양장
296쪽 | 24,000원

온라인 무료동영상 전기기능사 3주완성

이승원, 김승철, 홍성민 공저
4×6배판 | 반양장
598쪽 | 24,000원

김흥준 · 윤중오 · 홍성민 교수의 온라인 강의 무료제공

소방설비기사 필기 4주완성[전기분야]

김흥준, 홍성민, 남재호
박래철 공저
4×6배판 | 반양장
948쪽 | 43,000원

소방설비기사 필기 4주완성[기계분야]

김흥준, 윤중오, 남재호
박래철, 한영동 공저
4×6배판 | 반양장
1,092쪽 | 45,000원

소방설비기사 실기 단기완성[전기분야]

※ 3월 출간 예정

소방설비기사 실기 단기완성[기계분야]

※ 3월 출간 예정